绘制趣味表情

绘制关闭图标

绘制电视图标

绘制可爱表情

绘制吉祥物

宣传单设计

会员卡设计

企业标志设计

网站标志设计

变形文字设计

使用符号绘制插画

春色插画设计

国画设计

立体文字设计

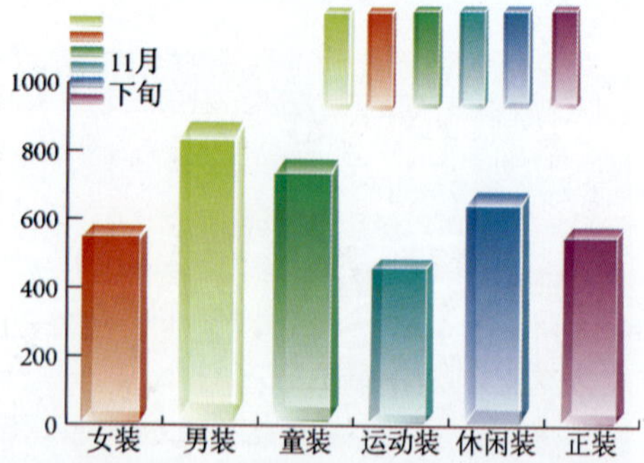

企业销售图表设计

DM 广告设计

海报设计

包装设计

工作过程导向新理念丛书

中等职业学校教材·计算机专业

平面设计与制作

——Illustrator CS4中文版

丛书编委会 主编

清华大学出版社

北京

内 容 简 介

本书按照新的"工作过程导向"教学模式编写，从实用的角度出发，通过实例循序渐进地讲解了如何使用 Illustrator CS4 进行图形绘制。为便于教学，本书将教学内容分解落实到每一课时，通过"课堂讲解"、"课堂练习"、"课外阅读"和"课后思考"4 个环节实施教学。

本书共 11 章 35 课。前 10 章介绍了平面设计与制作的相关基础知识；最后一章为商业案例，介绍了 DM 广告设计、海报设计和包装设计的制作过程。每课为两个标准学时，共 90 分钟内容。建议学时为一学期，每周 4 课时，也可以分为两学期授课。

本书提供了教学资源下载，包含书中主要案例教学视频、素材、源文件等资源。

本书适合作为中高等职业院校平面设计与制作相关专业的教材，也可作为各类技能型紧缺人才培训班的教材。

图书在版编目（CIP）数据

平面设计与制作：Illustrator CS4 中文版/丛书编委会主编．—北京：清华大学出版社，2010.12（2023.2 重印）

（工作过程导向新理念丛书）

（中等职业学校教材．计算机专业）

ISBN 978-7-302-23385-5

Ⅰ. ①平… Ⅱ. ①工… Ⅲ. ①平面设计－图形软件，Illustrator CS4－专业学校－教材Ⅳ. ①TP391.41

中国版本图书馆 CIP 数据核字(2010)第 153170 号

责任编辑：田在儒
责任校对：刘　静
责任印制：丛怀宇

出版发行：清华大学出版社
http://www.tup.com.cn
社　总　机：010-83470000
投稿与读者服务：010-62776969，c-service@tup.tsinghua.edu.cn
质　量　反　馈：010-62772015，zhiliang@tup.tsinghua.edu.cn
地　　址：北京清华大学学研大厦 A 座
邮　　编：100084
邮　　购：010-62786544

印 装 者：北京国马印刷厂
经　　销：全国新华书店
开　　本：185mm×260mm　**印　张**：18.75　**插　页**：2　**字　数**：457 千字
版　　次：2010 年 12 月第 1 版　**印　　次**：2023 年 2 月第 9 次印刷
定　　价：53.00 元

产品编号：038283-02

学科体系的解构与行动体系的重构

——《工作过程导向新理念丛书》代序

职业教育作为一种教育类型，其课程也必须有自己的类型特征。从教育学的观点来看，当且仅当课程内容的选择以及所选内容的序化都符合职业教育的特色和要求之时，职业教育的课程改革才能成功。这里，改革的成功与否有两个决定性的因素：一个是课程内容的选择，一个是课程内容的序化。这也是职业教育教材编写的基础。

首先，课程内容的选择涉及的是课程内容选择的标准问题。

个体所具有的智力类型大致分为两大类：一是抽象思维，一是形象思维。职业教育的教育对象，依据多元智能理论分析，其逻辑数理方面的能力相对较差，而空间视觉、身体动觉以及音乐节奏等方面的能力则较强。故职业教育的教育对象是具有形象思维特点的个体。

一般来说，课程内容涉及两大类知识：一类是涉及事实、概念以及规律、原理方面的"陈述性知识"，一类是涉及经验以及策略方面的"过程性知识"。"事实与概念"解答的是"是什么"的问题，"规律与原理"回答的是"为什么"的问题；而"经验"指的是"怎么做"的问题，"策略"强调的则是"怎样做更好"的问题。

由专业学科构成的以结构逻辑为中心的学科体系，侧重于传授实际存在的显性知识即理论性知识，主要解决"是什么"（事实、概念等）和"为什么"（规律、原理等）的问题，这是培养科学型人才的一条主要途径。

由实践情境构成的以过程逻辑为中心的行动体系，强调的是获取自我建构的隐性知识即过程性知识，主要解决"怎么做"（经验）和"怎样做更好"（策略）的问题，这是培养职业型人才的一条主要途径。

因此，职业教育课程内容选择的标准应该以职业实际应用的经验和策略的习得为主，以适度够用的概念和原理的理解为辅，即以过程性知识为主、陈述性知识为辅。

其次，课程内容的序化涉及的是课程内容序化的标准问题。

知识只有在序化的情况下才能被传递，而序化意味着确立知识内容的框架和顺序。职业教育课程所选取的内容，由于既涉及过程性知识，又涉及陈述性知识，因此，寻求这两类知识的有机融合，就需要一个恰当的参照系，以便能以此为基础对知识实施"序化"。

按照学科体系对知识内容序化，课程内容的编排呈现出一种"平行结构"的形式。学科体系的课程结构常会导致陈述性知识与过程性知识的分割、理论知识与实践知识的分割，以及知识排序方式与知识习得方式的分割。这不仅与职业教育的培养目标相悖，而且与职业教育追求的整体性学习的教学目标相悖。

按照行动体系对知识内容序化，课程内容的编排则呈现一种"串行结构"的形式。在学习过程中，学生认知的心理顺序与专业所对应的典型职业工作顺序，或是对多个职业工作过程加以归纳整合后的职业工作顺序，即行动顺序，都是串行的。这样，针对行动顺序的每一个工作过程环节来传授相关的课程内容，实现实践技能与理论知识的整合，将收到事半功倍的效果。鉴于每一行动顺序都是一种自然形成的过程序列，而学生认知的心理顺序也是循序渐进自然形成的过程序列，这表明，认知的心理顺序与工作过程顺序在一定程度上是吻合的。

需要特别强调的是，按照工作过程来序化知识，即以工作过程为参照系，将陈述性知识与过程性知识整合、理论知识与实践知识整合，其所呈现的知识从学科体系来看是离散的、跳跃的和不连续的，但从工作过程来看，却是不离散的、非跳跃的和连续的了。因此，参照系在发挥着关键的作用。课程不再关注建筑在静态学科体系之上的显性理论知识的复制与再现，而更多的是着眼于蕴涵在动态行动体系之中的隐性实践知识的生成与构建。这意味着，**知识的总量未变，知识排序的方式发生变化，正是对这一全新的职业教育课程开发方案中所蕴涵的革命性变化的本质概括**。

由此，我们可以得出这样的结论：如果“工作过程导向的序化”获得成功，那么传统的学科课程序列就将“出局”，通过对其保持适当的“有距离观察”，就有可能解放与扩展传统的课程视野，寻求现代的知识关联与分离的路线，确立全新的内容定位与支点，从而凸现课程的职业教育特色。因此，“工作过程导向的序化”是一个与已知的序列范畴进行的对话，也是与课程开发者的立场和观点进行对话的创造性行动。这一行动并不是简单地排斥学科体系，而是通过“有距离观察”，在一个全新的架构中获得对职业教育课程论的元层次认知。所以，**“工作过程导向的课程”的开发过程，实际上是一个伴随学科体系的解构而凸显行动体系的重构的过程**。然而，学科体系的解构并不意味着学科体系的“肢解”，而是依据职业情境对知识实施行动性重构，进而实现新的体系——行动体系的构建过程。不破不立，学科体系解构之后，在工作过程基础上的系统化和结构化的产物——行动体系也就“立在其中”了。

非常高兴，作为中国“学科体系”最高殿堂的清华大学，开始关注占人类大多数的具有形象思维这一智力特点的人群成才的教育——职业教育。坚信清华大学出版社的睿智之举，将会在中国教育界掀起一股新风。我为母校感到自豪！

《工作过程导向新理念丛书》编委会名单

（按姓氏音序排列）

前　言

Illustrator是 Adobe 公司推出的一款非常优秀的矢量绘图软件，也是目前最流行且应用最广泛的矢量绘图软件之一，其主要应用于平面设计和产品包装等领域，其强大的图形设计和绘图功能一直备受用户的青睐。新版本的 Illustrator CS4 软件在原有的图像处理功能上大幅增强了 Web 性能、3D 样式效果和打印功能等，还加强了与其他应用程序之间的相互协作。

随着 Internet 技术的发展，网络和人们的生活越来越密切，尤其是在设计行业，计算机更是发挥着它无可替代的作用。为了顺应时代潮流，适应市场的变化，在编写此书之前我们认真分析了广大读者的学习特点，以便可以更好地帮助他们快速掌握 Illustrator CS4 的使用方法，并将其运用到实际工作中。

本书最大的特点是“由任务驱动学习”。在讲解每个知识点前，尽量先让读者动手操作，使读者对该知识点有具体的认识。然后再展开详尽的解释，争取让读者尽快掌握该知识点。为能让读者真正学习到实战本领，在每一章的最后一课，都会以最典型的图形绘制讲解 Illustrator CS4 的实际应用。

本书以“课”的形式展开，课前有情境式的“课堂讲解”，包含了任务背景、任务目标和任务分析；课后有“课堂练习”，分为任务背景、任务目标、任务要求和任务提示；课堂练习之后是“练习评价”。为了拓展每课的知识，还准备了“课外阅读”，每课的最后还安排了“课后思考”。

本书的最后安排了“商业案例”，通过 DM 广告设计、海报设计和包装设计 3 个经典的商业案例为读者讲解 Illustrator CS4 的各种商业领域的实际应用，真正与商业挂钩，以便直接应用到以后的实例工作项目中。

全书共分 11 章 35 课，具体内容如下：

第 1 章(第 1～4 课)介绍常用平面软件以及平面设计所涉及的基础知识；

第 2 章(第 5～7 课)简单介绍基本绘图工具和使用基本绘图工具绘制图形的方法；

第 3 章(第 8～10 课)详细讲解自由路径和钢笔工具的使用；

第 4 章(第 11～13 课)对实时描摹与实时上色进行讲解；

第 5 章(第 14～17 课)系统地讲解图层、蒙版、不透明度和混合模式；

第 6 章(第 18～20 课)详细讲解 Illustrator 中对象的基本操作；

第 7 章(第 21～23 课)系统地讲解文字的编辑和创建方法；

第 8 章(第 24～26 课)简要讲解如何使用符号和绘制图表的方法；

第 9 章(第 27～29 课)讲解使用滤镜创建特殊效果；

第 10 章(第 30～32 课)讲解字体、纸张、印刷以及印刷工艺知识；

第 11 章(第 33～35 课)讲解 DM 广告设计、海报设计和包装设计的制作方法。

本书适合作为中高等职业院校平面设计与制作相关专业的教材,也可作为各类技能型紧缺人才培训班的教材。

由于编者水平有限,再加上时间紧迫,错误和表述不妥的地方在所难免,希望广大读者批评指正。

编　者

2010 年 11 月

本书教学资源下载

目　录

第 1 章

平面设计与制作基础

知识要点

- 熟悉常用平面设计软件
- 什么是平面设计
- 图形与创意
- 形式的表现与突破
- 平面创意基础
- 平面创意的常用手法
- 平面创意形式美法则
- 平面设计的要求

第 1 课　常用平面设计与制作软件

在实际工作中，成功的设计往往需要运用多种设计软件，不同的设计软件得到的效果也是不同的，例如，绘制位图时要使用 Photoshop 软件，而矢量图则要使用 Illustrator 软件绘制。只有掌握多种设计软件，才能将设计者的设计理念表现出来。常用的软件有 Photoshop、Illustrator、CorelDRAW、InDesign 等，本课将针对常用的平面设计软件进行介绍。

课堂讲解

任务背景：小强平常很喜欢在网站浏览网页，欣赏那些非常漂亮的平面作品。有一天，他突然发现，原来这些平面作品并不是只出自于一种软件，竟然用到了多种软件，小强非常好奇，于是他开始翻阅大量相关资料……

任务目标：了解常用平面设计软件。

任务分析：学习本课的内容是非常必要的，小强只有对这些常用软件有了一定的了解，才能在以后的学习中更加顺利。

1.1　Photoshop 软件应用介绍

Photoshop 是美国 Adobe 公司开发的一款图形图像软件，目前最新的版本是 Photoshop CS4。多数人对于 Photoshop 的了解仅限于“它是一个很好的图像编辑软件”，并不知道它的诸多应用方面。实际上，Photoshop 的应用领域很广泛，在图像、图形、文字、视频、出版各方面都有涉及，下面逐一进行介绍。

1. 平面设计

平面设计是 Photoshop 应用最为广泛的领域，无论是用户正在阅读的图书封面，还是大街上看到的招贴、海报，这些具有丰富图像的平面印刷品基本上都需要用 Photoshop 软件进行图像处理，如图 1-1 所示。

2. 修复照片

Photoshop 具有强大的图像修饰功能。利用这些功能，可以快速修复破损的老照片，也可以修复人脸上的斑点等缺陷，如图 1-2 所示。

图 1-1

图 1-2

3. 广告摄影

广告摄影是一种对视觉要求非常严格的工作，用普通手段拍摄的照片往往都有一定的瑕疵，为了能够达到更好的视觉效果，其最终成品往往要经过 Photoshop 的修改，专业上将这个过程称为“修片”，应用效果如图 1-3 所示。

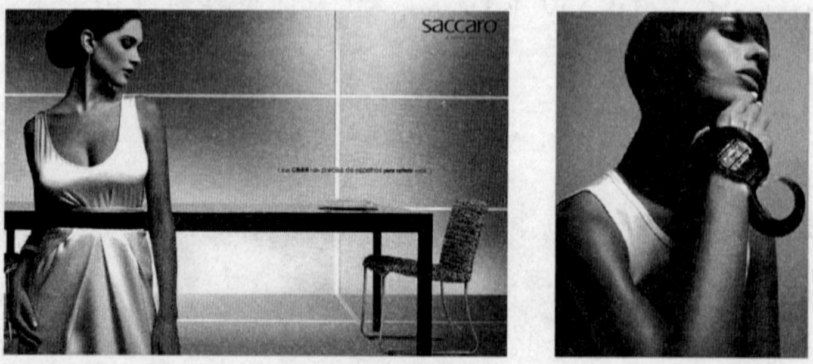

图 1-3

4. 影像创意

创意影像是 Photoshop 的特长，通过 Photoshop 的处理可以将原本不相及的对象组合在一起，使图像发生巨大变化，应用效果如图 1-4 所示。

5. 艺术文字

利用 Photoshop 可以使文字发生各种各样的变化，这些艺术化处理后的文字可以为图像增加特别的艺术效果，如图 1-5 所示。

6. 婚纱照片设计

当前越来越多的婚纱影楼开始使用数码相机，这也使得婚纱照片的设计处理成为一个新兴的行业。婚纱照片设计效果如图 1-6 所示。

图　1-4

图　1-5

图　1-6

7. 视觉创意

视觉创意与设计是设计艺术的一个分支，此类设计通常没有非常明显的商业目的，但由于为广大设计爱好者提供了广阔的设计空间，因此越来越多的设计爱好者开始学习Photoshop，并运用Photoshop进行具有个人特色与风格的视觉创意，效果如图1-7所示。

图　1-7

8. 网页制作

网络的普及是促使更多人掌握 Photoshop 的一个重要原因。因为在制作网页时，Photoshop 是必不可少的网页图像处理软件，网页制作效果如图 1-8 所示。

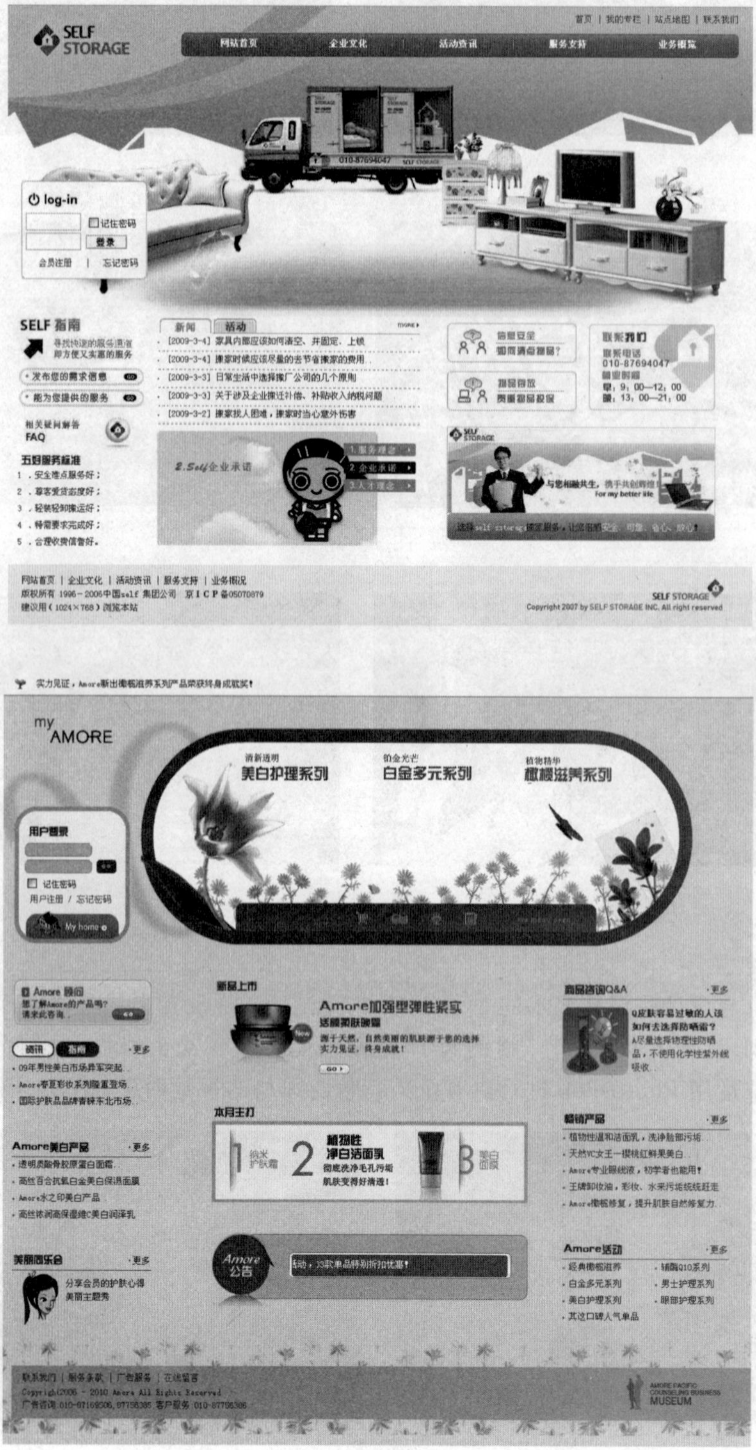

图 1-8

9. 界面设计

界面设计是一个新兴的领域，受到越来越多的软件企业及开发者的重视，虽然暂时还未成为一种全新的职业，但相信不久一定会出现专业的界面设计师职业。当前还没有用于界面设计的专业软件，因此绝大多数设计者使用的都是 Photoshop 软件，如图 1-9 所示。

图 1-9

提示

Photoshop 的实际应用不只是上述这些。例如，在目前的影视后期制作、二维动画制作、绘制或处理三维贴图以及建筑效果图的后期修饰等方面，Photoshop 也有所应用。

1.2 Illustrator 软件应用介绍

Illustrator 是 Adobe 公司推出的专业矢量绘图软件，自问世以来就备受世界各地平面设计人员的青睐，它可以应用于印刷排版、图形绘制、网页图像制作、UI 设计（用户界面设计）等领域。下面依次对其各个功能进行介绍。

1. 印刷排版

Illustrator 在印刷行业中主要担当着设计排版的工作，可以完成 DM、VI 等类型的设计工作。最新版的 Illustrator CS4 中添加了分页功能，使其也能完成例如手册、书籍等的设计工作，如图 1-10 所示。

2. 图形绘制

Illustrator 直译过来就是"插画大师"，可见其主要功能还是以图形的绘制为主，如图 1-11 所示。它提供了数十种功能的绘制工具给用户，以方便用户按照自己的创意完成计算机图形的绘制。

图 1-10

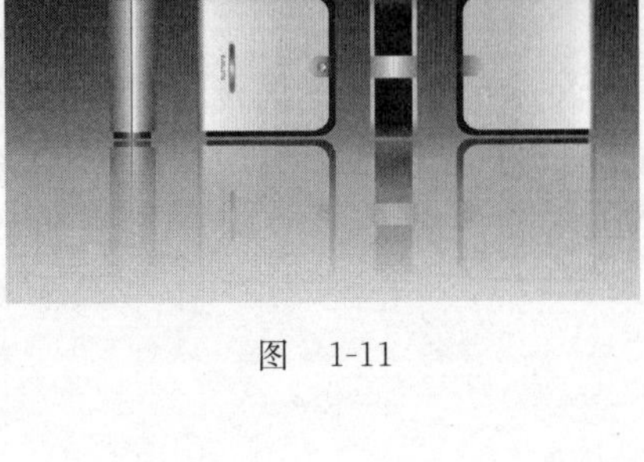

图 1-11

3. 网页图像制作

除了可以绘制各种印刷质量的图像外，Illustrator 同样可以绘制网页元素，其中包括按钮、图标甚至整个网页，如图 1-12 所示。Illustrator 还可以通过自带的切片工具将图像切片输出为网页格式，以便发布到互联网上供用户浏览。

4. UI 设计

Illustrator 是矢量软件，绘制出的图像效果比较清晰，所以常常也被引用到 UI 设计中。使用 Illustrator 可以完成软件界面设计，其中也包括图标、导航等内容，并可以根据用户要求输出相应图形格式，如图 1-13 所示。

图 1-12

图 1-13

1.3 InDesign 软件应用介绍

Adobe 公司的 InDesign 是为专业排版而设计的软件，作为跨媒体出版的领航者，它在多年纸质媒体出版经验的基础上，率先突破了媒体间的障碍，形成强大的制作功能，从而使用户真正能够应用该软件制作出令人满意的纸质出版物、电子出版物和网络出版物，如图 1-14 所示。

图 1-14

InDesign 作为一个优秀的图形图像编辑及排版软件，不仅能够产生专业级质量的全彩色输出，较好地与电子出版、网络出版等方面进行结合，而且还能将文件输出为 PDF、HTML 等文件格式。

1.4　CorelDRAW 软件应用介绍

Corel 公司的 CorelDRAW 是非常出色的矢量平面设计软件，具有全面、强大的矢量图形制作和处理功能，可以创建从简单的图案到需要很高绘画技法的美术作品。它具有很好的图文混排功能，同时具有强大的导入和导出功能，有极强的兼容性。它是目前使用最普遍的矢量图形绘制及图像处理软件之一，集图形绘制、平面设计、网页制作、图像处理功能于一体，深受平面设计人员和数字图像爱好者的青睐。同时，它还是一个专业的编排软件，其出众的文字处理、写作工具和创新的编排方法，解决了一般编排软件中的一些难题，被广泛地应用于广告设计、封面设计、产品包装、漫画创作等多个领域，如图 1-15 所示。

图　1-15

课堂练习

任务背景：通过本课的学习，小强终于明白，原来平面设计还要运用这么多软件，如果这些软件都能熟练应用，那么自己就可以像设计师一样设计属于自己的产品了。

任务目标：熟悉各软件的操作。

任务要求：分清各种软件都是绘制什么图形的，熟悉软件所能达到的效果。

任务提示：熟悉各软件将为以后的实际操作带来很大的方便。

练习评价

项　目	标准描述	评定分值	得分
基本要求 60 分	能列举 Photoshop 的应用案例	20	
	能列举 Illustrator 的应用案例	20	
	能列举 CorelDRAW、InDesign 的应用案例	20	
拓展要求 40 分	区分各软件的不同	40	
主观评价		总分	

课外阅读

图像的类型

计算机的数字化图像分为两种类型，即位图和矢量图。Photoshop 主要用来处理位图，Illustrator 则主要用来处理矢量图。

位图也称为点阵图，它是由许多的点组成的，这些点被称为像素。位图图像可以表现丰富的色彩变化并产生逼真的效果，很容易在不同软件之间交换使用，但它在保存图像时需要记录每一个像素的色彩信息，所以占用的存储空间较大，在进行旋转或缩放时会产生锯齿，如图 1-16 所示为位图图像及其图像局部放大后可以观察到的锯齿效果。

图 1-16

矢量图是通过数学的向量方式来进行计算，使用这种方式记录的文件所占的存储空间很小，由于它与分辨率无关，所以在进行旋转、缩放等操作时，可以保持对象光滑无锯齿，如图 1-17 所示为矢量图及其矢量图放大后的效果。矢量图的缺点是不易制作色彩变化丰富的图像，并且绘制出来的图像不是很逼真，也不易在不同的软件中交换使用。

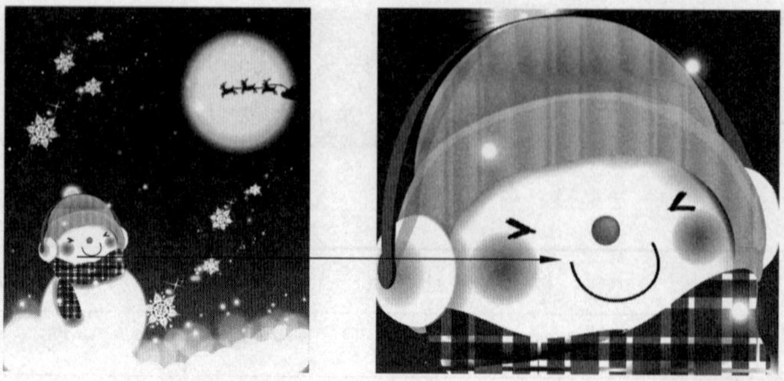

图 1-17

课后思考

(1) 在本课学习的软件中哪些是矢量平面设计软件？

(2) 本课介绍的 4 种软件中，专业排版软件是哪个？

第 2 课　平面设计概述

除了解软件外，学习平面设计行业中的相关知识也是非常重要的，如什么是平面设计，平面创意的策略如何表现，这都是一个平面设计者需要学习的。本课将对平面设计的基础知识进行详细的介绍。

课堂讲解

任务背景： 通过上节课的学习，小强已经对平面设计所使用的软件有了一定的了解，那么什么是平面设计呢？这个范畴似乎很广，于是通过互联网进行搜索。

任务目标： 掌握平面设计的基础知识。

任务分析： 不管是对一个初学平面设计，还是对长期从事平面设计行业的人来说平面设计的基础知识都是非常重要的。

2.1　什么是平面设计

人们常常提到的“媒体广告设计”说的就是“平面设计”。平面设计是现代设计中不可缺少的组成部分，因其独特的艺术性、专业性在设计领域具有一定的地位。在现实生活中，人们几乎每天都在接触与感受着平面设计，读书、看报、上网、逛街，随处都围绕着平面设计。

平面设计，英文名称为 Graphic Design，Graphic 常被翻译为“图形”或者“印刷”，也有人将 Graphic Design 翻译为“视觉传达设计”，即用视觉语言进行传递信息和表达观点的设计，这是一种以视觉媒介为载体，向大众传播信息和情感的造型活动。此定义始于 20 世纪 80 年代，如今视觉传达设计所涉及的领域不断扩大，已远远超出平面设计的范畴。

平面设计最早是在 20 世纪 80 年代随中国港、台出版的设计类图书流入大陆的，当时的定义是，平面设计是透过文字、图案、插图及摄影的表现方式，来表达作品的内容和意念，广泛地应用于商业设计。为了使大众留下深刻的印象，以达到促销目的，通过专业的视觉设计与精美的印刷，主要表现在标志、传单、包装、报纸、杂志、月历、DM、海报等媒体上，把迅速而正确的消费意念、消费信息传达给消费者，以达到销售的目的，如图 2-1 所示。

平面设计是指通过印刷而制作的设计，因此又称为印刷设计，是商业设计的主要部分。如海报、包装、标贴、编辑设计、说明书等，又如电影、电视片头、广告影片等，如图 2-2 所示。

平面设计是设计范畴中非常重要的一个组成部分，所有二维空间的、非影视的设计活动基本都属于平面设计的内容。除此之外，它还具有与印刷密切相关的意义，特指印刷批量生产的平面作品的设计，特别是书籍的设计、广告设计、标志设计、企业形象系列设计等内容，如图 2-3 所示。

图 2-1

图 2-2

图 2-3

2.2 平面设计构思技巧

构思是设计的灵魂。在设计创作中，很难制定固定的构思方法和构思程序之类的公式。创作多是由不成熟到成熟的，在这一过程中肯定或否定一些，修改或补充一些，是正常的现象。构思的核心在于考虑表现什么和如何表现两个问题，回答这两个问题需要解决以下4点：表现重点、表现角度、表现手法和表现形式。如同作战一样，重点是攻击目标，角度是突破口，手法是战术，形式则是武器，其中任何一个环节处理不好都会前功尽弃。

1. 表现重点

重点是指表现内容的集中点。包装设计在有限的画面内进行，这是空间上的局限性。同时，在销售中包装又是在短暂的时间内为购买者认识，这是时间上的局限性。这种时空限制要求包装设计不能盲目求全，面面俱到。有些设计师习惯将所有和设计有关的元素都放上去，这样反而会适得其反：什么都放上去等于什么都没有一样。

设计师在设计作品的时候，不要一味只考虑作品的美观程度，还要对消费、销售等有关资料进行比较和选择，这样做的目的只有一个，就是提高销售量。与设计有关的表现重点的关系如图 2-4 所示。

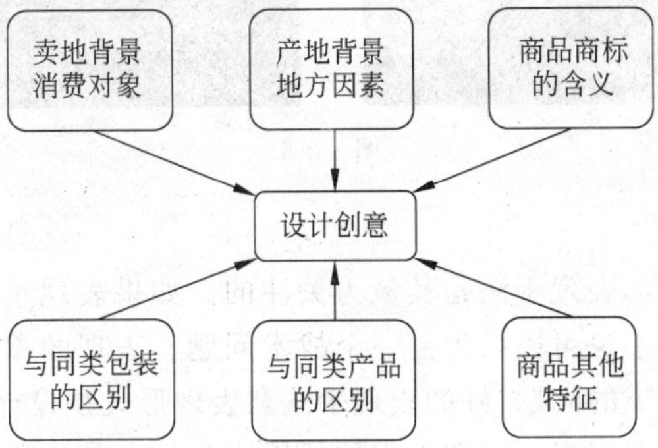

图　2-4

对于这些与设计构思有关的媒介性资料，在设计时要尽可能多做了解，并加以比较和选择，进而确定表现重点。设计者要有相关商品、市场的信息及生活、文化知识的积累，积累越多，构思的天地越广，路子也越多，重点的选择也越有基础。

设计重点的选择可以从商标含义、商品本身和消费对象 3 个方面下手。其中对于一些著名商标的产品可以使用商标为表现重点，例如苹果、联想等大品牌商品；对于一些具有特色的产品或新产品的包装则可以用产品本身作为重点，例如茶叶、食物等商品；一些对使用者针对性较强的商品包装可以以消费者为表现重点，例如某些化妆品和饰品。其中以商品为重点的表现是最为关键的。总之，不论如何表现，都要以传达明确的商品内容和信息为重点。如图 2-5 所示为表现重点效果不错的设计作品。

图　2-5

2. 表现角度

当确定表现重点后，要考虑使用什么样的角度来表现这种重点，即找到主攻目标后还要有具体确定的突破口。如以商标为表现重点，是表现形象，或是表现商标所具有的某种含义？如果以商品本身为表现重点，是表现商品外在形象，还是表现商品的某种内在属性？是表现其组成成分还是表现其功能效用？事物都有不同的认识角度，在表现上集中于一个角度，将有益于表现的鲜明性。如图 2-6 所示为以不同角度表现商品的例子。

图 2-6

3. 表现手法

对于很多设计师而言，表现手法是其最为关注的。如果表现重点与表现角度好比目标与突破口的话，那么表现手法可以认为是一个战术问题。表现的重点和角度主要是解决表现什么，这只是解决了一半的问题，好的表现手法和表现形式是设计的生机所在。

不论如何表现，都是要表现内容和内容的某种特点。从广义看，任何事物都必须具有自身的特殊性，都必须与其他某些事物有一定的关联。要表现一种事物，一个对象，就有两种基本手法：一种是直接表现，就是直接表现该对象的一定特征；另一种是间接表现，也叫借助表现，是间接地借助于该对象的一定特征来表现事物。

1）直接表现

直接表现指表现重点是内容物本身，包括表现其外观形态或用途、用法等；最常用的方法是运用摄影图片来表现。除了客观地直接表现外，还有以下一些运用辅助性方式的直接表现手法。

衬托：这是辅助方式之一，可以使主体得到更充分的表现。衬托的形象可以是具体的，也可以是抽象的，处理中注意不要喧宾夺主，如图 2-7 所示。

对比：这是衬托的一种转化形式，可以叫做反衬，即使主体在反衬对比中得到更强烈的表现。对比部分可以是具体的，也可以是抽象的，如图 2-8 所示。

图 2-7

图 2-8

归纳：归纳是以简化求鲜明，而夸张是以变化求突出，二者的共同点都是对主体形象做一些改变。归纳的表现形式要求比较简化，制作时不需要太过多变，只需要将设计理论中的问题总结归纳并体现到设计中，将多种不同状态或类型的图形归纳在一起，从而实现多样的设计效果，如图 2-9 所示。

夸张：夸张不但有所取舍，而且还有所强调，使主体形象虽然不合理，但看起来却合情合理，这在我国民间剪纸、泥玩具、皮影造型和国外卡通艺术中都有许多生动的例子。这种表现手法富有浪漫情趣，包装画面的夸张一般要注意可爱、生动、有趣，而不宜采用丑化的形式，如图 2-10 所示。

特写：这是大取大舍，以局部表现整体的处理手法，使主体的特点得到更为集中的表现。设计中要注意所取的局部性，如图 2-11 所示。

图　2-9

图　2-10

图　2-11

2）间接表现

间接表现是比较内在的表现手法，即画面上不出现表现的对象本身，而借助于其他有关事物来表现该对象。这种手法具有更加宽广的表现范围，在构思上往往用于表现内容物的某种属性或牌号、意念等。

就产品来说，有的东西无法进行直接表现，如香水、酒、洗衣粉等，这就需要用间接表现法来处理。同时许多可以直接表现的产品，为了求得新颖、独特、多变的表现效果，也往往从间接表现上求新、求变。

间接表现的手法包括比喻、联想、象征装饰等。

比喻：比喻是借他物比此物，是由此及彼的手法，所采用的比喻成分必须是大多数人所了解的具体事物、具体形象，这就要求设计者具有比较丰富的生活知识和文化修养。

联想：联想法是借助于某种形象引导观者的认识向一定方向集中，由观者产生的联想来补充画面上所没有直接交代的东西，这也是一种由此及彼的表现方法。人们在观看一件设计作品时，并不只是简单的视觉接受，总会产生一定的心理活动。一定心理活动的意识，取决于设计的表现，这是联想法应用的心理基础。联想法所借助的媒介形象比比喻形象更为灵活，它可以具体，也可以抽象。各种具体的、抽象的形象都可以引起人们一定的联想。人们可以从具体的鲜花想到幸福，由蝌蚪想到青蛙等。也可以从抽象的木纹想到山河，由水平线想到天海之际等，如图 2-12 所示。

图 2-12

象征：象征是比喻与联想相结合的转化，在表现的含义上更为抽象，在表现形式上更为灵活。包装装潢设计在大多数人共同认识的基础上用以表达牌号的某种含义和某种商品的抽象属性。象征法与比喻法和联想法相似，但更加理性、含蓄，如用长城与黄河象征中华民族，金字塔象征埃及的古老与文明，枫叶象征加拿大等。作为象征的媒介在含义的表达上应当具有不能任意变动的永久性。象征表现如图 2-13 所示。

装饰：在间接表现方面，一些礼品包装往往不直接采用比喻、联想或象征手法，而以装饰性的手法进行表现，这种“装饰性”应注意要有一定的方向性，用这种性质来引导观者的感受，如图 2-14 所示。

图 2-13

图 2-14

4. 表现形式

表现的形式与手法都是解决如何表现的问题，形式是外在的武器，是设计表达的具体语言，是设计的视觉传达。表现形式应包括以下一些方面。

(1) 主体图表与非主体图形如何设计，用照片还是绘画，具象还是抽象，写实还是写意，归纳还是夸张，是否采用一定的工艺形式，面积大小如何等。

(2) 色彩总的基调如何，各部分色块的色相、明度、纯度如何把握，不同色块相互关系如何，不同色彩面积变化如何等。

(3) 产品名称等字体如何设计,字体的大小等。

在设计工作中,除字体设计以外,文字的编排处理是形成设计效果的又一重要因素。编排处理不仅要注意字与字的关系,而且要注意行与行、组与组的关系。文档上的文字编排要在不同方向和位置上进行整体考虑,在形式上要尽量体现出丰富的变化。

在编排中除了要注意字体粗细、字距、面积的调整外,行距与字距要有明显的区别。比较规范的文字编排一般是行距为字高的 4/3。有装饰变化的文字关系可以灵活多变。

包装文字编排设计的基本要求是根据内容物的属性、文字本身的主次,从整体出发,把握编排重点。所谓重点,不一定指某一局部,也可以是编排整体形象的一种趋势或特色。

编排形式的变化可以是多变的,并无固定模式。常用的文字编排类型有横排形式、竖排形式、圆排形式、适形形式、阶梯形式、参差形式、草排形式、集中形式、对应形式、重复形式、象形形式、轴心形式等。各种形式除可以单独运用外,也可以相互结合运用,并可在实际的编排中演变出更多的编排形式。

2.3 广告创意部门的职责

现今的广告主正面对着多元的社会、多变的顾客、多样的商品以及多重的竞争压力,接近饱和的市场需求造成了成熟市场的迟缓成长。所有的企业都必须在有限的预算之内,去实现似乎是无穷无尽的目标,市场的经营多角化与产品多元化导致纵然有巨额的广告投资,其结果也不能确定,广告必须完全契合目的,必须要求绝对与相对的行销效益。

广告传播不同于一般传播,广告是行销传播,是服务或观念的说服传播。广告创意必须针对消费者的需求,去改变其认知、态度以及行为,所传播的信息内容必须是消费者所关切的,必须是消费者在购买产品时会去考虑或重视的。换言之,也就是要与销售有关的。

从另一个角度来看,广告"创意"与文艺"创作"之间最大的差异,在于文艺创作可以任由文艺创作者自由发挥,尽其所能,而广告创意则是有条件的"自由创意",广告创作人员必须先将"民之所欲,常在我心"作为前提,才能"诸法皆空,自由自在"地挥洒创意,必须随时将消费者的习性、需求放在心中,奉为主线,寻找出与消费者之间的共鸣,才能将自由创意发挥得淋漓尽致。

创意的共鸣因子如图 2-15 所示。

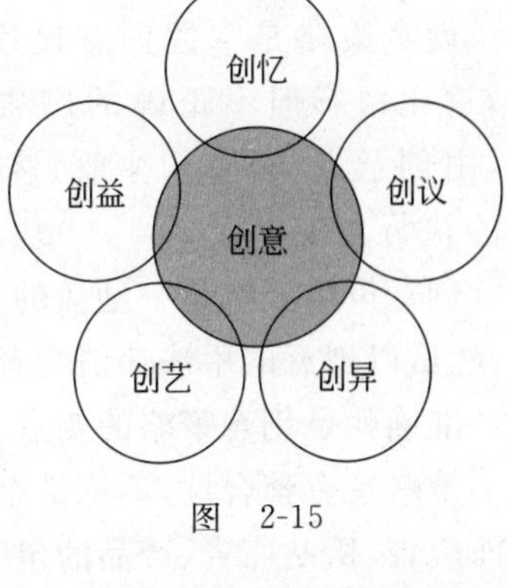

图 2-15

1. 创意要有创益

为了能让消费者觉得有意义,广告创意必须要让消费者充分了解该商品或服务能够帮助他们解决生活中的需求与困扰。换言之,就是要在广告中传播产品和服务能带给消费者的"利益点"。

"利益"这种创意共鸣因子,特别适合针对产品生命周期之导入期与成长期前期的消费者要求,因为这个时期的行销目的,就是要让从未使用过该类产品的非使用者成为使用者。广告创意必须要"利益",要在广告中提出产品的"类别利益",刺激消费者的"基本需求",进而让消费者初次试购。

2. 创意要有创异

广告创意要让消费者了解商品服务利益，就要让消费者充分了解该商品服务与其他竞争者间的相对魅力与优势差异。换言之，就是要在广告中传播产品的“独特点”。

“创异”这种创意共鸣因子，特别适合针对产品生命周期之成长期后期到成熟期的消费者要求，因为这个时期的行销目的，就是要让目前正在使用其他品牌的“别人的使用者”成为“我们的使用者”。要在广告中提出独有的“品牌魅力”，刺激消费者的“选择性要求”，让消费者对其他品牌感到不满，进而产生“品牌转移”。

3. 创意要有创议

如要巩固现在顾客的品牌忠诚度，就必须让他们对品牌产生“心理定势”，也就是要不间断提醒该商品或服务可在他们日常生活中充当更积极的角色。换言之，就是要在广告中传播产品和服务带给顾客的“生活场景”与“生活提案”。

“创议”这种创意共鸣因子，特别适合针对产品生命周期之导入期与成长期前期的消费者要求，因为这时期的行销目的，就是要让目前在使用我们品牌但使用量并不多的“轻量使用者”成为“重量使用者”。必须在广告中强化品牌形象并向消费者提出“生活提案”，让消费者有更多的理由提高购买的次数与数量。

4. 创意要有创艺

广告创意要引起消费者注意并使其感兴趣，必须要重视赏心悦目的艺术表现，让消费者对广告产生注意和情绪冲击，并乐于阅读和欣赏。换言之，就是要在广告中传播产品和服务留给顾客的“品牌个性”。

5. 创意要有创忆

广告创意要让消费者留下良好的品牌印象，必须要有“伟大构想”让消费者永远难忘。换言之，就是要在广告中让消费者对产品或服务留下深刻的记忆或回忆，能够形成独树一帜的“品牌形象”。

2.4 创意策略

进行天马行空的创意之前，需要有正确的策略来把握，不要认为它是无为的束缚。

创意策略是掌握创意尺度的工具，有了创意策略的规范，可以做出最“正确”的广告，这比精彩但不正确的广告还要重要。创意策略最重要的功能就是在发展创意之前，由创意人员、客户主管、客户三方取得对产品、企业知识的统一认识，以指导广告内容的执行方向。

创意策略其实是一种活的东西，它必须以产品特性、消费群体属性这两大特性作为支柱，然后以创意的手法让消费者相信，那就是一种正确的创意策略了。

准确就是创意策略的要点。

策略具有整合性，不论是企业形象，还是同一商品的不同媒介表现，包括电视广告影片、平面广告、招贴广告、产品的包装设计等，都应该遵循相同的创意策略。好的策略应该符合以下原则。

(1) 诉求单纯。虽然摒弃了看似可惜的若干要点，却能获得更突出的重点。

(2) 目标消费群明确且合理。对准明确的目标消费群说话，如果想面面俱到地把商品卖给所有人,也许最终会得不偿失,导致商品提早在市场上消失。此外,不要轻易试图改变消费者的消费习惯,说服他们变换品牌则会容易许多。

(3) 注意整合。一切广告活动都要以创意策略为中心,变通而统一。

(4) 策略要符合时代要求。成功的策略还要求实际,在写策略时,需要考虑到时代感、社会性。

再好的创意策略也要建立在产品的高品质上,具有卓越的品质和服务,再辅以准确的策略,"品牌长胜"的传奇就可以实现。

课堂练习

任务背景: 现在小强已经对平面设计行业有了进一步的了解,但还不是非常透彻。

任务目标: 查阅平面设计的相关资料。

任务要求: 多了解一些平面设计的知识,提高对平面设计行业的了解。

任务提示: 只有对平面设计行业有了很深入的了解,才可以从中得到一些乐趣,以免在学习的过程中感到枯燥乏味。

练习评价

项 目	标准描述	评定分值	得分
基本要求 60 分	什么是平面设计	20	
	平面设计的构思技巧	20	
	广告创意部门的职责	20	
拓展要求 40 分	创意策略	40	
主观评价		总分	

课外阅读

平面设计涉及的行业

1. 印刷公司

按照印刷方法的不同,可以将印刷公司分为传统印刷和数码印刷两种。印刷方法有多种,方法不同,操作也不同,印成的效果也各不相同。平面设计主要包括设计、拼版等印前工作和装订等印后工作。

2. 广告公司

广告公司应该是平面设计应用最为广泛的企业,其中包括平面设计中所有的工作类型,从简单的卡通绘制到大型的手册、报纸,都会出现在广告公司的工作单中。

3. 喷绘公司

喷绘公司是一个从印刷公司里分离出来的单位。由于现在对印刷品的质量和速度的要求越来越多，很多客户都选择了价格低、速度快的喷绘。喷绘行业的缺点就是产品数量较少，质量较低。

4. 摄影公司

随着时代的发展，摄影行业也从传统的胶片摄影转换为数码摄影，从而使平面设计在图片处理上的优势得以显现。最为突出的就是人像的处理，这种操作在婚纱摄影中尤为突出。将人物图像上的瑕疵去除，为图像添加各种迷幻的效果，都是平面设计人员的工作范围。

5. 网络公司

由于互联网上的类型相对比较丰富，各行业的公司都开始纷纷在网上做起了广告，这就使过去只出现在纸上的各种广告堂而皇之地进入到网络中，也就出现了网页广告制作人员。除了对图像分辨率和类型有特殊要求外，网页基本与印刷行业中的平面设计没有区别。

6. 装饰公司

装饰公司常常需要为客户设计建筑效果图。建筑图的后期其实就是平面设计的过程，为图像添加背景及各种辅助素材，一切的操作都和广告设计中的内容一致。

7. 影视公司

制作影视动画时，同样不能离开平面设计。无论是动画中的一个定帧还是透底图片，都需要平面设计人员的介入。

课后思考

(1) 平面设计中，在文字编排处理上需要注意哪些问题？

(2) 广告“创意”与文艺“创作”之间最大的差异是什么？

第 3 课　平面设计创意

当今社会，平面设计已经渗透到人们生活的各个层面，创造着美好的现实生活，更代表着一个理想的未来空间。平面设计作为与大众之间的沟通桥梁而存在，使其本身成为具有综合价值的审美对象。进入大众消费领域的商品都具有一定美的艺术形态，这种美的形态同商品本身的使用价值紧紧地附在一起，因此，作为平面设计人员，只有有了好的创意，才能更好地表达出商品自身的使用价值。

课堂讲解

任务背景：通过前几节课的学习，小强已经对平面设计有了一定的了解，不管是软件还是平面设计方面的基础知识，都已经不再成为问题。但是想要真正成为平面设计人员，这些基础还是远远不够的，平面设计中最重要的就是创意。

任务目标：学习平面设计创意的基础知识。

任务分析：平面设计创意对平面设计来说是非常重要的，只有创意好，才会给人"恰到好处"的感觉。

3.1　平面创意基础

平面设计在一定意义上是指有针对性地表现或创造某种事物和形态时所经历的从内心活动到外在表现形式的过程，运用于不同载体的视觉设计又有其不同的表现特征。

1. 平面设计的基本要素

平面设计作品主要由标题、正文、宣传语、插图、商标、公司名称、轮廓、色彩等基本要素构成，无论是DM广告、报刊广告还是POP海报等，大都由这些要素通过巧妙的安排、配置、组合而成，如图3-1所示。

图　3-1

1）标题

标题是表达广告主题的短文，一般在平面设计中起到画龙点睛的作用，获取瞬间的打动效果，运用文学的手法，以生动精彩的短句和夸张的手法来唤起消费者的购买欲望。标题不仅要争取消费者的注意，还要争取到消费者的心理。在标题选择上应该简洁明了，可以是易记、概括力强的短语，不一定是完整的句子，也可以只用一两个字，但它必须是广告文字最重要的部分。

在标题设计上，一般采用基本字体或者略加变化，而不宜太花哨，要力求醒目、易读，符合广告的表现意图。标题文字的形式要有一定的象征意义，粗壮有力的黑体让人感到安全可靠，适用于电器和轻工商品；圆头黑体带有曲线，适宜妇女和儿童商品应用；端庄敦厚的老宋体，用于标识传统商品的稳重和历史感；典雅秀丽的新宋体，适用于服装、化妆品；而斜体字给画面带来了风感和动感。

标题在整个版面中应该处于最醒目的位置，应该注意配合插图造型的需要，运用视觉引导，使读者的视线从标题自然地向插图、正文转移。

2）正文

正文一般指说明广告内容的文本，它基本上是结合标题来具体地阐述、介绍商品。正文要通俗易懂、内容真实、文笔流畅、概括力强。正文中常常利用专家的证明、名人的推荐、名店的选择来抬高商品的档次，并用销售业绩和获奖情况来提高企业的信誉度。正文常采用较小的字体，如宋体、单线体、楷体等，一般都安排在插图的左右或下方，以便于阅读。

3）宣传语

宣传语是配合广告标题、正文来树立商品形象而运用的短句。这种短句顺口易读，富有韵味，具有想象力，指向明确，有一定的口号性和警告性。

4）插图

插图是用视觉的艺术手段来传达商品或劳务信息，以增强记忆效果，让消费者能够以更快、更直观的方式来接收信息。为了让消费者留下更深刻的印象，插图内容要突出商品或服务的个性，通俗易懂、简洁明了，有强烈的视觉效果。一般插图是围绕着标题和正文来展开的，对标题起衬托作用。

5）商标、标志

商标是消费者借以识别商品的主要标志，是商品质量和企业信誉的象征。名优商品提高了商标的信誉，而卓有信誉的商标又促进了商品的销售。

在平面设计中，商标不是广告版面的装饰物，而是重要的构成要素。在版面设计中，标志造型最单纯、简洁，视觉效果最强烈，在一瞬间就能被识别，并能给消费者留下深刻的印象。标志在设计上要求造型简洁、立意准确、具有个性，同时要易记且容易识别。

6）公司名称

公司名称可以指引消费者到何处购买广告宣传的商品，也是整个广告中不可缺少的部分，一般都是放置在整个版面下方较次要的位置，也可以和商标配置在一起。公司地址、电话号码等可安排在公司名称的下方或左右，采用较小的字体，常使用宋体、单线体、黑体等。

7）轮廓

轮廓一般是指装饰在版面边缘的线条和纹样，它使整个版面更集中，不会显得凌乱。轮廓使广告版面有一定的范围，以控制读者的视线。统一造型的轮廓，可以加深读者对广告的印象，还能使广告增加美感。广告轮廓有单纯和复杂两种，用直线、斜线、曲线等构成的轮廓，属单纯的轮廓；由图案纹样所组成的轮廓，则是复杂轮廓。现在比较常用的是单纯轮廓。

8）色彩

色彩是吸引人视觉的第一关键所在，也是一幅作品表现形式的重点所在。有个性的色彩，往往更能抓住消费者的视线。色彩通过结合具体的形象，运用不同的色调，让观众产生不同的生理和心理反应，产生亲切感，树立牢固的商品形象，激发消费者的购买欲望。

一般所说的平面广告设计色彩主要是以企业标准色、商品形象色、季节的象征色、流行色等作为主色调，采用明度、纯度和色相的对比，突出画面形象和底色的关系，突出广告画面和周围环境的对比，增强广告的视觉效果。

2. 平面广告的构思与表现的要领

任何被广告对象都有多种特点，只要抓住其中最突出的一点表现出来，就必然形成一种感召力，促使广告对象产生冲动，达到广告的目的。平面广告构思与表现的要领有以下几个方面。

1）熟悉广告构思方法

广告创意是一种传播活动。广告的构思方法，就是如何去发现有效传播信息的途径。广告创意也是一种创作活动，因此，一般意义上的创作构思方法对于广告创意是适用的。最常用的构思方法有发散性思维法、逆向思考法、联系与比较法、分解与组合法、联想法等。

2）加强广告创意前的思考

在广告创意之前必须考虑各种因素，全面地掌握各方面的材料，要明确广告任务，收集销售信息。如果广告销售信息不明确，或者没有给消费者明显的利益，或者无法解决消费者遇到的潜在问题，那么这样的广告几乎不可能成功。

3）确定鲜明的广告主题

在构思广告时，要对被广告对象的特点加以分析，仔细研究，选择最具有代表性的特点。强调被广告对象本身的特点，可以从多种角度来考虑，如从原材料、造型、使用方便、为消费者带来利益的角度，从用户及其名人、专家褒奖的角度，从包装美观、坚固、方便的角度，从商品价值、耐用程度的角度来选择主题。在选择广告主题的构思过程中，所形成的多种尝试性的观念都是对的。把这些创作意念放在一起加以推敲、反复比较，选出最具有感召力的一种概念，进行充实完善后，形成广告主题。

创意人不但要考虑到被广告对象自身的特点，还要找出市场上或广告环境中同类对象的不同特点进行比较，再根据这些特点选择准确的广告主题来表现，才能充分发挥广告的作用。

4）选择恰当的表现形式

平面广告设计的构思与表现形式密切相关、不可分割。构思是表现的基础，表现是构思的形式，好比红花要有绿叶扶持，才能相映生辉，否则再好的构思也如空中楼阁，难以实现。广告主题的确定，为广告表现树立起了具体的目标。这时"说什么"已经明确，下一步要解决的是"怎么说"的问题，需要探索运用怎样的表现形式及手法来实现主题思想的目的。

3. 平面广告创意的注意事项

在平面广告创意的过程中需要注意以下几点。

(1) 创意视觉化，即需要先寻找视觉元素。例如要创作一个印刷广告，就得考虑大标题应该放在哪里，它需要占据多大的地方，可能还需要一个副标题，还有正文，估计需要添加多少文字等。

(2) 传统广告布局是竖长方形或横长方形的，图片通常被放在长方形的上部，下面是广告标题和正文以及一些小的图片。但是，如果广告概念和文案是具有创意性的，也可以试着打破这种布局，也许会产生意想不到的效果。

(3) 在印刷广告(如报纸广告、杂志广告等)中,标题是一个很关键的因素。广告如果有一个好的标题,就会吸引人读下去。有研究表明,大概50%的人看广告只读标题。有时广告还需要副标题,副标题的作用是进一步引起读者的注意。

(4) 正文是广告文案的主体,广告正文必须和广告标题、副标题气脉相连。广告应该是一个整体,这样构成广告各要素的功能才能发挥并产生互动,广告诉求才能发挥力量。正文的创意目标在于一定要潜在消费者意识到他们会得到利益或产品可以帮助他们解决某些问题。

(5) 如果广告要运用长文案,最好在文案中安排几个小标题来分割内容。小标题通常用粗黑字体,比正文字体要大一些,但是千万别让小标题看起来花哨,否则会分散读者对核心广告信息的注意力。通常小标题可以抓住尽量多的潜在消费者;可以使正文看起来轻松易读,饶有趣味;可以调节消费者在阅读中的动力,使消费者可以有选择地读文案。

(6) 要制作好的平面照片还需要一个好的摄影师,否则会使平面设计的图片和文案看起来牵强附会。

3.2 平面设计色彩运用

人的色彩感觉信息传输途径是光源、彩色物体、眼睛和大脑,也就是人们色彩感觉形成的4个要素。这4个要素不仅使人产生色彩感觉,而且也是人能正确判断色彩的条件。在这4个要素中,如果有一个不确定或者在观察中有变化,就不能正确地判断颜色及颜色产生的效果。

图形图像是人类最容易接收的信息,它具有文字不可比拟的优点。认识色彩是创建完美图像的基础。

1. 色彩的来源

由于内部物质的不同,物体受光线照射后会产生光的分解现象,一部分光线被吸收,其余的被反射或投射出来,成为所见物体的色彩。因此色彩不仅与光有密切的关系,还与被光照射的物体有关,也与观察者有关。色彩是通过光被人们所感知的,光实际上是一种按波长辐射的电磁能。

2. 颜色的描述

色彩可以分为无彩色和有彩色两大类,前者如黑、白、灰,后者如红、黄、蓝等。有彩色就是具备光谱上的某种或某些色相,统称为彩调。与此相反,无彩色就是没有彩调。描述颜色最简单的方法是用颜色名词,给每种颜色一个固定的名称,并冠以适当的形容词,如大红、粉红、浅黄、柠檬黄等。人们可以用颜色名词来交流色知觉信息,但是这种方式不能定量表示色知觉量。在计算机图形学中,需要对颜色进行定量的讨论。

提示

物体的颜色与物体本身、光源、周围环境的颜色以及观察者的视觉系统和观察角度都有关系。有些物体只反射光线,有些物体既反射光又透射光,而且不同的物体反射和透射光的程序也不同。一个只反射纯红色的物体用纯绿色照明时,呈黑色。类似地,从一块只透红光的玻璃后面观察一道蓝光,也是呈黑色。正常人可以看到彩色,全色盲患者则只能看到黑、白和灰色。

从视觉的角度，颜色包含3个要素：色调、饱和度和亮度。人眼看到的任一彩色光都是这3个特性的综合效果。这3个特性是色彩的3要素，其中色调与光波的波长有直接关系，亮度、饱和度与光波的振幅有关。

1）色调与色相

色调是指各种色彩模式下色彩原色的明暗，如RGB模式下色彩原色为红色(R)、绿色(G)、蓝色(B)3种。色调的调整是指这3种原色明暗度的调整。第一种原色的色调调整范围是0～255，总共有256种色调。由于RGB模式是一种增色模式，所以在RGB模式下，色调也代表着原色的明暗度。

色相即颜色，是指由不同原色、不同色调值构成的色彩。例如在CMYK色彩模式下，由C100、M0、Y100、K0组成绿色，由C0、M100、Y100、K0组成红色等，这些绿色、红色就是指色相。

2）亮度与明度

同一物体因受光不同会产生明度上的变化，不同颜色的光，即便强度相同时照射同一物体也会产生不同的亮度感觉。明度也可以说是指各种纯正的色彩相互比较所产生的明暗差别。在纯正光谱中，首先是黄色的明度最高，显得最亮；其次是橙、绿；再其次是红、蓝；最后是紫色明度最低，显得最暗。

3）饱和度与纯度

色彩饱和度是指物体颜色的彩度或色彩纯度。色彩饱和度越低，色彩越淡；色彩饱和度越高，色彩越浓。饱和度还和亮度有关，同一色调越亮或越暗，则越不纯。饱和度越高，色彩越艳丽、越鲜明突出，越能发挥其色彩的固有特性，但饱和度高的色彩容易让人感到单调刺眼。饱和度低，色感比较柔和协调，但如果混色太杂，则容易让人感觉浑浊，色调显得灰暗。

3. 色彩对比

在构成色彩对比的诸条件中，色彩间的差别是最基本的。将两个以上的色彩放在一起，比较其差别及相互间的关系，称为色彩对比的关系(简称色彩对比)。

由于色彩差别有其普遍性，因此色彩对比也有其普遍性，其主要原因如下。

(1) 在同一光源的光线照射下，不同物体受光的角度、距离和强度各不相同，而且同一物体的各部分受光的角度、距离、强度等也不尽相同。

(2) 不同物体的不同部位，即使接受了相同的光，它们反光的明度、色相与彩度也不相同。由于光照线千变万化，它们的反光则更加千差万别。

(3) 发光体与反光体分布于空间各处，它们与眼睛的距离、角度各不相同，即使它们反射的光相同，也会产生不同的色彩感觉。

(4) 发光体运动变化会造成了色彩的变化。例如太阳光照因地球的自转与公转，会出现晨、暮、昼、夜和春、夏、秋、冬的变化，因而地球上万物受太阳光照时的角度、距离无不随之变化。为进一步促使色彩变化，即使把光照换成人造光源，色彩依旧存在游移不稳定的变化。

(5) 能反光的物体本身也在运动和变化，一方面，不断改变其受光照的角度、距离与环境；另一方面，也不断地改变反光的强弱。

（6）色光的度、色相、彩度等有无限的可分性，眼睛对色光的感觉也有极大的适应性，包括明适应、暗适应、色相适应等。在适应之前，很多差别看不出来，只有适应之后才能看清楚。

（7）眼睛跟随人而运动，眼睛的感觉随人的生理及心理状态而变化，从而影响色彩感觉的变化。

因此，只有单一色彩的内部或大体相同的色彩之间，才不会有明显的色彩对比关系。在眼睛能看见的条件下，色彩对比关系时时处处都存在着，这就是色彩对比关系的普遍性。由于色彩本身彼此不同，它们所构成的对比关系也必然各具特点，而且是无法代替的。

非彩色有明度的特性，非彩色之间可以形成非常多样的明度对比关系，有彩色与非彩色之间，也可形成非常多样的明度对比、彩度对比及综合对比等关系。

4. 明度对比

因明度差别而形成的色彩对比，称为明度对比。根据明度色标，凡明度在0°～3°的色彩称为低调色，4°～6°的色彩称为中间色，7°～10°的色彩称为高调色。

色彩间明度差别的大小，决定明度对比的强弱。3°差以内的对比称为短调对比；3°～5°差的对比称为明度中对比，又称中调对比；5°差以上的对比，称为明度强对比，又称为长调对比。

一般来说，高调愉快、活泼、柔软、弱、辉煌、轻；低调朴素、丰富、迟钝、重，有寂寞感。明度对比较强时光感强，形象的清晰程度高，锐利，不容易出现误差；明度对比弱、不明朗、模糊不清时，则如梦，显得柔和静寂、柔软含混、单薄、晦暗、形象不易看清，效果不好；明度对比太强时，如最长调，会产生空间生硬、炫目、简单化等感觉。

对装饰色彩的应用来说，明度对比的正确与否，是决定配色的光感、明快感、清晰感以及心理作用的关键。历来图案配色，都重视黑、白、灰的训练，因此在配色中，既要重视非彩色的明度对比的研究，更要重视有彩色之间的明度对比的研究，注意检查色的明度对比及其效果。

5. 色相对比

因色相的差别而形成的色彩对比称为色相对比。虽是因可见光度的长短差别所形成，但不能完全根据波长的差别来确定色相的差别和对比程度。因为红色光与紫色光的波长差虽然最大，但都处于可见光的两极，都接近不可见光的波长。从眼睛感觉的角度分析，它们的色相是接近的，色相环反映了这一规律。因此在度量色相差时，不能只依靠测光器和可见光谱，而应借助色相环。

色相对比的强弱，取决于色相在色相环上的距离。色相距离在15°以内的，一般看做用色相的不同明度与纯度的对比，因为距离15°的色相属于模糊的较难区分的色相，这样的色相对比称为同类色相对比，是最弱的色相对比。色相距离为15°～45°的对比，称为邻近色相对比或近似色相对比，是弱的色相对比。色相距离在130°左右的对比，一般称为对比色相对比，是色相的中对比。色相距离在180°左右的对比，称为互补色相对比，是色相强对比。色相距离如果大于180°，从余下的弧度来看，必然小于180°，所以距离恰好在180°的对比，称为最强色相对比。

邻近色相对比的色相感，要比同类色相对比明显、丰富、活泼，可以稍稍弥补同类色相对比的不足，能保持统一、协调、单纯、雅致、柔和、耐看等优点。

对比色相对比的色相感要比邻近色相对比鲜明、强烈、饱满、丰富，容易使人兴奋激动和造成视觉以及精神的疲劳。这类对比色相的组织比较复杂，统一的工作也比较难做。它不容易单调，而容易产生杂乱和过分刺激，造成倾向性不强，缺乏鲜明的个性。

互补色相对比的色相感要比对比色相对比更完整、丰富，更富有视觉冲击力。也许会觉得对比色相对比单调，不能适应视觉的全色相刺激的习惯要求，而互补色相对比就能满足这一要求，但它的短处是不安定、不协调、过分刺激，有一种原始和粗俗的感觉。要想把互补色相对比组织得倾向鲜明、统一与调和，配色技术的难度就更高了。

6. 冷暖对比

用冷差别而形成的色彩对比称为冷暖对比。冷色与暖色是依据心理错觉对色彩的物理性分类，对于颜色的物质性印象，大致由冷暖两个色系所产生。波长长的红光、橙光、黄光，本身有暖和感，相反，波长短的紫光、蓝光、绿光，有寒冷的感觉。夏日，人们关掉室内的白炽灯，打开日光灯，就会有一种变凉爽的感觉。颜料也是如此，在冷食和冷的饮料包装上使用冷色，视觉上会引起人们对这些食物冰冷的感觉。冬日，把卧室的窗帘换成暖色，就会增加室内的暖和感。

以上的冷暖感觉，并非来自物理上的真实温度，而是与人们的视觉与心理联想有关。总的来说，人们在日常生活中既需要暖色，又需要冷色，在色彩的表现上也是如此。

除去温度上的不同感觉以外，冷色与暖色还会带来一些其他的感受，例如重量感、湿度感等。例如，暖色偏重，冷色偏轻；暖色有密度强的感觉，冷色则给人稀薄的感觉；冷色的透明感更强，暖色则透明感较弱；冷色显得湿润，暖色显得干燥；冷色有很远的感觉，暖色则有迫近感。

一般来说，在狭窄的空间中，色彩的直接心理效应来自于色彩的物理光刺激对人的生理产生的直接影响。心理学家对此曾做过许多实验，他们发现，在红色环境中，人的脉搏会加快，血压有所升高，情绪兴奋冲动；而处在蓝色环境中，脉搏会减缓，情绪也较沉静。

7. 彩度对比

因纯度差别而形成的色彩对比称为彩度对比。不同色相的纯度，因其相差较大，很难规定一个划分高、中、低纯度的统一标准。一般的做法是把主要色相的纯度均分成3段，处于0°色所在段内的称为低彩度色，处于纯色所在段内的称为高彩度色，余下的称为中彩度色。

一般来说，对比色彩间纯度差的大小，决定彩度对比的强弱，不同的色相情况不完全一样。差10个阶段以上的彩度对比，应称为彩度强对比；差3个阶段以下的，称为彩度弱对比；其余即称为彩度中对比。

在彩度对比中，面积最大的色和色组属高彩度色，对比的另一色彩度低，就构成了彩度鲜明对比。用这样的方法可以把彩度对比大体划分为鲜明对比、鲜中对比、鲜弱对比、中中对比、中弱对比、灰弱对比、灰中对比、灰强对比、最强对比等。

由于彩度倾向和彩度对比的程度不同，其视觉作用与感情影响则各具特点。

(1) 一般来说，纯色的色相明确、视觉冲击力强，色相的心理作用明显，但容易使人疲倦，不能持久注视。含灰色等低纯度的色相则较含蓄，但是不容易分清楚，视觉兴趣弱，注目程度低，虽能持久注视，但因平淡乏味，久看容易厌倦。

(2) 在色相、明度相等的条件下，纯度对比的总特点是柔和，彩度差越小越柔和。

(3) 对视觉来说，同一阶段差的明度对比，其清晰度等于3个阶段差的彩度对比，因此，单一彩度弱对比表现的形象比较模糊。

(4) 彩度对比的另一特点是增强用色的鲜艳感，即增强色相的明确感。彩度对比越强，色彩的艳丽、生动、活泼、注目及其感情倾向越明显。

(5) 配色彩度对比不足时，往往会出现脏、灰、黑、闷、单调、含混等毛病；彩度对比过强时，则会出现生硬、杂乱、刺激、炫目等不好的感觉。

8. 平面色彩

色彩是平面设计表现的一个重要因素，平面色彩的功能是向消费者传递某一种商品信息。在平面设计中的用色，需要把握住消费者心理，运用特定的色彩关系，发挥出色彩特有的个性，为平面创意锦上添花。

现在，色彩在平面宣传中独到的传达、识别与象征作用，已受到越来越多的设计师和企业家们的重视。国外一些大公司、大企业都精心选定某种颜色作为代表自身的形象色，如可口可乐用红色，百事可乐用蓝色，柯达胶卷用黄色。

在平面设计中，除了色彩的象征性影响着人们外，还需要利用文字与图像的说明配合来充分发挥平面作品丰富的联想作用。平面色彩的应用要以消费者能理解并乐于接受为前提，设计师还必须观察、总结生活中的色彩语言，避免使用一些消费者禁忌的色彩组合。

色彩能影响人的情绪，还会给人以甜、酸、苦、辣的味觉感。如蛋糕上的奶油黄色，给人以酥软的感觉，能引起人的食欲，所以食品类的包装普遍采用暖色的配合。对商品色彩的恰当运用是不容忽视的，因此在平面设计中必须考虑色彩的心理因素。下面简单介绍几个基本色相共有的心理效应。

(1) 红色视觉刺激强，让人觉得活跃、热烈、有朝气。在人们的观念中，红色往往与吉祥、好运、喜庆相联系，它成为一种节日、庆祝活动的常用色。通过红色又易联想到血液和火焰，有一种生命感、跳动感，还能引发对危险、恐怖的血腥气味的联想。灭火器、消防车都是红颜色的。

(2) 黄色是明亮和娇美的颜色，有很强的光明感，使人感到明快和纯洁。幼嫩的植物往往呈淡黄色，有新生、单纯、天真的联想，还可以让人想起极富营养的蛋黄、奶油及其他食品。黄色又与病弱有关，植物的衰败、枯萎也与黄色相关联，因此黄色又使人感到空虚、贫乏和不健康。

(3) 橙色兼有红与黄的优点，明度柔和，使人感到温暖又明快。一些成熟的果实往往呈现橙色，富于营养的食品（面包、糕点）也多是橙色，因此橙色又易引起营养、香甜的联想，是易于被人们所接受的颜色。在特定的国家和地区，橙色又与欺诈、嫉妒有联系。

（4）蓝色是极端的冷色，具有沉静和理智的特性，恰好与红色相反。蓝色易产生清澈、超脱、远离世俗的感觉。深蓝色会产生低沉、郁闷和神秘的感觉，也会产生陌生感、孤独感。

（5）绿色具有蓝色的沉静和黄色的明朗，又与人、自然的生命相一致、相吻合，因此它具有平衡人类心境的作用，是易于被接受的色彩。绿色又与某些尚未成熟的果实的颜色一致，因而会引起酸与苦涩的味觉。深绿易产生低沉、消极、冷漠感。

（6）紫色具有优美高雅、雍容华贵的气质。它含有红的个性，又有蓝的特征。暗紫色会产生低沉、烦闷、神秘的感觉。

3.3 平面设计形式美法则

探讨形式美的法则，是所有设计学科共同的课题。那么，它的意义何在呢？在日常生活中，美是每一个人追求的精神享受。当接触任何一件有存在价值的事物时，它必定具备合乎逻辑的内容和形式。在现实生活中，由于人们所处的经济地位、文化素质、思想习俗、生活理想、价值观念等不同而具有不同的审美观念。然而单从形式条件来评价某一事物或某一视觉形象时，对于美或丑的感觉在大多数人中间存在着一种共识。这种共识是从人们长期生产、生活实践中积累的，它的依据就是客观存在的美的形式法则，称之为形式美法则。形式美法则主要有以下几条。

1. 比例

比例是部分与部分或部分与全体之间的数量关系。它是精确详密的比率概念。人们在长期的生产实践和生活活动中一直运用比例关系，并以人体自身的尺度为中心，根据自身活动的方便总结出各种尺度标准，体现于衣食住行的器用和工具的制造中。例如早在古希腊就已被发现的至今为止全世界公认的黄金分割比 1∶1.618 正是人眼的高宽视阈之比。恰当的比例有一种协调的美感，是形式美法则的重要内容。美的比例是平面构图中一切视觉单位的大小以及各单位间编排组合的重要因素。如图 3-2 所示为运用比例均衡的广告案例。

图 3-2

2. 对比统一

对比又称对照，把反差很大的两个视觉要素成功地配列于一起，使人感受到鲜明强烈的感触而仍具有统一感的现象称为对比。它能使主题更加鲜明，视觉效果更加活跃。对比关系主要通过视觉形象色调的明暗、冷暖，色彩的饱和与不饱和，色相的迥异，形状的大小、粗细、长短、曲直、高矮、凹凸、宽窄、厚薄，方向的垂直、水平、倾斜，数量的多少，排列的疏密，位置的上下、左右、高低、远近，形态的虚实、黑白、轻重、动静、隐现、软硬、干湿等多方面的对立因素来达到。它体现了哲学上矛盾统一的世界观。对比法则广泛应用在现代设计当中，具有很好的实用效果。如图 3-3 所示为运用对比统一的广告案例。

图 3-3

3. 对称

自然界中到处可见对称的形式，如鸟类的羽翼、花木的叶子等，所以对称的形态在视觉上有自然、安定、均匀、协调、整齐、典雅、庄重、完美的朴素美感，符合人们的视觉习惯。平面构图中的对称可分为点对称和轴对称。假定在某一图形的中央设一条直线，将图形划分为相等的两部分，如果两部分的形状完全相等，这个图形就是轴对称图形，这条直线称为对称轴。假定针对某一图形，存在一个中心点，以此点为中心通过旋转可以得到相同的图形，那么这个图形就称为点对称图形。点对称又有向心的“求心对称”、离心的“发射对称”、旋转式的“旋转对称”、逆向组合的“逆对称”以及自圆心逐层扩大的“同心圆对称”等。在平面构图中运用对称法则要避免由于过分的绝对对称而产生单调、呆板的感觉，有时候，在整体对称的格局中加入一些不对称的因素，反而能增加构图版面的生动性和美感，避免了单调和呆板。如图 3-4 所示为运用对称美的广告案例。

图 3-4

4. 和谐

宇宙万物，尽管形态千变万化，但它们都各按照一定的规律而存在，大到日月运行、星球活动，小到原子结构的组成和运动，都有各自的规律。爱因斯坦指出：宇宙本身就是和谐的。和谐的广义解释是，判断两种以上的要素或部分与部分的相互关系时，各部分所给予的感受和意识是一种整体协调的关系。和谐的狭义解释是统一与对比两者之间不是乏味单调或杂乱无章的。单独的一种颜色、一根线条无所谓和谐，几种要素具有基本的共通性和融合性才称为和谐，例如一组协调的色块、一些排列有序的近似图形等。和谐的组合也保持部分的差异性，但当差异性表现为强烈和显著时，和谐的格局就向对比的格局转化。如图 3-5 所示为运用和谐美的广告案例。

图　3-5

5. 节奏和韵律

节奏本是指音乐中音响节拍轻重缓急的变化和重复。节奏这个具有时间感的用语在构成设计上是指以同一视觉要素连续重复时所产生的运动感。

韵律原指音乐(诗歌)的声韵和节奏。诗歌中音的高低、轻重、长短的组合，匀称的间歇或停顿，一定地位上相同音色的反复及句末、行末利用同韵同调的音相加强诗歌的音乐性和节奏感，就是韵律的运用。平面构成中单纯的单元组合重复易单调，由有规则变化的形象或色群间以数比、等比处理排列，使之产生音乐、诗歌的旋律感，称为韵律。有韵律的构成具有积极的生气，有加强魅力的能力。如图 3-6 所示为运用节奏和韵律美的广告案例。

图　3-6

6. 平衡

在平衡器上两端承受的重量由一个支点支持，当双方获得力学上的平衡状态时，称为平衡。在平面构成设计上的平衡并非实际重量×力矩的均等关系，而是根据形象的大小、轻重、色彩及其他视觉要素的分布作用于视觉判断的平衡。平面构图上通常以视觉中心(视觉冲击最强的地方的中点)为支点，各构成要素以此支点保持视觉意义上的力度平衡。在实际生活中，平衡是动态的特征，如人体运动、鸟的飞翔、野兽的奔驰、风吹草动、流水激浪等都是平衡的形式，因而平衡的构成具有动态。如图 3-7 所示为运用平衡美的广告案例。

图 3-7

7. 联想与意境

平面构图的画面通过视觉传达而产生联想，达到某种意境。联想是思维的延伸，它由一种事物延伸到另外一种事物上。例如图形色彩的红色使人感到温暖、热情、喜庆等；绿色则使人联想到大自然、生命、春天，从而使人产生平静感、生机感、春意等。各种视觉形象及其要素都会产生不同的联想与意境，由此而产生的图形的象征意义作为一种视觉语义的表达方法被广泛地运用在平面设计构图中。

随着科技文化的发展，对美的形式法则的认识将不断深化。形式美法则不是僵死的教条，要灵活体会，灵活运用。如图 3-8 所示为运用联想与意境美的广告案例。

图 3-8

8. 重心

重心在物理学上是指物体内部各部分所受重力的合力的作用点。对一般物体求重心的常用方法是用线悬挂物体，平衡时重心一定在悬挂线或悬挂线的延长线上，然后在物体上的另一点进行悬挂，平衡后重心也必定在新悬挂线或新悬挂线的延长线上，前后两线的交点即为物体的重心位置。在平面构图中，任何形体的重心位置都和视觉的安定有紧密的关系。人的视觉安定与造型的形式美的关系比较复杂，人的视线接触画面，常常迅速由左上角到左下角，再通过中心部分至右上角到右下角，然后回到画面最吸引视线的中心视圈停留下来，这个中心点就是视觉的重心。但画面轮廓的变化、图形的聚散、色彩或明暗的分布等都可对视觉重心产生影响，因此画面重心的处理是平面构图探讨的一个重要方面。在平面广告设计中，一幅广告所要表达的主题或重要的内容信息往往不应偏离视觉重心太远。如图 3-9 所示为运用重心美的广告案例。

图　3-9

9. 结合

在构图中，结合就是指单独的视觉单元完全联合在一起，无法分开，这可以使原来并不相干的视觉形象自然而然地关联起来。例如，把两种或几种不同的视觉形象结合在一起，在视觉表达上自然而然地从一个视觉语义延伸到另一个视觉语义。如图 3-10 所示为运用结合美的广告案例。

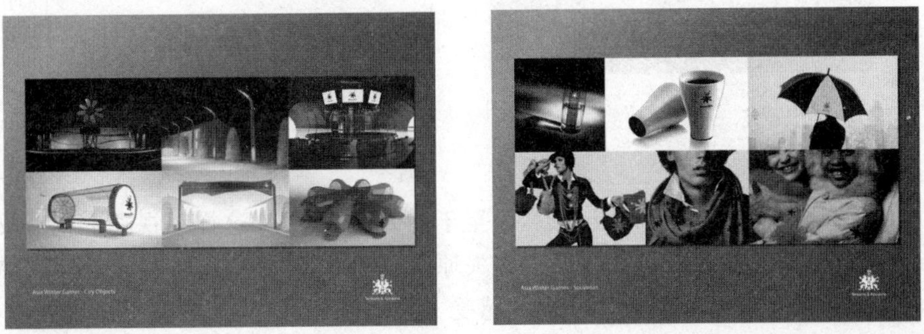

图　3-10

10. 贴近

以贴近而进行视觉归类的各种方法都是直截了当的，并且易于实行。由贴近而产生近缘关系，运用近缘关系对少量的相同视觉单元或是大量不同的视觉单元进行归类都比较容易。例如在印刷版面设计中，为了区分不同的内容，也经常采用近缘关系的方法来进行视觉分类。举个最简单的例子：在处理不同内容的图片和与之相关的说明文字时，只要将每一幅图片相应的文字段落与之贴近，在不同的图文组合之间保持一定间距，无须指引符号，读者也不会搞错各个图片和文字段落之间的关系。报纸杂志的版面编排，字母与字母、词与词、行与行之间，也都运用了近缘关系，使版面整体分为若干贴近的板块，成为若干个相关的视觉组合。如图 3-11 所示为运用贴近美的广告案例。

图 3-11

11. 简化

在实际的设计创作过程中，必须留意是否添加了任何与预期的表达相抵触的东西，如果有则应排除，以改进设计上的视觉表达。任何有效的、吸引人视觉的表达，并不需要太多复杂的形象，许多经典的设计作品在视觉表现上都是很简洁的。如图 3-12 所示为运用简化美的广告案例。

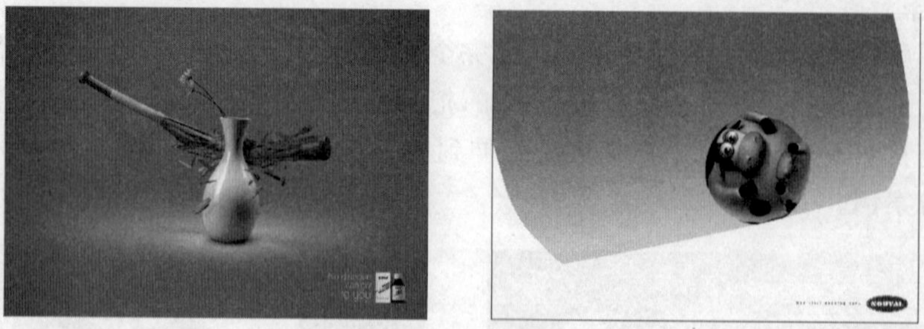

图 3-12

12. 接触

接触是指单独的视觉单元无限贴近，以至于它们彼此粘连，这样在视觉上就形成了一个较大的、统一的整体。接触的形体有可能丧失原先单独的个性，变得性格模糊。就如在图案设计中相互接触的不同形状的单元在视觉感受上是如此相近，完全融为一体。如图 3-13 所示为运用接触美的广告案例。

13. 重合

重合是结合的一种特殊形式，如果所有的视觉单元在色调或纹理等方面都是不同的，那么区分已被联结的原有各个视觉单元就越容易；相反，如果所有的视觉单元在色调或纹理等方面都是一样的，那么原有各个视觉单元的轮廓就会消失，从而形成一个单一重合的形状。重合能创造出一种不容置疑的统一感和秩序性。重合各个不同视觉形象的时候，如果这些视觉形象的总外形具有一个共同的、统一的轮廓，那么这样的重合就成功了。如图 3-14 所示为运用重合美的广告案例。

14. 总格调及纹理

格调与纹理是由大量重复的单元构成的，两者的主要区别在于视觉单元的大小或规模，除此之外，它们基本上是一样的。格调是视觉上扩大了的纹理，而纹理则是在视觉上缩减了

图　3-13

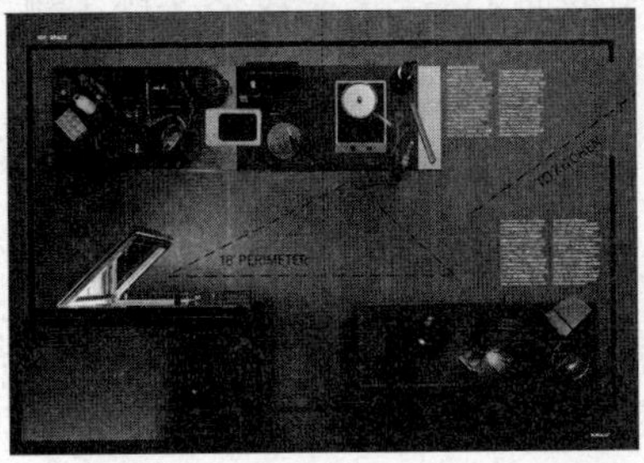

图　3-14

的格调。感知格调或纹理的视觉格式塔，总是基于视觉单元的大小和数量的多少，但在一定的场合，别的因素也可能起作用。例如，一个格式塔中视觉单元的总量可以影响它的外观。当数量很大，以至于不能明显地看出单独视觉单元时，这种现象就可能发生。例如透过窗户看到不远处的树林是足够大的，可以构成一种格调。但是，如果在飞机上俯瞰一整片树林，恐怕就只能将其作为一种纹理来看了。格调和纹理实际上没有严格的区分界限，当视觉单元大小及数量变到一定的量值范围，这种特性可以使格调显得像是一种纹理，也可以使纹理呈现为一种格调。或者，创造出一种格调之内的纹理，以至格调和纹理同时并存。

15. 闭合

有一种常见的视觉归类方法，是基于人类的一种完型心理：把局部形象当做一个整体的形象来感知。这种知觉上的特殊现象，称之为闭合。当然，由一个形象的局部而辨认其整体的能力，是建立在人们头脑中留有对这一形象的整体与部分之间关系的印象这一基础之上的。也就是说，如果某种形象即使在完整情况下都不认识，则可以肯定在只有其局部时，更加不会认识。如果说一个形象缺的部分太多，那么可识别的细节就不足以会聚成为一个易于认知的整体形象。而假如一个形象的各局部离得太远，则知觉上需要补充的部分可能就太多了。在上述情况下，人的习惯知觉就会把各局部完全按其本来面目当做单独的单元来看待。图 3-15 所示的便是运用闭合美的广告案例。

16. 排列

排列是将构图中过多的视觉单元进行归整的一种方法，其常见的形式有整列法与格栅法。

图 3-15

1）整列法

在设计中，“整列”这个术语可以简单地解释为“对齐”。如果两个或两个以上的视觉单位看起来是排列整齐的，那么就说明是已进行过整列了。整列有两种类型，即实际上的整列和视觉上的整列。书中的文字是视觉整列的极好例证，这些文字段落实际上就是由一些并不存在的共同线进行了整列的。这种知觉现象的发生，是由格式塔闭合原理以及贴近造成的，整列则存在着实际的对齐线。

2）格栅法

当一个现成的格式塔中用到两个或两个以上的交叉整列时，就会出现一种栅格划分，将版面分为若干块。在实际设计中，为了体现版面的秩序性和连续性，如报纸的各版面，书籍、杂志连续的各页，展览会上展出的同一主题的连续展板等，设计师往往使用同一种标准化的栅格系统，使一系列视觉内容具有关联性和连续性。

17. 归类

当构图中各个视觉单元具有共同的特征时，它们就显示出一种视觉归类的趋向，这种视觉简化法也称为相似归类。有许多途径能够达到归类的目的，例如大小、形状、方向、颜色或色调等，如图 3-16 所示。

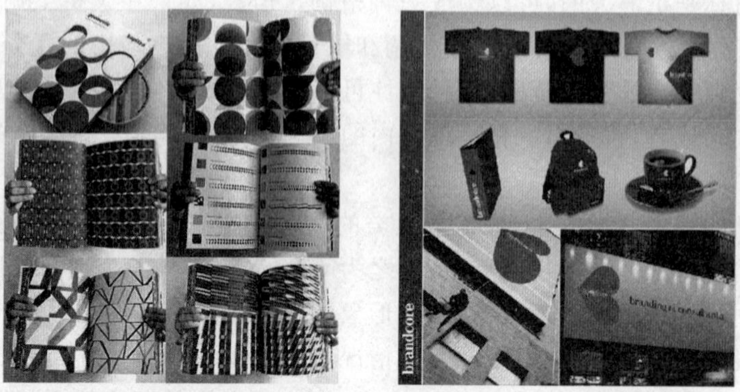

图 3-16

(1) 大小归类。当单独的视觉单元显得大小相似时，看起来就同属一类，这时就很容易将它们看做较大的视觉群体中的一个组成部分。

(2) 形状归类。形状相同或相似的视觉单元往往会被看做一个组。

(3) 方向归类。各种各样的线、形或视觉单元的排列式样如果方向相同或趋于一致，那么它们就能够呈现出一种类似性，这些视觉内容往往会被看做一个大的整体。

(4) 颜色归类。在大多数情况下，如果各视觉单元在颜色或色调上相似，人们的习惯知觉就会将它们看做一个较大的视觉组合。

课堂练习

任务背景： 虽然对平面设计的创意基础进行了学习，但这些还远远不够。平面设计的创意并不只是追求新奇出众，纯粹讲究画面的好看和华丽，它需要日积月累的经验，要多看一些成功人士的作品。

任务目标： 浏览平面设计作品。

任务要求： 仔细观察这些设计作品，学习创意的表现手法。

任务提示： 平面设计最重要的就是要有好的创意，有很多创意的表现手法可以从不同的角度实现不同的效果。

练习评价

项　目	标准描述	评定分值	得分
基本要求 60 分	平面设计的基本要素	20	
	平面广告创意的注意事项	20	
	平面设计色彩的应用	20	
拓展要求 40 分	平面设计形式美法则	40	
主观评价		总分	

课外阅读

创意策略单

对于初涉设计工作的新人，可以使用创意策略单来帮助其完成平面设计创意。关于创意策略单的要素如下表所示。

步骤	内容大纲	设定
1	我们有一个(　　)信息。(消费者的最终权益、定位、特别的主张、诉求点)	说什么
2	要传达给(　　)。	对象
3	他们的脑海里，现在很喜欢竞争品的(　　)。	竞争品
4	我们必须克服(　　)的障碍。	难题
5	从客户被大众认知的样子和消费者的关系，对未来的期望，我们今天和消费者，要以(　　)关系、形象、语气、方法、形式、姿态、环境，来和谁沟通、说话？	调性
6	(　　)因素，使我们可以这样说？	支持点
7	至于广告量(　　)。	媒介
8	有什么限制、禁忌、规定？	限制
9	于是，我们可以解决了(　　)问题，达成广告后的效果。	目的

课后思考

（1）从视觉的角度，颜色包含了哪 3 个要素？

（2）在平面设计中，除了色彩的象征性影响着人们以外，还需要一些什么因素配合才可以发挥平面作品的丰富联想作用？

第 4 课　平面设计的要求

在过去计算机并不普及的时代，大部分的设计专业人员从事设计工作时多用的是师徒制，跟随资深前辈从最基层的助理当起，一步一步学习、摸索。随着计算机的普及，大部分设计专业学生在学校的时候就已经开始专业内容的学习。本课中将对平面设计人员应该具备的计算机基础知识、平面软件知识、美学、色彩以及印刷工艺等理论知识进行学习。

课堂讲解

任务背景：小强经过这段时间的学习，对平面设计有了最基本的了解，而且越学越感兴趣，他梦想着以后能够成为一名专业的平面设计人员，但是，小强还不知道平面设计行业有什么要求，于是他打开计算机，开始搜索……

任务目标：了解平面设计的要求。

任务分析：只有对平面设计的要求有了一定的了解，才能为将来加入平面设计大军做好充分的准备。

4.1　计算机基础知识

在计算机基础知识方面，平面设计制作人员主要应该具备以下知识。

（1）计算机硬件的基础知识，包括显示器、打印机、扫描仪、喷绘机等平面设计公司常用设备的设置和使用技巧；苹果机操作系统的使用；苹果机与 PC 的互联等。

（2）Windows 基础知识应用，包括系统设置、程序的安装与删除、文件管理、资源管理等。

（3）Word 基础知识应用，包括文档的录入、编辑、修饰、排版和打印等。

（4）PowerPoint 基础知识应用，包括演示文稿的编辑、效果设置、设计模板等。

（5）Internet 基础知识应用，包括网页浏览、搜索引擎、电子邮件、BBS、软件下载等。

4.2　平面设计软件知识

在平面设计软件方面，设计制作人员应该具备主流设计软件的操作技能，常用软件如表 4-1 所示。

表 4-1 常用软件

软 件 名	功 能	掌握程度	所属公司	最新版本
Photoshop	图像处理、编辑,动画制作	精通	Adobe	CS4
Illustrator	矢量插图绘制,排版	精通	Adobe	CS4
PageMaker	设计制作各种印刷出版物	熟练	Adobe	7.0
CorelDRAW	矢量图形绘制,排版	熟练	Corel	X4
InDesign	设计制作印刷出版物	熟练	Adobe	CS4
Acrobat	制作 PDF 格式电子文档	了解	Adobe	9 pro
FreeHand	排版设计出版物	熟练	Adobe	Mxa
Painter	专业级插图、场景绘制	了解	Corel	IX.5
FrameMaker	排版软件	熟练	Adobe	6.0
AutoCAD	工程图绘制	了解	Autodesk	2009
Fireworks	矢量、位图、动画制作	熟练	Adobe	CS4
Premiere	非线编软件	了解	Adobe	CS4
飞腾	国产排版软件	熟练	方正	4.0

除了以上比较常见的软件外,根据不同的行业还会有些专业的小软件,例如蒙泰、QuarkXPress 等。虽然软件种类繁多,但有些功能是相似的,所以掌握其中一个就可以了。下面按照工作行业简单地对以上软件进行分类,如表 4-2 所示。

表 4-2 软件分类

广告公司	Photoshop、Illustrator、CorDRAW、InDesign、PageMaker、Painter
网络公司	Fireworks、Photoshop、Acrobat
印刷公司	Photoshop、CorelDRAW、PageMaker、FrameMaker
出版多媒体	Photoshop、Premiere、CorelDRAW、Acrobat、PageMaker、飞腾
婚纱影楼	Photoshop、Premiere、CorelDRAW
建筑装饰	Photoshop、AutoCAD

4.3 平面设计和广告知识

在平面设计和广告知识方面,设计制作人员主要应该具备以下知识。

(1) 版面构成基础知识,包括版面构成的原理、形式;平面构成、立体构成、色彩构成的基础知识。

(2) 广告学的基本概念和基础知识,如广告的内涵、功能、种类与特性、发展历史与现状、组织、计划、定位、创意、文案、媒介、法规,以及广告公司的工作流程等。

(3) 海报招贴、书籍装帧、名片设计、产品包装、VI 等各种类型平面广告设计的规范。

(4) 印前与喷绘的基础知识，包括印前流程、设计、纸张、出片、打样等专业知识，喷绘行业的现状和技术，喷绘设计方法和喷绘设备等。

(5) IT、汽车、房地产、服务、服装、食品、饮料、手机等典型行业的平面广告设计特点和常用表现手法。

4.4 印刷工艺基础

在印刷工艺基础知识方面，平面设计制作人员主要应该具备以下知识。

(1) 印前的基本知识，包括出片、打样、喷绘、PS 版、丝网印刷等。

(2) 初步了解印刷工艺，包括印刷的种类、纸张的开度、印刷设备基本常识；在四色印刷与专色印刷中，网点线数、角度、纸张克重对印刷质量的影响；印刷中出血、套印、拼版的注意事项。

(3) 了解印后加工的基本常识，如烫金、覆膜、上光、UV、模压、粘胶、模切等方面的知识。

(4) 了解特种印刷的基本情况，如防伪印刷、热转印印刷、金属压线、静电印刷、立体印刷及曲面印刷等。

在平面设计岗位技能方面，对平面设计人员有比较严格的要求，除了要求熟练使用主流平面设计软件外，在平面创意、设计、制作及印刷等方面都要求具有良好的动手能力。此外，责任心强、敬业进取和团队合作精神也是必不可少的。

4.5 美术功底

平面设计制作人员需要有较扎实的美术功底，应具备以下技能。

(1) 对色彩的搭配使用有相当的理解，有色彩感觉和混色能力。

(2) 素描写生、手绘制图的能力。

(3) 掌握造型的方法、透视原理和制图方法、漫画和卡通的制作方法。

(4) 有良好的空间感和立体感。

(5) 有良好的作品鉴赏能力，能从优秀广告作品中领悟出创意和设计思路，能揣摩和研究各种平面设计作品，能充分准确地把握作品所要表达的内涵。

(6) 有大胆的想象力，只有创意才是作品真正的生命力。

4.6 平面设计功能

平面设计技能是平面创作人员技能的核心，一般来说，主要包括以下内容。

(1) 具有一定的平面调查能力。平面调查是平面设计的开始和基础，具体的内容包括为寻找或确定平面诉求点所做的调查、为明确消费群或平面对象所做的调查、媒介量的调查、有关媒介特性的调查、媒介接触率的调查、平面效果测定的调查、商品形象的调查、消费者购买动机的调查、在市场投入的平面量的调查等。

(2) 具有良好的平面内容表现能力。平面内容分为主题和具体内容两部分，这是平面设计师进行设计的基本材料。

(3) 具有新颖别致的平面设计理念。平面的构思立意是设计的第一步，在设计中创意思路比一切都重要。平面理念一向独立于设计之上，因此一般认为在视觉作品中传达出理念是最难的一件事。

(4) 具备灵活调动视觉元素的技巧。设计中的基本元素相当于作品的构件，每一个元素都要有传递和加强传递信息的目的。一个优秀的设计师动用每一种元素，都会从整体需要去考虑。在一个版面之中，平面构成元素可以根据类别来进行划分，如可以分为标题、内文、背景、色调、主体图形、留白、视觉中心等。

(5) 具备巧妙选择表现手法的能力。手法即技巧，在各种平面泛滥的今天要想把受众打动已非易事，甚至更多的视觉作品已被人们的眼睛自动地忽略掉了。

(6) 具备良好的视觉平衡能力。平衡能带来视觉及心理的满足，设计师要解决画面当中力场的平衡、前后衔接的平衡。平衡感也是设计师构图所需要的能力，平衡与不平衡是相对的，以是否达到主题要求为标准。平衡分为对称平衡和不对称平衡，包括点、线、面、色、空间的平衡。

(7) 具有独特的自我设计风格。作为设计师有时反对固定风格，固定风格的形成容易自我僵死，但设计风格同时又是一个设计师性格、喜好、阅历、修养的反映，也是设计师成熟的标志。

(8) 具备良好的项目设计综合能力，将创意构思、设计技巧、印刷技术融于工作之中。

课堂练习

任务背景： 通过本课的学习，小强了解到，如果以后想要成为一名专业的平面设计人员，从现在开始就要努力对计算机设计、图像处理，排版等相关软件进行学习。当然，路还是需要一步一步走出来的，接下来小强上网搜索了一些平面设计招聘信息。

任务目标： 查看专业设计公司对平面设计人员的要求。

任务要求： 多搜索一些相关的招聘信息。

任务提示： 提前查看一些招聘信息，可以了解一些专业的设计公司对平面设计人员的基本要求，这样可以提前为自己的将来做好准备。

练习评价

项　目	标准描述	评定分值	得分
基本要求 60 分	平面设计软件知识	20	
	平面设计和广告知识	20	
	了解印刷工艺	20	
拓展要求 40 分	广告设计技巧	40	
主观评价		总分	

课外阅读

平面广告设计岗位的具体工作

设计是有目的的策划，平面广告设计是这些策划的表现形式之一。在平面广告设计中需要用视觉元素来传播设想和计划，用文字和图形把信息传达给受众，让人们通过这些视觉元素了解设计者的设想和计划。可见，平面广告是一种特定目的的艺术。

平面广告设计岗位又可细分为广告文稿、广告画面设计和广告制作合成等具体工作。在这里，一般把从事平面广告设计岗位的人都称为平面广告设计师或设计师。

1. 文稿工作

文稿人员负责广告文稿(标题和正文)的设计创作，是广告创意的关键。这就要求文稿人员必须具有较强的语言表达能力和创造性的思维以及较高的写作才能，要能用精练的语言表达出广告的创意，传达广告信息，展开对消费者的宣传。

2. 画面设计工作

画面设计工作由广告画面设计人员来完成，工作任务是为广告配上相应的画面，要求有一定的艺术效果，富有情趣和容易引发人们的联想，以增强广告的记忆效果。

3. 广告制作合成工作

广告的制作合成工作则是完成广告文稿与广告画面的设计合成。这项工作由文稿人员、广告画面设计人员承担，或由专职员工负责。在定稿之后，便可送去制作。

课后思考

(1) 最常用的平面设计软件有哪些？

(2) 在印刷工艺基础知识方面，平面设计制作人员应该具备哪些知识？

第 2 章

基本图形绘制

知识要点

- 矩形、圆角矩形的绘制
- 椭圆形的绘制
- 多边形工具和星形工具的使用
- 直线、弧线和螺旋线的绘制
- 矩形网格和极坐标网格
- 画笔工具的使用
- 画笔描边的应用
- 卡通表情的绘制方法

第 5 课　基本绘图工具

Illustrator CS4 中提供了很多绘制基本图形的工具，如矩形、椭圆形、多边形、星形、直线、弧线、螺旋线以及矩形网格等，通过多种绘制图形工具的结合应用与编辑可以绘制出丰富多彩的图形效果。本课将针对 Illustrator CS4 中各个基本绘图工具的使用方法与绘制技巧做详细的讲解。

课堂讲解

任务背景：小强在浏览网页的时候看到一些非常简单且精美的图形，下载到本地电脑后使用软件打开，竟然可以无限放大，小强思索这些精美的图形是如何绘制而成的，于是开始努力对 Illustrator CS4 中的基本绘图工具进行学习。

任务目标：掌握 Illustrator CS4 中各种基本绘图工具的使用。

任务分析：学习本课的内容是非常必要的，只有对 Illustrator CS4 的基本绘图工具有了一定的了解，才能动手绘制出精美的图形。

5.1　绘制矩形、圆角矩形和椭圆形

步骤 1　绘制矩形

单击工具箱中的"矩形工具"按钮▭，或者按快捷键 M，当鼠标指针发生变化时，在画布中按住鼠标左键拖动，如图 5-1 所示。当矩形达到需要大小时，松开鼠标左键，即可绘制出矩形，如图 5-2 所示。

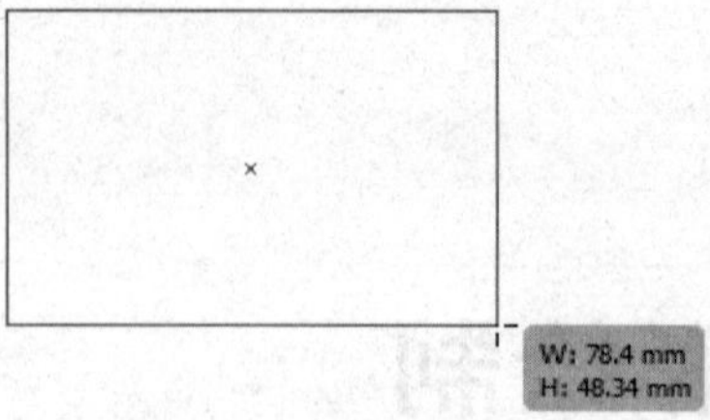

图 5-1

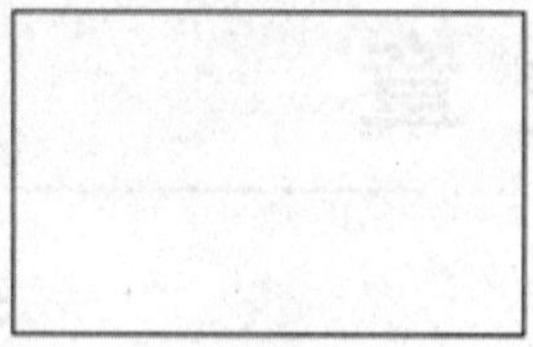

图 5-2

提示

使用“矩形工具”绘制矩形，在松开鼠标左键之前，按住 Space 键，可以调整绘制位置；在松开鼠标左键之前，按住 Shift 键，可以绘制出正方形。

小技巧

在松开鼠标左键之前，按住 Alt 键同时拖动鼠标，将以开始位置为中心点向四面延伸绘制矩形；在松开鼠标左键之前，按住键盘上的“～”键同时拖动鼠标，可以同时绘制出多个矩形。

在画布中单击，将弹出“矩形”对话框，在该对话框中可以对矩形的“宽度”和“高度”进行相应设置，如图 5-3 所示，单位默认为 mm(毫米)，也可以直接设置其他单位，例如 5cm，系统会自动将其转换为设置单位。设置完成后，单击“确定”按钮，即可绘制矩形，如图 5-4 所示。

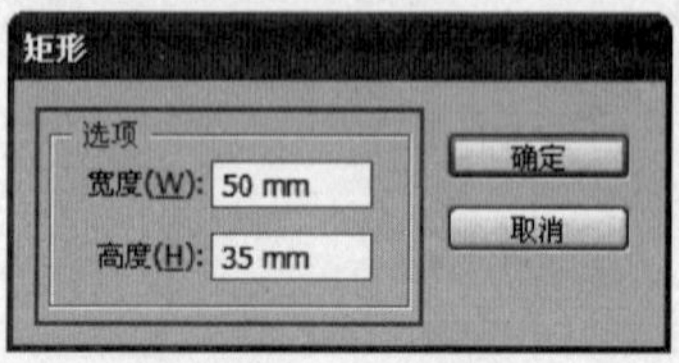

图 5-3

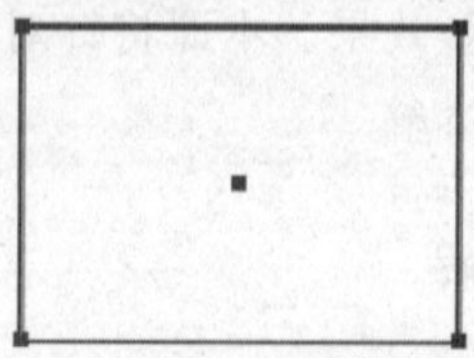

图 5-4

步骤 2　绘制圆角矩形

“圆角矩形工具”与“矩形工具”基本相同，只不过在绘制过程中多了一些技巧，也是最常用的绘制图形工具之一。

单击工具箱中的“圆角矩形工具”按钮，在画布中按住鼠标左键拖动可以创建圆角矩形，如图 5-5 所示。此外“圆角矩形”对话框还比“矩形”对话框多出一项“圆角半径”选项，如图 5-6 所示。

图 5-5

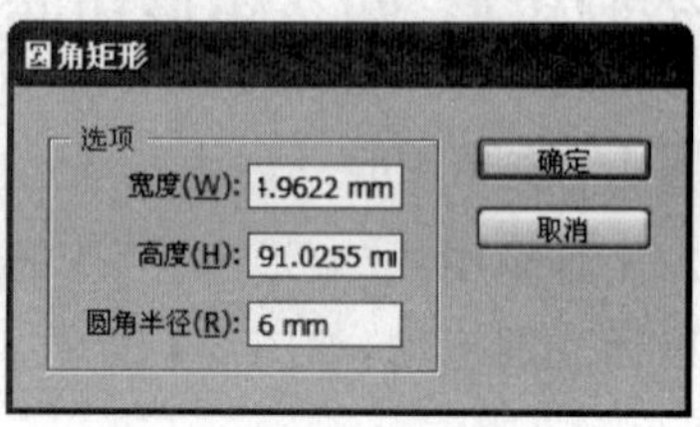

图 5-6

提示

在绘制圆角矩形时如果同时按住键盘上的向上或向下方向键，可以增大或减小圆角的半径。如果按向左方向键，则得到方角矩形。相反如果按向右方向键，则可以把圆角的半径放到最大，从而得到近似于圆形的圆角矩形。

步骤 3　绘制椭圆形

单击工具箱中的“椭圆形工具”按钮，在画布中按住鼠标左键拖动，当椭圆形达到合适大小时，松开鼠标左键，即可绘制出椭圆形，如图 5-7 所示。与“矩形工具”一样，在使用“椭圆形工具”时如果按住 Shift 键，可以绘制出正圆形；按住 Alt 键，则从中心而不是左上角开始绘制椭圆，如图 5-8 所示。

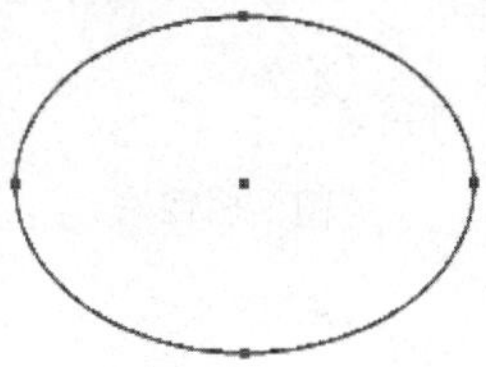

图　5-7

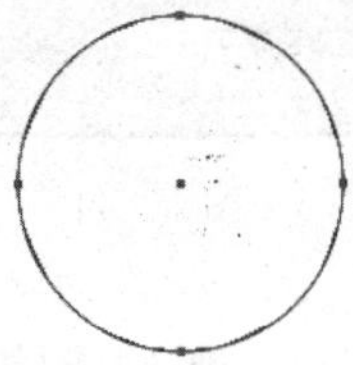

图　5-8

5.2　绘制多边形和星形

步骤 1　绘制多边形

使用“多边形工具”可以绘制出各种样式的多边形。多边形与矩形和椭圆形相比较要复杂一些，绘制时相对会多一些技巧和选项设置。

单击工具箱中的“多边形工具”按钮，在画布中按住鼠标左键拖动，达到合适大小时，松开鼠标左键，即可绘制出多边形，如图 5-9 所示。使用“多边形工具”时，在画布中单击，会弹出“多边形”对话框，如图 5-10 所示，在该对话框中可以对多边形的“半径”和“边数”两个选项进行相应的设置。

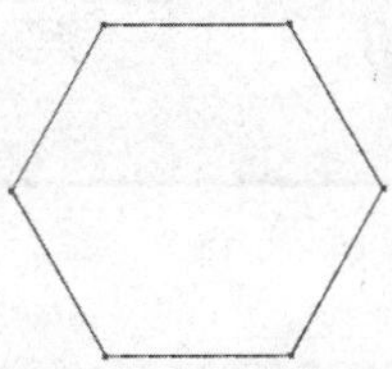

图　5-9

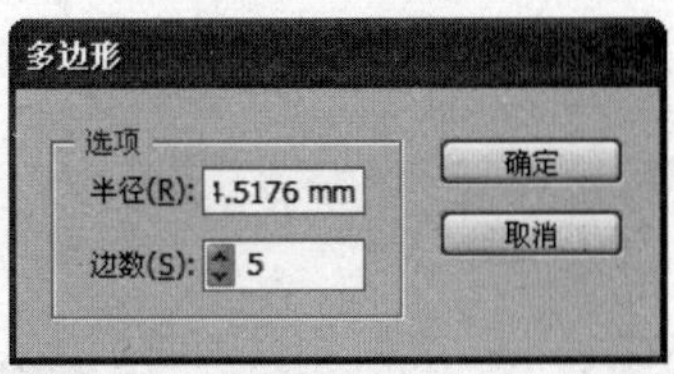

图　5-10

提示

在使用“多边形工具”绘制多边形时，默认情况下，所绘制的多边形为一个六边形。按键盘上的向上方向键，可以增加多边形的边数，按键盘上的向下方向键可以减少多边形的边数，边数最少为 3。绘制多边形的过程中，在松开鼠标左键之前，按住 Space 键，可以调整绘制位置。

步骤 2　绘制星形

使用“星形工具”可以绘制出各种星形，使用方法与“多边形工具”基本相同，但是“星形”对话框的设置与“多边形”对话框略有不同，需要设置两个半径，如图 5-11 所示。其中“半径1”是指从星形中心到星形最内点的距离，而“半径 2”是指从星形中心到星形最外点的距离，这两个半径和星形的点数决定了星形的状况。

单击工具箱中的“星形工具”按钮并在画布中单击，弹出“星形”对话框，在对话框中设置星形的“半径 1”(外径)、“半径 2”(内径)和“角点数”3 个选项的数值，图形如图 5-12 所示。

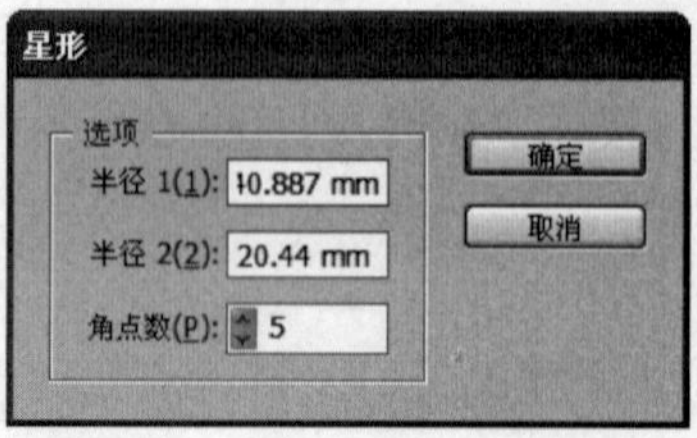

图　5-11

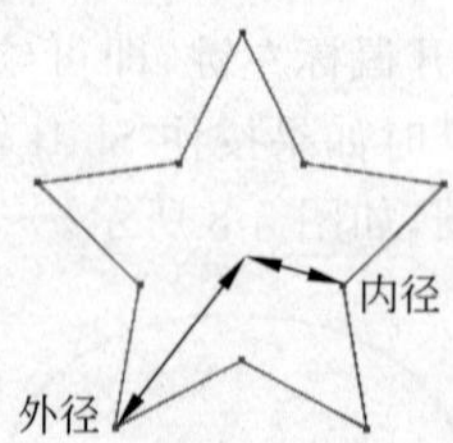

图　5-12

5.3　绘制直线、弧线和螺旋线

步骤 1　绘制直线

“直线段工具”是一种专门绘制直线的绘图工具，是在设计图稿时会经常用到的工具之一，使用方法也非常简单。

单击工具箱中的“直线段工具”按钮或按快捷键“\”，当鼠标指针发生变化时，在画布中按住鼠标左键并拖动，当拖动到需要的长短或角度时，松开鼠标左键，即绘制出直线线段，如图 5-13 所示。也可以通过在画布中单击，在弹出的“直线段工具选项”对话框中进行“长度”和“角度”的设置，如图 5-14 所示。

图　5-13

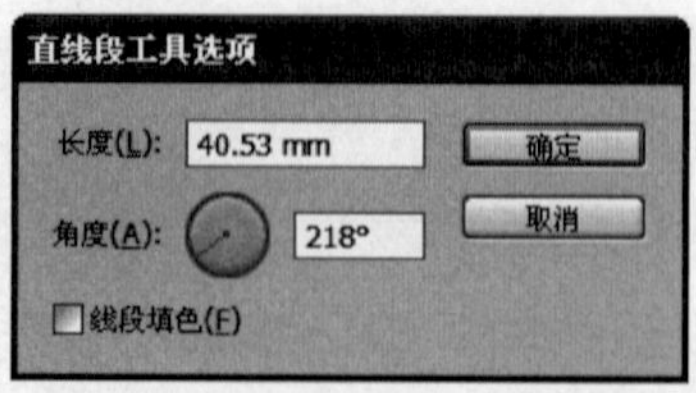

图　5-14

小技巧

如果在拖动鼠标的同时按住 Shift 键，则可以将直线线段与水平方向的角度限制为 45°；按住 Alt 键同时拖动鼠标，则会以开始的位置为中心点向两侧绘制；按住 Space 键，可以调整绘制的位置。

步骤 2　绘制弧线

单击工具箱中的“弧形工具”按钮，当鼠标指针发生变化时，在画布中按住鼠标左键拖动，当拖动到需要的长短或角度时，松开鼠标左键，即可绘制出弧线，如图 5-15 所示。按住“～”键同时拖动鼠标可以绘制出多条弧线，如图 5-16 所示。

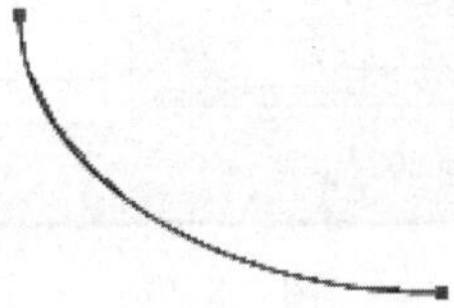

图　5-15

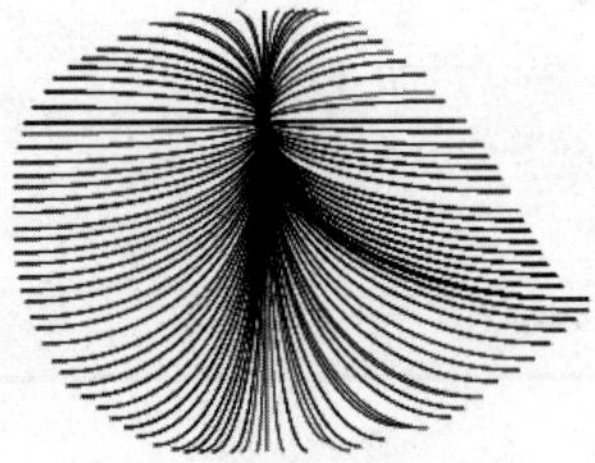

图　5-16

提示

拖动鼠标的同时按键盘上的向上方向键或向下方向键，可以改变弧线弯曲的角度和方向。按住 Shift 键同时拖动鼠标，则可以绘制出水平和垂直方向长度相等的弧线。按住 Alt 键同时拖动鼠标，则以开始的位置为中心点绘制弧线。

小技巧

在松开鼠标左键之前，按键盘上的 F 键可以改变绘制的方向，如图 5-17 所示；按键盘上的 C 键可以将绘制的弧线闭合，如图 5-18 所示。

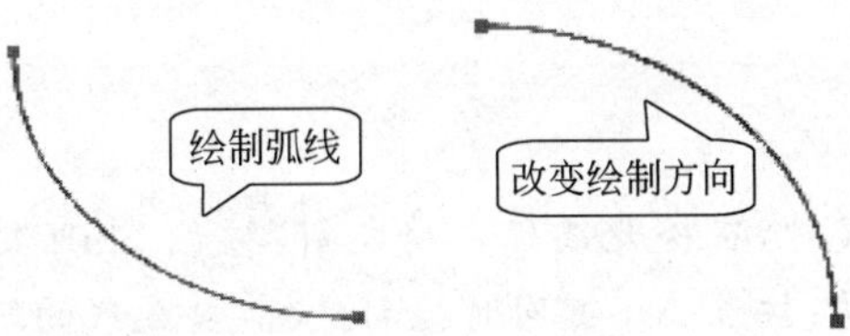

图　5-17

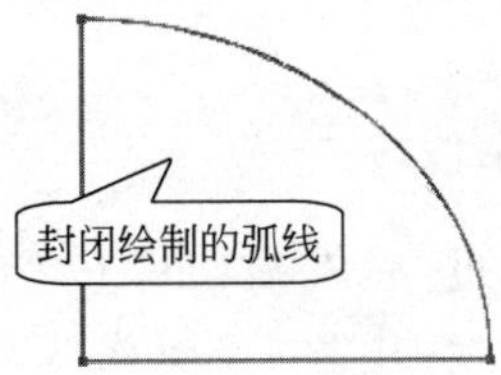

图　5-18

“弧形工具”与其他基本绘图工具一样，也有属于自己的对话框。单击工具箱中的“弧形工具”按钮并在画布中单击，将弹出“弧线段工具选项”对话框，如图 5-19 所示。也可以直接双击工具箱中的“弧线工具”按钮，同样会弹出“弧线段工具选项”对话框，如图 5-20 所示。它与在画布中单击弹出的对话框有所不同，在右下方会多出一个动态预览框，可以一边设置选项一边观看右侧预览窗口中弧线的变化。

“弧线段工具选项”对话框中的参数说明如下。

- X 轴长度：决定弧线的宽度。
- Y 轴长度：决定弧线的高度。
- 类型：指定弧线路径为开放路径或闭合路径。
- 基线轴：用于指定弧线方向。
- 斜率：指定弧线斜率的方向。如果选中复选框“弧线填色”，则以当前描边颜色为弧线填色。

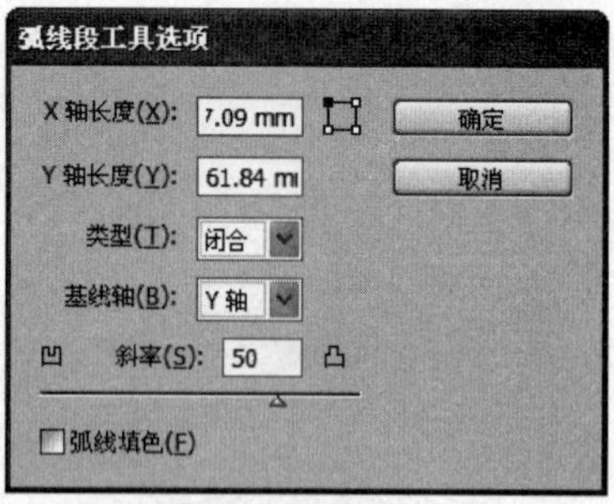

图 5-19

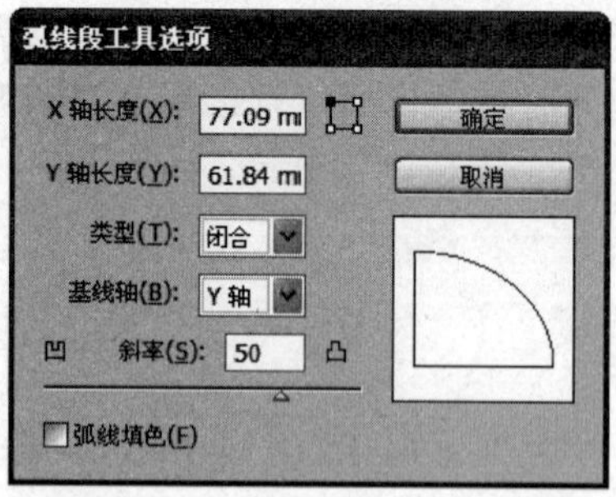

图 5-20

步骤 3 绘制螺旋线

单击“螺旋线工具”按钮，在画布中按住鼠标左键并拖动，当达到合适的大小和位置时，松开鼠标左键，即可在画布中绘制出一个螺旋线，如图 5-21 所示。在松开鼠标左键之前，按键盘上的向上方向键或向下方向键，可以调整螺旋线的段数，如图 5-22 所示。

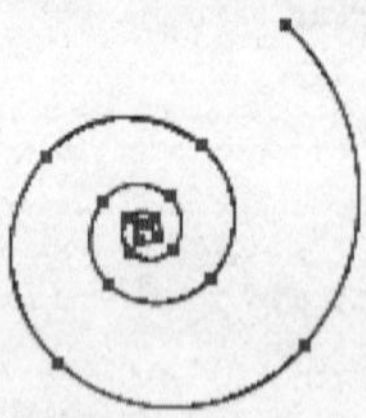

图 5-21

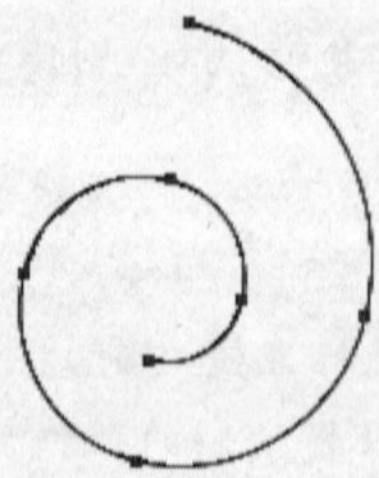

图 5-22

小技巧

使用“螺旋线工具”在画布上绘制螺旋线时，在松开鼠标左键之前，按住 Shift 键同时拖动鼠标，可以将螺旋线以 45°的整数倍旋转；按住 Alt 键同时拖动鼠标，螺旋线的段数就会随着整体的放大而增加，随着整体的缩小而减少。

在松开鼠标左键之前，按住键盘上的“～”键同时拖动鼠标，可以绘制出多个螺旋线，如图 5-23 所示。使用“螺旋线工具”时，在画布中单击，会弹出“螺旋线”对话框，如图 5-24 所示，在该对话框中可以对螺旋线的参数进行相应的设置。

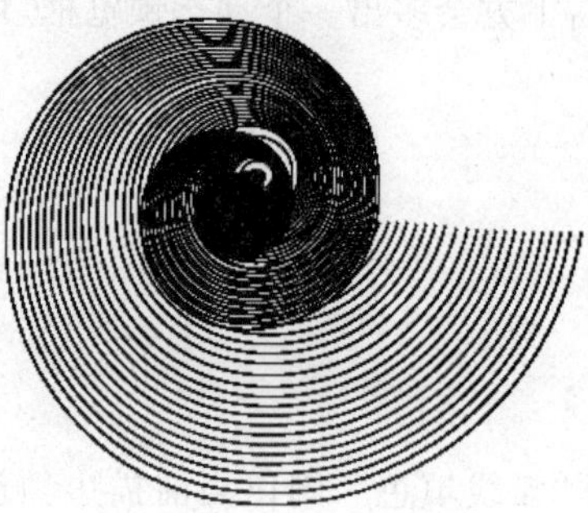

图 5-23

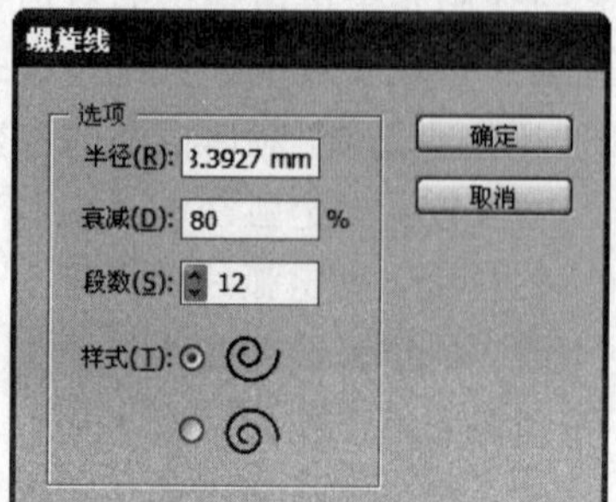

图 5-24

"螺旋线"对话框中的参数说明如下。

- 半径：表示绘制出的螺旋线半径的数值。
- 衰减：表示螺旋线上的相互之间的距离。
- 段数：表示绘制出的螺旋线有多少段数，每螺旋一圈由4段组成。
- 样式：表示螺旋线旋转方向。

5.4　绘制光晕

单击工具箱中的"光晕工具"按钮，在画布中按住鼠标左键拖动，鼠标开始拖动的位置即为中央手柄的位置，拖动的距离是射线的长度，拖动的方向决定射线的角度。

当中心、光晕和射线达到所需效果时松开鼠标左键，即可得到如图5-25所示的光晕图形。再次在刚刚绘制的光晕周围，按住鼠标左键进行拖动，为光晕添加光环并放置末端手柄，当末端手柄达到所需位置和效果时，松开鼠标左键，即可得到如图5-26所示的光晕效果。

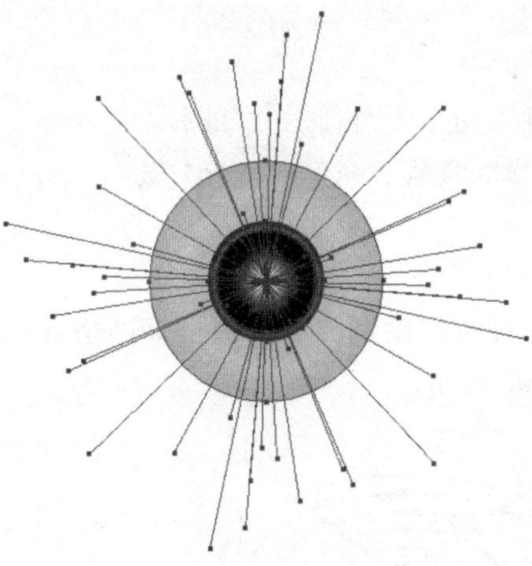

图　5-25

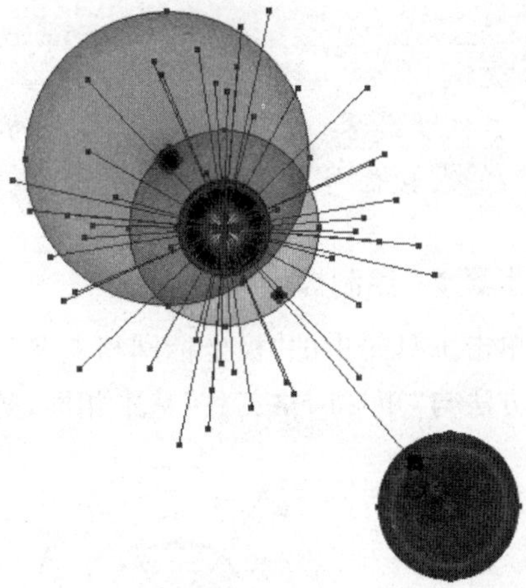

图　5-26

提示

如果在拖动鼠标的同时按住Shift键，可以将射线限制在设置角度；如果在拖动鼠标的同时按住Ctrl键，可以保持光晕中心的大小不变；如果在拖动的过程按住键盘上的向上方向键或向下方向键，可以增加或减少射线的数量。

5.5　绘制矩形网格和极坐标网格

使用工具箱中的"矩形网格工具"和"极坐标网格工具"，可以快速地绘制出矩形网格和极坐标网格。

步骤1　绘制矩形网格

单击工具箱中的"矩形网格工具"按钮，当鼠标指针发生变化时，在画布中按住鼠标左键并拖动，当拖动到需要的位置和大小时松开鼠标左键，即可绘制出矩形网格，如图5-27

所示。按住 Shift 键的同时拖动鼠标，则可以绘制出正方形网格，如图 5-28 所示。按住 Alt 键的同时拖动鼠标，则以开始位置为中心进行绘制。

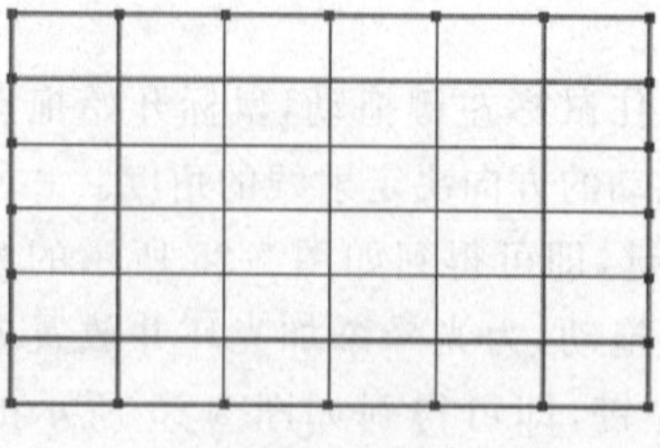

图 5-27

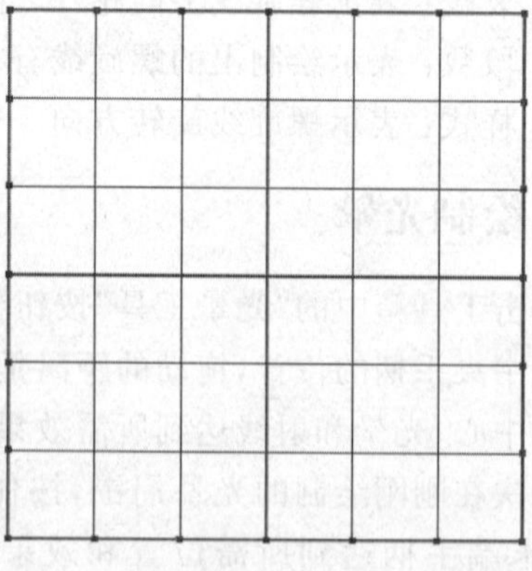

图 5-28

提示

在拖动鼠标的同时，按住键盘上的向上方向键或向下方向键，可以增加或减少矩形网格的行数；按住向左方向键或向右方向键，则可以增加或减少矩形网格的列数。

步骤 2　绘制极坐标网格

单击工具箱中的“极坐标网格工具”按钮，同样可以绘制出各种极坐标网格效果，其使用方法与“矩形网格工具”基本相同，效果如图 5-29 所示。

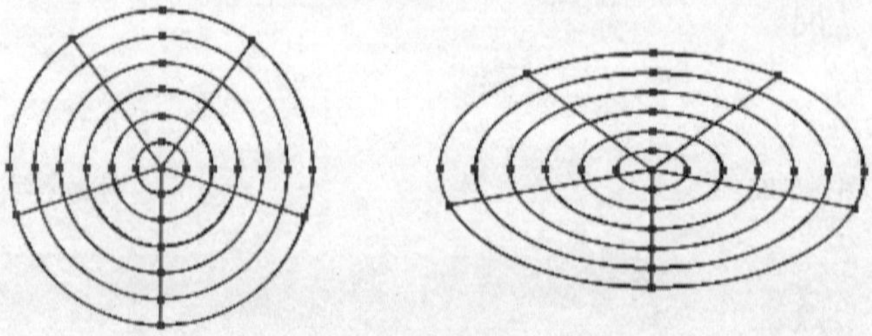

图 5-29

课堂练习

任务背景： 通过本课的学习，小强已经对 Illustrator CS4 中的基本绘图工具有了一定的了解，课下还需要多多练习，增加基本绘图工具使用的熟练度，这样才能方便以后绘制图形。

任务目标： 多加练习使用基本绘图工具。

任务要求： 灵活应用各种基本绘图工具，体会各个工具的使用方法和技巧。

任务提示： 扎实的基本工具应用可以为以后的绘制打下良好的基础。

练习评价

项　目	标准描述	评定分值	得分
基本要求 60 分	矩形、圆角矩形和椭圆形的绘制	20	
	多边形和星形的绘制	20	
	直线、弧线和螺旋线的绘制	20	
拓展要求 40 分	光晕、网格的绘制	20	
	综合应用基本绘图工具	20	
主观评价		总分	

课外阅读

恢复与还原

在使用 Illustrator CS4 绘制图稿的过程中，难免有出现错误的时候，这时可以使用“还原”命令来更正错误，只需执行“编辑”→“还原”命令即可。在实际操作中常使用快捷键 Ctrl＋Z，即使使用了“存储”命令，也可进行还原操作，但是如果关闭了文件又重新打开，则无法再还原。当操作无法还原时，“还原”命令会以灰色显示，表示该命令为不可用状态。

还原之后，还可执行“编辑”→“重做”命令撤销还原，恢复到还原操作之前的状态，也可以按快捷键 Shift＋Ctrl＋Z 撤销还原。执行“文件”→“恢复”命令或按快捷键 F12，则可将文件恢复到上一次存储的版本，需要注意的是，此时“恢复”操作将无法还原。

Illustrator CS4 中的还原操作不限次数，只受内存大小的限制。

课后思考

（1）在绘制椭圆的同时如何调整所绘制椭圆的位置？

（2）在绘制螺旋线的时候如何减少螺旋线的线段？

第 6 课　使用“画笔工具”绘制图形

使用画笔可以模仿自然画笔绘画，又可以为路径创建特殊风格的画笔描边，可以绘制出许多丰富多彩的图形效果。本课将学习 Illustrator CS4 中“画笔工具”的使用，并介绍如何通过不同的方式选择画笔，对路径应用画笔描边，使用画笔工具进行制作以及如何创建与修改画笔等内容。

课堂讲解

任务背景：通过上节课的学习，小强已经掌握了基本绘图工具的使用，但是要想绘制出精美的图形，仅仅学习基本绘图工具是远远不够的，除了基本图形的绘制，还需要使用其他绘图工具才可以增加绘制的灵活程度。

任务目标：掌握画笔工具的使用。

任务分析：只有掌握了画笔工具的使用，才可以更加自如地使用 Illustrator CS4 绘制更多不同风格的图形。

6.1 选择画笔

使用画笔可以为路径添加各种形状、各种风格的图形外观。在 Illustrator CS4 中，有以下 3 种方法可以选择画笔：使用“画笔”面板、使用“控制”栏中的“画笔”选项以及使用“画笔库”。

步骤 1 使用“画笔”面板

执行“窗口”→“画笔”命令，可以打开“画笔”面板，画笔类型大致分为书法画笔、散点画笔、图案画笔和艺术画笔 4 类，如图 6-1 所示。在“画笔”面板中单击需要的画笔即可选择画笔。

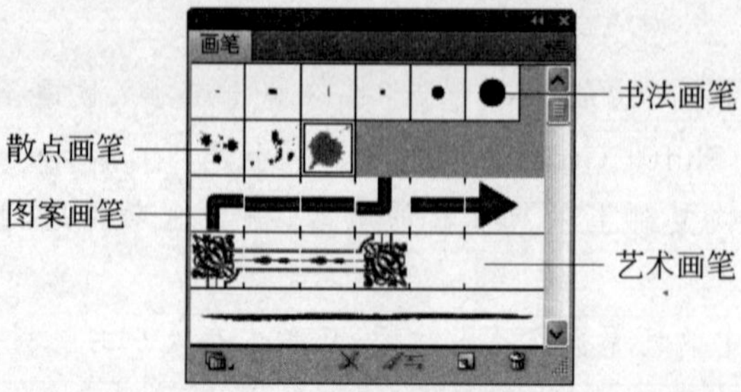

图 6-1

提示

在默认情况下是没有散点画笔的，要想使用散点画笔，可以通过执行“窗口”→“画笔库”命令进行添加。

步骤 2 使用“画笔”选项

在“控制”栏上单击“画笔”右侧的向下小箭头，可以打开浮动的“画笔”面板，从中可以选择不同的画笔，如图 6-2 所示，其使用方法与上述“画笔”面板一致。

步骤 3 使用“画笔库”

“画笔库”是 Illustrator CS4 提供的一组预设画笔。单击“画笔”面板中的“画笔库”按钮 或者执行“窗口”→“画笔库”命令，在弹出的下拉菜单中可以选择画笔库，如图 6-3 所示。选择一个画笔库后，可以打开单独的面板，如图 6-4 所示。

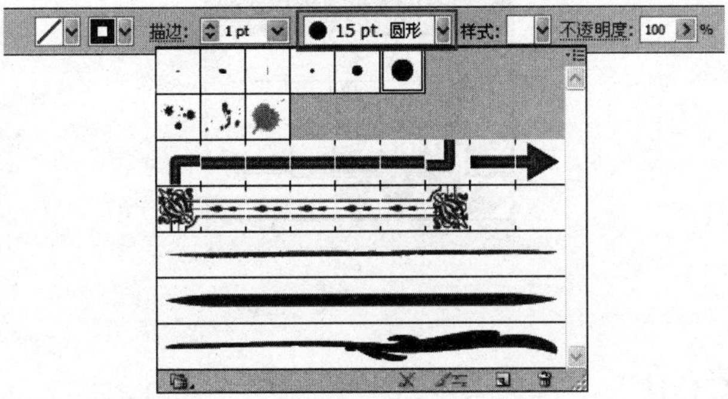

图　6-2

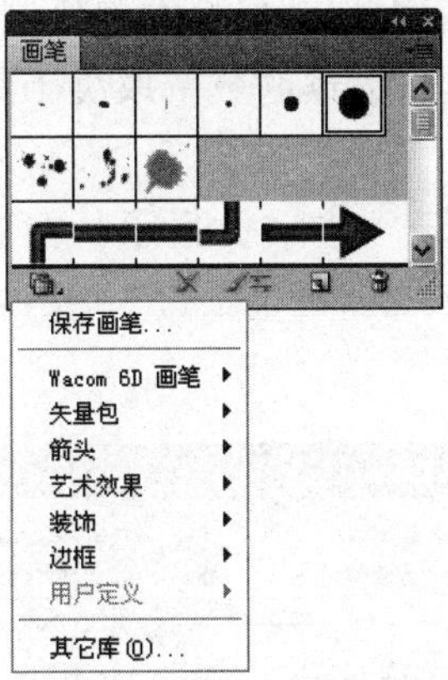

图　6-3

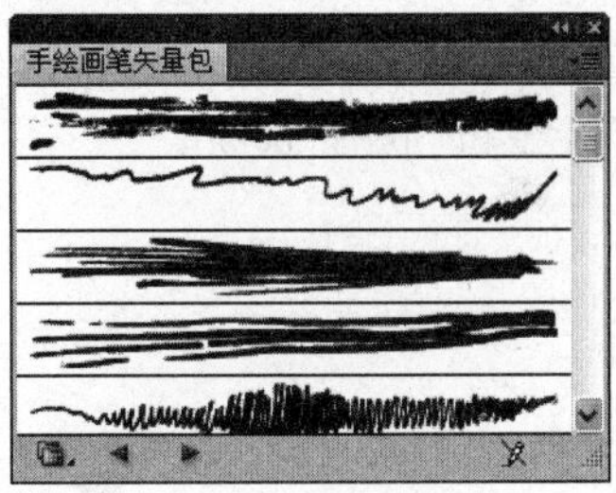

图　6-4

提示

如果要将“画笔库”中的画笔添加到“画笔”面板,可以选择该画笔并将其拖至“画笔”面板中。在对所选的图形应用“画笔库”中的画笔时,该画笔也会自动添加至“画笔”面板中。

6.2　应用画笔描边

通过使用“画笔”面板,可以在任意绘图工具或基本形状工具所创建的路径中应用画笔描边,例如“钢笔工具”和“铅笔工具”绘制的路径以及“矩形工具”、“弧形工具”等创建的图形。

使用“星形工具”在画布中绘制星形,将其选中,如图 6-5 所示。从“画笔”面板、“控制”栏或“画笔库”中选择一种喜欢的画笔,如图 6-6 所示,即可以为所绘制的图形应用画笔描边,如图 6-7 所示。如果当前路径已经存在画笔描边,则新画笔将替换现有画笔。

小技巧

如果希望在替换画笔描边时保留前期在该路径上应用的画笔描边选项,可以在按住 Alt 键的同时应用新画笔。

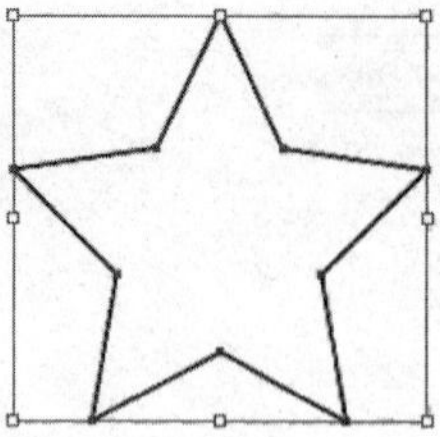

图 6-5

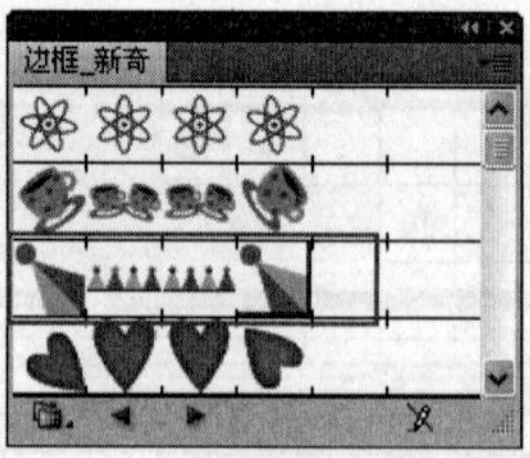

图 6-6

图 6-7

6.3 使用“画笔工具”

使用“画笔工具”可以直接绘制带有画笔描边的路径，单击工具箱中的“画笔工具”按钮，在“画笔”面板中选择任意一种画笔，如油墨，在画板中拖动鼠标左键绘制路径即可，如图 6-8 所示。在绘制时，Illustrator CS4 会自动设置锚点，锚点的数量取决于线条的长度和复杂程度以及“画笔工具选项”对话框的“容差”设定。

双击“画笔工具”按钮，弹出“画笔工具选项”对话框，如图 6-9 所示。在该对话框中可以设置画笔工具的各项参数，如“保真度”、“平滑度”、“填充新画笔描边”、“保持选定”、“编辑所选路径”和“范围”选项。

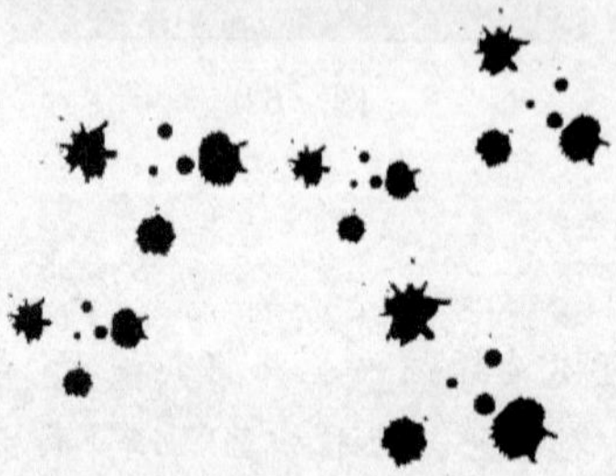

图 6-8

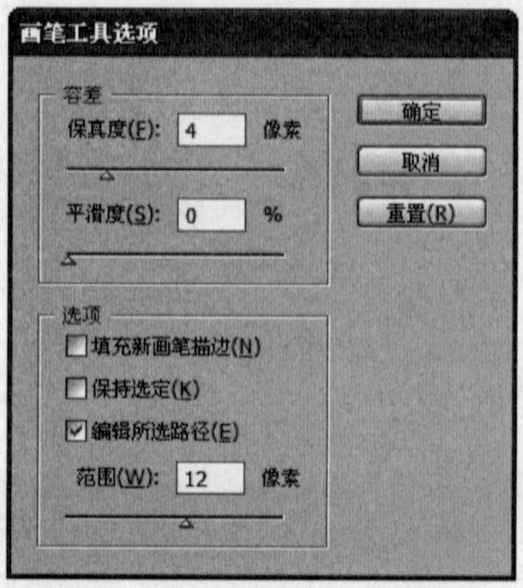

图 6-9

6.4 删除画笔描边

如果需要将已经应用到路径上的画笔描边删除，可以按照以下步骤进行。

在工具箱中单击“选择工具”按钮，选中一条已经应用画笔描边的路径，单击“画笔”面板中的“移去画笔描边”按钮或是右上角的下拉三角按钮，在弹出的面板菜单中选择“移去画笔描边”选项即可。

6.5 将画笔描边转为轮廓

如果想要将画笔描边转换为轮廓，首先需要选择一条用画笔绘制的线条或是一条应用画笔描边的路径，如图 6-10 所示。执行“对象”→“扩展外观”命令，即将画笔描边转换为轮廓，如图 6-11 所示。

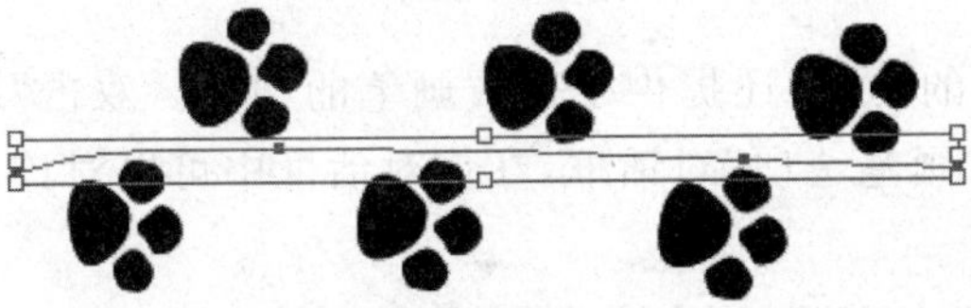
图　6-10

图　6-11

提示

将画笔描边转换为轮廓后，系统会扩展路径中的组件并将其编入一个组中。在为对象添加画笔描边后，如果想要编辑用画笔绘制的线条上的各组件时，便可以通过这种方式将画笔描边转换为轮廓路径，然后再修改各个组件。

6.6　创建与修改画笔

步骤 1　创建画笔

如果需要创建新的画笔，可以单击“画笔”面板上的“新建画笔”按钮 或右上角的下拉三角按钮，如图 6-12 所示。在弹出的“新建画笔”对话框中可以选择新建画笔的类型，如“新建 书法画笔”、“新建 散点画笔”、“新建 图案画笔”和“新建 艺术画笔”4 种类型，如图 6-13 所示。选中一个画笔类型后，单击“确定”按钮，即可创建新的画笔。

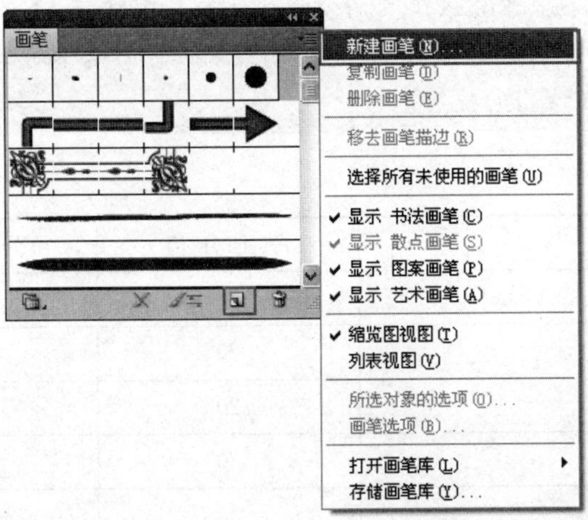

图　6-12

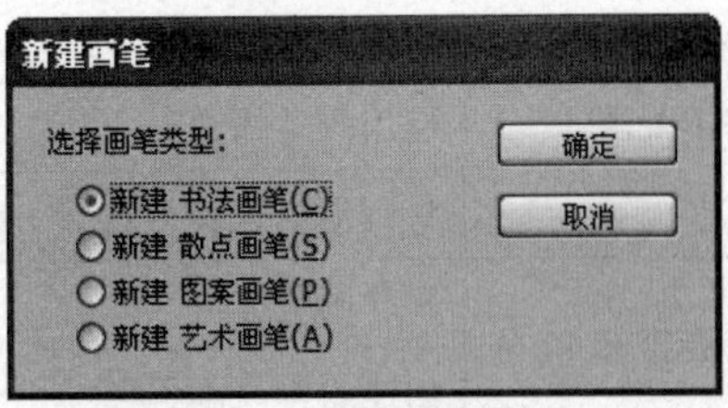

图　6-13

提示

如果要创建散点画笔、图案画笔和艺术画笔，则必须先创建要使用的图形，并且该图形不能包含渐变、混合、画笔描边、网格、位图图像、图标和置入的文件蒙版等。

步骤 2　修改画笔

系统不仅提供了上述可以新建 4 种画笔的功能，还提供了修改画笔的功能。双击“画笔”面板中需要修改的画笔，即会弹出相应的“画笔选项”对话框，在该对话框中可以对该画笔进行相应设置，修改后单击“确定”按钮即可。

如果当前文档包含使用修改后的画笔绘制的路径，则会弹出“画笔更改警告”对话框，如图 6-14 所示。单击“应用于描边”按钮，可修改画笔以及使用该画笔的对象；单击“保留描边”按钮，可保留已有的描边不变，并仅将修改的画笔应用于新的描边。

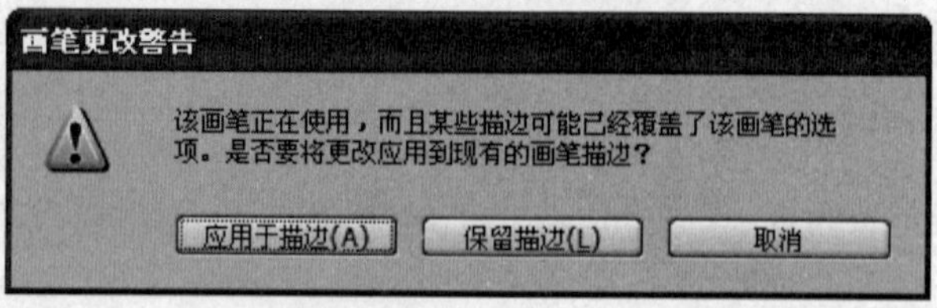

图　6-14

课堂练习

任务背景：通过本课对“画笔工具”的学习，小强已经掌握了“画笔工具”的使用及画笔描边的不同方法，要想更加简单快捷地绘制图形，“画笔工具”的使用是必不可少的，课下一定要多多练习，将“画笔工具”应用到实际绘制中。

任务目标：对“画笔工具”的使用多加练习。

任务要求：使用“画笔工具”绘制的过程中多多体会该工具的使用方法与应用技巧。

任务提示：良好的绘图方法可以将图形的绘制简单化，但仅仅利用上课的时间是不够的，只有在课下勤加练习，才能掌握绘制的技巧。

练习评价

项　目	标准描述	评定分值	得分
基本要求 60 分	画笔工具的使用	20	
	应用画笔描边	20	
	将画笔描边转为轮廓	20	
拓展要求 40 分	删除画笔描边	20	
	创建与修改画笔	20	
主观评价		总分	

课外阅读

设置画笔的着色选项

散点画笔、艺术画笔和图案画笔的着色选项是完全相同的，这 3 种画笔所绘制的颜色取决于当前的描边颜色和画笔的着色处理方法，因此修改这 3 种画笔的着色选项，即可改变其画笔描边的颜色，具体步骤如下。

假设在画布中绘制了一个椭圆形，现在打开“画笔”面板，从中选择除书法画笔以外的任意一种画笔为该椭圆形描边，如图 6-15 所示。单击“画笔”面板下方的“所选对象的选项”按钮，弹出“描边选项(图案画笔)”对话框，单击打开“着色”列表，其中提供了4 种着色方式，如图 6-16 所示。

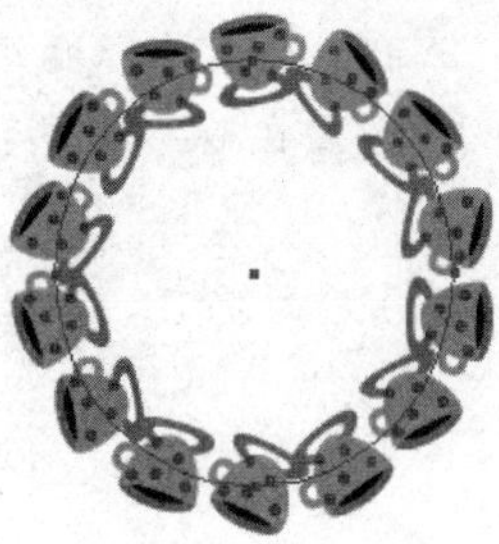

图　6-15

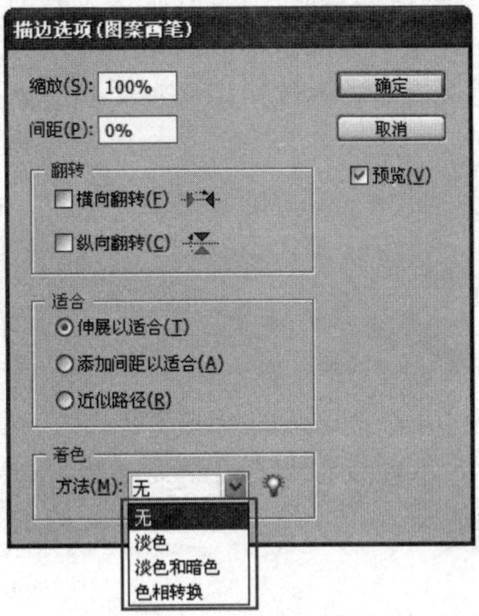

图　6-16

任意选择一种着色方式，如“淡色”，选中“预览”复选框，如图 6-17 所示。继续从“着色”列表中选择“淡色和暗色”，如图 6-18 所示。选择“色相转换”着色方式，如图 6-19 所示，可以观察到画笔描边的颜色变化。

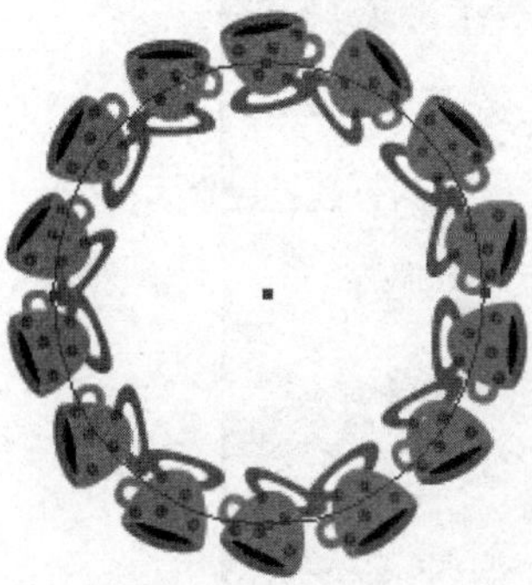

图　6-17

图　6-18

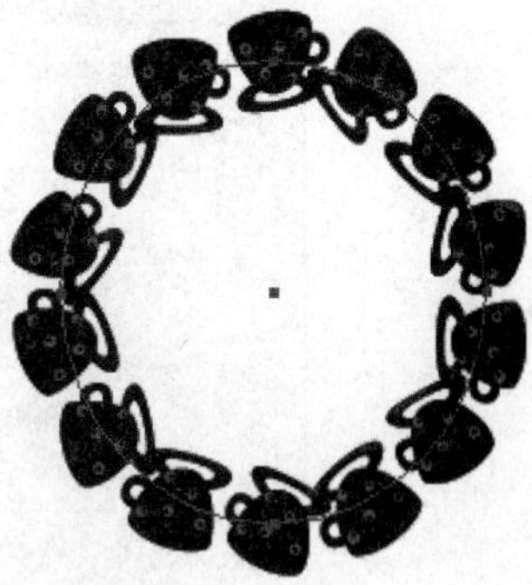

图　6-19

课后思考

(1) 假设“画笔”面板中并没有艺术画笔，请问如何添加？

(2) 如何将画笔描边转换为轮廓？

第 7 课　基本图形绘制

运用 Illustrator CS4 中提供的基本绘图工具可以绘制出一些形状简单的图形效果，本课将通过典型的实例绘制，对各种基本工具的使用方法和技巧进行具体的讲解。图形虽然简单，使用的绘制工具却是不同的，在学习的过程中要认真思考，才能够掌握这些工具的使用方法，以便以后能够熟练运用各种工具绘制出较为复杂的图形效果。

课堂讲解

任务背景：通过前两节课的学习，小强已经掌握了基本绘图工具和“画笔工具”的使用方法，接下来将是实际应用了。怎样才能将这些绘图工具很好地结合在一起绘制出图形呢，除了有绘图工具的使用知识以外，还需要小强动手去操作。

任务目标：学习基本图形的绘制方法。

任务分析：基本图形的绘制是非常必要的，这将为以后绘制更加复杂的图形打下良好的基础，一步一步学起，为以后的学习做准备。

7.1　绘制基本人体效果

01　执行“文件”→“新建”命令，弹出“新建文档”对话框，设置如图 7-1 所示。单击“确定”按钮，新建一个空白文档。单击工具箱中的“椭圆工具”按钮，设置“填色”颜色为黑色，“描边”颜色为无，在画布中绘制正圆，如图 7-2 所示。

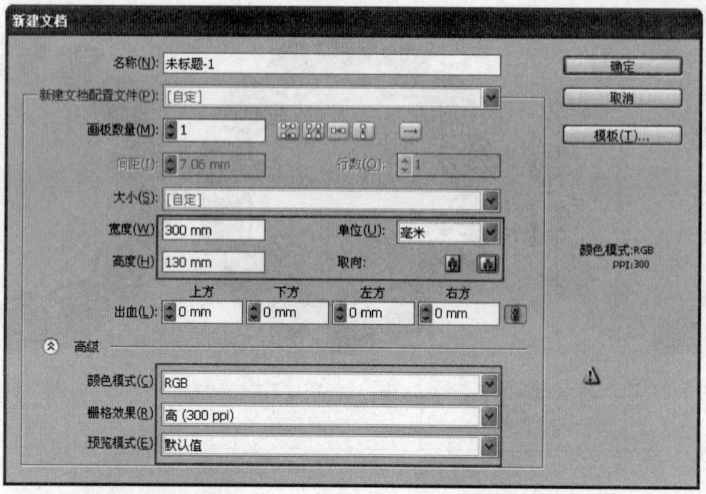

图　7-1

02　单击工具箱中的“矩形工具”按钮，设置“填色”颜色为黑色，“描边”颜色为无，在画布中绘制矩形，如图 7-3 所示。单击工具箱中的“旋转工具”按钮，选定旋转轴，将图形旋转，效果如图 7-4 所示。

图　7-2

图　7-3

图　7-4

小技巧

使用“旋转工具”旋转图形时，可以以现有的锚点为旋转轴，也可以选定任意点为旋转轴旋转。

03　单击工具箱中的“添加锚点工具”按钮，为图形添加锚点，如图 7-5 所示。单击工具箱中的“直接选择工具”按钮，配合“转换锚点工具”调整图形，效果如图 7-6 所示。

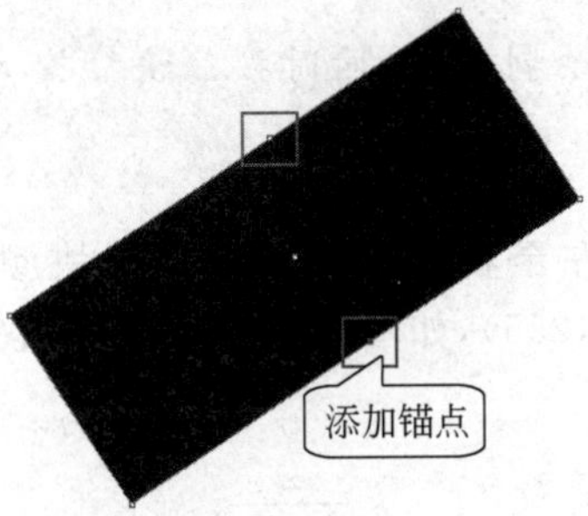

图　7-5

图　7-6

04　用相同的方法，绘制出人物其他部分内容，效果如图 7-7 所示。用相同的绘制方法，绘制出其他人物，效果如图 7-8 所示。执行“文件”→“储存为”命令，将图形保存为“CD\源文件\第 2 章\7-1. ai”。

图　7-7

图　7-8

7.2　绘制趣味表情

步骤 1　绘制表情轮廓

01　执行“文件”→“新建”命令，弹出“新建文档”对话框，设置如图 7-9 所示。单击“确定”按钮，新建一个空白文档。单击工具箱中的“椭圆工具”按钮，设置“填色”颜色为无，

“描边”颜色为无，在画布中绘制椭圆，如图 7-10 所示。

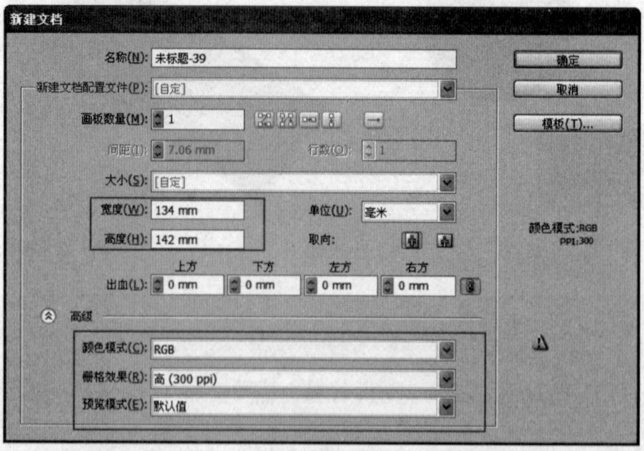

图 7-9

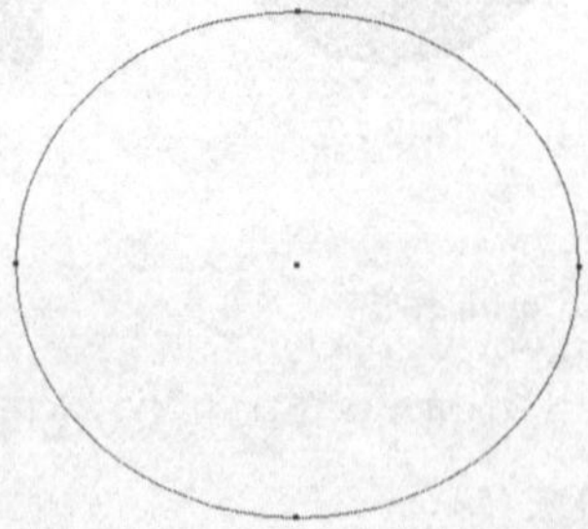

图 7-10

小技巧

使用“椭圆工具”进行绘制时，按住 Shift 键可以绘制正圆，同时按住快捷键 Shift+Alt 可以从中心点绘制正圆。

02 选中刚刚绘制的椭圆，打开“渐变”面板，从左至右分别设置渐变滑块颜色值为 RGB(255,255,255)、RGB(255,219,0)、RGB(255,255,255)，如图 7-11 所示。设置完成后，在画布中为椭圆填充渐变，效果如图 7-12 所示。

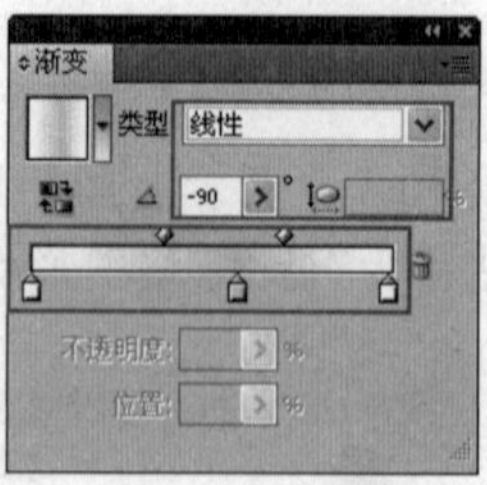

图 7-11

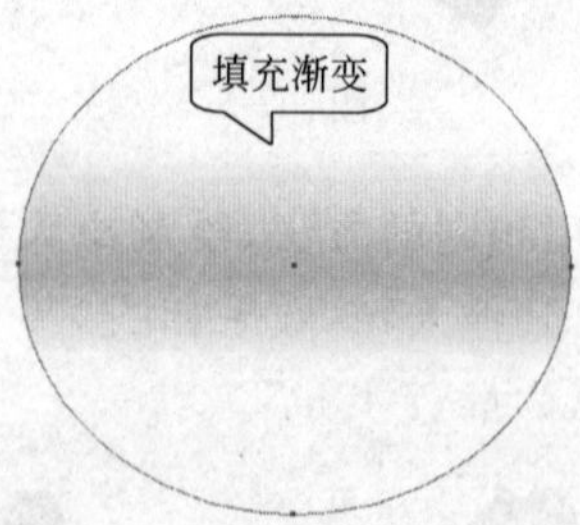

图 7-12

03 用相同的绘制方法，可以绘制出其他图形效果，如图 7-13 所示。用相同的绘制方法，在顶层绘制图形，如图 7-14 所示。

图 7-13

图 7-14

04　执行“对象”→“变换”→“旋转”命令，弹出“旋转”对话框，设置如图 7-15 所示。单击“确定”按钮，将图形旋转，效果如图 7-16 所示。

05　单击工具箱中的“直接选择工具”按钮，单击选中锚点拖动到合适位置，如图 7-17 所示。按住 Alt 键拖动两侧手柄，调整曲线形状，效果如图 7-18 所示。

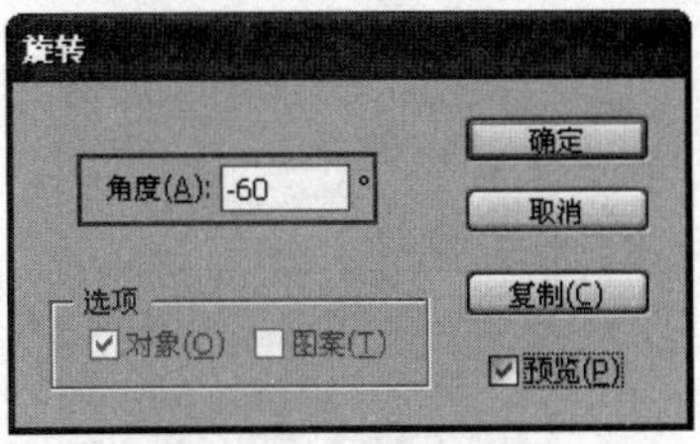

图　7-15

图　7-16

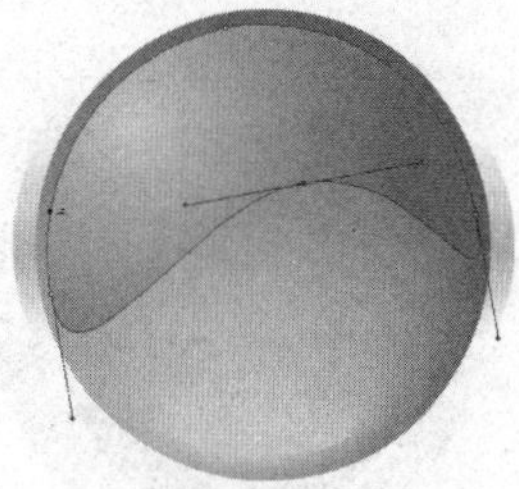
图　7-17

06　单击工具箱中的“矩形工具”按钮，设置“填色”颜色为 RGB(242,150,0)，“描边”颜色为无，在画布中绘制图形，效果如图 7-19 所示。用相同的绘制方法，设置“填色”颜色为白色，使用“椭圆工具”绘制正圆，如图 7-20 所示。

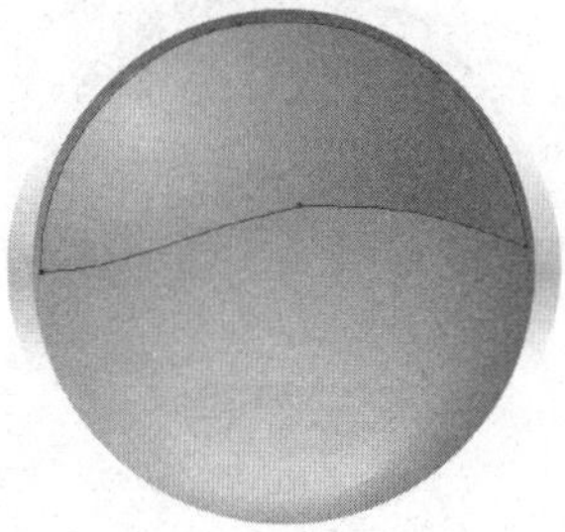
图　7-18

图　7-19

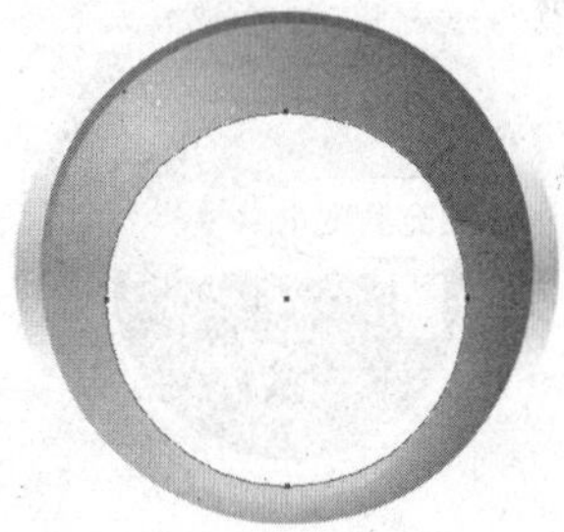
图　7-20

步骤 2　绘制表情

01　单击工具箱中的“删除锚点工具”按钮，单击上面的锚点，将锚点删除，如图 7-21 所示。单击工具箱中的“转换锚点工具”按钮，拖动手柄调整锚点，并将图形拖到相应位置，如图 7-22 所示。

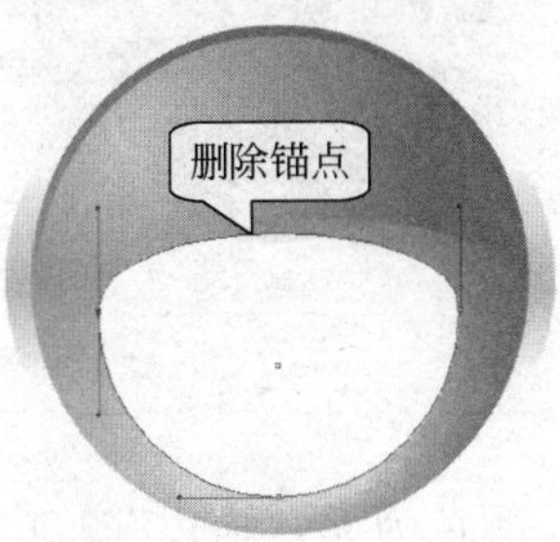

图　7-21

图　7-22

02　用相同的方法，绘制出其他内容，如图 7-23 所示。单击工具箱中的“圆角矩形工具”按钮，设置“填色”颜色为无，“描边”颜色为无，在画布中绘制图形，如图 7-24 所示。

03　选中刚刚绘制的图形，打开“渐变”面板，从左至右分别设置渐变滑块颜色值为 RGB(255,255,255)、RGB(204,204,204)，如图 7-25 所示。设置完成后，在画布中为图形填充渐变，效果如图 7-26 所示。

图　7-23

图　7-24

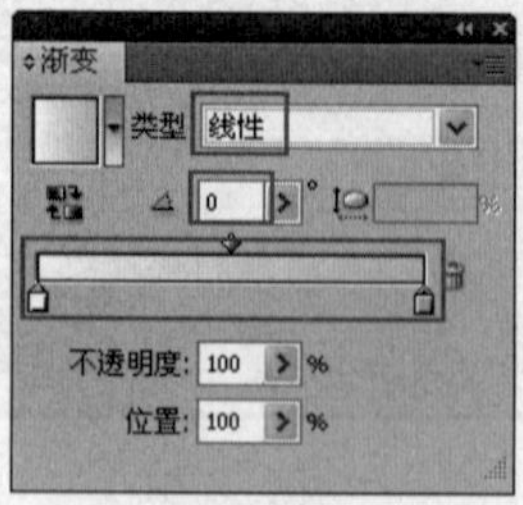

图　7-25

04　用相同的绘制方法，绘制出其他部分牙齿，效果如图 7-27 所示。使用“矩形工具”绘制一个矩形，同时选中牙齿和刚刚绘制的矩形，如图 7-28 所示。

图　7-26

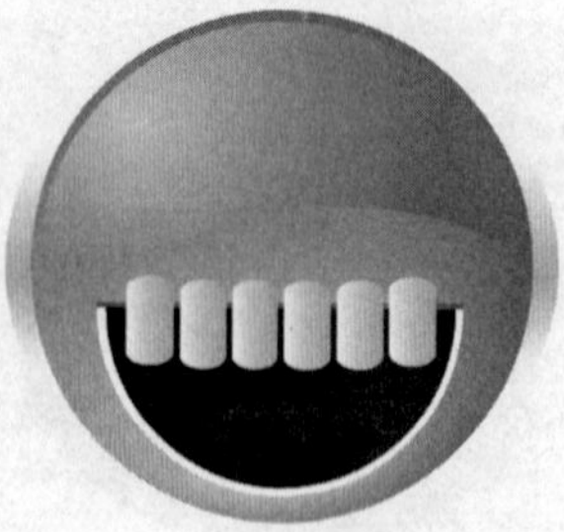
图　7-27

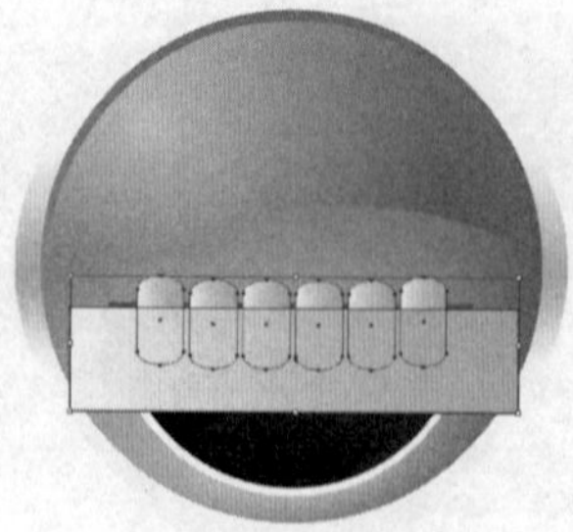
图　7-28

05　执行“对象”→“剪切蒙版”→“建立”命令，将不需要的部分去除，效果如图 7-29 所示。用相同的绘制方法，绘制出其他部分内容，效果如图 7-30 所示。

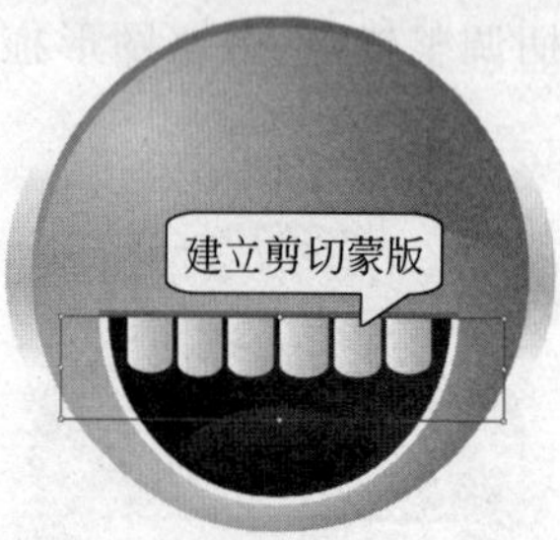

图　7-29

图　7-30

06　单击工具箱中的“画笔工具”按钮，设置“填色”颜色为无，“描边”颜色为黑色，在画布中绘制，效果如图 7-31 所示。用相同的绘制方法，绘制出其他表情，效果如图 7-32 所示。执行“文件”→“储存为”命令，将图形保存为“CD\源文件\第 2 章\7-2. ai”。

图　7-31

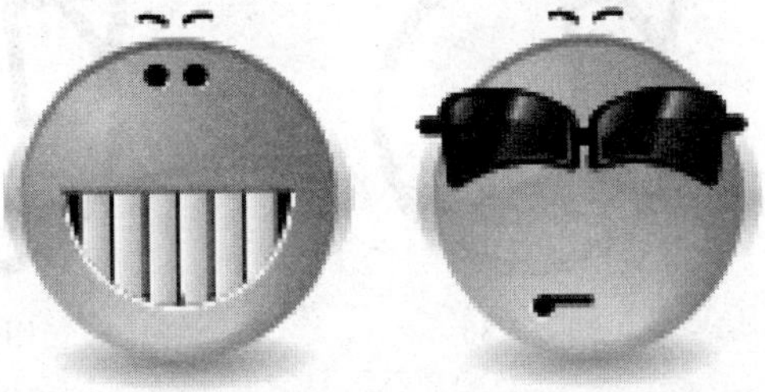

图　7-32

提示

在"控制"栏上可以设置"描边"的粗细，此处"描边"粗细为 0.6pt。

7.3　绘制可爱表情

步骤 1　绘制表情轮廓

01　执行"文件"→"新建"命令，弹出"新建文档"对话框，新建一个空白文档，如图 7-33 所示。单击工具箱中的"椭圆工具"按钮，设置"填色"为无，"描边"为黑色，在"控制"栏中进行相应的设置，如图 7-34 所示。按住 Shift 键在画布中绘制正圆，效果如图 7-35 所示。

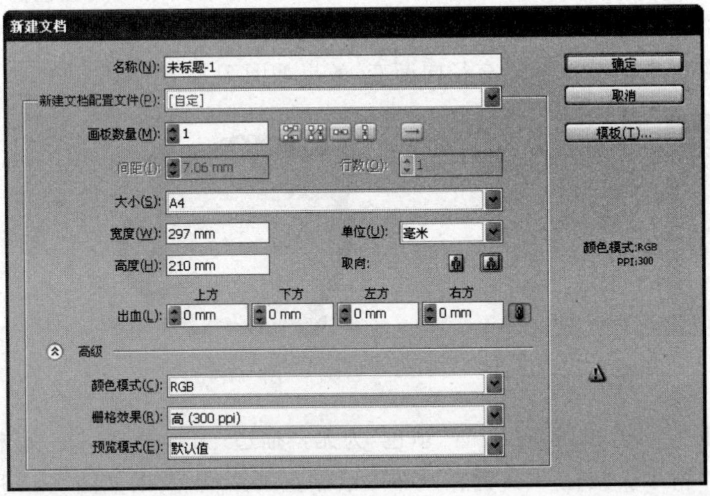

图　7-33

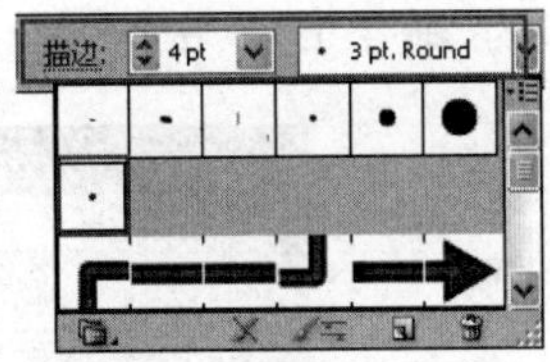

图　7-34

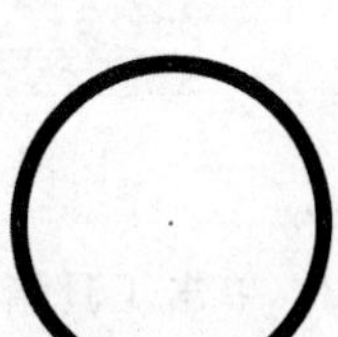

图　7-35

02　单击工具箱中的"矩形工具"按钮，在画布中绘制矩形，配合使用"直接选择工具"和"路径转换点工具"，对矩形进行调整，效果如图 7-36 所示。用相同的绘制方法得到另一图形，效果如图 7-37 所示。

03　将画布中绘制的图形全部选中，打开"路径查找器"面板，如图 7-38 所示，单击"路径查找器"面板中的"联集"按钮，效果如图 7-39 所示。

图 7-36

图 7-37

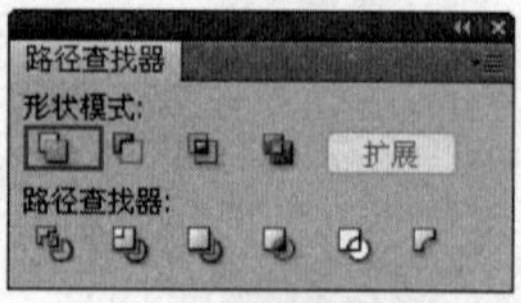

图 7-38

04 单击工具箱中的“椭圆工具”按钮，绘制图形，并对图形进行调整，用相同的绘制方法使用“路径查找器”，得到图形效果如图 7-40 所示。用相同方法，得到另一图形，效果如图 7-41 所示。

图 7-39

图 7-40

图 7-41

步骤 2 绘制表情的身体部位

01 将刚刚得到的图形选中，打开“渐变”面板，从左至右分别设置渐变滑块的颜色值为 RGB(247,234,199)、RGB(242,219,155)、RGB(234,181,76)，如图 7-42 所示。单击工具箱中的“渐变工具”按钮，在路径上拖动鼠标填充径向渐变，效果如图 7-43 所示。

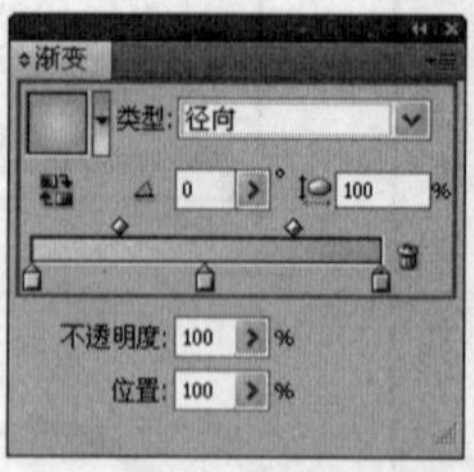

图 7-42

图 7-43

02 单击工具箱中的“椭圆工具”按钮，设置“填色”为无，“描边”为黑色，在“控制”栏中进行相应的设置，如图 7-44 所示。按住 Shit 键在画布中绘制正圆路径，效果如图 7-45 所示。打开“渐变”面板，设置如图 7-46 所示。

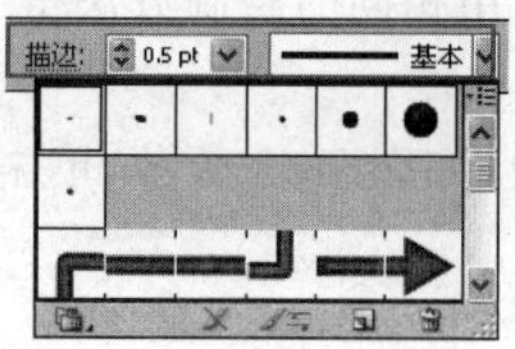

图 7-44

图 7-45

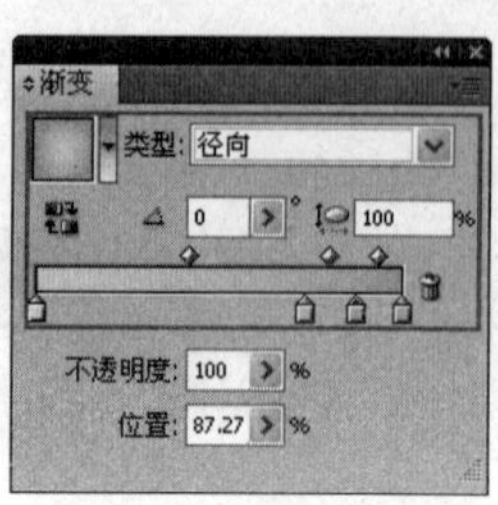

图 7-46

提示

“渐变”颜色值为 RGB(247,234,199)、RGB(232,217,117)、RGB(235,208,77)、RGB(234,197,76)。

03 单击工具箱中的“渐变工具”按钮，在路径上拖动鼠标填充径向渐变，效果如图 7-47 所示。用相同的方法使用“矩形工具”，设置“描边”为 4pt，在画布中绘制矩形，配合使用“直接选择工具”和“路径转换点工具”，对矩形进行调整，效果如图 7-48 所示。

04 打开“渐变”面板，从左至右分别设置渐变滑块的颜色值为 RGB(255,255,255)、RGB(245,228,270)、RGB(242,219,155)，如图 7-49 所示。使用“渐变工具”填充径向渐变，并调整图形的叠放顺序，效果如图 7-50 所示。

图 7-47

图 7-48

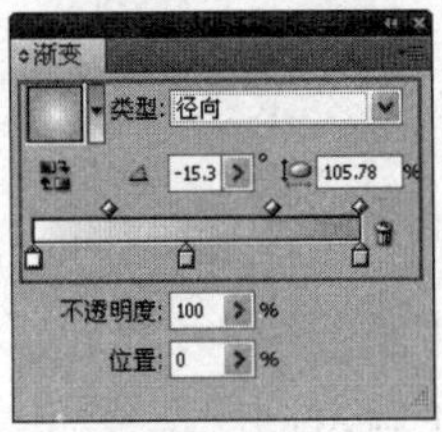

图 7-49

05 用相同的绘制方法，得到其他图形，并调整图形的叠放顺序，效果如图 7-51 所示。选中图形，效果如图 7-52 所示。

图 7-50

图 7-51

图 7-52

06 按住 Alt 键复制图形，并调整其到合适位置，效果如图 7-53 所示。设置“描边”为 RGB(77,77,77)，打开“渐变”面板，从左至右分别设置渐变滑块的颜色值为 RGB(235,235,135)、RGB(250,208,155)、RGB(247,179,108)，如图 7-54 所示。

07 使用“渐变工具”，在路径上拖动鼠标填充径向渐变，并调整图形的叠放顺序，效果如图 7-55 所示。用相同的绘制方法得到另一图形，效果如图 7-56 所示。

图 7-53

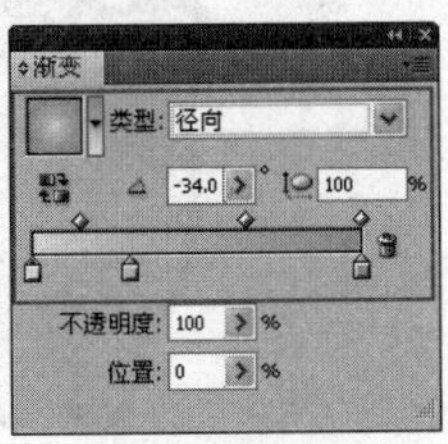

图 7-54

图 7-55

图 7-56

步骤 3　绘制表情五官

01　单击工具箱中的“椭圆工具”按钮，设置“填色”为黑色，“描边”为无，在画布中绘制路径，并对路径进行调整，效果如图 7-57 所示。设置“填色”为无，“描边”为黑色，使用“画笔工具”在“控制”栏中进行相应的设置，如图 7-58 所示，在画布中绘制图形，效果如图 7-59 所示。

图　7-57

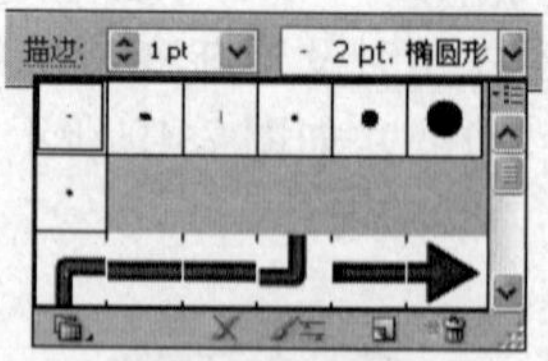

图　7-58

图　7-59

02　同样方法使用“画笔工具”，并在“控制”栏中进行相应的设置，如图 7-60 所示。在画布中绘制图形，效果如图 7-61 所示。用相同方法设置“填色”为无，“描边”为无，在画布中绘制正圆，打开“渐变”面板，设置如图 7-62 所示。

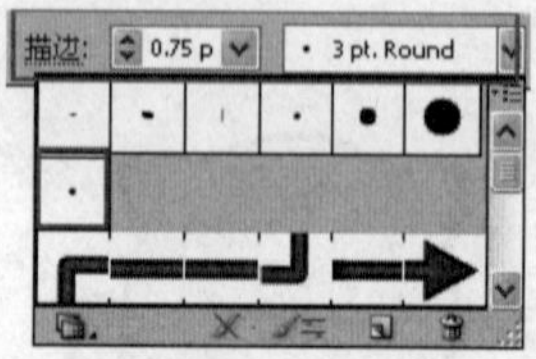

图　7-60

图　7-61

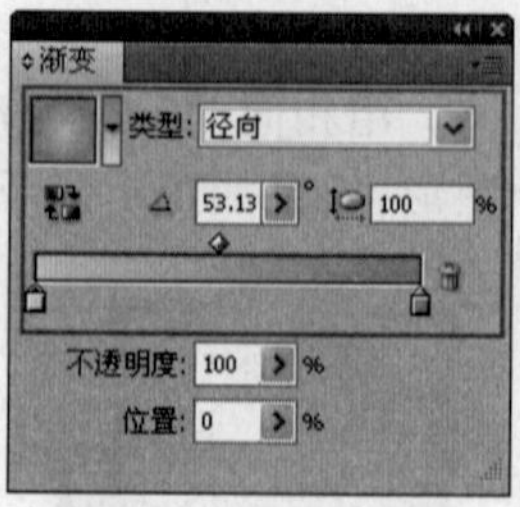

图　7-62

提示

“渐变”颜色值为 RGB(247,234,199)、RGB(234,179,87)。

03　使用“渐变工具”在路径上拖动鼠标填充径向渐变，效果如图 7-63 所示。用同样的绘制方法得到其他图形，效果如图 7-64 所示。

图　7-63

图　7-64

04 单击工具箱中的"椭圆工具"按钮，设置"填色"为 RGB(139,99,57)，"描边"为无，在画布中绘制图形并根据前面的绘制方法对图形进行调整，效果如图 7-65 所示。用同样的绘制方法得到其他图形，如图 7-66 所示。执行"文件"→"存储为"命令，将其保存为"CD/源文件/第 2 章/7-3. ai"。

图 7-65

图 7-66

课堂练习

任务背景：通过本课中基本图形的绘制，小强已经掌握了最基本图形的绘制方法和技巧。不同的绘制工具可以绘制出不同的图形，综合运用可以绘制出丰富多彩的图形效果，于是小强根据本节课所学的知识绘制了一个简单的图形。

任务目标：绘制一个简单的图形。

任务要求：结合使用基本绘图工具以及画笔工具绘制，对图形的方向旋转以及叠放顺序要有一定的了解。

任务提示：掌握绘图工具的使用可以在绘制的过程中减少很多不必要的苦恼，简单图形的绘制是为以后复杂图形的绘制做好准备。

练习评价

项　目	标准描述	评定分值	得分
基本要求 60 分	基本绘图工具的使用	30	
	画笔的使用	30	
拓展要求 40 分	所绘制图形的效果	40	
主观评价		总分	

课外阅读

使用辅助功能

在 Illustrator CS4 中，标尺、网格和参考线等都属于辅助工具，它们不能编辑对象，但却可以帮助用户更好地完成编辑的任务。

1. 标尺

标尺可以帮助用户在窗口中精确地放置对象和测量对象。启用标尺后，当移动光标时，标尺内的标记会显示光标的精确位置。如果要将原点恢复为默认的位置，可以执行“视图”→“隐藏标尺”命令或者按快捷键 Ctrl＋R。

2. 网格

网格显示在当前窗口中的图稿后面，不会被打印出来，但是可以帮助对齐对象。执行“视图”→“显示网格”命令，网格即会显示出来，如图 7-67 所示。如果要隐藏网格，则执行“视图”→“隐藏网格”命令即可，如图 7-68 所示。显示出网格后，如果执行“视图”→“对齐网格”命令，则移动对象时，对象就可以自动对齐网格了。

图 7-67

图 7-68

3. 参考线

参考线可以帮助对齐文本和图形对象，也是设计图稿时经常使用的一种辅助工具。参考线有两种：标尺参考线和参考线对象。

(1) 执行“视图”→“显示标尺”命令，然后从水平或垂直标尺上即可拖移出参考线，这种方法建立的是标尺参考线。

(2) 在当前窗口中的路径上右击，从弹出的快捷菜单中选择“建立参考线”选项，这种方法建立的参考线是参考线对象。

课后思考

(1) 如何对所绘制的图形进行旋转？

(2) 在绘制图形的过程中应该注意哪些事项？

第3章

绘制自由路径

知识要点

- 了解路径与锚点的原理
- 掌握添加、删除、转换锚点的方法
- 掌握使用铅笔工具的方法
- 掌握擦除路径的方法
- 掌握平滑路径的方法
- 掌握绘制直线、曲线的方法
- 掌握绘制直线与曲线混合路径的方法
- 掌握使用钢笔工具绘制图形的技巧

第8课　掌握自由路径知识

在平面设计中使用 Adobe Illustrator 时，经常会碰到对图形进行编辑的情况，本课将讲解如何根据路径与锚点的关系，通过控制锚点对路径进行编辑。通过使用"铅笔工具"绘制路径，使用"平滑工具"、"橡皮擦工具"对路径进行编辑，解决这些疑难问题，从而设计出绚丽多彩、具有丰富艺术感的图形效果。

课堂讲解

任务背景：小强在浏览网页的过程中，看到很多漂亮的图形，不知道怎样在 Illustrator 中绘制这些图形，于是翻阅起有关平面设计与制作的书籍……

任务目标：仔细阅读本课的内容并融会贯通，运用到实际操作中。

任务分析：掌握自由路径的编辑方法。

8.1　绘制路径与控制锚点

在 Illustrator CS4 中，使用各种矢量绘图工具绘制图形时所产生的线条称为"路径"。路径是由一个或多个直线或曲线段组成的。线段的起始点和结束点由"锚点"来标记。通过编辑路径的锚点，可以改变路径的形状，从而也就能改变矢量图形的形状。例如，一个三角形中有 3 个锚点，一个圆形上有 4 个锚点，一个五边形上有 5 个锚点，如图 8-1 所示。

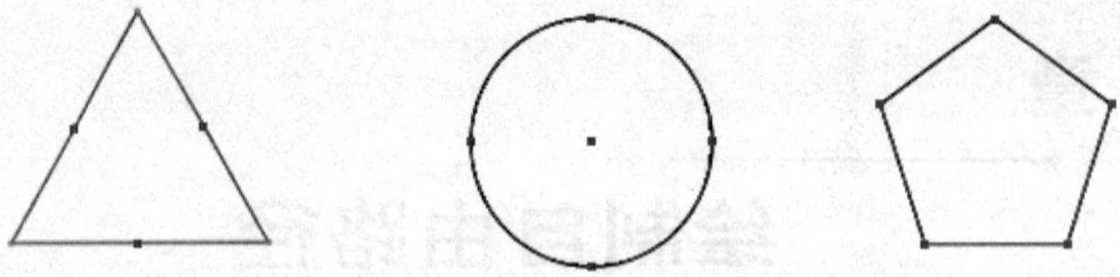

图 8-1

提示

路径有两种：开放路径和闭合路径。开放路径的起点和终点不连接，具有两个端点，而闭合路径是连续的，没有端点存在。

路径与锚点之间有着微妙的关系，下面将一一讲解。

步骤 1　选择、移动锚点

单击工具箱中的“直接选择工具”按钮，移动到包含锚点的路径上，当指针位于锚点上方时，鼠标箭头右下角会显示实心方形，单击即可选中锚点，效果如图 8-2 所示。当锚点被选中后，使用“直接选择工具”任意移动锚点，可以改变锚点的位置，进而改变路径的形状，效果如图 8-3 所示。

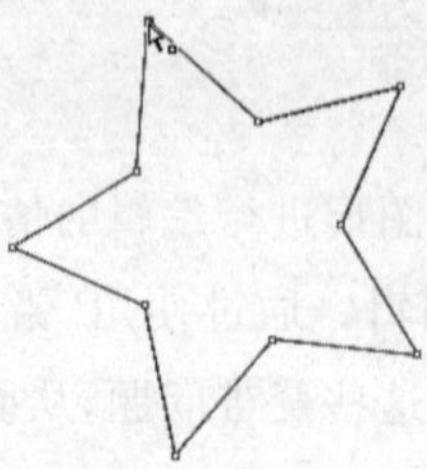

图 8-2

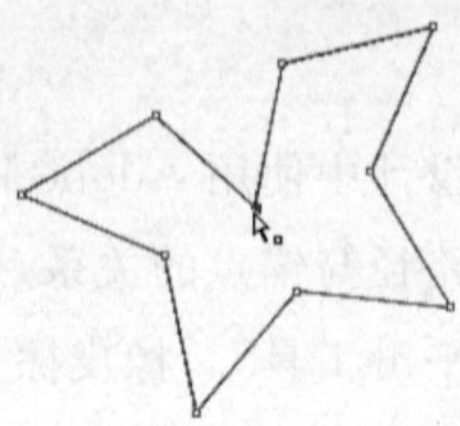

图 8-3

步骤 2　添加、删除锚点

制作图形时，通过在图形上添加、删除和转换路径上的锚点，可以改变路径的形状，通过仔细地调整路径的形状，可以实现精确地绘制图形。使用“添加锚点工具”、“删除锚点工具”和“转换锚点工具”可以编辑路径上的锚点。

单击工具箱中的“添加锚点工具”按钮，在路径上单击，即可添加锚点，效果如图 8-4 所示。使用“添加锚点工具”在路径中连续单击，可以添加多个锚点，效果如图 8-5 所示。

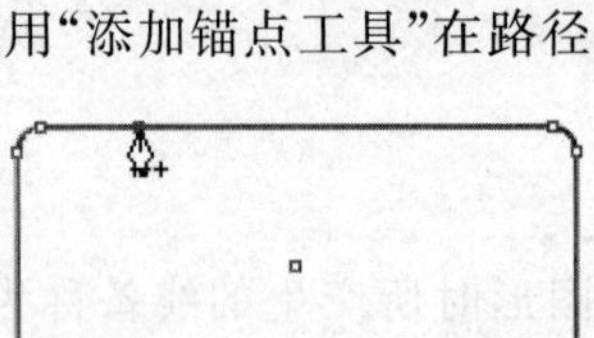

图 8-4

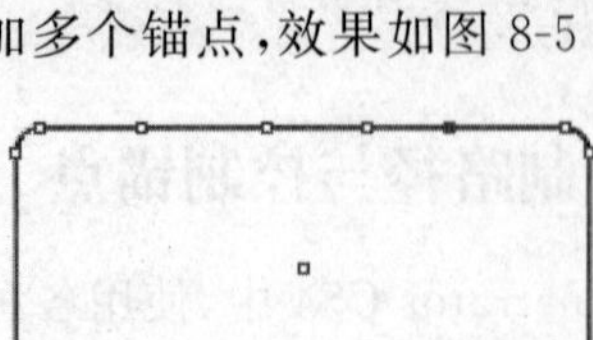

图 8-5

单击工具箱中的“删除锚点工具”按钮，在需要删除的锚点上单击，如图 8-6 所示。松开鼠标，即可将锚点删除，效果如图 8-7 所示。

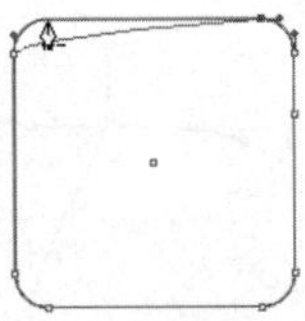
图　8-6

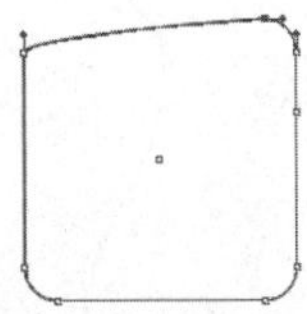
图　8-7

提示

如果想对锚点进行转换，只需单击工具箱中的“转换锚点工具”按钮，按住鼠标左键并拖动需要转换的锚点即可。

8.2　使用“铅笔工具”

使用 Illustrator 中的“铅笔工具”可以徒手绘制开放路径和闭合路径，就像使用真正的铅笔在纸上自由自在地绘图一样，常用于勾画各种草图、快速素描效果或手绘外观的图稿。绘制出的路径可以根据需要进行修改。

步骤 1　打开“铅笔工具选项”对话框

双击工具箱中的“铅笔工具”按钮，弹出“铅笔工具选项”对话框，如图 8-8 所示。

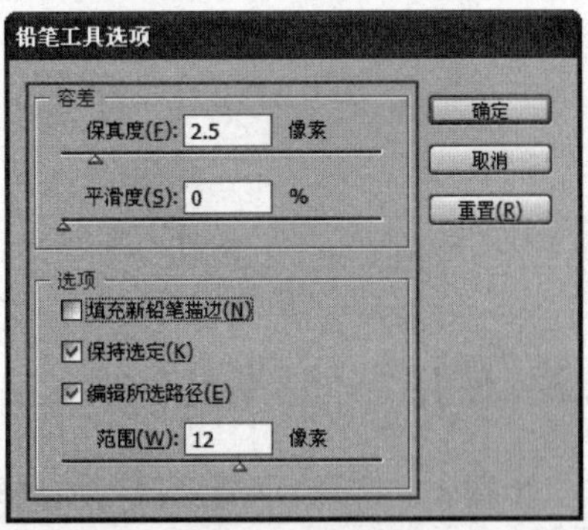

图　8-8

1. 容差

- 保真度：控制向路径添加新锚点前移动鼠标的最远距离。例如，保真度的值为 2.5，表示工具移动小于 2.5 像素时将不创建锚点。保真度的数值介于 0.5～20 像素之间，数值越大，路径越平滑，复杂程度越小。
- 平滑度：控制使用“铅笔工具”时应用的平滑量。平滑度的数值介于 0%～100%之间，数值越大，路径越平滑。

2. 选项

- 填充新铅笔描边：选中此复选框将对绘制的路径描边应用填色，但不对现有路径描边，所以在绘制路径描边前先选择一个填色。
- 保持选定：选中此复选框则绘制完路径后仍使路径保持选定状态。
- 编辑所选路径：选中此复选框则可以使用“铅笔工具”更改现有路径。
- 范围：指定鼠标与现有路径必须达到多近距离，才能使用“铅笔工具”编辑路径，此选项仅在选择了“编辑所选路径”选项时可以使用。

步骤 2　使用“铅笔工具”绘制路径

单击工具箱中的“铅笔工具”按钮，指针变为形状，在画布中按住鼠标左键，拖动鼠标在画布上自由绘制路径，效果如图 8-9 所示。如需闭合路径，则按住键盘上的 Alt 键，在画布中绘制路径，这时指针会变为形状，表示正在绘制的是闭合路径。当所绘制的路径图形达到所期望的大小和形状时，松开鼠标左键，则形状自动闭合，效果如图 8-10 所示。

图　8-9

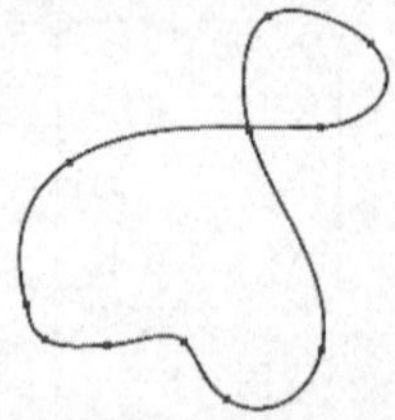

图　8-10

提示

在“铅笔工具选项”对话框中选中了“编辑所选路径”复选框，还可以使用“铅笔工具”继续向现有路径添加形状。

步骤 3　使用“铅笔工具”修改路径形状

将“铅笔工具”的顶端定位到路径上，指针会变为形状，如图 8-11 所示。此时进行绘制，拖动到路径的另一个位置，如图 8-12 所示。释放鼠标左键，即可对路径的形状进行修改，效果如图 8-13 所示。

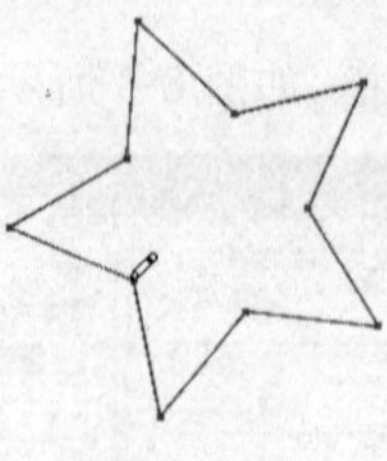

图　8-11

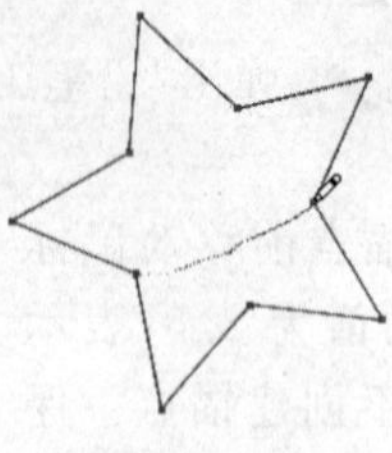

图　8-12

图　8-13

8.3　使用“平滑工具”

步骤 1　打开“平滑工具”对话框

双击工具箱中的“平滑工具”按钮，弹出“平滑工具选项”对话框，如图 8-14 所示。在该对话框中进行相应的设置可以更改平滑度。

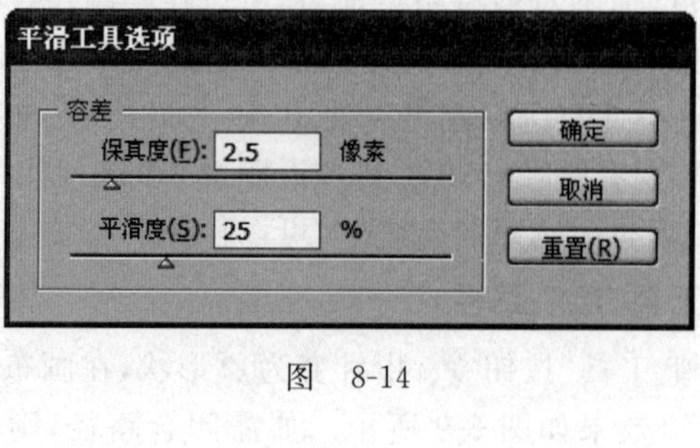

图　8-14

步骤 2　使用“平滑工具”平滑路径

单击工具箱中的“铅笔工具”按钮，在画布中绘制路径，如图 8-15 所示。单击工具箱中的“平滑工具”按钮，沿着需要平滑的路径拖动光标，如图 8-16 所示。平滑后的路径如图 8-17 所示。

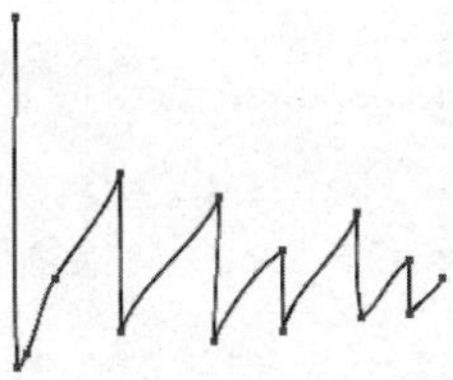
图　8-15

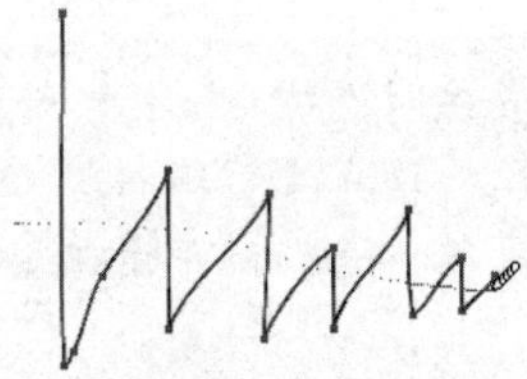
图　8-16

图　8-17

8.4　使用“橡皮擦工具”和“路径橡皮擦”工具

“橡皮擦工具”和“路径橡皮擦工具”都用于擦除路径，虽然相似但又有所不同，下面将对其进行详细讲解。

步骤 1　使用“橡皮擦工具”擦除路径

执行“文件”→“打开”命令，打开图像“源文件/第 3 章/素材/3001. ai”，如图 8-18 所示。使用“选择工具”选中图形，单击工具箱中的“橡皮擦工具”按钮，在画布中拖动，如图 8-19 所示。擦除部分路径后效果如图 8-20 所示。

图　8-18

图　8-19

图　8-20

使用“橡皮擦工具”可以擦除图形的任何区域，不管它们是否属于同一对象或是否在同一图层。它的应用范围较广，可以擦除路径、复合路径、实时上色组内的路径和剪贴路径。

步骤 2　使用“路径橡皮擦工具”擦除路径

执行“文件”→“打开”命令，打开图像“源文件/第 3 章/素材/3002. ai”，如图 8-21 所示。使用“选择工具”选中图形，单击工具箱中的“路径橡皮擦工具”按钮，将光标移至需要擦除的路径位置，按住鼠标左键并拖动，如图 8-22 所示。松开鼠标，效果如图 8-23 所示。

图　8-21

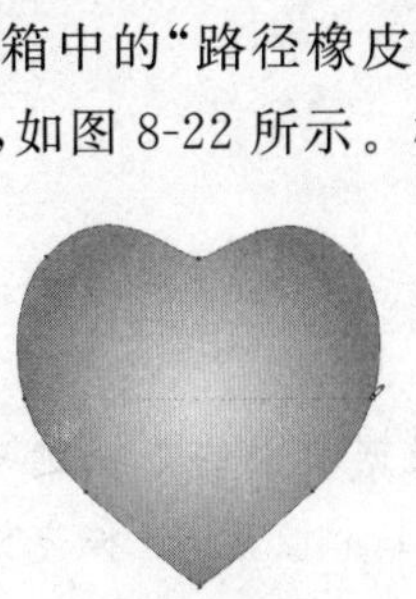
图　8-22

图　8-23

在使用"路径橡皮擦工具"擦除路径时，闭合的路径通过擦除后将变为开放式路径，图形中的路径经过多次擦除后，剩余的部分会变成各自独立的路径。如果要将擦除的部分限定为一个路径段，可以选择该路径段，然后使用"路径橡皮擦工具"进行擦除。

课堂练习

任务背景：小强已经掌握了编辑路径的方法，正在寻找素材，开阔眼界，以便绘制图形。

任务目标：绘制一个路径并对路径的锚点进行编辑。

任务要求：使用"铅笔工具"绘制路径，并使用"平滑工具"、"橡皮擦工具"对路径锚点进行编辑。

任务提示：在实际操作过程中要注意操作技巧。

练习评价

项　目	标准描述	评定分值	得分
基本要求 60 分	平滑路径	25	
	擦除路径	35	
拓展要求 40 分	绘制路径并对路径进行编辑	40	
主观评价		总分	

课外阅读

添加和删除锚点的其他方法

使用"套索工具"按钮可以选择多个路径与锚点，单击工具箱中的"套索工具"按钮或者直接按快捷键 Q 即可。如果在锚点周围拖动鼠标，可以选中锚点。按住 Shift 键的同时拖动，可以再继续选中其他锚点，效果如图 8-24 所示。选中的锚点以实心的小矩形显示。如果在路径线段周围拖动，可以选中路径线段，效果如图 8-25 所示。

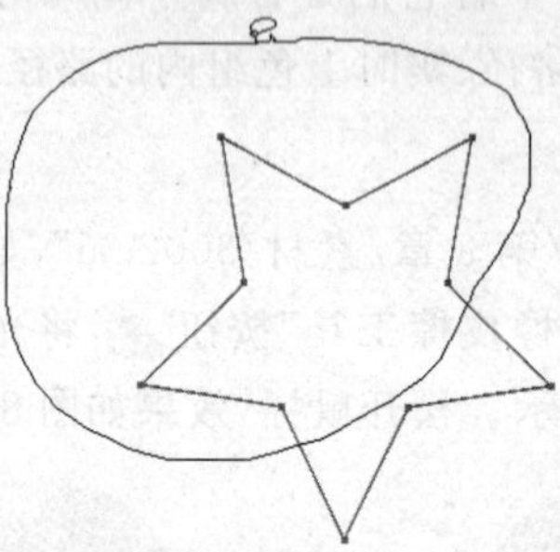

图　8-24

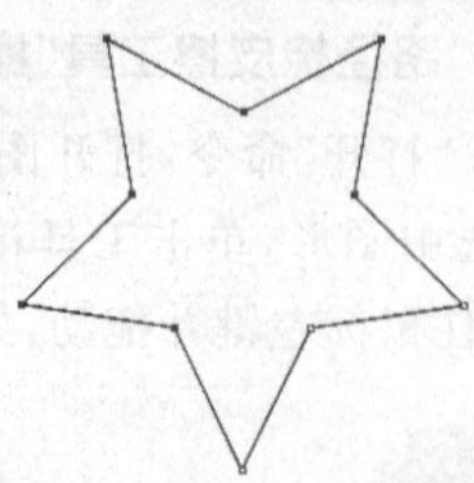

图　8-25

使用键盘也可以移动锚点。根据前面的方法选中要移动的锚点，按键盘上的任意方向键，向箭头的方向一次可以移动 1 个像素，这种方法的好处在于可以微调锚点的位置。如果按住 Shift 键再同时按键盘上的方向键，则一次可以移动 10 个像素。

课后思考

（1）平滑次数不一样是否会影响路径的平滑度？

（2）橡皮擦工具与路径橡皮擦工具的区别？

第 9 课　使用“钢笔工具”

在使用 Adobe Illustrator 时，“钢笔工具”起着至关重要的作用，使用“钢笔工具”绘制路径也是经常之事。在本课中，将通过绘制直线、曲线、直线与曲线的混合路径以及角点连接的曲线展示“钢笔工具”的使用方法。下面将进行具体的讲解。

课堂讲解

任务背景： 通过上节课的学习，小强已经掌握了编辑路径的方法，但是又想到图形中许多弯弯曲曲的线，甚是麻烦，不知从何入手。

任务目标： 学习使用“钢笔工具”绘制图形的方法。

任务分析： 只有掌握了使用“钢笔工具”绘制图形的方法，才能将图形绘制的丰富多彩，线条潇洒自如。

9.1　绘制直线

使用“钢笔工具”可以绘制最简单的直线路径，方法是通过单击创建两个锚点，继续单击可创建由角点连接的直线段所组成的路径，下面将一一讲解。

步骤 1　使用“钢笔工具”绘制直线

单击工具箱中的“钢笔工具”按钮或按快捷键 P，这时画布中的鼠标指针变为，表示“钢笔工具”已经被激活，在画布中单击，确定第一个锚点，效果如图 9-1 所示。在相应的位置再次单击，即可确定第二个锚点，这样直线就被绘制出来，效果如图 9-2 所示。

图　9-1

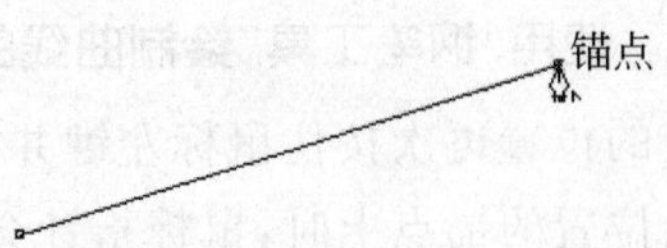

图　9-2

步骤 2　使用“钢笔工具”绘制直线组合的闭合路径

使用“钢笔工具”继续在其他位置单击，可以继续绘制直线，效果如图 9-3 所示。当指针移动到起始位置的锚点上时，鼠标指针会变为，效果如图 9-4 所示。单击即可得到一个闭合路径，效果如图 9-5 所示。

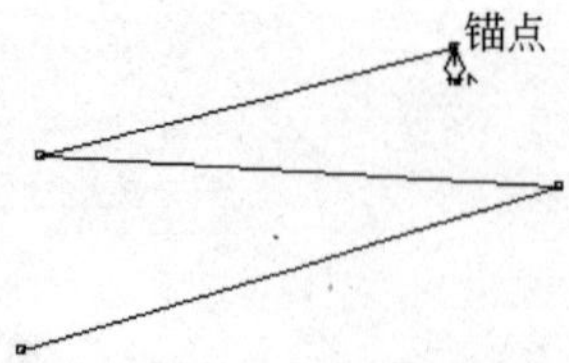

图 9-3

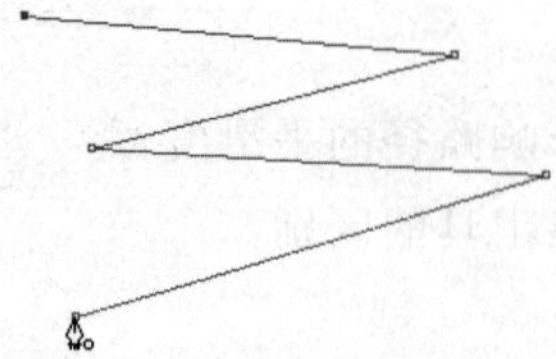

图 9-4

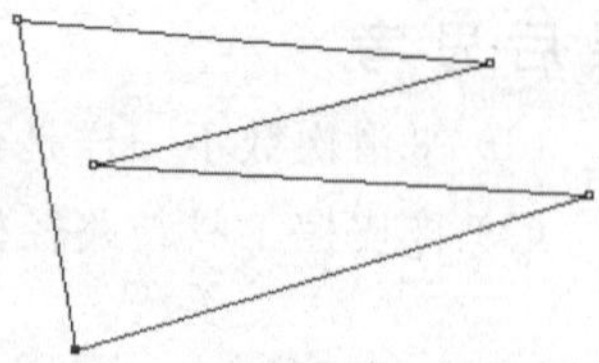

图 9-5

提示

如果出现了方向线，是因为在单击时意外地拖动了鼠标，可以按键盘上的快捷键 Ctrl+Z，返回上一步，重新单击终止位置。位于两条直线段连接处的锚点称为角点，在绘制时注意观察锚点的形状，最后添加的锚点为实心的小方块，以前添加的锚点则为空心的小方块。

9.2 绘制曲线

与“铅笔工具”绘制自由路径相比，“钢笔工具”更加容易控制。“钢笔工具”可用于绘制直线、贝塞尔曲线、直线与贝塞尔曲线的混合路径以及各式各样的复杂路径。使用“钢笔工具”时，可以通过拖动锚点的方法绘制曲线，下面将一一讲解。

步骤 1　使用“钢笔工具”绘制曲线

单击工具箱中的“钢笔工具”按钮，在画布中添加锚点，按住鼠标左键并拖动，以调整第一个锚点，如图 9-6 所示。在相应的位置再次单击添加锚点，按住鼠标左键并拖动鼠标对锚点进行调整，绘制出曲线路径，如图 9-7 所示。

图 9-6

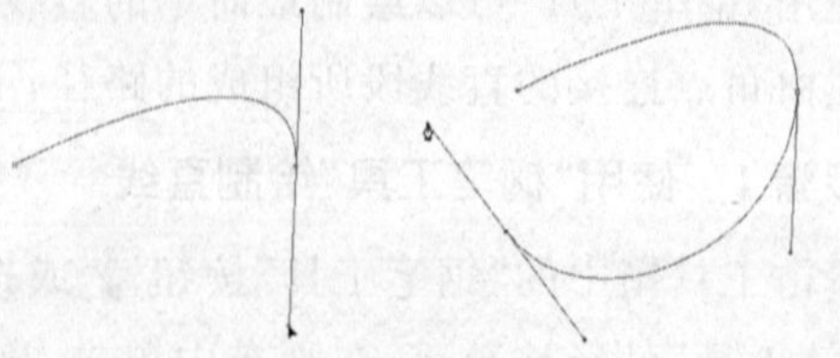

图 9-7

步骤 2　使用“钢笔工具”绘制曲线的闭合路径

在相应的位置再次按住鼠标左键并拖动，继续绘制锚点和路径，如图 9-8 所示。当指针移动到起始位置的锚点上时，鼠标指针会变为。，如图 9-9 所示。单击即可得到一个闭合路径，如图 9-10 所示。

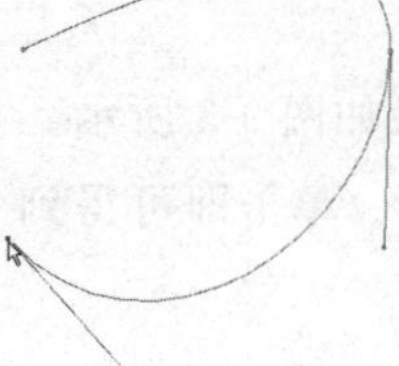

图 9-8

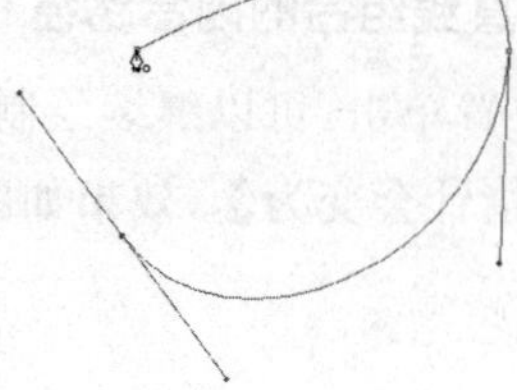

图 9-9

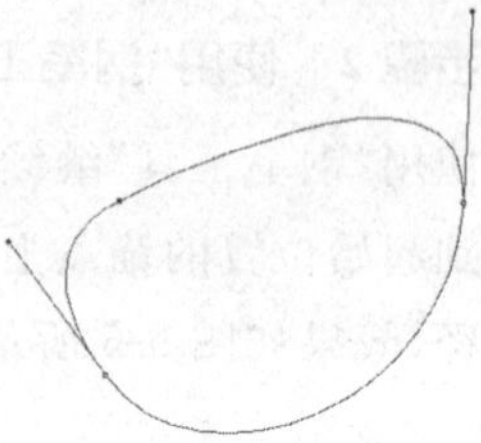

图 9-10

提示

通过拖动的方法得到的锚点称为平滑点，使用平滑点可以创建平滑的曲线。

选择曲线段的锚点，可以看到方向线如图 9-11 所示，方向线的末端为方向点。通过改变方向线的长度和角度可以改变曲线段的大小和形状，移动方向点可以改变曲线的形状。

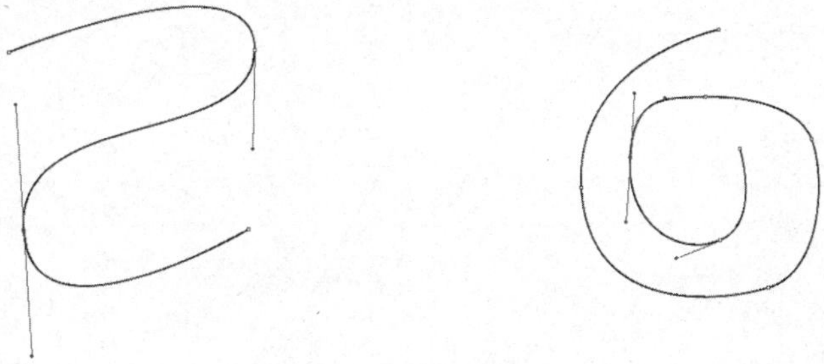

图　9-11

提示

平滑点有两条方向线，并且始终在一条指向上，移动一条方向线，另一条也随之移动，来保持该锚点处曲线的连续性。方向线总是与锚点处曲线的切线方向一致，与曲线的半径垂直。每条方向线的角度决定了曲线的斜率，而每条方向线的长度决定了曲线的高度或深度，了解了这一点，在调整方向线的角度和长度时就可以做到预期的效果了。

9.3　绘制直线与曲线的混合路径

下面通过绘制大写字母 B 来练习如何绘制直线与曲线的混合路径。

单击工具箱中的"钢笔工具"按钮，在画布中创建第一个锚点，如图 9-12 所示。再次在画布中单击，创建另一个锚点，效果如图 9-13 所示。

使用"钢笔工具"在相应的位置添加锚点，按住鼠标左键并拖动鼠标，将其变为平滑点，效果如图 9-14 所示。在相应的位置再次按住鼠标左键并拖动，绘制出一段路径，如图 9-15 所示。用同样的方法完成字母 B 的绘制，如图 9-16 所示。

图　9-12

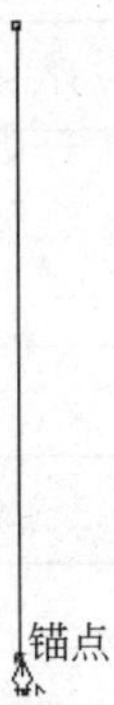

图　9-13

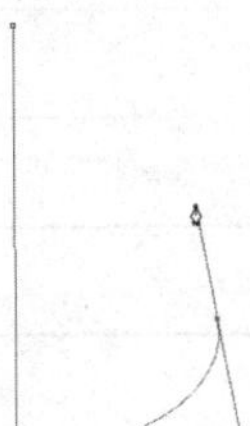

图　9-14

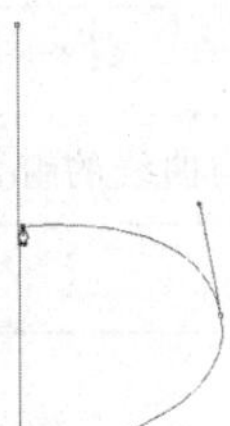

图　9-15

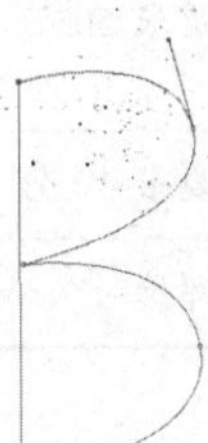

图　9-16

9.4 绘制由角点连接的曲线

单击工具箱中的"钢笔工具"按钮，在画布中绘制曲线路径，效果如图 9-17 所示。按住键盘上的 Alt 键，鼠标指针将变为↖形状，此时在一端的方向点上按住鼠标左键并拖动鼠标，调整方向线，如图 9-18 所示。在相应的位置再次按住鼠标左键并拖动鼠标，绘制出曲线路径，如图 9-19 所示。

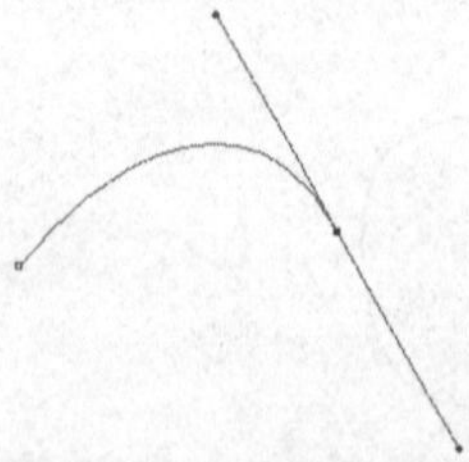
图 9-17

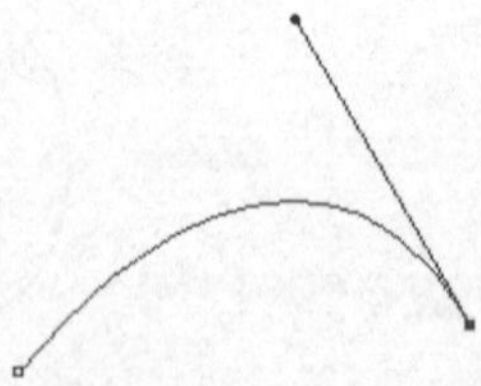
图 9-18

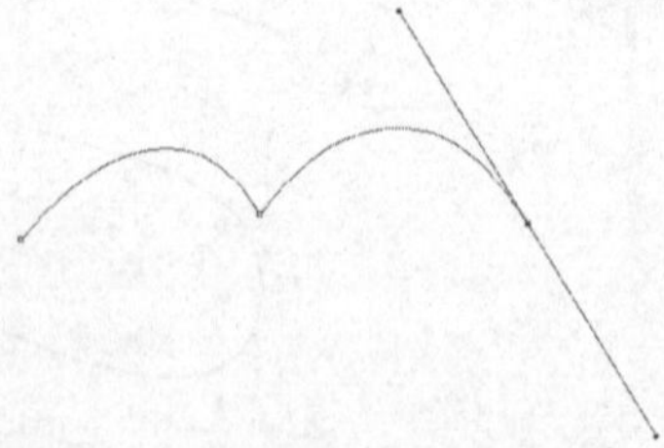
图 9-19

提示

Illustrator CS4 绘制的矢量图形都是基于路径和锚点的，可以通过编辑锚点或曲线方向线的方向点来改变路径，从而改变图形的形状。只有掌握 Illustrator CS4 提供的多种编辑路径方法，才能够真正领略 Illustrator CS4 图形未知的强大功能，在实践中才能做出好作品。

课堂练习

任务背景：通过本课的学习，小强已经了解使用"钢笔工具"绘制路径的要点，接下来将查看书籍，准备选择图形进行绘制。

任务目标：使用"钢笔工具"绘制路径。

任务要求：选择图形使用"钢笔工具"进行绘制。

任务提示：在实际操作过程中要注意直线与曲线之间的关系。

练习评价

项　目	标准描述	评定分值	得分
基本要求 60 分	绘制直线	25	
	绘制曲线	35	
拓展要求 40 分	绘制直线与曲线的组合	40	
主观评价		总分	

课外阅读

简化路径

对于复杂的矢量图形，如果将路径适当地简化一下，删除额外的锚点而不改变路径的形状，就可以简化图稿，减小文件的大小，加快图稿显示与打印的速度。

单击工具箱中的“选择工具”按钮，在画布上选中需要简化的路径。执行“对象”→“路径”→“简化”命令，弹出“简化”对话框，如图 9-20 所示。

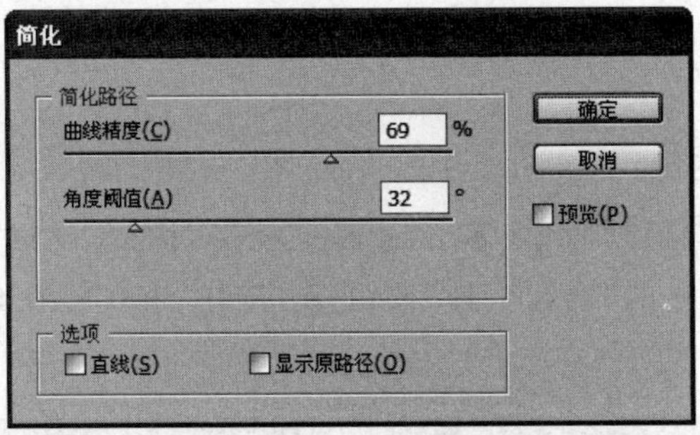

图　9-20

在该对话框中，可以对相应的选项进行设置。

- 曲线精度：设置原始路径与简化路径的接近程度，可以输入 0%～100%的值，或者拖动滑块来改变数值。百分比越高创建的点越多，并且越接近原来的路径形状。如果不设置“角度阈值”，则除了曲线的角点和曲线端点外的任何现有锚点都将被忽略。
- 角度阈值：用来控制角的平滑度，可以输入 0°～180°的值。如果角点的角度小于角度阈值，将不能更改该角点。如果“曲线精度”值较低的话，该选项有助于保持角的锐利。
- 直线：选中此选项，会在对象的原始锚点间创建直线。如果角点的角度大于在“角度阈值”中设置的值，将删除角点。
- 显示原路径：选中此选项，会显示简化路径后的原路径，有助于对照调整数值。

课后思考

(1) 在使用“钢笔工具”绘制曲线时要注意哪些细节？

(2) 如何使用“钢笔工具”绘制完美直线与曲线混合路径？

第 10 课　绘制精美图标

在网页或是生活中，经常会见到漂亮的图标，但不知如何绘制。本课将讲解如何根据路径与锚点的关系，使用钢笔、矩形等工具对图标进行绘制和调整，学生要认真阅读并掌握其绘制的方法。

课堂讲解

任务背景：通过前两课的学习，小强已经了解到如何运用“钢笔工具”绘制路径并对路径进行编辑，他心血来潮，于是开始在 Illustrator 中绘制漂亮图标。

任务目标：仔细阅读绘制图标的方法，然后在 Illustrator 中绘制漂亮图标。

任务分析：小强所要了解的知识是至关重要的，只有掌握了绘制图形的技巧，才能在绘制过程中快速而准确地绘制出漂亮图标。

10.1　绘制关闭图标

步骤 1　绘制图标内侧

01　执行“文件”→“新建”命令，弹出“新建文档”对话框，设置如图 10-1 所示。新建一个空白文档，单击工具箱中的“椭圆工具”按钮，按住 Shift 键在画布中绘制正圆，效果如图 10-2 所示。

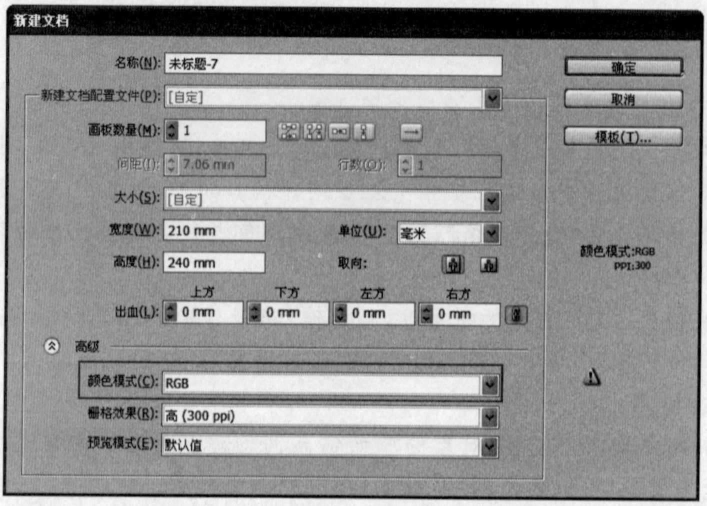

图　10-1

02　选中刚刚绘制的正圆，设置“描边”颜色为无，打开“渐变”面板，设置如图 10-3 所示。单击工具箱中的“渐变工具”按钮，为正圆填充径向渐变，效果如图 10-4 所示。

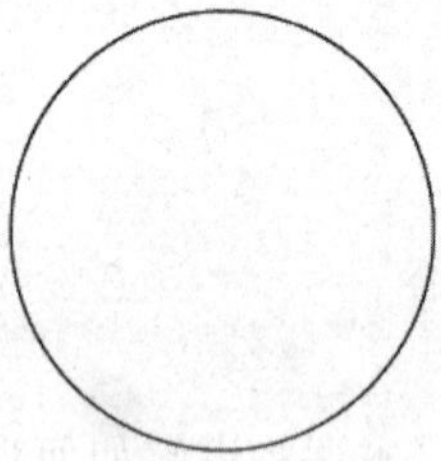

图　10-2

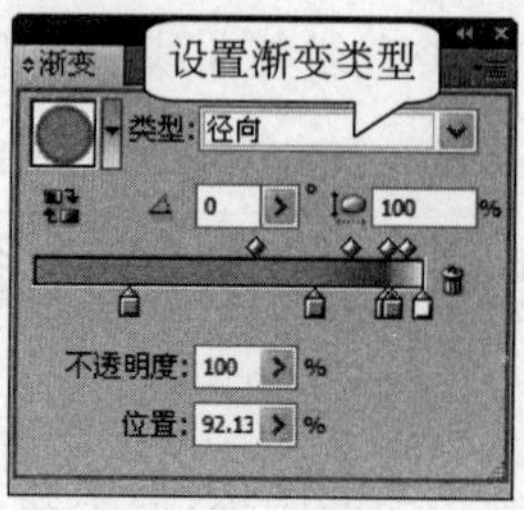

图　10-3

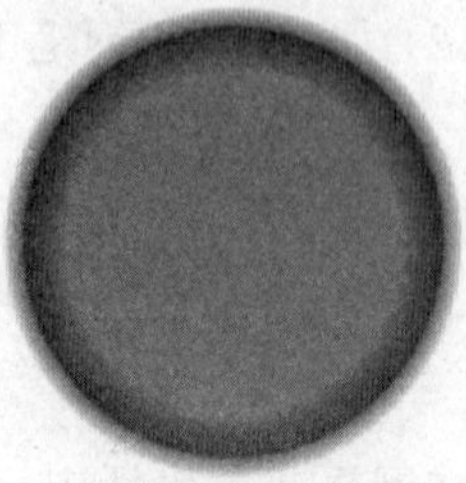

图　10-4

提示

在此处“渐变”面板中从左至右分别设置了渐变滑块颜色值为 RGB(155,201,84)、RGB(164,200,67)、RGB(112,138,42)、RGB(159,193,64)、RGB(255,255,255)。

03 再次使用“椭圆工具”在画布中绘制椭圆，打开“渐变”面板，从左至右分别设置渐变滑块颜色值为 RGB(155,201,84)、RGB(225,237,196)，如图 10-5 所示。单击工具箱中的“渐变工具”按钮，为刚刚绘制的椭圆填充渐变，效果如图 10-6 所示。

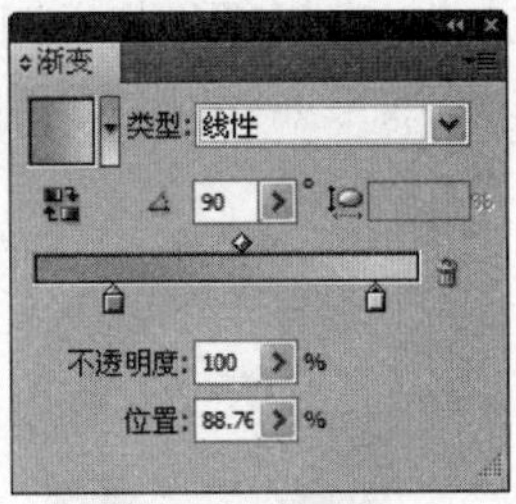

图 10-5

04 单击工具箱中的“圆角矩形工具”按钮，在画布中绘制圆角矩形，设置“填色”为白色，“描边”为无，效果如图 10-7 所示。按住 Shift 键使用“椭圆工具”在画布中绘制正圆，设置“填色”为黑色，“描边”为无，如图 10-8 所示。

图 10-6

图 10-7

图 10-8

05 执行“对象”→“路径”→“偏移路径”命令，弹出“位移路径”对话框，设置如图 10-9 所示。单击“确定”按钮，完成“偏移路径”对话框的设置，效果如图 10-10 所示。

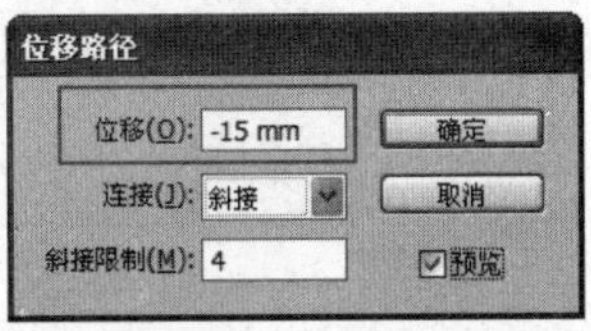

图 10-9

图 10-10

06 在画布中拖动鼠标将两个圆同时选中，如图 10-11 所示。执行“窗口”→“路径查找器”命令，打开“路径查找器”面板，如图 10-12 所示。单击“减去顶层”按钮，效果如图 10-13 所示。

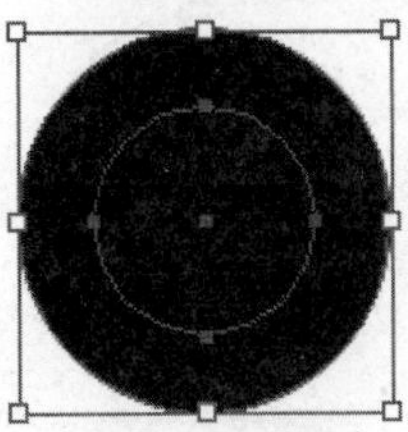
图 10-11

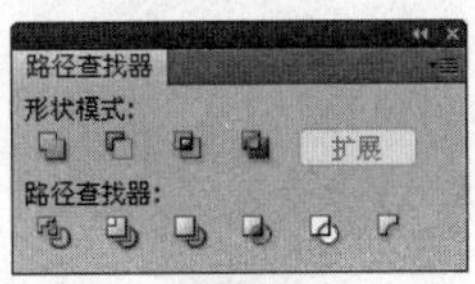

图 10-12

图 10-13

07　单击工具箱中的“直线段工具”按钮，在画布中绘制两条线段，并将圆环与线段同时选中，如图 10-14 所示。单击“路径查找器”面板上的“分割”按钮，效果如图 10-15 所示。

图　10-14

08　执行“对象”→“取消编组”命令，按 Delete 键将不需要的部分删除，如图 10-16 所示。配合使用“转换锚点工具”和“直接选择工具”对图形进行相应调整，设置“填色”为白色，并将其移至合适的位置，效果如图 10-17 所示。

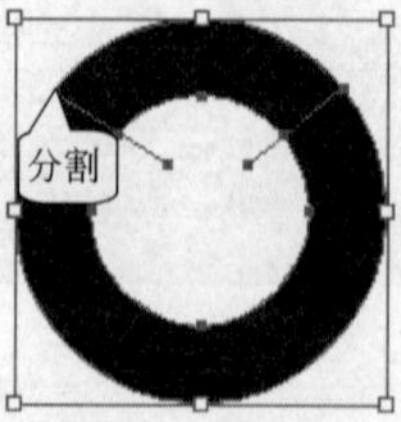

图　10-15

图　10-16

图　10-17

步骤 2　绘制图标外侧

01　使用相同的绘制方法，可以完成外部圆环的制作，效果如图 10-18 所示。单击工具箱中的“星形工具”按钮，在画布中单击，弹出“星形”对话框，设置“角点数”为 3，单击“确定”按钮，调整三角形的位置、大小及角度，效果如图 10-19 所示。

02　将三角形与圆环同时选中，单击“路径查找器”面板上的“联集”按钮，将图形进行联集，打开“渐变”面板，从左至右分别设置渐变滑块颜色值为 RGB(255，255，255)、RGB(159，160，160)，如图 10-20 所示。为图形填充渐变，效果如图 10-21 所示。

图　10-18

图　10-19

图 10-20

03　使用相同的绘制方法，将图形进行偏移路径并填充渐变，效果如图 10-22 所示。根据前面相同的绘制方法，绘制椭圆并填充径向渐变，绘制出阴影效果，如图 10-23 所示。执行“文件”→“存储”命令，将图形保存为“CD\源文件\第 3 章\10-1. ai”。

图 10-21

图　10-22

图　10-23

10.2　绘制电视图标

步骤 1　绘制电视整体形状

01　执行"文件"→"新建"命令，弹出"新建文档"对话框，新建一个空白文档，如图 10-24 所示。单击工具箱中的"圆角矩形工具"按钮，设置"填色"为无，"描边"为无，在画布中拖动鼠标，绘制圆角矩形，效果如图 10-25 所示。

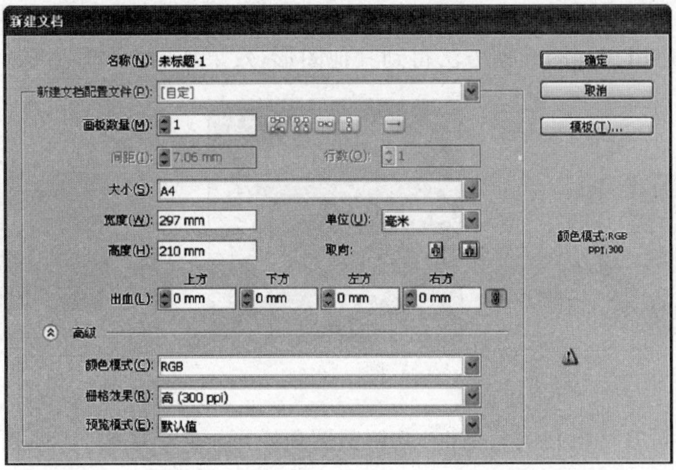

图　10-24

02　选中刚刚绘制的图形，配合使用"直接选择工具"和"转换锚点工具"，调整锚点的位置和平滑度，效果如图 10-26 所示。使用相同方法调整其他锚点，效果如图 10-27 所示。

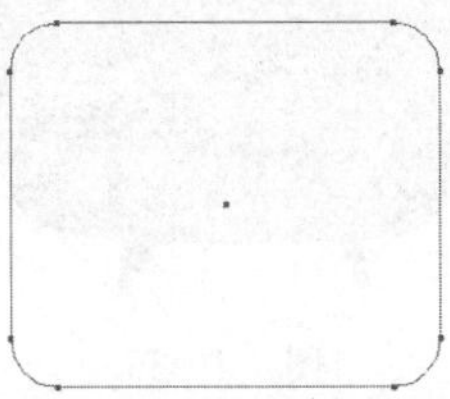

图　10-25

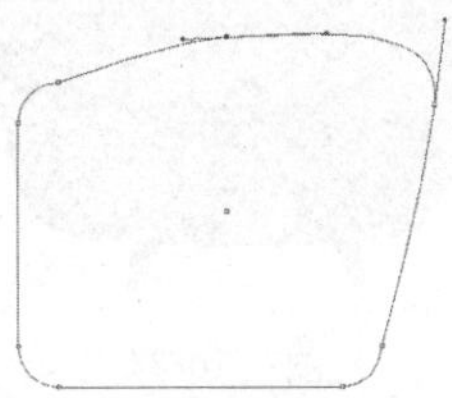

图　10-26

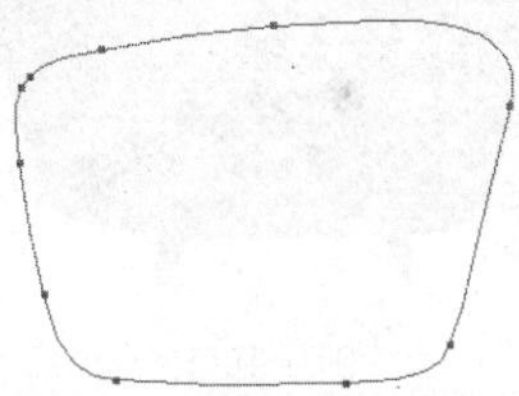

图　10-27

03　选择刚刚调整好的路径，打开"渐变"面板，从左至右分别设置渐变滑块的颜色值为 RGB(216,143,184)、RGB(227,31,105)，如图 10-28 所示。单击工具箱中的"渐变工具"按钮，在路径上拖动鼠标填充线性渐变，效果如图 10-29 所示。

图　10-28

图　10-29

小技巧

除了可以从“窗口”中调出“渐变”面板，还可以按快捷键 Ctrl＋F9。

04　单击工具箱中的“钢笔工具”按钮，设置“填色”为无，“描边”为无，在画布中绘制路径，效果如图 10-30 所示。打开“渐变”面板，从左至右分别设置渐变滑块的颜色值为 RGB(0,0,0)、RGB(143,19,93)、RGB(227,31,105)，如图 10-31 所示。

05　单击工具箱中的“渐变工具”按钮，在路径上拖动鼠标填充线性渐变，效果如图 10-32 所示。使用相同的绘制方法得到其他图形，效果如图 10-33 所示。

图　10-30

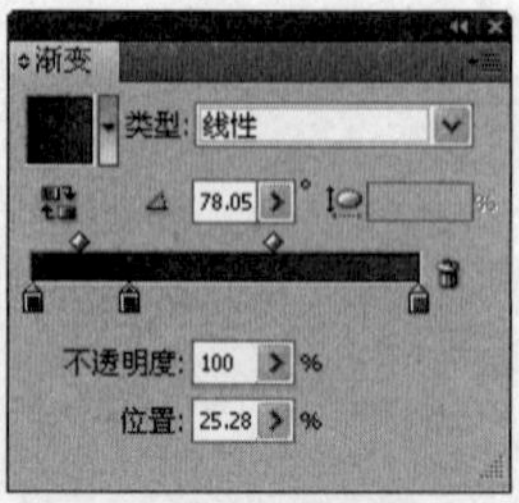

图　10-31

图　10-32

06　使用相同方法绘制圆角矩形，并调整圆角矩形，效果如图 10-34 所示。按 Alt 键复制路径，单击工具箱中的“选择工具”按钮，调整其位置和大小，选中刚刚绘制的两个路径，按快捷键 Ctrl＋G 将其编组，效果如图 10-35 所示。

图　10-33

图　10-34

图　10-35

07　打开“渐变”面板，从左至右分别设置渐变滑块的颜色值为 RGB(0,0,0)、RGB(139,139,139)，为图形填充线性渐变，效果如图 10-36 所示。使用相同的绘制方法得到图形，并为图形填充“黑白”径向渐变，效果如图 10-37 所示。

图　10-36

图　10-37

08　使用相同方法在画布中绘制椭圆，打开“渐变”面板，从左至右分别设置渐变滑块的颜色值为 RGB(255,255,255)、RGB(216,143,184)，如图 10-38 所示。使用“渐变工具”，在路径上拖动鼠标填充径向渐变，并调整图形的叠放顺序和中心点位置，效果如图 10-39 所示。

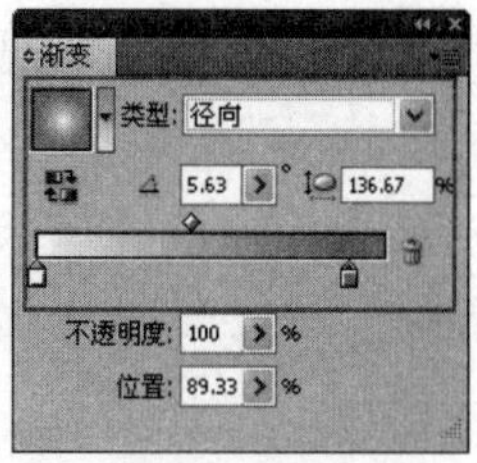

图　10-38

步骤 2　绘制电视天线

01　使用“矩形工具”，设置“填色”为无，“描边”为无，在画布中绘制矩形并调整图形的中心点位置，打开“渐变”面板，设置如图 10-40 所示。使用“渐变工具”在路径上拖动鼠标填充线性渐变，效果如图 10-41 所示。

图　10-39

图　10-40

图　10-41

提示

在此处“渐变”面板中从左至右分别设置了渐变滑块颜色值为 RGB(219,219,219)、RGB(0,0,0)、RGB(226,226,226)、RGB(63,63,63)。

02　使用相同的绘制方法制作出其他图形，并调整图形的叠放顺序，效果如图 10-42 所示。使用“椭圆工具”设置“填色”为无，“描边”为无，在画布中绘制椭圆并调整图形的中心点位置，设置“渐变”面板从左至右渐变滑块的颜色值为 RGB(204,255,0)、RGB(169,178,50)，为图形填充径向渐变，效果如图 10-43 所示。

03　使用相同的绘制方法制作出另一图形，效果如图 10-44 所示。使用相同方法绘制椭圆，在“渐变”面板上从左至右分别设置渐变滑块的颜色值为 RGB(102,102,102)、RGB(255,255,255)，为图形填充径向渐变，并调整图形的叠放顺序，效果如图 10-45 所示。

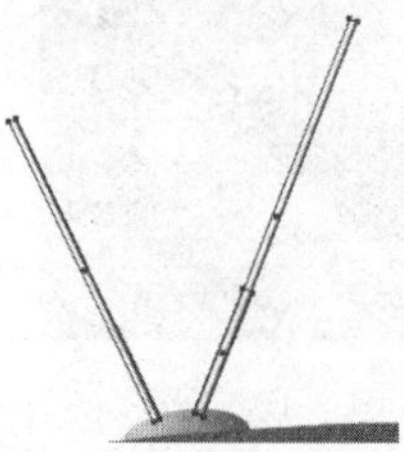

图　10-42

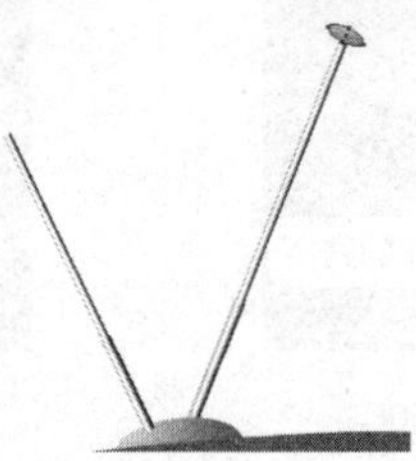

图　10-43

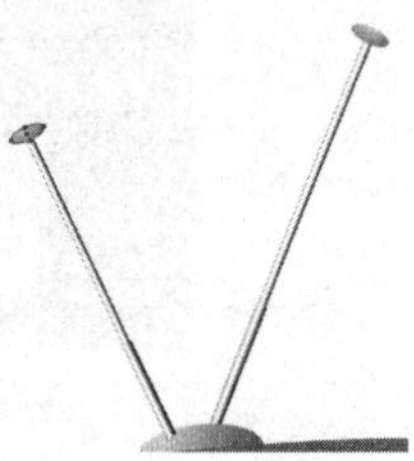

图　10-44

图　10-45

步骤 3 绘制电视按钮

01 使用“椭圆工具”在画布中绘制椭圆，设置“填色”为无，“描边”为无，打开“渐变”面板设置如图 10-46 所示。使用“渐变工具”在路径上拖动鼠标填充线性渐变，效果如图 10-47 所示。

图 10-46

图 10-47

提示

在此处“渐变”面板中从左至右分别设置了渐变滑块颜色值为 RGB(204,255,0)、RGB(169,178,50)。

02 使用相同的方法，设置“填色”为黑色，在画布中绘制椭圆，并调整图形的叠放顺序，效果如图 10-48 所示。使用相同的绘制方法完成该部分其他图形的绘制，效果如图 10-49 所示。

03 使用“钢笔工具”设置“填色”为无，“描边”为无，在画布中绘制路径，打开“渐变”面板，从左至右分别设置渐变滑块的颜色值为 RGB(204,255,0)、RGB(101,114,29)，为图形填充线性渐变，效果如图 10-50 所示。使用相同的绘制方法可以完成其他相似内容的绘制，效果如图 10-51 所示。

图 10-48

图 10-49

图 10-50

图 10-51

04 单击工具箱中的“文字工具”按钮 T，打开“字符”面板，设置如图 10-52 所示。设置完成后，在画布中单击输入文字，并执行“文字”→“创建轮廓”命令，效果如图 10-53 所示。

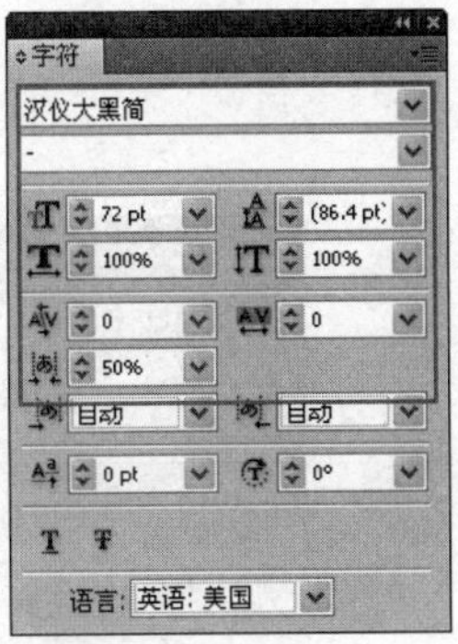

图　10-52

图　10-53

步骤 4　创建电视的组合形状

01　使用"钢笔工具"，在画布中绘制路径，再按 Alt 键复制选中的指定图层，同时选中复制的指定图形，效果如图 10-54 所示。执行"窗口"→"路径查找器"命令，弹出"路径查找器"面板，单击"减去顶层"按钮，得到新图形，如图 10-55 所示。

图　10-54

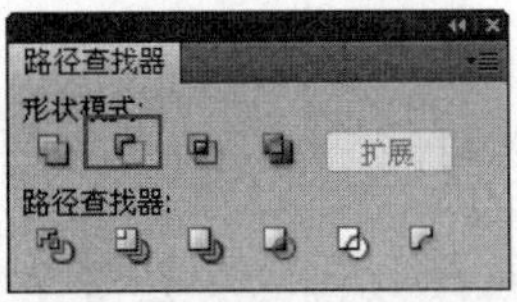

图　10-55

提示

执行"路径查找器"命令时，被选中的指定图形需复制一层。

02　选中新图形，打开"渐变"面板，从左至右分别设置渐变滑块的颜色值为 RGB(255,255,255)、RGB(229,167,199)，如图 10-56 所示。使用"渐变工具"在路径上拖动鼠标填充线性渐变，并调整图形的叠放顺序，效果如图 10-57 所示。

03　使用相同的绘制方法绘制其他图形，设置"渐变"面板从左至右渐变滑块的颜色值为 RGB(102,102,102)、RGB(0,0,0)，如图 10-58 所示。使用"渐变工具"在路径上拖动鼠标填充径向渐变，并调整相应的叠放顺序，效果如图 10-59 所示。

04　使用相同的绘制方法创建形状组合，填充"黑白"线性渐变，"渐变"面板如图 10-60 所示，效果如图 10-61 所示。完成电视图标制作后，执行"文件"→"存储为"命令，将其保存为"CD/源文件/第 3 章/10-2. ai"。

图 10-56

图 10-57

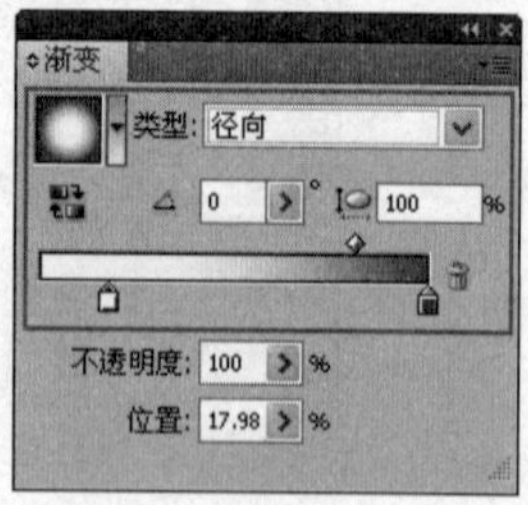

图 10-58

图 10-59

图 10-60

图 10-61

课堂练习

任务背景：小强正在仔细阅读本课的内容，同时脑中浮现出一个一个地图标形象，正准备绘制多种图标用以检验自己所掌握知识的熟练度。

任务要求：绘制开关图标。

任务提示：在绘制的过程中要注意图层之间的叠放顺序。

练习评价

项　目	标准描述	评定分值	得分
基本要求 60 分	多查阅书籍	25	
	多加练习	35	
拓展要求 40 分	以最快的速度绘制出最精美的图形	40	
主观评价		总分	

课外阅读

平均锚点

将路径中多个锚点的位置平均分布一下，通过这种方式可以改变路径的形状。

使用“钢笔工具”在画布中绘制一条波浪线，效果如图 10-62 所示，如果让这条线更平缓一些，可执行“对象”→“路径”→“平均”命令，然后在“平均”对话框中选择“水平”轴，如图 10-63 所示。单击“确定”按钮，即可通过平均分布锚点改变路径的形状，效果如图 10-64 所示。

图 10-62

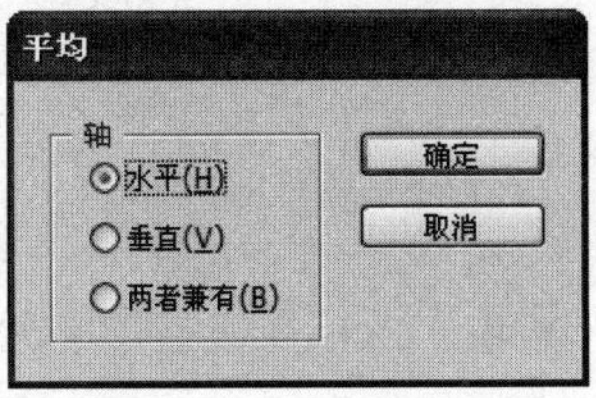

图 10-63

图 10-64

平均锚点的位置是从另一种角度简化路径的方法。但是此操作会较大幅度地改变路径形状，所以一定要慎用。

课后思考

(1) 如何绘制各种各样的精美图标？

(2) 在绘制图标时要注意哪些问题？

第 4 章

实时描摹与实时上色

知识要点

- 了解实时描摹的原理
- 掌握实时描摹的方法
- 掌握实时描摹的选项设置
- 掌握转换与释放实时描摹
- 了解实时上色的原理
- 掌握实时上色的技巧
- 掌握实时描摹与实时上色的综合运用
- 掌握绘制卡通图形的方法

第 11 课　实时描摹

在使用 Adobe Illustrator 时，经常会运用到位图、照片等许多非矢量的图像，在操作过程中碰到这些问题时，常常会感觉无从入手，费时费力。本节课将讲解如何使用“实时描摹”功能自动完成图片的描摹工作，从而在操作的过程中快速准确地将照片或其他位图图像转换为矢量图形。

课堂讲解

任务背景： 小强学习平面设计已经有一段时间了，在这期间经常会碰到位图、照片等，他不知道如何在 Illustrator 中将这些图像变为矢量图形，不由自主地翻阅起有关平面设计与制作的书籍……

任务目标： 掌握实时描摹对象的方法。

任务分析： 小强所要了解的内容是非常必要的，只有掌握了实时描摹对象的方法，才能将非矢量图形转为矢量图形，从而在平面设计中运用自如。

11.1　什么是实时描摹

将扫描或是通过其他途径得到的图片置入 Illustrator CS4 中，置入的图片会成为 Illustrator CS4 的一个连接对象。用户在“控制”栏上单击“实时描摹”按钮，Illustrator CS4 就会使用默认设置对图像进行自动描摹，将位图转换为高质量的矢量图，如图 11-1 所示为实时描摹前后的对比效果。

图　11-1

提示

如果置入的图像是外部连接的文件，则“控制”栏上会有一个“嵌入”按钮，单击“嵌入”按钮可以将图像嵌入文档中。如果不想使用“控制”栏上的“实时描摹”，也可以在选中图像后执行“对象”→“实时描摹”→“建立”命令，对图像进行实时描摹。

11.2　实时描摹选项设置

在对图像进行实时描摹时，只有对描摹选项进行合理的设置，才能使实时描摹的结果符合自己的需要。执行“对象”→“实时描摹”→“描摹选项”命令，弹出“描摹选项”对话框，如图 11-2 所示，在对话框中可以对描摹对象进行设置。

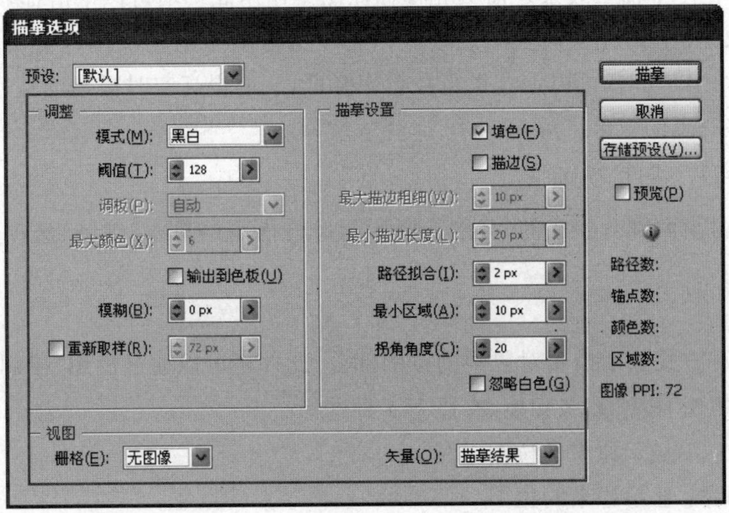

图　11-2

步骤 1　调整

- 模式：描摹结果的颜色模式有 3 种(彩色、灰度和黑白)，默认描摹的模式为黑白，如图 11-3 所示。

图 11-3

- 阈值：指定一个从原图产生黑白描摹结果的值，比此值亮度低的像素被转换为白色，反之则转换为黑色。该模式经常用于图像处理，且当该“模式”设置为“黑白”时，该选项才会被激活，呈可用状态。
- 调板：表示从原图产生描摹结果的彩色或灰色面板。当“模式”设置为“彩色”或“灰度”时才能使用该选项。通常，可以让 Illustrator CS4 来决定描摹的颜色，即使用“自动”选项。
- 最大颜色：当使用色彩或灰度模式时，可指定最大颜色数值。该选项只有在这两种模式下选择“调板”为“自动”时才能使用。
- 输出到色板：选中此选项，则描摹完毕，生成一个新的色板，并出现在一个面中，色板中包含描摹结果中的每种颜色。
- 模糊：在产生描摹效果之前会先模糊原图。使用此选项可以平滑描摹结果。
- 重新取样：在应用实时描摹之前先以指定的数值重新定义图像的分辨率。例如原图尺寸比较大时，可以在这里将分辨率降低，从而提高实时描摹的速度，得到一个质量较差一点的效果。

步骤 2　打开“视图”选项

描摹对象是由两部分组成的，分别为原始图像与描摹结果。“视图”选项可以实现原图与结果的对比。

1. 栅格

指定以何种方式显示描摹对象中的位图部分，此外还可以通过使用“控制”栏上的“预览栅图像的不同视图”按钮来切换，有以下 4 种选择。

- 无图像：不显示原来的位图。
- 原始图像：显示原来的位图
- 调整图像：显示调整后的位图。
- 透明图像：显示透明的位图。

2. 矢量

指定以何种方式描摹对象中的描摹结果部分。

- 无描摹结果：不显示描摹结果。

- 描摹结果：显示结果。
- 轮廓：只显示轮廓。
- 描摹轮廓：同时显示描摹结果和轮廓。

步骤 3　描摹设置

- 填色：在描摹结果中创建填充的区域。
- 描边：在描摹结果中创建描边路径。"填色"和"描边"两个选项只有在"黑白"模式下才能使用。
- 最大描边粗细：指定最大描边粗细。
- 最小描边长度：指定最小描边长度。
- 路径拟合：控制原图像素形状与描摹图形之间的距离，数值越小，路径越接近原图。
- 最小区域：指定原图被描摹的最小区域。
- 拐角角度：指定原图弯曲处的锐利程度。

步骤 4　存储预设

单击"描摹选项"对话框右上角的"存储预设"按钮，在弹出的"存储描摹预设"对话框中输入要保存的预设名称，如图 11-4 所示。单击"确定"按钮将设置保存为预设，以后可以直接从预设列表中找到该设置进行应用。

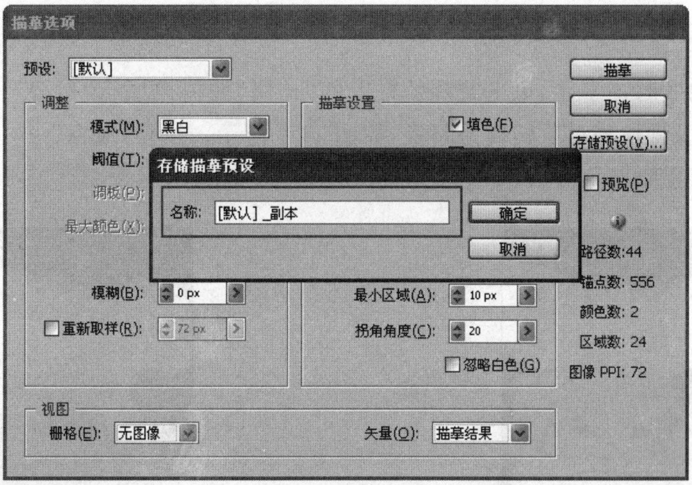

图　11-4

步骤 5　预览

如果选中"预览"复选框，则在修改图像时能够及时观察描摹结果。但是需要注意，如果所描摹的原始图像较大，可能会导致计算机处理速度变慢，所以要谨慎使用该复选框。

步骤 6　显示追踪结果的数据

在对话框右下角显示出了追踪结果的一些数据，从上而下依次是路径数、锚点数、颜色数、区域数和图像分辨率(像素/英寸)，从这些数据中可以观察描摹对象的复杂程度、颜色信息等。

11.3 控制实时描摹的色彩

在合理地设置了“描摹选项”对话框的同时，结合使用 Illustrator CS4 中的“颜色”面板，可以对描摹的色彩进行控制。

执行“窗口”→“色板”命令或者单击窗口右侧的“色板”按钮，打开“色板”面板，在“色板”右侧的下拉列表中选择“冰淇淋”选项，并选择一种颜色，如图 11-5 所示。在“描摹选项”对话框的“模式”下拉列表中选择“彩色”选项，在“调板”下拉列表中选择“冰淇淋”选项，单击“描摹”按钮，效果如图 11-6 所示。

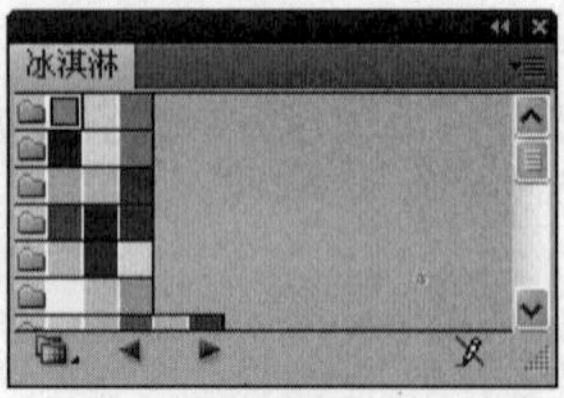

图 11-5

图 11-6

前面已经讲过，“描摹选项”对话框的“模式”包括 3 种，分别是彩色、灰度、黑白，当“模式”为彩色或灰度时才可以对描摹的色彩进行控制操作。

11.4 转换与释放实时描摹对象

当图像应用实时描摹后，单击“控制”栏上的“扩展”按钮或执行“对象”→“实时描摹”→“扩展”命令，可以将描摹对象转换为路径，如图 11-7 所示。执行“对象”→“实时描摹”→“释放”命令，可以将描摹对象释放，如图 11-8 所示。

图 11-7

图 11-8

提示

对描摹应用扩展操作后，描摹对象转换为路径，也就是成为矢量对象，这样可以像操作其他矢量图形一样，对矢量路径进行任意编辑，如改变路径的形状或位置。

课堂练习

任务背景：通过本课的学习，小强已经掌握了实时描摹的方法，就忍不住自己也想尝试一下，但是还没想好要制作什么样的效果，得仔细考虑一下。

任务目标：认真研究描摹设置。

任务要求：选择自己所需的图像置入，对图像进行自动描摹。

任务提示：在实际操作过程中要注意描摹设置与描摹结果。

练习评价

项 目	标准描述	评定分值	得分
基本要求 60 分	描摹图像	25	
	对描摹选项进行设置	35	
拓展要求 40 分	对描摹结果进行转换操作	40	
主观评价		总分	

课外阅读

RGB 颜色模式

RGB 颜色模式是 Illustrator CS4 文件使用的颜色模式之一。绝大部分的可见光谱可以用红、绿、蓝(RGB)3 种色光按不同比例和强度的混合来表示，在这些颜色重叠的位置，会产生青色、洋红和黄色。因为 RGB 颜色混合在一起可产生白色，所以也叫做“加成色”。加成色用于照明光、电视和计算机显示器，例如显示器通过红色、绿色和蓝色荧光粉发射光线产生颜色，如图 11-9 所示。

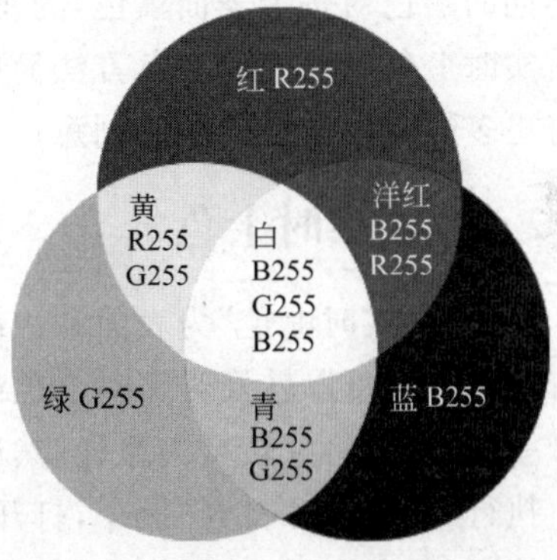

图 11-9

在 Illustrator CS4 中，可以通过使用基于 RGB 颜色模型的 RGB 颜色模式处理颜色值。RGB 模式中每种 RGB 成分都可使用从 0(黑色)～255(白色)的值，例如亮红色使用 RGB(246,20,50)。当所有成分值相等时，结果是灰色；当所有成分的值均为 255 时，结果是纯白色；当所有成分的值均为 0 时，结果是纯黑色。Illustrator CS4 还可以使用称为“Web 安全 RGB”来修改 RGB 颜色模式，这种颜色模式仅包含适合在 Web 上使用的 RGB 颜色。

课后思考

(1) 描摹选项设置不同会出现哪些描摹结果？

(2) 对扩展后的描摹结果进行调整会出现怎样的效果？

第12课　实时上色

在使用 Adobe Illustrator 时，会碰到一些单调图像、路径或图形，解决这些问题，通常会运用到“实时上色”功能。本课将讲解如何使用“实时上色”功能，在操作过程中快速准确地为图形、路径进行实时上色。

课堂讲解

任务背景：通过上节课的学习，小强已经掌握了实时描摹的方法，但是仅仅掌握了实时描摹的方法还不能将图形完全转换为矢量图形。

任务目标：掌握实时上色的方法。

任务分析：只有掌握了实时上色的方法，才能完全把位图转换为矢量图。

12.1　什么是实时上色

实时上色类似于真实生活中使用画笔蘸取颜料后随心所欲地在画布上上色。使用实时上色时，会创建一个“实时上色组”，它是所有对象同一个平面的组成部分，上色时不必考虑它们的排列顺序和图层。使用实时上色可以先绘制出路径，然后直接在这些路径所构成的区域(称为“表面”)上色，也可以在这些区域相交的路径部分(称为边缘)上色，而且还可以使用不同的颜色对每个表面填色，为每条边缘描边。

实时上色较原有的上色方法简单快速，大大提高了设计者的工作效率，从而使设计者可以有更多的时间进行更多的创意。

12.2　创建实时上色

在使用“实时上色”为表面和边缘上色之前，首先需要创建一个实时上色组。但并不是所有的对象都可以转换为实时上色组，例如文字、位图图像和画笔等，这时可以先对这些对象做一些处理，将其转换为路径，然后再将生成的路径转换为实时上色组。

执行“文件”→“打开”命令，打开文档“CD\源文件\第 4 章\4002. ai”，效果如图 12-1 所示。执行“对象”→“实时上色”→“建立”命令或单击“控制”栏上的“实时上色”按钮，创建实时上色组，在画布中可以看到老鼠图形周围出现许多形状手柄，表示现在其已经成为实时上色组，效果如图 12-2 所示。

图　12-1

图　12-2

单击工具箱中的“实时上色工具”按钮，将鼠标指针移动到图形上，当指针变为油漆桶的形状时，单击即可创建表面上色，如图 12-3 所示。将鼠标指针移动到图形的一个边缘上，边缘变为红色，单击可以为边缘上色，效果如图 12-4 所示。按住 Shift 键，当指针变为笔刷形状时，单击可以为描边上色，效果如图 12-5 所示。

图　12-3

图　12-4

图　12-5

提示

在“实时上色工具选项”对话框中，默认“填充上色”复选框为未选中状态，如果想为图形进行描边上色，可以选中“描边上色”复选框。

双击工具箱中的“实时上色工具”按钮，弹出“实时上色工具选项”对话框，如图 12-6 所示。

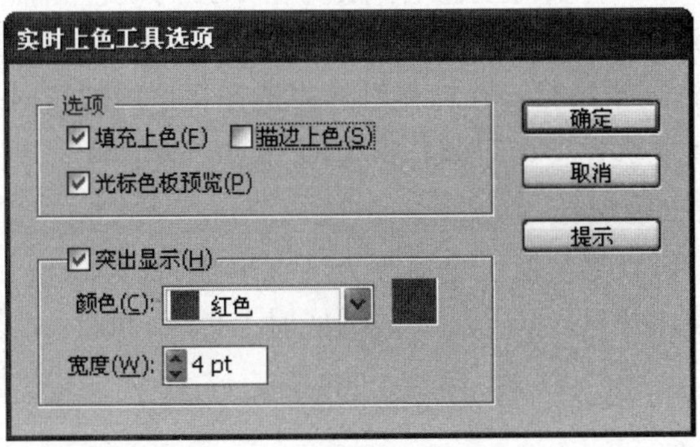

图　12-6

在“实时上色工具选项”对话框中，可以对相关选项进行设置。

- 填充上色：对实时上色组的各表面上色。
- 描边上色：对实时上色组的各边缘上色。
- 光标色板预览：从“色板”面板中选择颜色时在“实时上色工具”指针上方会显示该颜色。
- 突出显示：显示光标当前所在表面或边缘的轮廓。粗线用于突出显示表面，而细线则用于突出显示边缘。
- 颜色：设置突出显示线的颜色，从菜单中可以选择颜色，也可以单击“调色板”图标弹出“颜色”对话框选择其他颜色。
- 宽度：指定突出显示轮廓线的粗细。

12.3 控制实时上色的色彩

创建实时上色组后，使用 Illustrator CS4 的“颜色”面板，可以对实时上色的色彩进行控制。

执行“窗口”→“颜色”命令或者单击窗口右侧的“颜色”按钮，打开“颜色”面板，如图 12-7 所示。选择不同的颜色，使用“实时上色工具”在图像上单击上色，效果如图 12-8 所示。

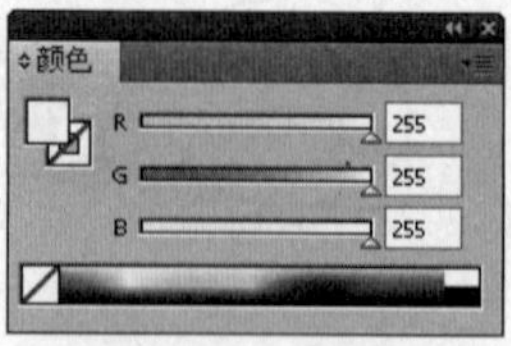

图 12-7

图 12-8

12.4 扩展与释放实时上色组

使用“扩展实时上色组”和“释放实时上色组”功能可以将已经是实时上色组的对象转换为普通路径。

步骤 1 扩展实时上色组

“扩展实时上色组”可以将实时上色组扩展为由单独的填色和描边路径所组成的对象，但却能够保持与原来实时上色组类似的外观。扩展后，可以单击工具箱中的“编组选择工具”按钮，选择与编辑这些路径。在操作时只需选择要扩展的实时上色组，执行“对象”→“实时上色”→“扩展”命令或者单击“控制”栏中的“扩展”按钮即可。

步骤 2 释放实时上色组

“释放实时上色组”可以将实时上色组改为没有填色，宽为 0.5pt，“描边”为黑色的一条或多条普通路径。在操作时只需选择要释放的实时上色组，执行“对象”→“实时上色”→“释放”命令即可。

课堂练习

任务背景：小强仔细阅读了实时上色的知识，掌握了其方法和技巧。
任务目标：对物体进行实时上色。
任务要求：选择图像进行实时描摹，再进行实时上色。
任务提示：在实际操作过程中要注意表面和边缘的上色。

练习评价

项目	标准描述	评定分值	得分
基本要求 60 分	实时描摹	25	
	创建实时上色组	35	
拓展要求 40 分	对实时上色组填充颜色	40	
主观评价		总分	

课外阅读

实时上色间隙选项

“间隙选项”对话框用于预览并控制实时上色组中可能出现的间隙。所谓间隙是指路径与路径之间的小空隙,在为表面上色时,经常不希望将颜色也填充到这些小空隙中。除了手动编辑的方式可以封闭路径来避免这种情况的发生之外,还可以在“间隙选项”对话框中选中“间隙检测”复选框来对间隙设置进行微调,从而让 Illustrator 通过所指定的间隙大小来防止颜色渗漏到间隙中。

执行“对象”→“实时上色”→“间隙选项”命令,弹出“间隙选项”对话框,如图 12-9 所示。

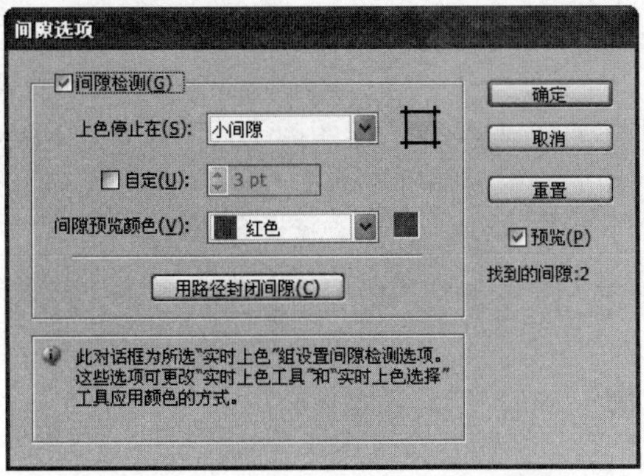

图 12-9

- 间隙检测:用于指定 Illustrator CS4 是否检测实时上色路径中的间隙,并防止色料从间隙渗漏到外部。需要注意的是,在处理较大而复杂的实时上色组时,开启“间隙检测”可能会使 Illustrator CS4 的运行变慢。在这种情况下,可以单击“用路径封闭间隙”按钮,帮助加快 Illustrator CS4 的运行速度。
- 上色停止在:从下拉列表中选择颜色不能渗入的间隙的大小,它的 3 种选择分别是小间隙、中等间隙和大间隙。
- 自定:指定一个自定的“上色停止在”间隙大小。
- 间隙预览颜色:设置在实时上色组中预览间隙的颜色。可以从右侧下拉列表中选择颜色,也可以单击“间隙预览颜色”旁边的颜色块弹出“颜色”对话框,从中选择自定颜色。
- 用路径封闭间隙:选定间隙检测时,Illustrator CS4 不会封闭其发现的任何间隙,而是仅仅放置颜色渗漏过这些间隙。如果要封闭间隙,可以手动编辑路径或选择“用路径封闭间隙”,该选项会将未上色的路径插入要封闭间隙的实时上色组中。需要注意的是,由于这些路径没有上色,可能看起来间隙还存在,但实际上间隙已经没有了。
- 预览:将在当前实时上色组中检验到的间隙显示为彩色线条,所用颜色根据选定的预览颜色而定。

课后思考

（1）在实时上色的过程中要注意哪些细节？

（2）对实时上色的颜色设置不同会出现怎样的效果？

第 13 课　绘制卡通角色

本课将通过实例讲解如何在 Adobe Illustrator 中将位图描摹为轮廓并为其上色，最后生成一个矢量文件。

课堂讲解

任务背景： 通过前两节课的学习，小强已经掌握了实时描摹和实时上色的方法，现在尝试在 Illustrator 中绘制可爱的卡通角色。

任务目标： 通过运用实时描摹和实时上色掌握实例制作的方法。

任务分析： 将实时描摹与实时上色的理论应用于实践，绘制卡通图形。

13.1　绘制卡通动物

步骤 1　置入图像

01　执行“文件”→“新建”命令，弹出“新建文档”对话框，新建一个空白文档，设置如图 13-1 所示。执行“文件”→“置入”命令，弹出“置入”对话框，在“置入”对话框中选择“CD\源文件\第 4 章\素材\13001.jpg”，如图 13-2 所示。

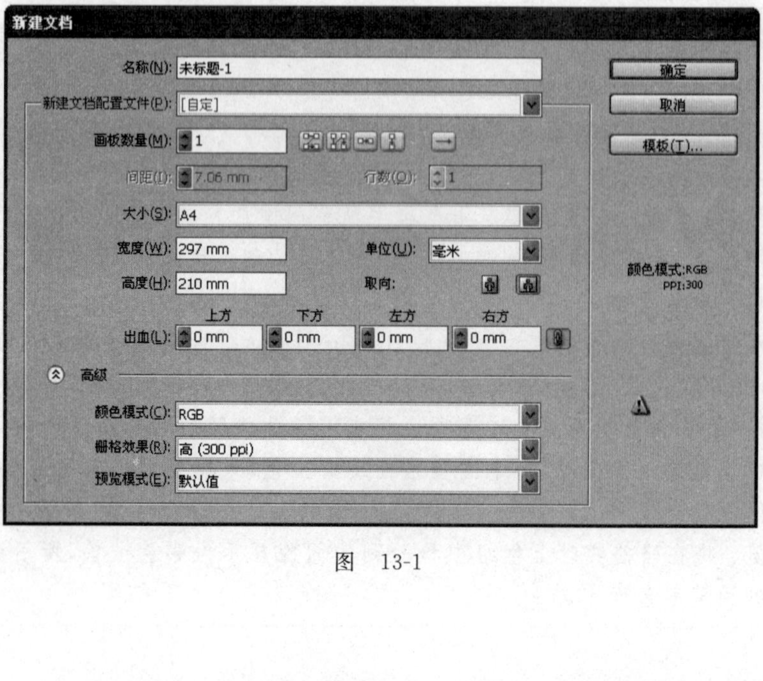

图　13-1

02 单击“置入”按钮，效果如图 13-3 所示。单击“控制”栏上的“嵌入”按钮，效果如图 13-4 所示。单击工具箱中的“选择工具”按钮，同时按住键盘上的 Alt 键选择图像，拖动鼠标指针复制 1 个相同的图像，将其放置到画布边缘以外，用来做实时上色的参考。

图 13-2

图 13-3

图 13-4

步骤 2 对图像进行实时描摹操作

01 单击工具箱中的“选择工具”按钮，选中画布中的图像，执行“对象”→“实时描摹”→“建立”命令，如图 13-5 所示，效果如图 13-6 所示。

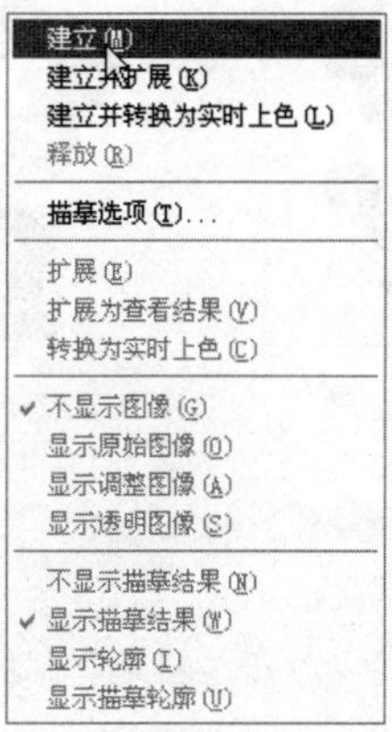

图 13-5

图 13-6

提示

默认状态描摹的图像，可以看出效果比较粗糙，需要通过修改描摹选项得到更好的效果。

02　执行“对象”→“描摹”→“描摹选项”命令，弹出“描摹选项”对话框，设置如图 13-7 所示。单击“描摹”按钮，完成“描摹选项”对话框的设置，效果如图 13-8 所示。

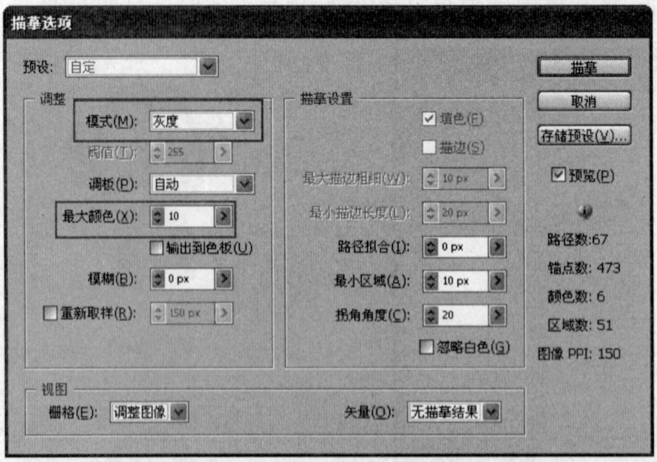

图　13-7

图　13-8

步骤 3　对图像进行实时上色操作

01　执行“对象”→“实时上色”→“建立”命令，如图 13-9 所示。将描摹结果转换为实时上色组，效果如图 13-10 所示。

02　单击工具箱中的“实时上色工具”按钮，按住 Alt 键暂时切换为“吸管工具”，从画布外边用作参考的原始图像中吸取相应的颜色，如图 13-11 所示。松开 Alt 键对实时上色组进行填色，效果如图 13-12 所示。

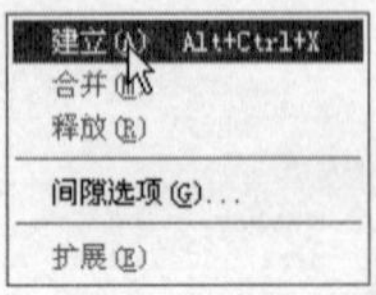

图　13-9

图　13-10

图　13-11

图　13-12

提示

除了使用“吸管工具”，还可以执行“窗口”→“颜色”命令，打开“颜色”面板，从颜色中选择自己喜欢的颜色，对实时上色组进行填色。

03　根据上面的方法，按照原图的颜色，对实时上色组进行上色，效果如图 13-13 所示。完成对实时上色组的上色，最终效果如图 13-14 所示。执行“文件”→“存储为”命令，将其存储为“CD\源文件\第 4 章\13-1. ai”。

图 13-13

图 13-14

13.2 绘制吉祥物

步骤1 绘制基本轮廓

01 执行"文件"→"新建"命令，弹出"新建文档"对话框，设置如图13-15所示。单击"确定"按钮，新建一个空白文档。单击工具箱中的"钢笔工具"按钮，设置"填充"颜色为RGB(45,173,202)，"描边"颜色为无，在画布中绘制图形，如图13-16所示。

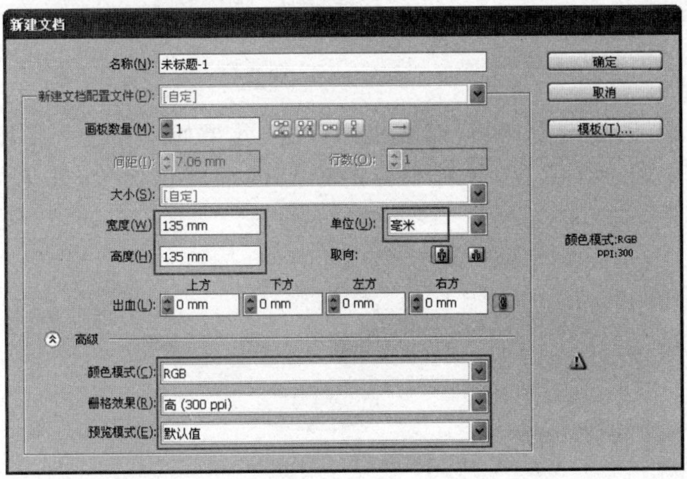

图 13-15

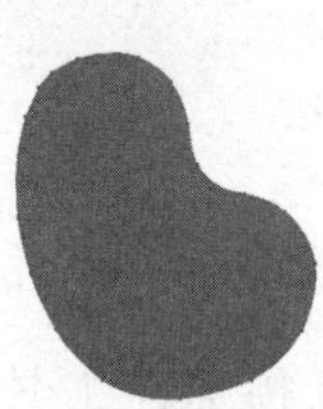

图 13-16

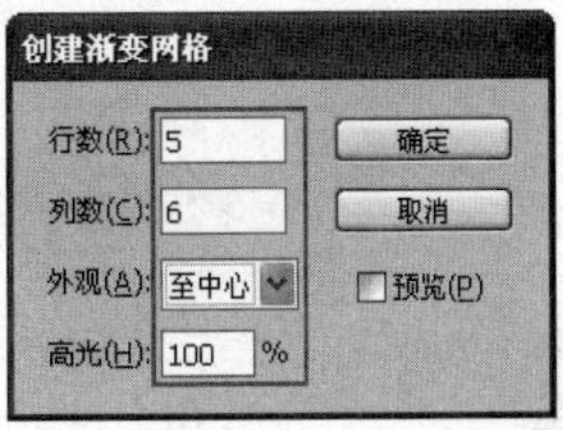

图 13-17

02 选中刚刚绘制的图形，执行"对象"→"创建渐变网格"命令，弹出"创建渐变网格"对话框，设置如图13-17所示。单击"确定"按钮，完成"创建渐变网格"对话框的设置，效果如图13-18所示。

03 单击工具箱中的"直接选择工具"按钮，改变锚点位置，并对相应的锚点进行颜色设置，效果如图13-19所示。使用相同的方法，绘制出其他部分图形，效果如图13-20所示。

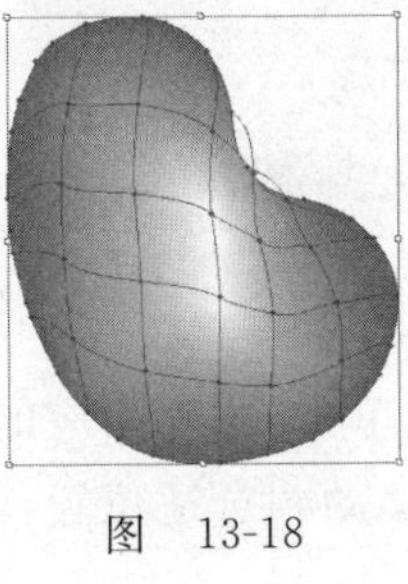

图 13-18

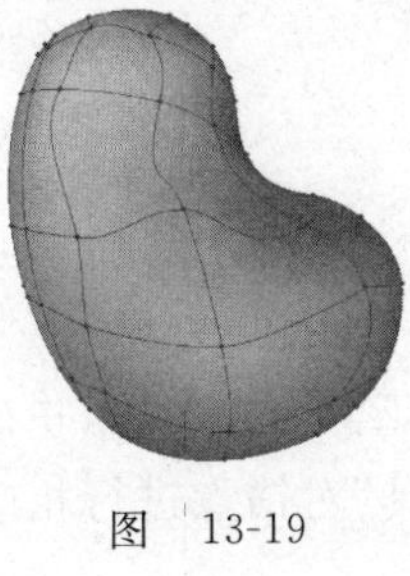

图 13-19

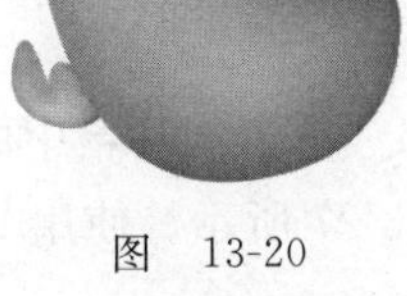

图 13-20

提示

当选中一个锚点后，双击工具箱中的“填色”图标，在弹出的“拾色器”对话框中可对当前锚点进行颜色设置。

步骤 2　绘制身体

01　使用“钢笔工具”，设置“填色”颜色为 RGB(206,234,40)，“描边”颜色为无，在画布中绘制图形，如图 13-21 所示。选中刚刚绘制的图形，执行“对象”→“创建渐变网格”命令，弹出“创建渐变网格”对话框，设置如图 13-22 所示。

图　13-21

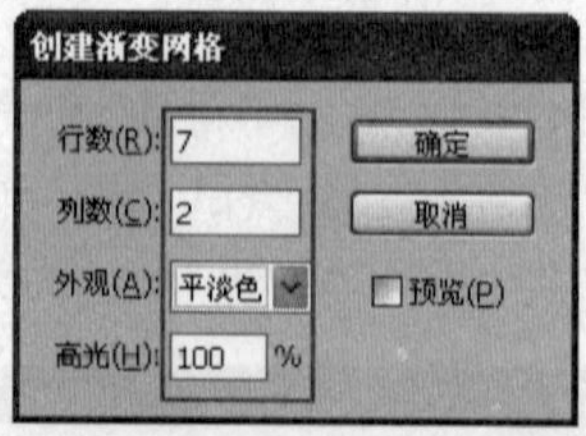

图　13-22

02　单击“确定”按钮，完成“创建渐变网格”对话框的设置，效果如图 13-23 所示。单击“直接选择工具”按钮，改变锚点位置，并对相应的锚点进行颜色设置，效果如图 13-24 所示。

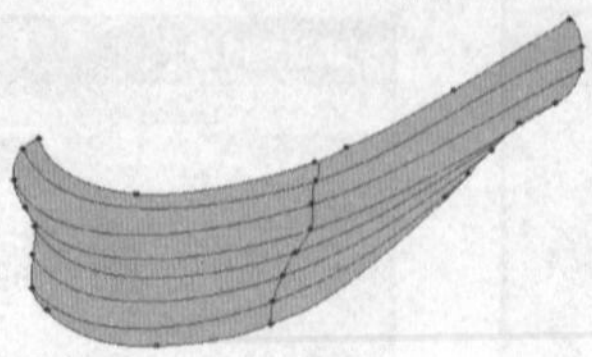

图　13-23

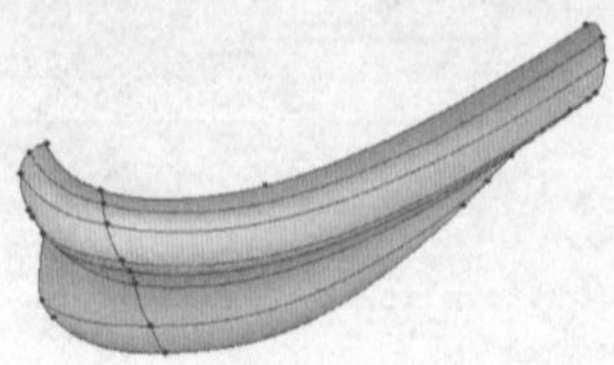

图　13-24

03　使用相同的方法绘制出其他图形，并调整其相应的叠放位置，效果如图 13-25 所示。单击工具箱中的“椭圆工具”按钮，设置“填色”颜色为 RGB(255,215,0)，“描边”颜色为无，在画布中绘制椭圆，效果如图 13-26 所示。

图　13-25

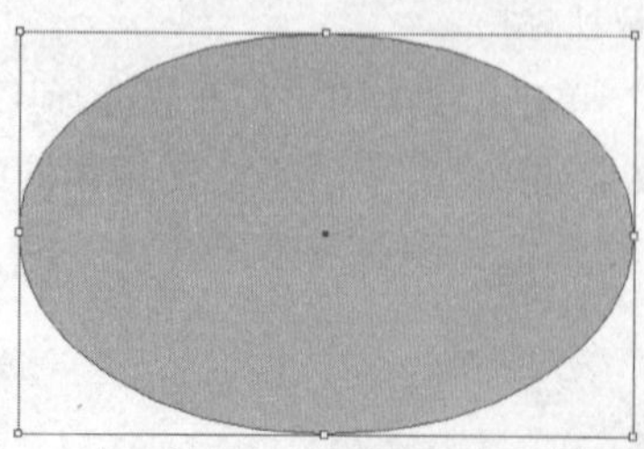

图　13-26

04　单击工具箱中的“添加锚点工具”按钮，并在椭圆路径上单击，添加相应的锚点，如图 13-27 所示。使用“直接选择工具”对锚点进行相应的调整，并移动到合适位置，效果如

图 13-28 所示。

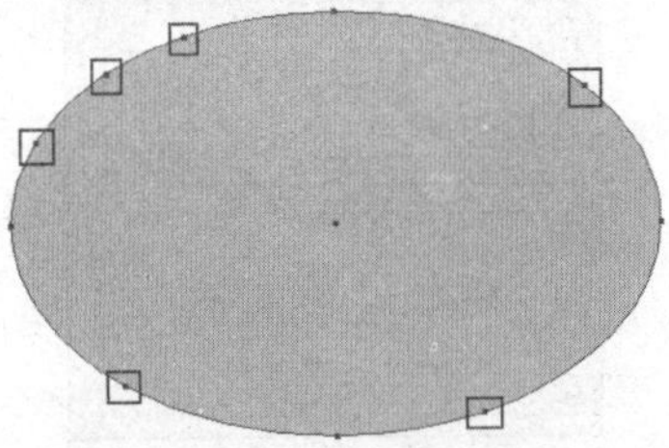

图 13-27

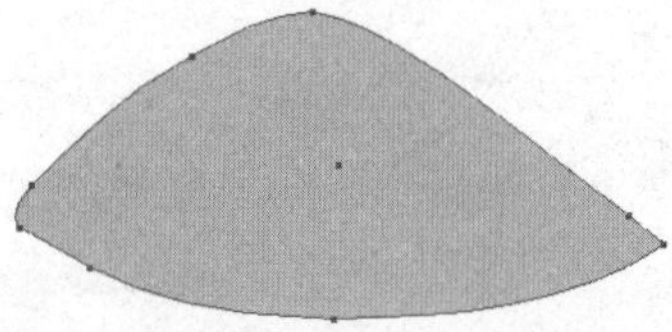

图 13-28

小技巧

拖动锚点手柄进行调整时，按住 Alt 键可对当前选择的手柄进行调整。

05 选中刚刚调整好的图形，执行“对象”→“创建渐变网格”命令，弹出“创建渐变网格”对话框，设置如图 13-29 所示。单击“确定”按钮，完成“创建渐变网格”对话框的设置，效果如图 13-30 所示。

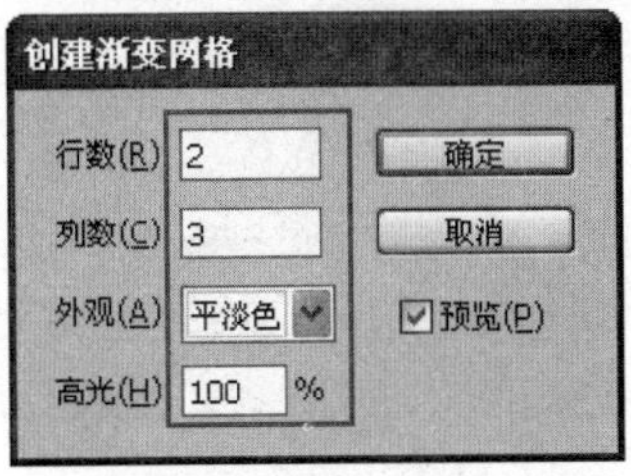

图 13-29

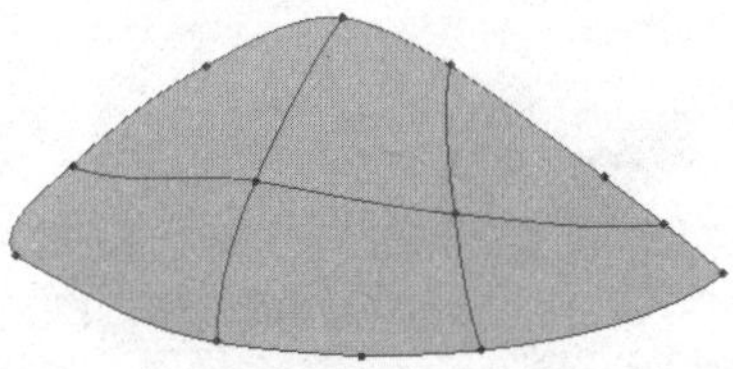

图 13-30

06 单击“直接选择工具”按钮，改变锚点位置，并对相应的锚点进行颜色设置，效果如图 13-31 所示。使用相同的方法，绘制出其他部分图形，效果如图 13-32 所示。

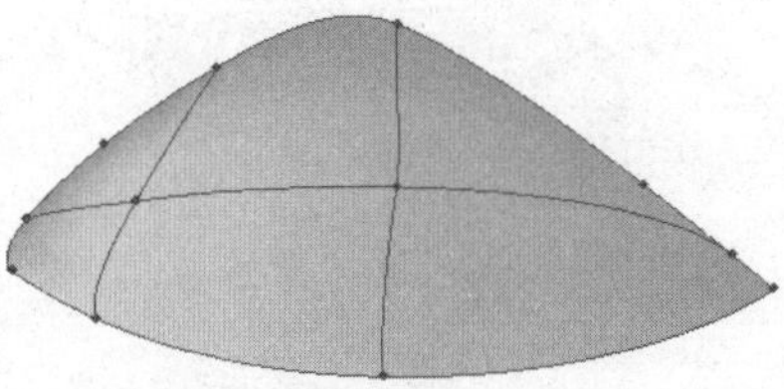

图 13-31

图 13-32

07 使用“钢笔工具”，设置“填色”颜色为无，“描边”颜色为无，在画布中绘制吉祥物的脚，如图 13-33 所示。选中刚刚绘制的路径，执行“窗口”→“渐变”命令，打开“渐变”面板，设置如图 13-34 所示。

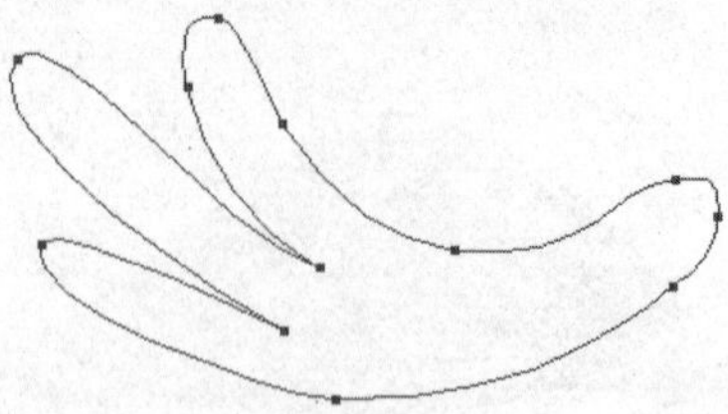

图 13-33

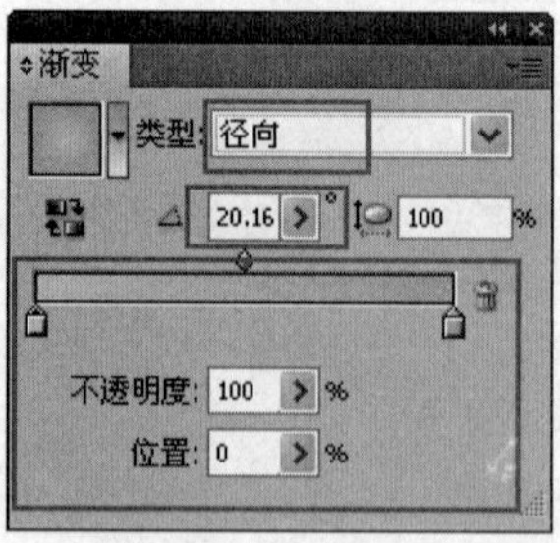

图 13-34

提示

在此处的“渐变”面板中，渐变滑块从左至右颜色值分别为 RGB(255,224,0)、RGB(255,188,0)。

08　设置完成后，在画布中为“脚”路径填充渐变，效果如图 13-35 所示。使用相同的方法制作出其他部分，效果如图 13-36 所示。

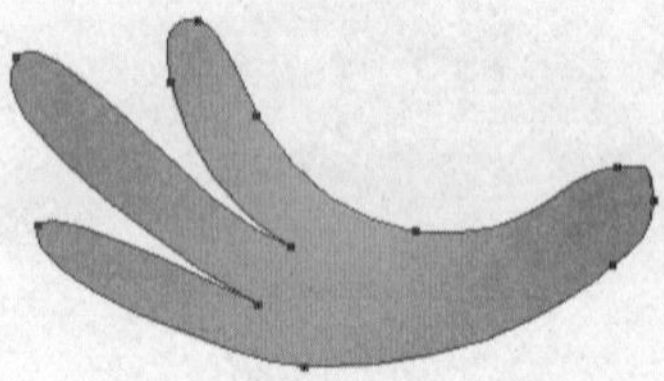

图 13-35

图 13-36

09　单击工具箱中的“椭圆工具”按钮，设置“填色”颜色为 RGB(44,170,199)，“描边”颜色为无，在画布中绘制椭圆，如图 13-37 所示。单击工具箱中的“旋转工具”按钮，选择底部锚点为旋转轴，拖动鼠标旋转椭圆，效果如图 13-38 所示。

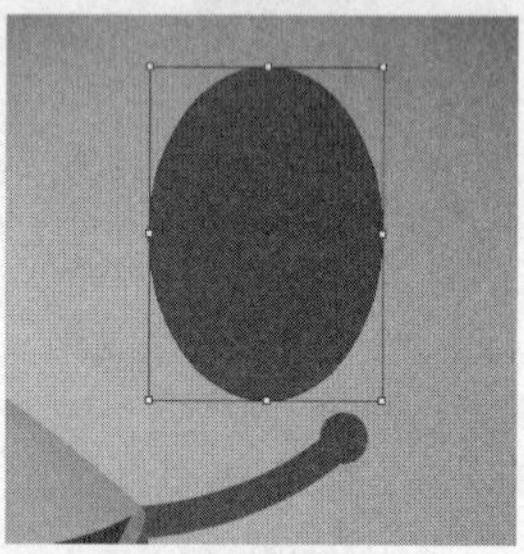

图 13-37

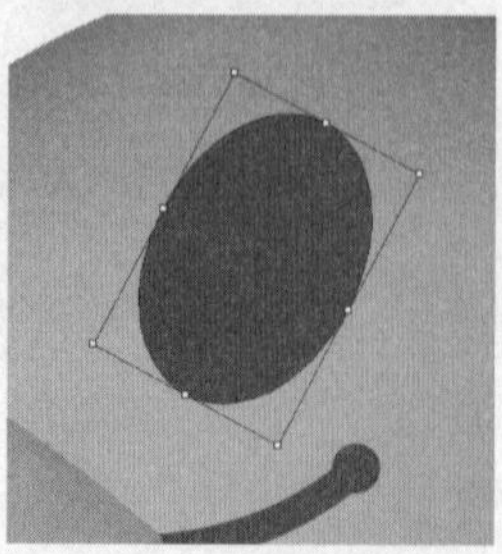

图 13-38

10　使用相同的方法，绘制出吉祥物的眼睛，效果如图 13-39 所示。使用“钢笔工具”，设置“填色”颜色为 RGB(49,111,130)，“描边”颜色为无，在画布中绘制图形，效果如图 13-40 所示。

图　13-39

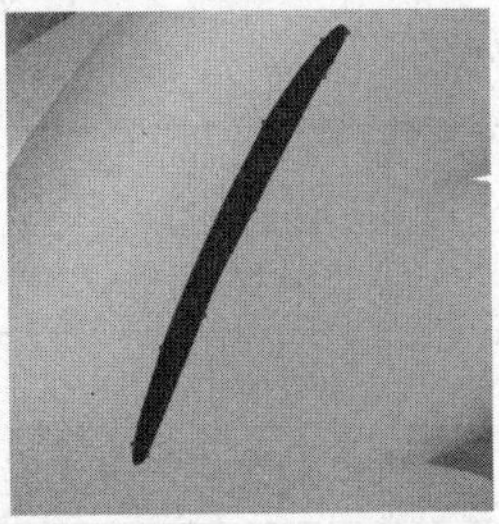

图　13-40

11　选中刚刚绘制的图形，执行“效果”→“模糊”→“高斯模糊”命令，弹出“高斯模糊”对话框，设置如图 13-41 所示。单击“确定”按钮，完成“高斯模糊”对话框的设置，效果如图 13-42 所示。

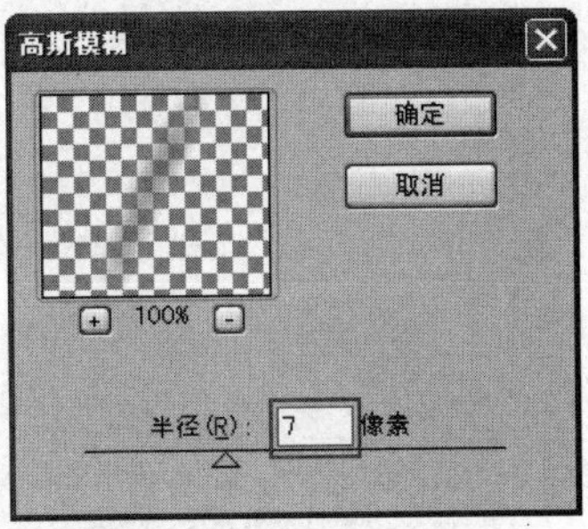

图　13-41

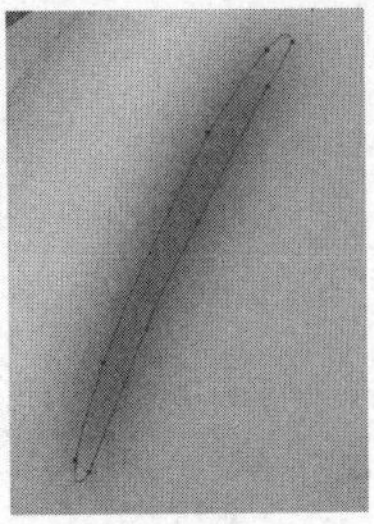

图　13-42

12　单击工具箱中的“选择工具”按钮，选中图形并调整其大小，效果如图 13-43 所示。根据前面的制作方法，制作出其他部分内容，效果如图 13-44 所示。执行“文件”→“储存为”命令，将图形保存为“CD\源文件\第 4 章\13-2. ai”。

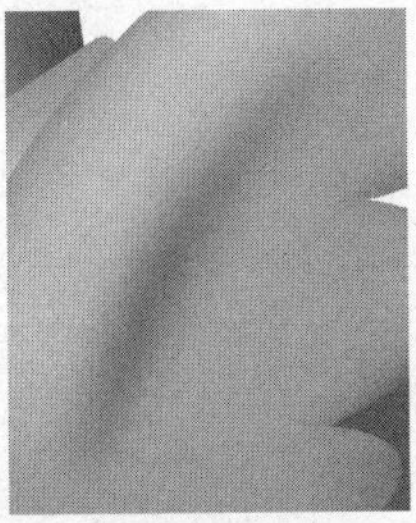

图　13-43

图　13-44

课堂练习

任务背景： 通过本课的实例学习，小强已经了解运用实时描摹和实时上色绘制卡通角色的要点，正在考虑要绘制什么样的卡通角色。

任务目标： 绘制卡通人物。

任务要求： 仔细阅读完本课学习的内容，绘制一个卡通人物。

任务提示： 在实际操作过程中要注意操作技巧。

练习评价

项　目	标准描述	评定分值	得分
基本要求 60 分	实时描摹	25	
	实时上色	35	
拓展要求 40 分	绘制各种卡通角色	40	
主观评价		总分	

课外阅读

CMYK 颜色模式

RGB 模型通过光源来产生颜色，而 CMYK 模型是基于纸张上打印油墨的光的吸收特性。当白色光线照射到透明的油墨上时，将会吸收一部分光谱，没有吸收的颜色反射回人的眼睛。

CMYK 是一种专门针对印刷业设定的颜色标准，混合纯青色(C)、洋红色(M)和黄色(Y)色素可通过吸收产生黑色或通过相减产生所有颜色，因此这些颜色称为减色。CMYK 即是代表青、洋红、黄、黑 4 种印刷专用的油墨颜色，将这些油墨混合重现颜色的过程称为四色印刷。CMYK 颜色模式如图 13-45 所示。

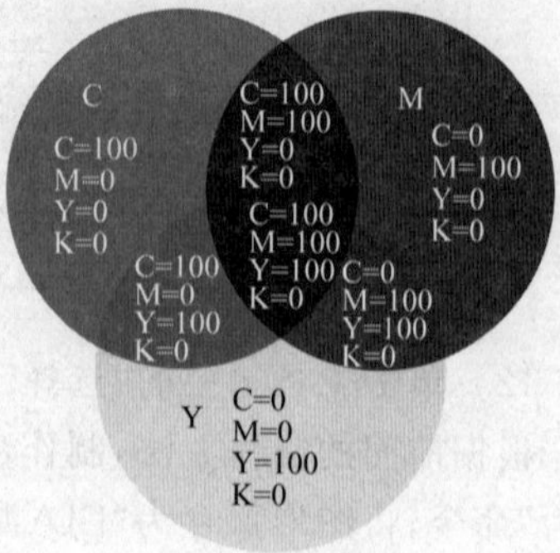

图　13-45

在 Illustrator CS4 中，可以通过使用基于 CMYK 颜色模型的 CMYK 颜色模式处理颜色值。在 CMYK 模式下，每种 CMYK 四色油墨可使用从 0～100％的值。为最亮颜色指定的印刷色油墨颜色百分比较低，而为较暗颜色指定的颜色百分比较高，例如亮红色可能包含 CMYK(2,93,90,0)。在 CMYK 对象中，低油墨百分比更接近白色，高油墨百分比更接近黑色。

课后思考

(1) 综合运用实时描摹与实时上色时要注意哪些细节？

(2) 不同的图像描摹选项设置为什么不一样？

第 5 章

使用图层和蒙版

知识要点

- 设置图层选项
- 在图层间移动对象
- 快速定位对象
- 编辑剪切蒙版
- 释放剪切蒙版
- 设置混合模式和不透明度
- 创建不透明度蒙版
- 隔离混合

第 14 课　使用图层

在设计制作比较复杂的图稿时，要查找或编辑画板中的某一项目，操作起来很方便，但是在选择一些小的图形或选择在其他图形下面的图形，是非常困难的。使用图层可以解决这一难题，本节课就向学生讲解图层操作。

课堂讲解

任务背景： 小强在打开一些较为复杂的图稿时，经常是在选择一些小的图形时非常困难，但是通过打开"图层"面板对图形进行选择就非常方便。小强开始思索，"图层"面板是如何对单个图形进行选择的呢？于是开始努力对 Illustrator CS4 中的"图层"面板进行学习。

任务目标： 掌握 Illustrator CS4 中"图层"面板的使用。

任务分析： 学习本节课的内容是非常必要的，小强只有对 Illustrator CS4"图层"面板中的各项功能有了一定的掌握，才能更好地在图稿中运用自如。

14.1　认识"图层"面板

在"图层"面板中除了可以很方便地选择对象外，它还为用户提供了一种有效的方式来管理图稿的所有对象。"图层"面板如图 14-1 所示。

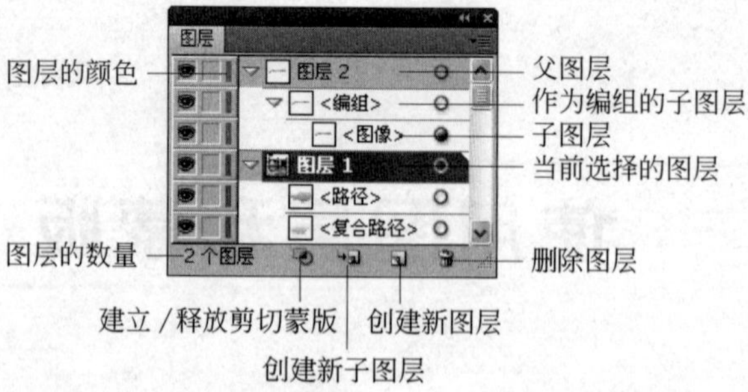

图 14-1

14.2 创建新图层

当创建了一个新的 Illustrator CS4 文件后，Illustrator CS4 会自动创建一个图层，即“图层 1”，如图 14-2 所示。在绘制图形后，系统便会添加一个子图层，即子图层包含在图层之内，如图 14-3 所示。

图 14-2

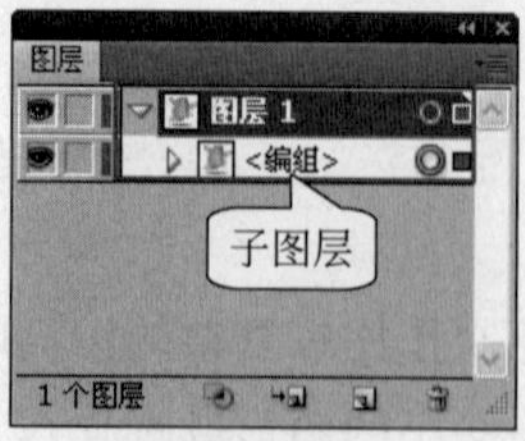

图 14-3

如果要在当前选择的图层之上添加新图层，单击“图层”面板上的“创建新图层”按钮即可，如图 14-4 所示。如果要在当前选择的图层内创建新子图层，可以单击“图层”面板上的“创建新子图层”按钮即可，如图 14-5 所示。

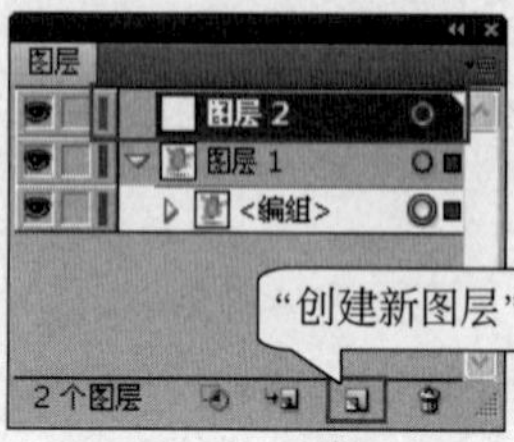

图 14-4

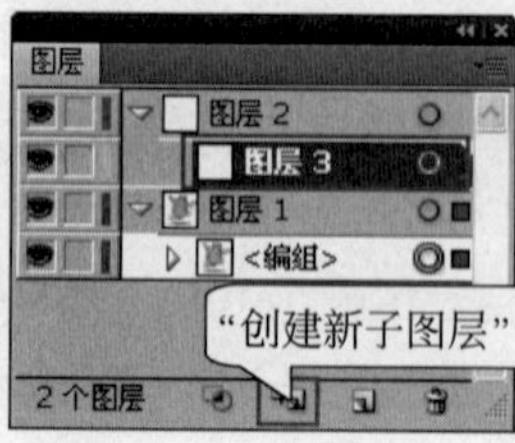

图 14-5

小技巧

如果按住 Ctrl 键同时单击“创建新图层”按钮，则可以在“图层”面板的顶部新建一个图层。如果按住 Alt 键同时单击“创建新图层”按钮，将弹出“图层选项”对话框，在对话框中可以进行修改图层的名称、设置图层的颜色等操作。

14.3　设置图层选项

如果在打印输出时，不希望将某个图层中的内容打印出来，可以在“图层选项”对话框中进行相应的设置，从而指定某个图层的内容不被打印输出。

执行“文件”→“打开”命令，打开素材“CD\源文件\第 5 章\素材\14-3.ai”，如图 14-6 所示。打开“图层”面板，双击“图层”面板中的一个图层，即可弹出“图层选项”对话框，如图 14-7 所示。

图　14-6

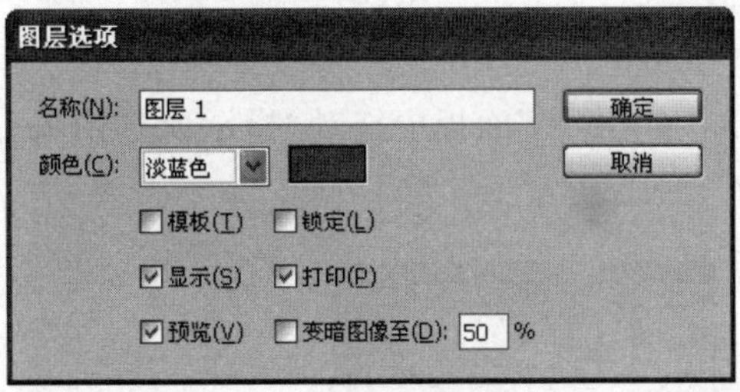

图　14-7

- 名称：可输入图层的名称。在图层数量较多的情况下，为图层命名可以更加方便地查找和管理对象。
- 颜色：在该选项的下拉列表中可以为图层选择一种颜色，也可以双击选项右侧的颜色块，弹出“颜色”对话框，在该对话框中设置颜色。默认情况下，Illustrator CS4 会为每一个图层指定一种颜色，该颜色将显示在“图层”面板图层缩览图的前面，在选择该图层中的对象时，所选对象的定界框、路径、锚点及中心点也会显示与此相同的颜色。

14.4　在图层间移动对象

在“图层”面板中，将对象移动到其他图层中的方法很简单。

01　执行“文件”→“打开”命令，打开素材“CD\源文件\第 5 章\素材\14-4.ai”，如图 14-8 所示。“图层”面板如图 14-9 所示。

图　14-8

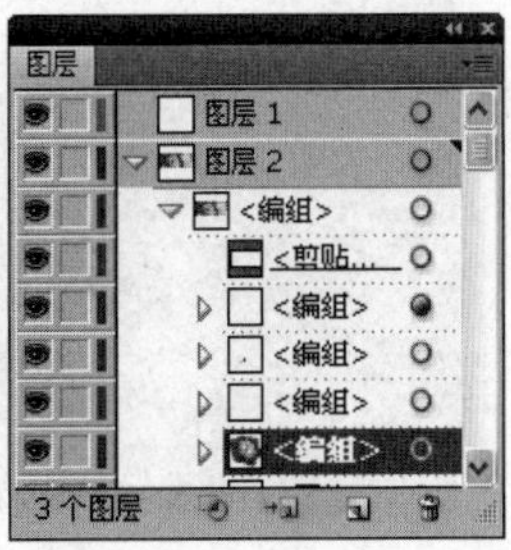

图　14-9

02　选择需要移动的对象，单击“图层”面板中要移动到的图层名称，如图 14-10 所示。执行“对象”→“排列”→“发送至当前图层”命令，即可将选择的对象移动到所选的图层，“图层”面板如图 14-11 所示。

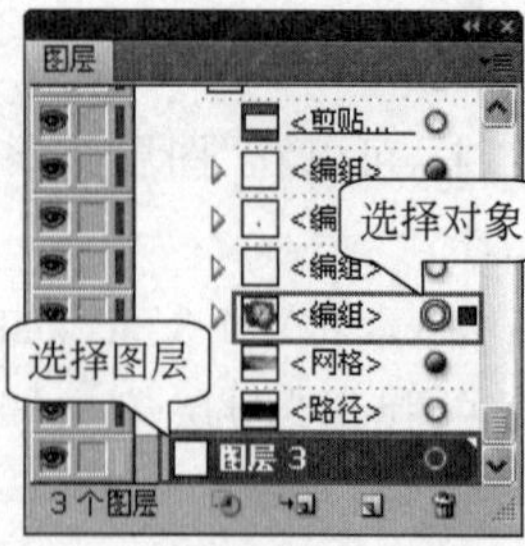

图　14-10

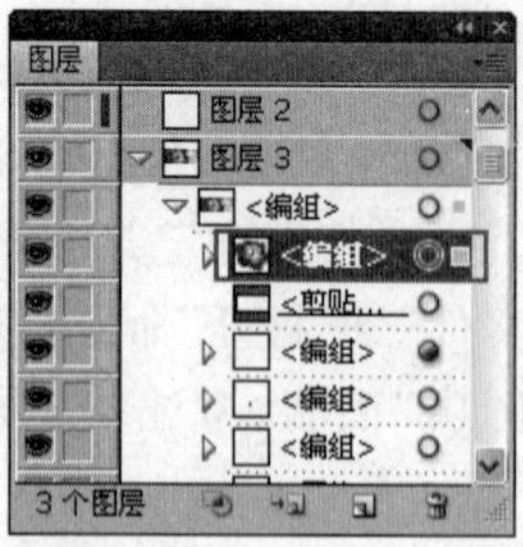

图　14-11

03　在“图层”面板中拖动“指示所选图稿”按钮，如图 14-12 所示。完成后的“图层”面板如图 14-13 所示。

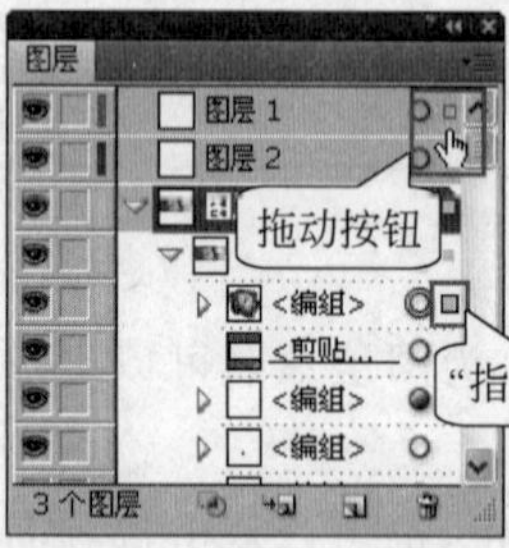

图　14-12

图　14-13

14.5　将项目释放到图层

使用“图层”面板中的“释放到图层”命令，可以将图层中的所有项目重新分配到各图层中，并根据对象的排列顺序在每个图层中构建新的对象。这一功能可以用于准备 Web 动画文件。

01　执行“文件”→“打开”命令，打开素材“CD\源文件\第 5 章\素材\14-5. ai”，如图 14-14 所示。“图层”面板如图 14-15 所示。

图　14-14

图　14-15

02　选中“图层 1”后，单击“图层”面板右上角的下三角按钮，在弹出的菜单中选择“释放到图层(顺序)”选项，如图 14-16 所示。释放后的“图层”面板如图 14-17 所示。

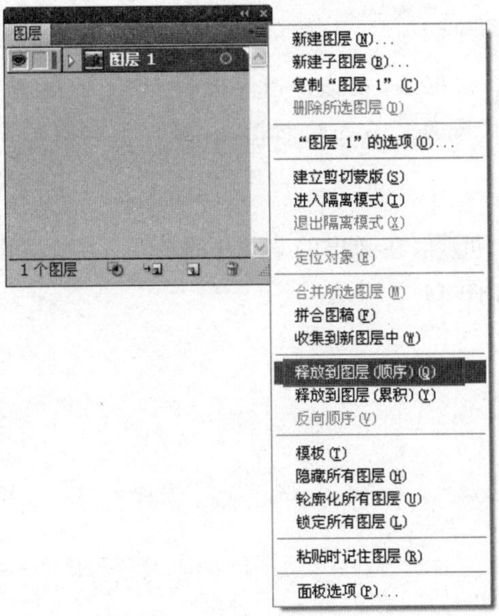

图　14-16

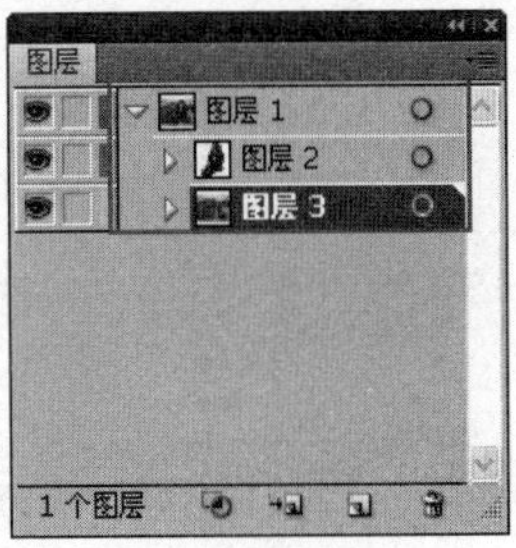

图　14-17

14.6　合并图层和拼合图稿

使用“合并图层”和“拼合图稿”功能都可以将对象、组和子图层合并到同一图层或组中，不同的是合并图层可以选择要合并哪些项目，而使用拼合图稿，则将图稿中的所有可见项目都合并到同一图层中。无论使用哪种功能，合并时图稿中对象的排列顺序保持不变，但其他图层层级属性将不会保留。

提示

在合并图层时，图层只能与“图层”面板中相同层级上的其他图层合并。同样，子图层也只能与相同层级的其他子图层合并，对象无法与其他对象合并。

01　执行“文件”→“打开”命令，打开素材“CD\源文件\第 5 章\素材\14-6. ai”，如图 14-18 所示。如果要将对象合并到一个图层或组中，可在“图层”面板中同时选中要合并的图层或组，如图 14-19 所示。

图　14-18

图　14-19

小技巧

在“图层”面板中单击一个图层即可选择该图层，在选择图层时，按住 Ctrl 键单击，可以添加或取消不连续的图层，按住 Shift 键单击两个不连续的图层，可以选择这两个图层及之间的所有图层。

02　单击“图层”面板右上角的下三角按钮，在弹出的菜单中选择“合并所选图层”选项，如图 14-20 所示。完成后的“图层”面板如图 14-21 所示。

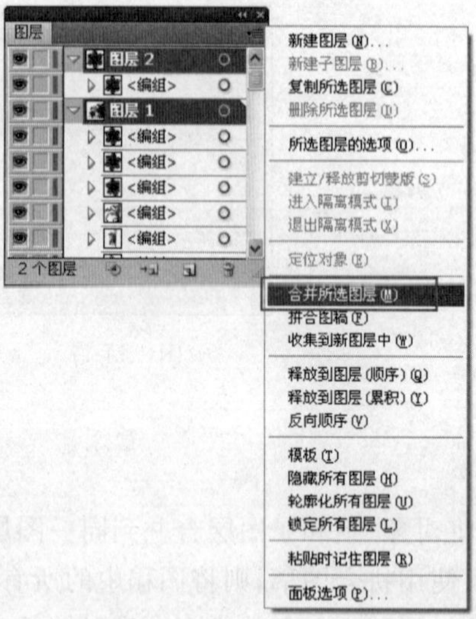

图　14-20

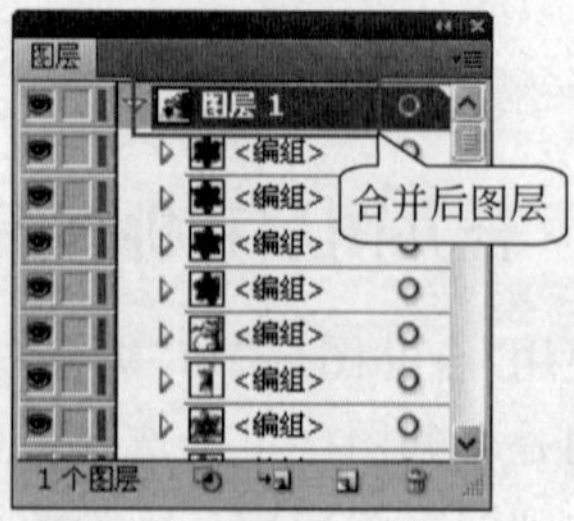

图　14-21

03　在拼合图层时，要将图层合并到哪个图层，则先单击该图层的名称。首先选择“图层 1”再选择“图层 2”，单击“图层”面板右上角的下三角按钮，在弹出的菜单中选择“拼合图稿”选项，如图 14-22 所示。完成后的“图层”面板如图 14-23 所示。

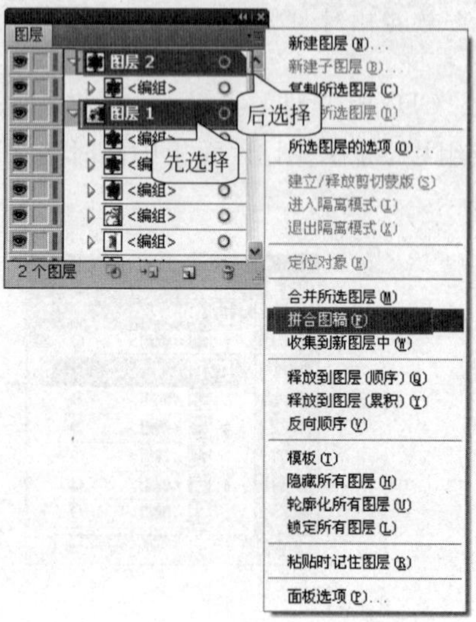

图　14-22

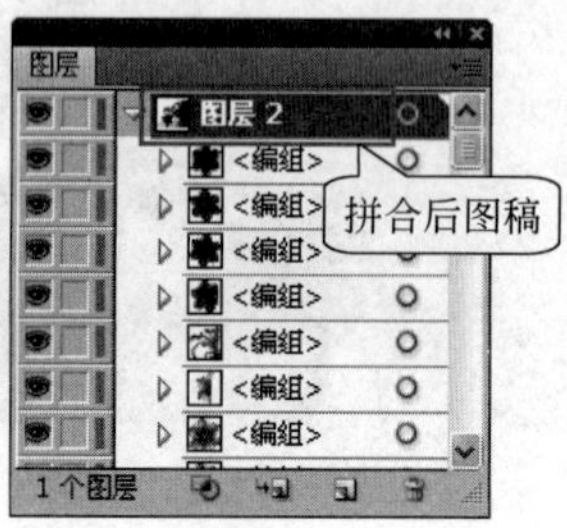

图　14-23

14.7　快速定位对象

在编辑复杂的图形时，小的图形往往被大的图形遮盖，想要选择被遮盖的图形是很困难的，通过“图层”面板可以快捷方便而又准确地选择对象。

如果要选择单一的对象，可在“图层”面板对象的选择列中单击○状图标右侧的空白处，将出现图标■，如图 14-24 所示。选中后效果如图 14-25 所示。

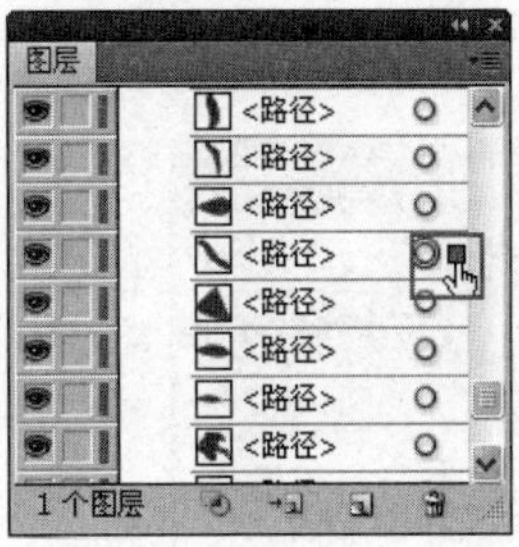

图　14-24

图　14-25

提示

在画板中选择对象时，如果想要了解当前对象在“图层”面板中所处的位置，可以单击“图层”面板右上角的下三角按钮▾☰，在弹出的菜单中选择“定位对象”选项即可。

课堂练习

任务背景：通过本节课的学习，小强已经掌握了“图层”面板相关功能的使用方法，但还需要多多练习，增加对“图层”面板各项功能使用的熟练度，这样才可以方便对图稿进行编辑。

任务目标：对“图层”面板的功能多加练习。

任务要求：“图层”面板功能的使用方法与应用技巧。

任务提示：简洁的使用方法可以对图形进行有效的编辑，但仅仅利用课上的时间是不够的，只有在课下勤加练习，才能掌握编辑的技巧。

练习评价

项　目	标 准 描 述	评 定 分 值	得分
基本要求 60 分	设置图层选项	20	
	在图层间移动对象	20	
	将项目释放到图层	20	
拓展要求 40 分	合并图层和拼合图稿	20	
	快速定位对象	20	
主观评价		总分	

课外阅读

释放到图层(累计)

在"图层"面板中单击图层或组的名称,如图 14-26 所示。如果要将对象释放到图层并复制对象以创建累积顺序,可以从"图层"面板菜单中选择"释放到图层(累积)"命令,此时最底部的对象将出现在每个新建的图层中,而最顶部的对象仅出现在最顶层的图层中,如图 14-27 所示。这个命令对创建积累动画顺序非常有用。

图 14-26

图 14-27

课后思考

(1) 如何显示与隐藏对象的命令?

(2) 哪个是用于锁定对象的命令?

第 15 课 使用剪切蒙版

剪切蒙版是一个可以用自身的形状来遮盖其他图层的对象。在创建剪切蒙版后,只能看到位于蒙版形状内的对象,从效果上来说,就是将图稿裁剪为蒙版的形状。剪切蒙版和被蒙版的对象统称为剪切组合,并在"图层"面板中用虚线标出。只有矢量对象可以作为剪切蒙版,但任何对象都可以作为被遮盖的对象。

课堂讲解

任务背景: 小强在绘制图形后,发现许多多余的部分,想将其去除很困难,使用剪切蒙版就可以轻松解决问题。小强思索这些多余的图形是如何通过剪切蒙版去除的,于是开始努力对 Illustrator CS4 中的剪切蒙版进行学习。

任务目标: 掌握 Illustrator CS4 中剪切蒙版的使用。

任务分析: 学习本节课的内容是非常必要的,小强只有对 Illustrator CS4 剪切蒙版的原理有了一定的了解,才能开始使用剪切蒙版。

15.1　创建剪切蒙版

01　执行“文件”→“打开”命令，打开素材“CD\源文件\第5章\素材\15-1.ai”，如图15-1所示。单击工具箱中的“矩形工具”按钮，在画布中绘制一个矩形，如图15-2所示。

图　15-1

图　15-2

02　按快捷键Ctrl＋A将画布中的所有图形选中，如图15-3所示。执行“对象”→“剪切蒙版”→“建立”命令，建立剪切蒙版，完成后效果如图15-4所示。

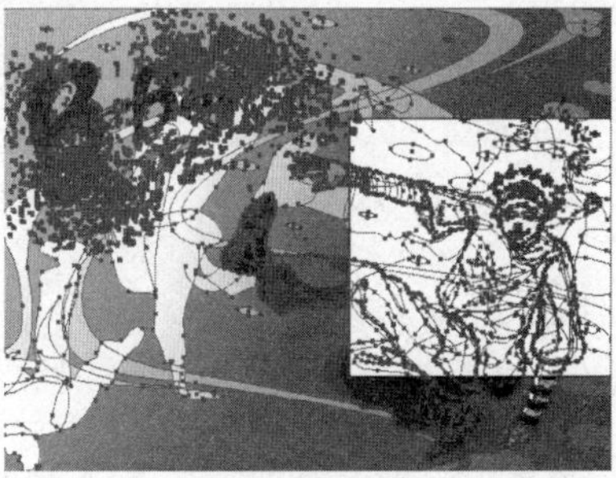

图　15-3

图　15-4

提示

在同一图层中创建剪切蒙版时，剪切路径应该位于被遮盖对象的上面；在位于不同图层上的图形创建剪切蒙版时，应将剪切路径所在的图层调整到被遮盖对象的上层。

15.2　编辑剪切蒙版

创建剪切蒙版后，剪贴路径和被遮盖的对象都是可以再编辑的。

单击工具箱中的“直接选择工具”按钮，可以选择并移动剪贴路径或被遮盖的对象，如图15-5所示。还可以调整对象的路径和锚点，如图15-6所示。

15.3　向剪切蒙版中添加对象

在“图层”面板中，剪切蒙版和被遮盖的对象位于同一图层中，如果将其他对象拖入包含剪切蒙版的组或图层中时，可以对该对象进行遮盖。同样，如果将剪切蒙版中的对象拖至其他图层中，则可排除对该对象的遮盖。

图 15-5

图 15-6

15.4 释放剪切蒙版

如果要释放剪切蒙版，可以将用于遮盖对象的剪切路径移出蒙版图层，也可以选择包含剪切蒙版的组后，执行“对象”→“剪切蒙版”→“释放”命令即可。

课堂练习

任务背景： 通过本节课对剪切蒙版的学习，小强已经掌握了剪切蒙版的使用方法。要想更加灵活运用剪切蒙版编辑图形，还要课下多多练习，将剪切蒙版应用到实践中。

任务目标： 对剪切蒙版的使用多加练习

任务要求： 使用剪切蒙版编辑的过程中多多体会使用方法与应用技巧。

任务提示： 简单去除不需要的图形可以使整体美观化，但仅仅利用课上的时间是不够的，只有在课下勤加练习，才能掌握更多应用技巧。

练习评价

项　目	标准描述	评定分值	得分
基本要求 60 分	创建剪切蒙版	30	
	编辑剪切蒙版	30	
拓展要求 40 分	向剪切蒙版中添加对象	20	
	释放剪切蒙版	20	
主观评价		总分	

课外阅读

创建“剪切蒙版”命令与在“图层”面板中创建的区别

执行“对象”→“剪切蒙版”→“建立”命令创建剪切蒙版时，剪切路径只遮盖被选择的对象，如图 15-7 所示。而单击“图层”面板底部的“建立/释放剪切蒙版”按钮  创建剪切蒙版时则会遮盖统一图层中的所有对象，如图 15-8 所示。

图 15-7

图 15-8

课后思考

（1）剪切蒙版在商业中如何应用？

（2）任何对象是否都可以作为剪切蒙版使用？

第 16 课 设置透明度和混合模式

透明度可以帮助设计者创作出更富有创意的作品。“透明度”与“混合模式”是在设计作品时经常用到的功能，是在创作方面比填色与描边更为高级的表现手段。掌握了“透明度”和“混合模式”功能的使用技巧，将会在很大程度上增强图稿创作能力。

课堂讲解

任务背景： 小强在打开一些精美素材后发现，有的图形处于半透明状态，有的好像就是与底层图形颜色进行了混合。小强思索这些现象是如何形成的，于是开始努力对 Illustrator CS4 中的透明度和混合模式进行学习。

任务目标： 掌握 Illustrator CS4 中透明度和混合模式的使用。

任务分析： 学习本节课的内容是非常必要的，小强只有对 Illustrator CS4 的透明度和混合模式的使用有了一定的了解，才能设计出富有创意的作品。

16.1 设置对象的不透明度

通过降低对象的不透明度，可以看见底层的图稿，从而制作出一些特殊的效果，例如阴影、半透明塑料、玻璃效果等。使用 Illustrator CS4 中的“透明度”面板或“控制”栏中的“不透明度”选项，都可以设置对象的不透明度。

01 执行“文件”→“打开”命令，打开素材“CD\源文件\第 5 章\素材\16-1. ai”，如图 16-1 所示。单击工具箱中的“选择工具”按钮，选中要选择的对象，如图 16-2 所示。

图 16-1

图 16-2

02 执行“窗口”→“透明度”命令，打开“透明度”面板，设置“不透明度”值为 35%，如图 16-3 所示。完成后的效果如图 16-4 所示。

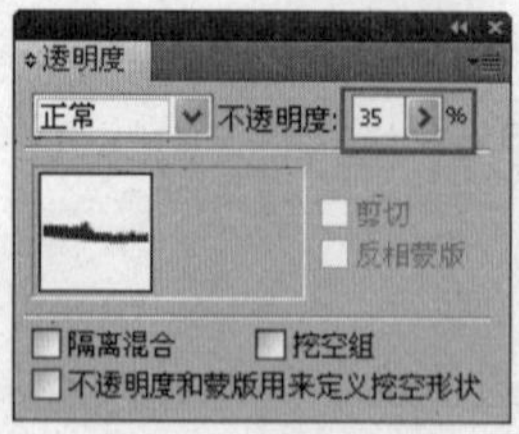

图 16-3

图 16-4

提示

如果要修改填充或描边的不透明度，可选择该对象，然后在“外观”面板中选择填充或描边，再通过“透明度”面板调整填充或描边的不透明度。

小技巧

要在图稿中查看透明度效果，可执行“视图”→“显示透明度网格”命令，通过显示透明度网格来观察图稿透明度。

16.2 创建不透明度蒙版

通过为图形或图像添加不透明蒙版，可以制作出一些半透明的特殊效果。不透明蒙版使用蒙版对象来改变底层图稿的不透明度。蒙版是白色的地方，底层图稿完全可见；蒙版是黑色的地方，底层图稿完全不可见。在创建不透明蒙版时，起遮盖作用的蒙版对象如果是彩色的，Illustrator CS4 会把其他模式转换为灰度模式，并根据所绘制图形的渐变值决定蒙版的透明程度。

01 执行“文件”→“打开”命令，打开素材“CD\源文件\第 5 章\素材\16-2. ai”，如图 16-5 所示。执行“窗口”→“渐变”命令，打开“渐变”面板，设置如图 16-6 所示。

图　16-5

图　16-6

02　单击工具箱中的“矩形工具”按钮，在画布中绘制一个渐变矩形，如图 16-7 所示。按快捷键 Ctrl+A，将画布中的所有图形选中，如图 16-8 所示。

图　16-7

图　16-8

提示

在创建不透明蒙版时，必须选择至少两个对象或组，所选对象中排列顺序在最上面的对象将被用作蒙版。

03　打开“透明度”面板，单击“透明度”面板右上角的下三角按钮，在弹出的菜单中选择“建立不透明蒙版”选项，如图 16-9 所示。完成后的效果如图 16-10 所示。

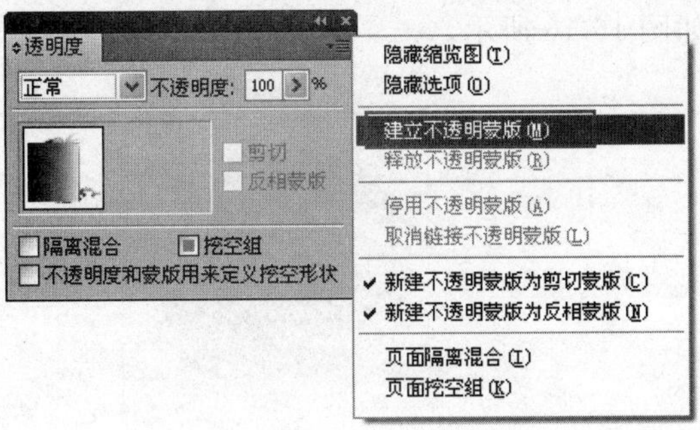

图　16-9

图　16-10

16.3 编辑不透明度蒙版

创建不透明蒙版之后，可以在“透明度”面板中对不透明蒙版或蒙版对象进行各种编辑操作。

01 执行“文件”→“打开”命令，打开素材“CD\源文件\第 5 章\素材\16-3. ai”，如图 16-11 所示。执行“窗口”→“透明度”命令，打开“透明度”面板，如图 16-12 所示。

图 16-11

图 16-12

02 按住键盘上的 Alt 键单击右侧的蒙版缩览图，如图 16-13 所示，进入到蒙版的编辑状态，如图 16-14 所示。

图 16-13

图 16-14

03 执行“编辑”→“清除”命令，将渐变矩形删除。单击工具箱中的“椭圆工具”按钮，执行“窗口”→“渐变”命令，打开“渐变”面板，设置如图 16-15 所示。设置“描边”颜色为无，按住 Shift 键在画板中绘制一个正圆，如图 16-16 所示。

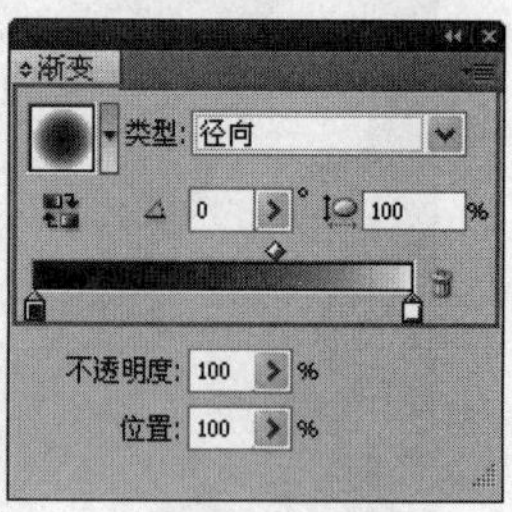

图 16-15

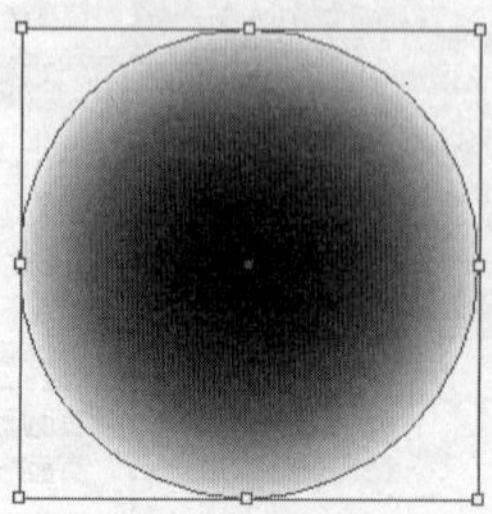

图 16-16

04　单击“透明度”面板中左侧的被蒙版图稿缩览图，如图 16-17 所示，返回到正常的编辑状态，效果如图 16-18 所示。

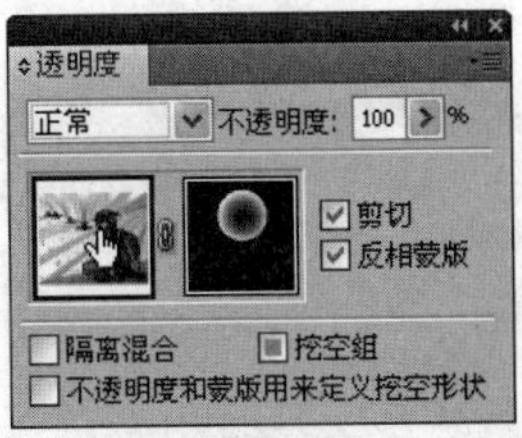

图　16-17

图　16-18

提示

在处于蒙版编辑模式时无法进入隔离模式，而处于隔离模式时，同样也无法进入蒙版编辑模式。

16.4　设置混合模式

使用混合模式可以用不同的方法将上层对象与底层对象的颜色混合，从而得到不同的视觉效果。当一种模式应用于一个对象时，位于该对象所在图层或组下方的任何对象上都可以看到该混合模式所产生的效果。

01　执行“文件”→“打开”命令，打开素材“CD\源文件\第 5 章\素材\16-4. ai”，如图 16-19 所示。单击工具箱中的“选择工具”按钮，选择画布中的人物，如图 16-20 所示。

图　16-19

图　16-20

02　执行“窗口”→“透明度”命令，打开“透明度”面板，设置如图 16-21 所示。完成后的效果如图 16-22 所示。

16.5　隔离混合

在使用不同的混合模式时，如果希望混合只对特定的对象起作用，而对某些对象不起作用，可以使用“隔离混合”功能。

01　执行“文件”→“打开”命令，打开素材“CD\源文件\第 5 章\素材\16-5. ai”，如图 16-23 所示。打开“图层”面板，选中“图层 2”中的图形，如图 16-24 所示。

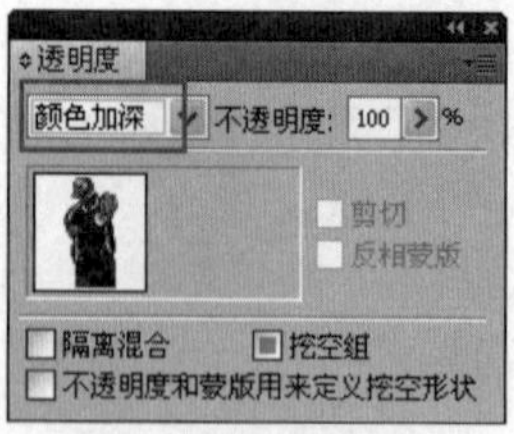

图　16-21

图　16-22

图　16-23

图　16-24

02　执行“窗口”→“透明度”命令，打开“透明度”面板，设置如图 16-25 所示。完成后的效果如图 16-26 所示。

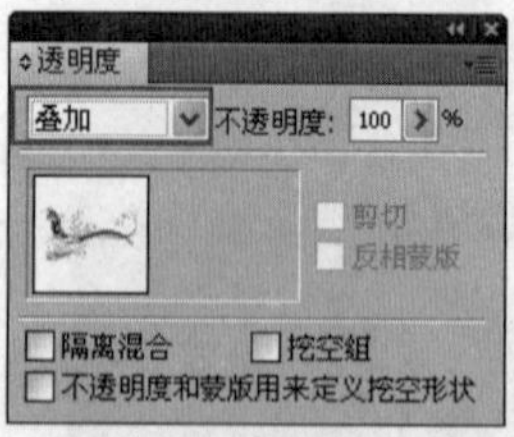

图　16-25

图　16-26

03　单击“图层”面板中“图层 2”名称右侧的图标，如图 16-27 所示。将“图层 2”的对象全部选中，如图 16-28 所示。

图　16-27

图　16-28

04　在“透明度”面板中选中“隔离混合”选项，设置如图 16-29 所示。完成后的效果如图 16-30 所示。

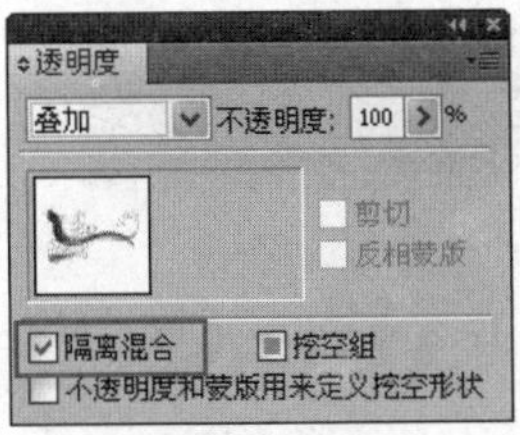

图　16-29

图　16-30

课堂练习

任务背景： 通过本节课对透明度和混合模式的学习，小强已经掌握了透明度和混合模式的相关知识和使用方法。要想使设计作品更具特色，透明度和混合模式的使用是必不可少的，一定要课下多多练习，将透明度和混合模式原理运用到实际设计中。

任务目标： 对透明度和混合模式的使用多加练习。

任务要求： 使用透明度和混合模式的过程中多多体会使用方法与应用原理。

任务提示： 合理地使用透明度和混合模式可以设计出富有创意的作品，但仅仅利用课上的时间是不够的，只有在课下勤加练习，才能掌握使用的技巧。

练习评价

项　目	标准描述	评定分值	得分
基本要求 60 分	设置对象的不透明度	30	
	创建不透明度蒙板	30	
拓展要求 40 分	编辑不透明度蒙板	20	
	设置混合模式	20	
主观评价		总分	

课外阅读

“挖空组”和“不透明度和蒙版用来定义挖空形状”

“挖空组”可以保证编组对象中单独的对象或图层在相互重叠的地方不能透过彼此而显示，如图 16-31 所示。“不透明度和蒙版用来定义挖空形状”用来创建与对象不透明度成比例的挖空效果，如图 16-32 所示。在接近 100% 不透明度的蒙版区域中，挖空效果较强；在具有较低不透明度的区域中，挖空效果较弱。

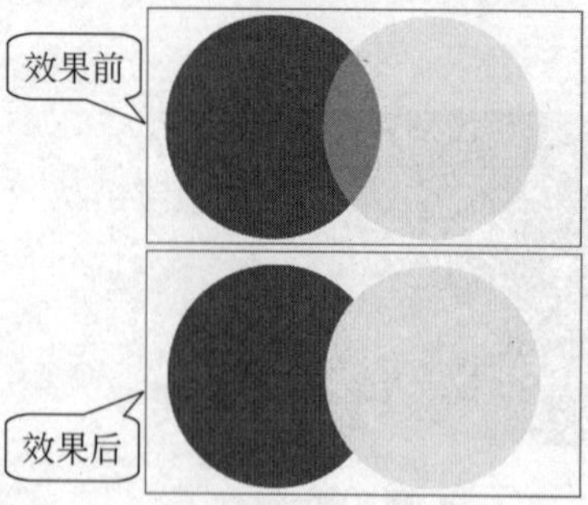

图 16-31

图 16-32

课后思考

(1) 混合模式的使用原理是什么?

(2) 什么是剪切蒙版和反相蒙版?

(3) “控制”栏上还能对哪些选项进行调整?

第 17 课 卡片设计

卡片设计的主流就是用各种会员卡的形式为企业形象和文化宣传展示,在商业发达的市场经济社会中已经是不可或缺的一种宣传潮流。

课堂讲解

任务背景:通过前 3 节课的学习,小强已经掌握了图层和蒙版的使用方法,那么接下来就通过两个实例巩固掌握的知识。

任务目标:掌握图层和蒙版在实际应用中的使用。

任务分析:学习本节课的内容是非常实际的,小强在掌握了基础知识的同时,还能对知识的应用有一定的了解,从而在后面的学习中更加轻松自如。

17.1 会员卡设计

步骤 1 绘制背景

01 执行“文件”→“新建”命令,弹出“新建文档”对话框,设置如图 17-1 所示。单击“确定”按钮,新建一个空白文档。单击工具箱中的“圆角矩形工具”按钮,设置“填色”颜色为无,“描边”颜色为无,在画布中绘制图形,如图 17-2 所示。

02 选中刚刚绘制的圆角矩形,打开“渐变”面板,设置如图 17-3 所示。设置完成后,单击工具箱中的“渐变工具”按钮,对渐变填充进行调整,如图 17-4 所示。

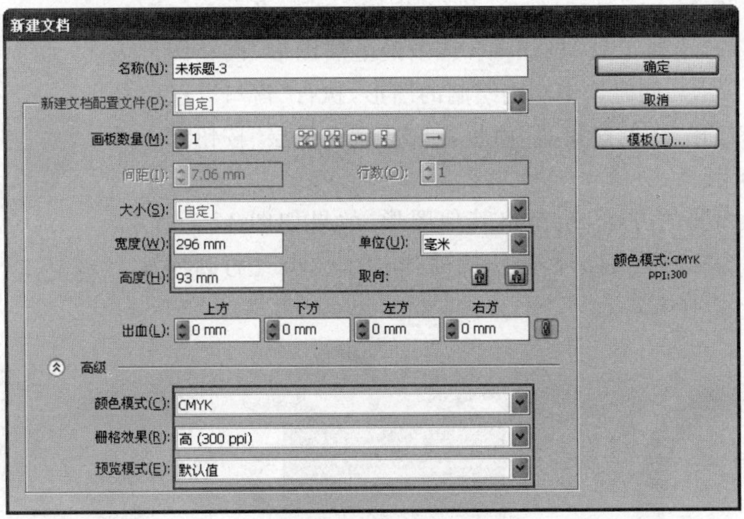

图　17-1

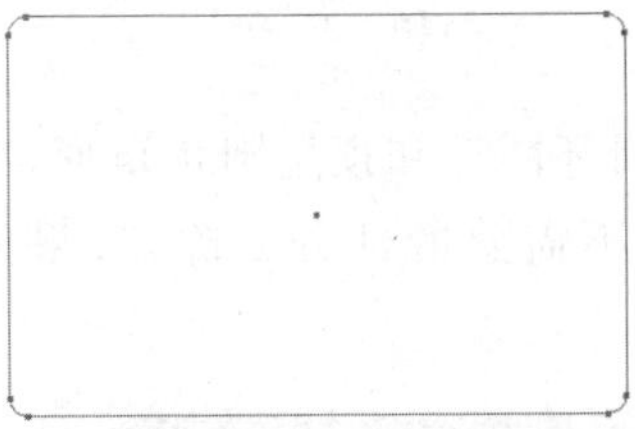

图　17-2

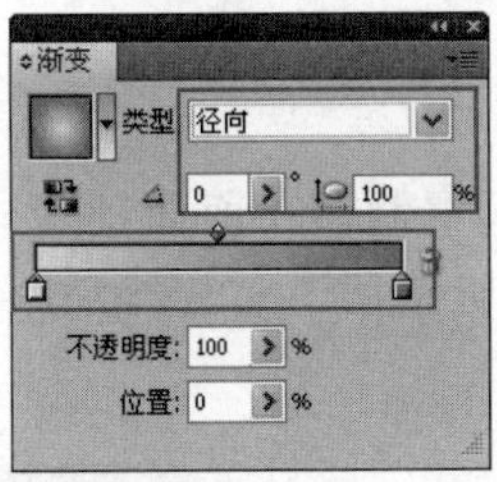

图　17-3

图　17-4

提示

此处“渐变”面板中渐变滑块颜色由左至右依次为CMYK(0,0,100,0)、CMYK(0,60,100,0)。

03　单击工具箱中的“椭圆工具”按钮，设置“填色”颜色为无，“描边”颜色为无，在画布中绘制图形，如图17-5所示。使用相同的方法，填充刚刚的渐变颜色，如图17-6所示。

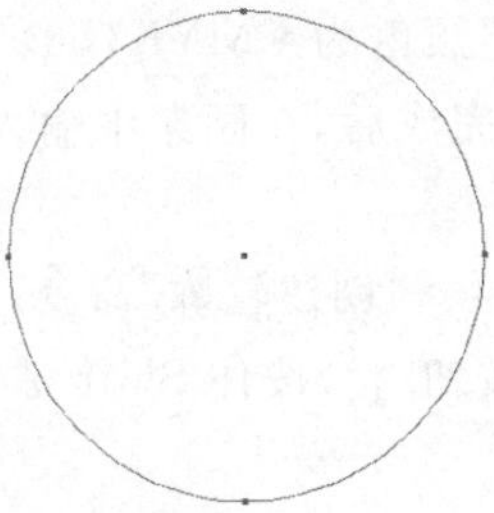

图　17-5

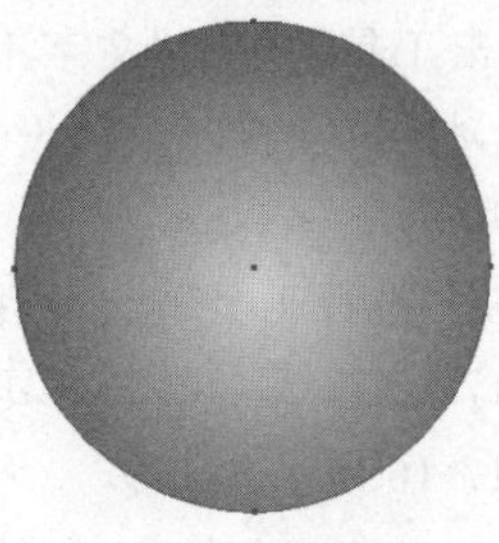

图　17-6

04　执行“编辑”→“复制”命令，执行“编辑”→“贴在前面”命令，单击工具箱中的“选择工具”按钮，选中最上层图形，调整图形大小，如图 17-7 所示。同时选中刚刚绘制的图形，执行“窗口”→“路径查找器”命令，打开“路径查找器”面板，单击“减去顶层”按钮，效果如图 17-8 所示。

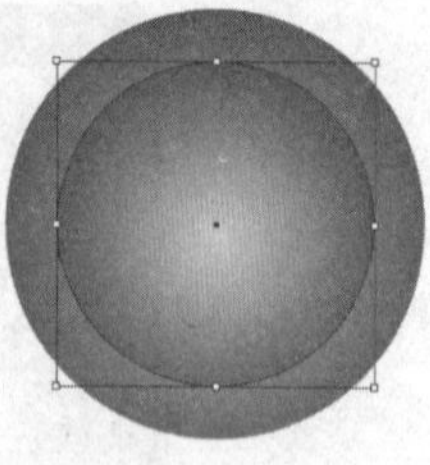

图　17-7

05　使用相同的方法，绘制出其他图形，效果如图 17-9 所示。同时选中刚刚绘制的所有圆环，按快捷键 Shift＋Ctrl＋[将圆环置于底层，如图 17-10 所示。

图　17-8

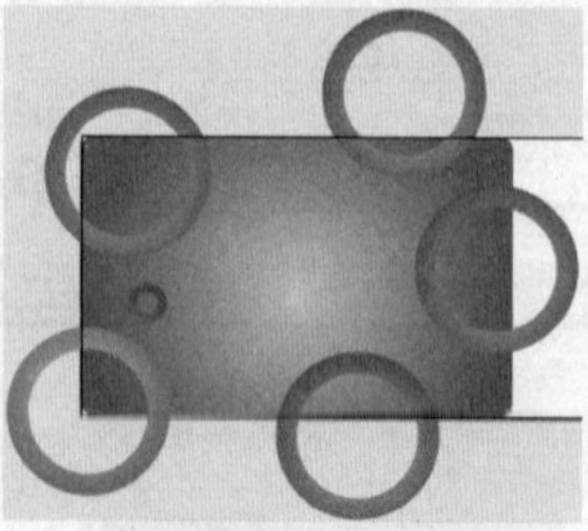

图　17-9

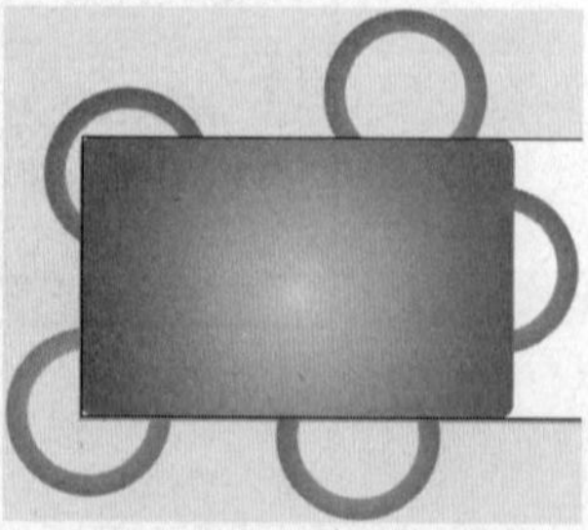

图　17-10

06　选中顶层的圆角矩形，将其复制贴在前面，同时选中圆环图形和顶层圆角矩形，如图 17-11 所示。执行“对象”→“剪切蒙版”→“建立”命令，将不需要的部分去除，效果如图 17-12 所示。

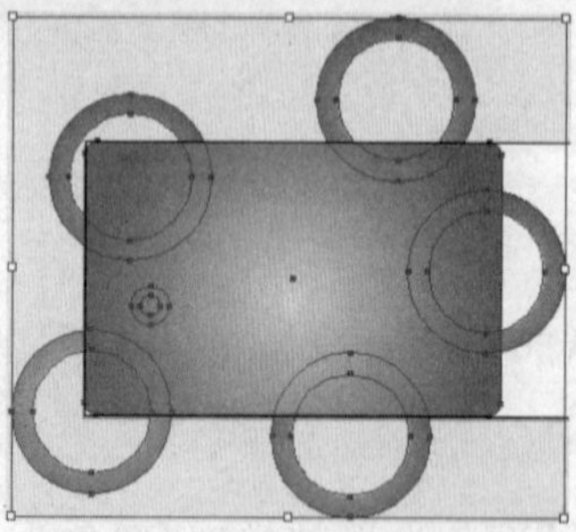

图　17-11

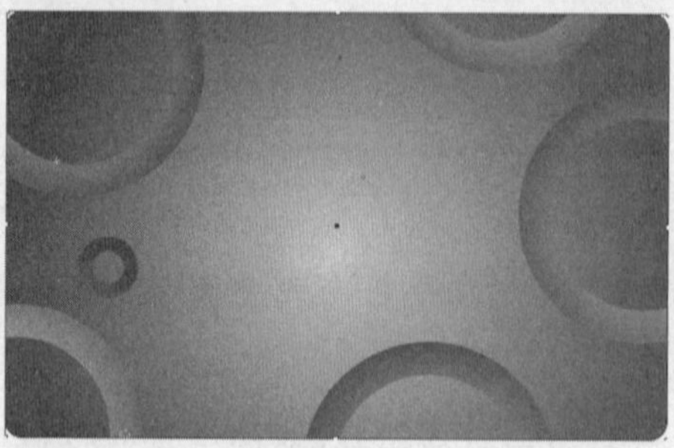

图　17-12

步骤 2　绘制会员卡图案

01　单击工具箱中的“文字工具”按钮 T，设置“填色”颜色为 CMYK(50,90,0,0)，在画布中单击，打开“字符”面板，设置如图 17-13 所示。设置完成后，在画布中输入文字，效果如图 17-14 所示。

02　使用“选择工具”选中刚刚输入的文字，执行“文字”→“创建轮廓”命令，将文字转为轮廓，如图 17-15 所示。单击工具箱中的“直接选择工具”按钮，按住 Shift 键选择相应的锚点，如图 17-16 所示。

03　单击工具箱中的“比例缩放工具”按钮，按住 Shift 键拖动鼠标进行调整，效果如图 17-17 所示。使用“直接选择工具”调整锚点位置并调整手柄角度，效果如图 17-18 所示。

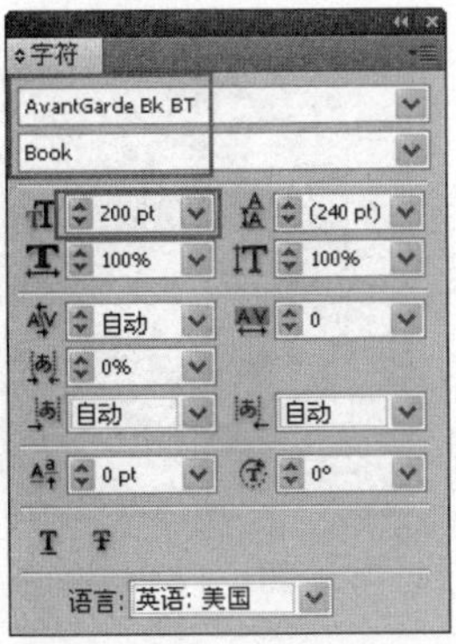

图　17-13

图　17-14

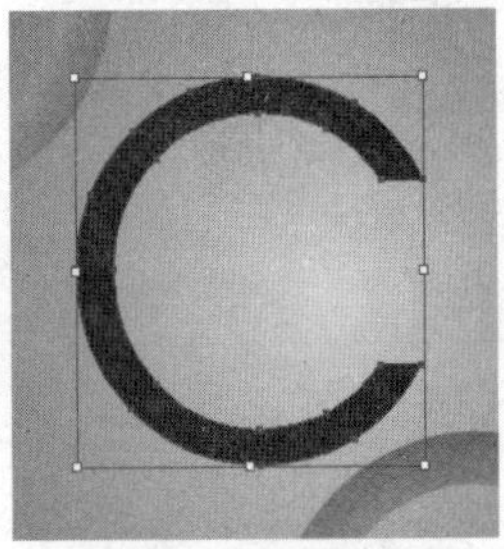

图　17-15

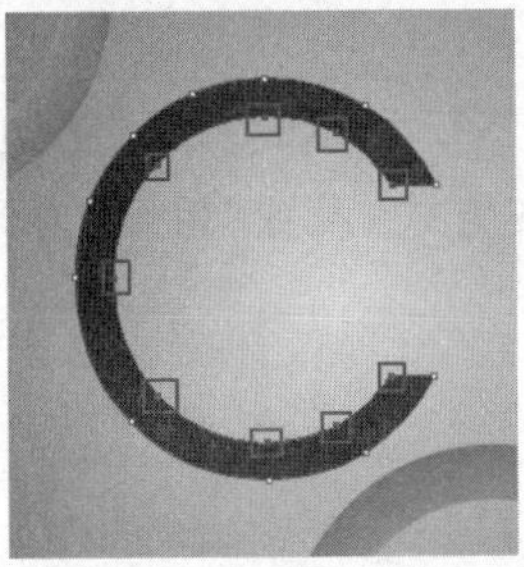

图　17-16

图　17-17

图　17-18

04　执行“效果”→“模糊”→“高斯模糊”命令，弹出“高斯模糊”对话框，设置如图 17-19 所示。单击“确定”按钮，完成“高斯模糊”对话框的设置，效果如图 17-20 所示。

05　使用相同的方法绘制图形，并填充线性渐变，效果如图 17-21 所示。执行“文件”→“置入”命令，置入素材图像“CD\源文件\第 X 章\花纹. tif”，在“控制”栏上单击“嵌入”按钮，在弹出的对话框中单击“确定”按钮，如图 17-22 所示。

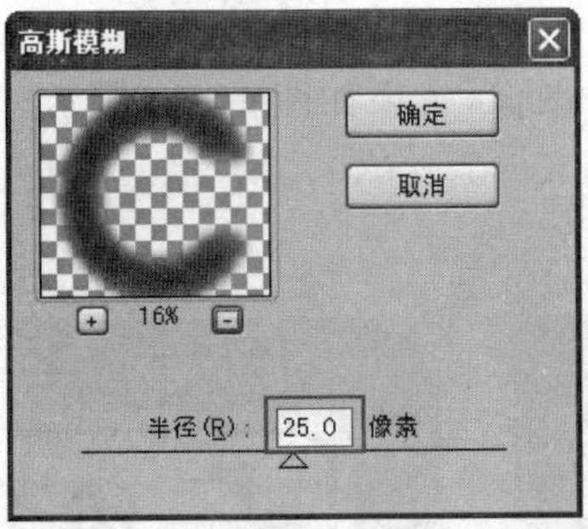

图　17-19

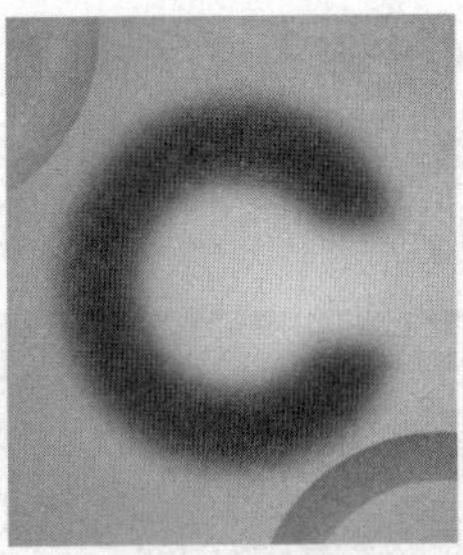

图　17-20

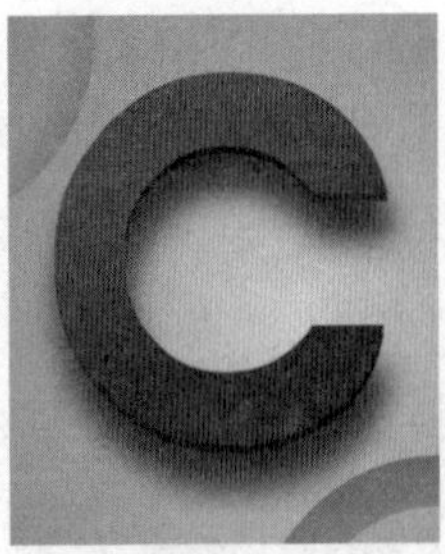

图　17-21

06　选中刚刚置入的图像，移动到合适位置，复制图像并贴在前面，使用“旋转工具”旋转角度，并调整图像大小，效果如图 17-23 所示。使用相同的方法，建立剪切蒙版，效果如图 17-24 所示。

图 17-22

图 17-23

图 17-24

07 单击工具箱中的“文字工具”按钮，设置“填色”颜色为 CMYK(50,100,0,0)，“描边”颜色为 CMYK(0,0,100,0)，在画布中单击，打开“字符”面板，设置如图 17-25 所示。设置完成后，在画布中输入文字，效果如图 17-26 所示。

08 执行“文字”→“创建轮廓”命令，将文字转为轮廓，如图 17-27 所示。打开“描边”面板，单击“描边”面板上的“使描边外侧对齐”按钮，调整描边对齐方式，设置“粗细”为 3pt，效果如图 17-28 所示。

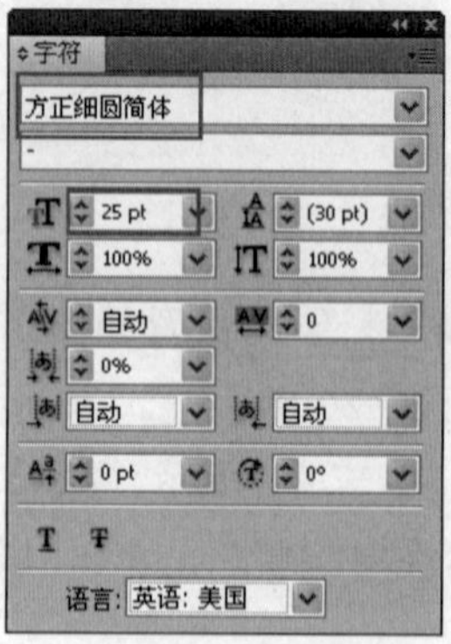

图 17-25

图 17-26

图 17-27

09 使用相同的方法，在画布中输入文字，并置入素材图像，效果如图 17-29 所示。单击工具箱中的“钢笔工具”按钮，设置“填色”颜色为 CMYK(50,100,0,0)，“描边”颜色为无，在画布中绘制图形，效果如图 17-30 所示。

图 17-28

图 17-29

图 17-30

步骤 3　绘制背面

使用相同的方法，绘制出其他内容，效果如图 17-31 所示。相同的制作方法，绘制出卡片背面的内容，效果如图 17-32 所示。执行"文件"→"储存为"命令，将卡片保存为"CD\源文件\第 5 章\17-1. ai"。

图　17-31

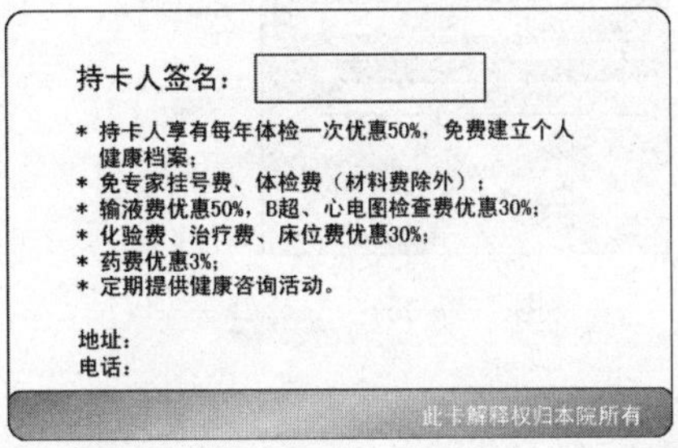

图　17-32

17.2　宣传单设计

步骤 1　绘制背景

01　执行"文件"→"新建"命令，弹出"新建文档"对话框，设置如图 17-33 所示。单击"确定"按钮，新建一个空白文档。单击工具箱中的"矩形工具"按钮，设置"填色"颜色为无，"描边"颜色为无，在画布中绘制图形，如图 17-34 所示。

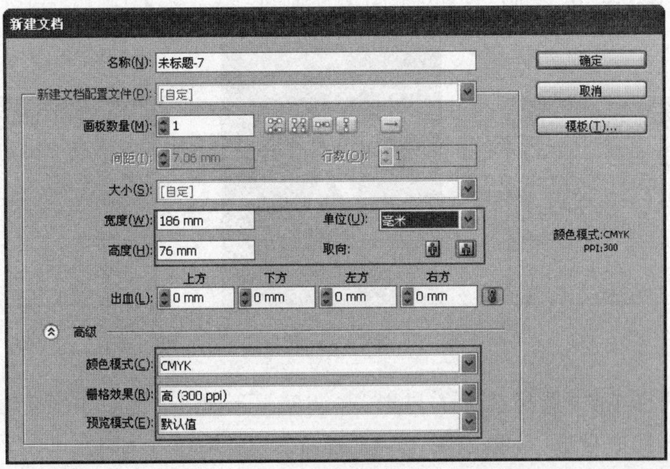

图　17-33

图　17-34

02　选中刚刚绘制的矩形，打开“渐变”面板，设置如图 17-35 所示。设置完成后，单击工具箱中的“渐变工具”按钮，对填充渐变进行调整，效果如图 17-36 所示。

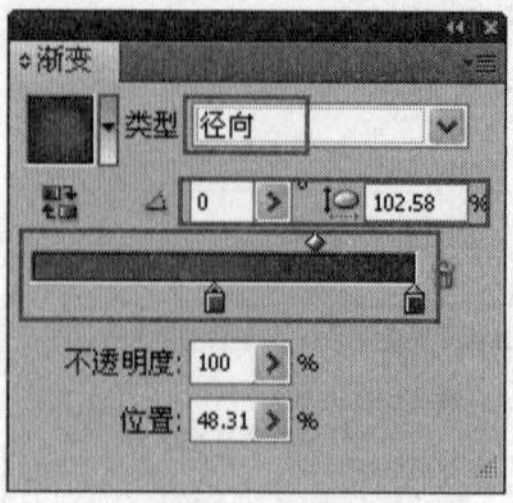

图　17-35

图　17-36

提示

此处“渐变”面板中渐变滑块颜色由左至右依次为 CMYK(85,20,0,10)、CMYK(100,60,0,10)。

03　单击工具箱中的“星形工具”按钮，设置“填色”颜色为白色，“描边”颜色为无。在画布中单击，弹出“星形”对话框，设置如图 17-37 所示。单击“确定”按钮，完成“星形”对话框的设置，效果如图 17-38 所示。

04　选中刚刚绘制的星形，执行“对象”→“变换”→“旋转”命令，弹出“旋转”对话框，设置如图 17-39 所示。单击“复制”按钮，将图形复制旋转，效果如图 17-40 所示。

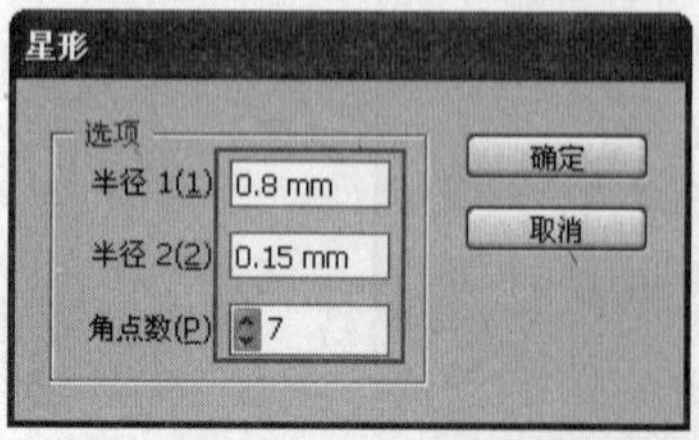

图　17-37

图　17-38

图　17-39

05　使用“选择工具”选择后面的星形，并调整星形大小，效果如图 17-41 所示。使用相同的方法，绘制出其他星形，效果如图 17-42 所示。

图　17-40

图　17-41

图　17-42

步骤 2 绘制宣传单图案

01 单击工具箱中的“椭圆工具”按钮，设置“填色”颜色为无，“描边”颜色为无，在画布中绘制正圆，如图 17-43 所示。选中刚刚绘制的正圆，打开“渐变”面板，设置如图 17-44 所示。

图 17-43

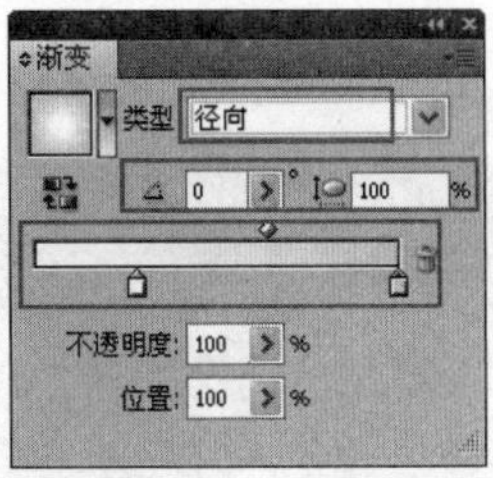

图 17-44

提示

此处“渐变”面板中渐变滑块颜色由左至右依次为 CMYK(0,0,0,0)、CMYK(22,2,2,0)。

02 设置完成后，单击工具箱中的“渐变工具”按钮，对填充渐变进行调整，效果如图 17-45 所示。选中刚刚填充渐变的正圆，执行“效果”→“风格化”→“外发光”命令，弹出“外发光”对话框，设置如图 17-46 所示。

03 单击“确定”按钮，完成“外发光”对话框的设置，效果如图 17-47 所示。单击工具箱中的“钢笔工具”按钮，设置“填色”颜色为 CMYK(91,29,0,0)，“描边”颜色为无，在画布中绘制图形，效果如图 17-48 所示。

图 17-45

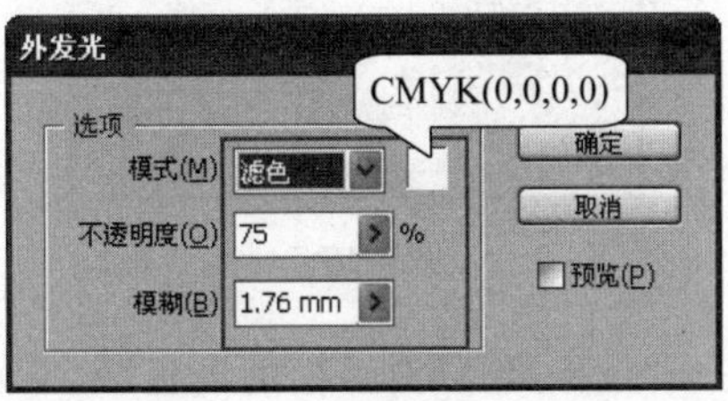

图 17-46

图 17-47

04 选中刚刚绘制的图形，打开“透明度”面板，设置“不透明度”为 12%，效果如图 17-49 所示。使用相同的方法，绘制其他图形，效果如图 17-50 所示。

图 17-48

图 17-49

图 17-50

05　根据前面的制作方法，绘制图形，并对图形填充相应的渐变，效果如图 17-51 所示。单击工具箱中的“文字工具”按钮 T，在画布中单击，设置“填色”颜色为白色，“描边”颜色为无，打开“字符”面板，设置如图 17-52 所示。

图　17-51

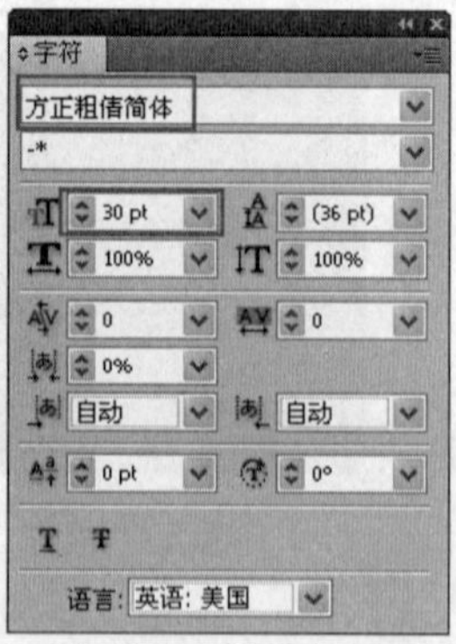

图　17-52

步骤 3　编辑文字

01　设置完成后，在画布中输入文字，并调整文字角度，如图 17-53 所示。执行“文字→创建轮廓”命令，将文字创建轮廓，执行“对象”→“路径”→“偏移路径”命令，弹出“位移路径”对话框，设置如图 17-54 所示。

图　17-53

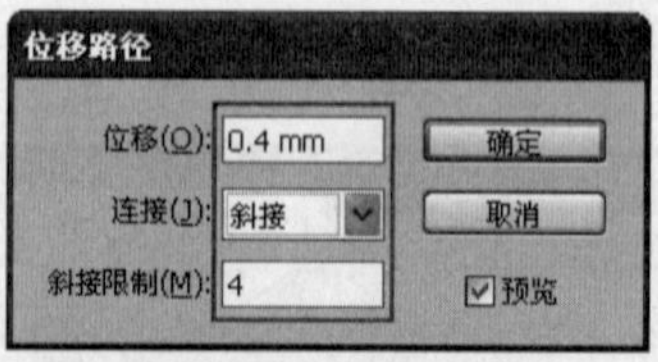

图　17-54

图　17-55

02　单击“确定”按钮，完成“位移路径”对话框的设置，效果如图 17-55 所示。选中刚刚调整后的文字，执行“对象”→“取消编组”命令，同时选中上层分离出的文字，如图 17-56 所示。

03　打开“渐变”面板，设置如图 17-57 所示。设置完成后，为分离出的文字轮廓填充渐变，并调整到合适位置，效果如图 17-58 所示。

图　17-56

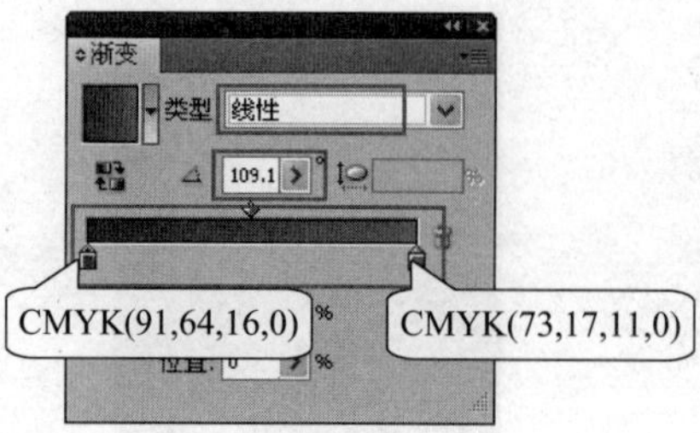

图　17-57

图　17-58

04　选中刚刚绘制的关于文字的所有轮廓和路径，执行“对象”→“编组”命令，将图形编组，如图 17-59 所示。执行“效果”→“风格化”→“投影”命令，弹出“投影”对话框，设置如图 17-60 所示。

图　17-59

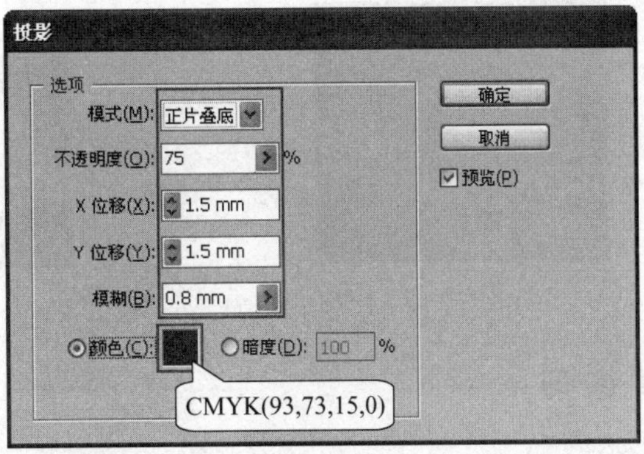

图　17-60

05　单击“确定”按钮，完成“投影”对话框的设置，效果如图 17-61 所示。使用相同的方法，在画布中输入其他文字，并对文字进行调整，效果如图 17-62 所示。

06　单击工具箱中的“圆角矩形工具”按钮，设置“填色”颜色为 CMYK(100,20,0,0)，“描边”颜色为 CMYK(60,0,0,0)，在画布中绘制圆角矩形，如图 17-63 所示。在“控制”面板上设置“不透明度”为 80%，效果如图 17-64 所示。

图　17-61

图　17-62

图　17-63

07　使用相同的方法，为圆角矩形添加投影，效果如图 17-65 所示。单击工具箱中的“直线段工具”按钮，设置“填色”颜色为无，“描边”颜色为 CMYK(60,0,0,0)，在“控制”栏上，设置描边“粗细”为 1pt，在画布中绘制直线段，如图 17-66 所示。

图　17-64

图　17-65

图　17-66

08　使用相同的方法，绘制出其他直线段，如图 17-67 所示。根据前面的方法，在画布中输入相应的文字，效果如图 17-68 所示。执行“文件”→“存储为”命令，将宣传单保存为“CD\源文件\第 5 章\17-2. ai”。

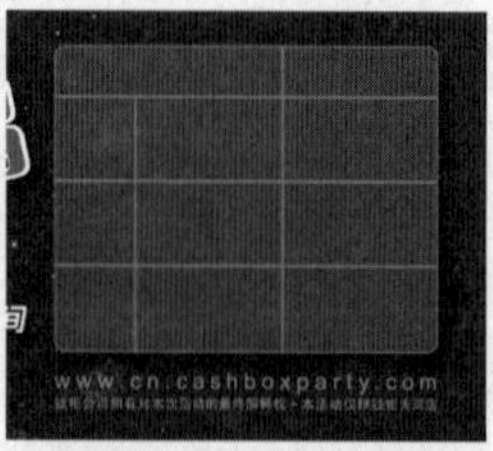

图　17-67

图　17-68

课堂练习

任务背景：通过本节课对图层和蒙版基础知识应用的学习，小强已经对各种卡片设计有了一定的设计理念，扩大了自己的知识范围。一定要课下多多练习，将知识的应用提升一个水平。

任务目标：对图层和蒙版的应用多加练习。

任务要求：使用图层和蒙版的应用技巧。

任务提示：要真正掌握图层和蒙版的应用，仅仅利用课上的时间是不够的，只有在课下勤加练习，才能更好地运用。

练习评价

项　目	标准描述	评定分值	得分
基本要求 60 分	圆角矩形工具的使用	10	
	剪切蒙版的使用	10	
	旋转工具和比例缩放工具的使用	10	
	使用“描边”面板	10	
	使用“渐变”面板	10	
	使用“透明度”面板	10	
拓展要求 40 分	外发光效果	20	
	投影效果	20	
主观评价		总分	

课外阅读

用于锁定对象的命令

- 锁定所选对象：如果要锁定当前选择的对象，可以执行“对象”→“锁定”→“所选对象”命令。

- 锁定上方所有图稿：如果要锁定与所选对象重叠且位于同一图层中的所有对象，可以执行“对象”→“锁定”→“上方所有图稿”命令。
- 锁定其他图层：如果要锁定除所选对象所在图层以外的所有图层，可执行“对象”→“锁定”→“其他图层”命令。
- 锁定所有图层：如果要锁定所有图层，可在“图层”面板中选择所有图层，然后从面板菜单中选择“锁定所有图层”选项。
- 解锁所有对象：如果要解锁文档中的所有对象，可执行“对象”→“解锁全部对象”命令。

课后思考

(1) 如何设置图层中的个别对象的显示模式？

(2) 如何在粘贴时记住图层？

(3) 如何隔离组和子图层？

(4) 在“透明度”面板中，使用“挖空组”命令前应注意什么？

第 6 章

排列与变换对象

知识要点

- 对象的对齐与分布
- 使用“路径查找器”组合对象
- 混合对象
- 分割下方对象
- 分割为网格
- 创建复合路径
- 释放复合路径
- 隔离混合

第 18 课　对象的基本操作

掌握了一些基本图形的绘制方法之后，接下来需要学习有关对象的基本操作。一幅图稿中往往包含多个不同的对象，这些对象通常会需要被放置在不同的位置、改变大小或对其他图形进行旋转等操作，从而完成构图或满足其他方面的需要。只有掌握了对象的基本操作，才能得心应手地绘制图稿。

课堂讲解

任务背景：小强在绘制一些图形后，经常是需要对这些图形进行一些如改变位置和大小、调整角度等操作。使用工具或命令完成这些操作是非常方便的小强思索这些操作需要用到哪些工具和命令，于是开始努力对 Illustrator CS4 中的这些工具和命令进行学习。

任务目标：掌握 Illustrator CS4 中基本操作工具和命令的使用。

任务分析：学习本节课的内容是非常必要的，小强只有对 Illustrator CS4 的基本操作工具和命令有了一定的掌握，才能更好地在图稿绘制中运用自如。

18.1　移动与复制对象

使用“选择工具”选择对象后，可以对其进行移动和复制操作。

01　执行“文件”→“打开”命令，打开素材“CD\源文件\第 6 章\素材\18-1. ai”，如图 18-1 所示。单击工具箱中的“选择工具”按钮，选中需要移动的对象，拖动鼠标将其移动到合适位置，如图 18-2 所示。

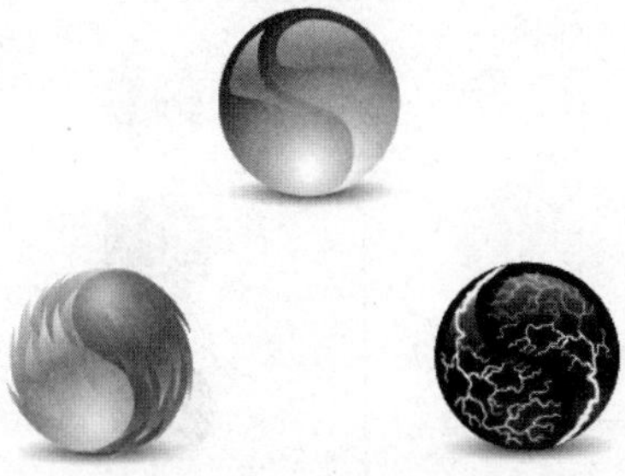

图　18-1

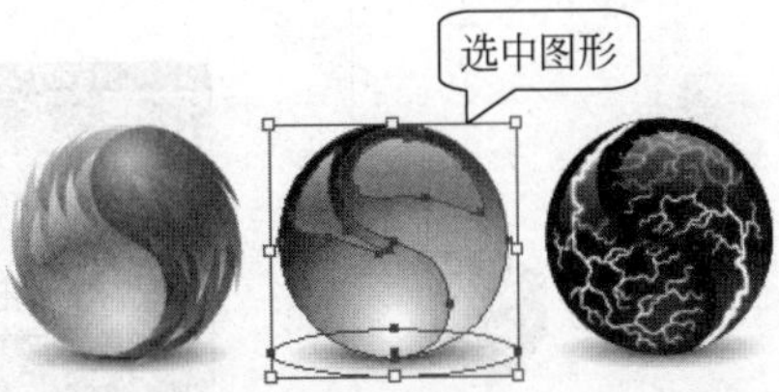

图　18-2

小技巧

按住键盘上的 Shift 键可以限制移动的方向。

02　如果需要复制对象，可以选中对象后按住 Alt 键拖动鼠标，如图 18-3 所示。松开鼠标即可复制对象到合适位置，如图 18-4 所示。

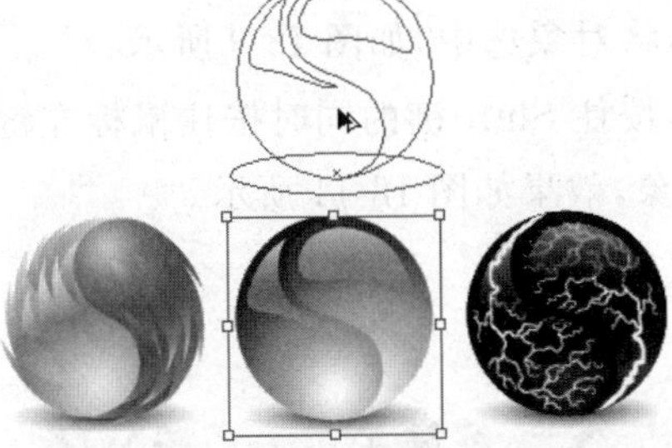

图　18-3

图　18-4

18.2　对象的对齐与分布

选择对象后，可以使用“对齐”面板，沿指定的轴对齐或分布对象。在进行对齐或分布操作时，首先需要选择对象，然后单击所需的对齐按钮或分布按钮。如果要相对于所选择对象中的一个对象来对齐或分布其他对象，则可再次选中该对象，然后再单击所需的对齐按钮或分布按钮。

执行“文件”→“打开”命令，打开素材“CD\源文件\第 6 章\素材\18-2.ai”，如图 18-5 所示。选中需要对齐的所有对象，执行“窗口”→“对齐”命令，打开“对齐”面板，单击“对齐”面板上的“水平居中对齐”按钮，如图 18-6 所示。完成后的效果如图 18-7 所示。

提示

如果相对于画板对齐，可单击“对齐”面板右下角的“对齐所选对象”按钮，在弹出的菜单中选择“对齐画板”选项即可。

图　18-5

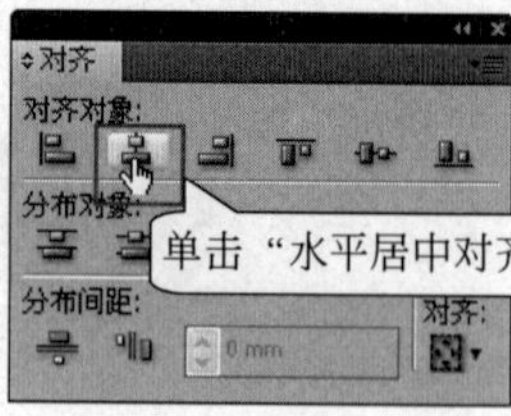

图　18-6

图　18-7

18.3　变换对象

变换对象基本包括缩放、旋转、反射、扭曲和倾斜，可以通过“变形”面板中的相关选项以及专用的工具来完成对象的变换，也可以通过拖动对象选区的定界框来进行多种类型的变换。

01　执行“文件”→“打开”命令，打开素材“CD\源文件\第 6 章\素材\18-3. ai”，如图 18-8 所示。单击工具箱中的“选择工具”按钮，将对象选中，如图 18-9 所示。

02　单击工具箱中的“比例缩放工具”按钮，按住 Shift 键的同时按住鼠标左键并拖动，如图 18-10 所示。松开鼠标，即可等比例缩放对象，效果如图 18-11 所示。

图　18-8

图　18-9

图　18-10

图　18-11

18.4　使用“路径查找器”命令组合对象

当创建基本图形后，可以通过不同的方法将多个图形组合为更加复杂的图形。组合对象时，可以通过“路径查找器”面板进行操作。

01　执行“文件”→“打开”命令，打开素材“CD\源文件\第 6 章\素材\18-4. ai”，如图 18-12 所示。选中该对象，执行“编辑”→“复制”命令，再执行“编辑”→“贴在前面”命令，使用“选择工具”调整对象的大小，如图 18-13 所示。

02　同时选中两个对象，执行“窗口”→“路径查找器”命令，打开“路径查找器”面板，单击“路径查找器”面板上的“减去顶层”按钮，如图 18-14 所示。得到圆环图形，效果如图 18-15 所示。

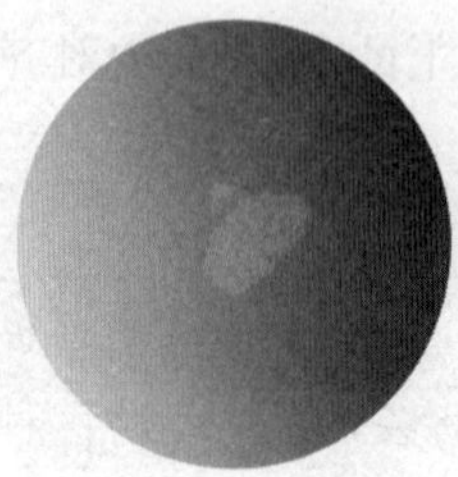

图　18-12

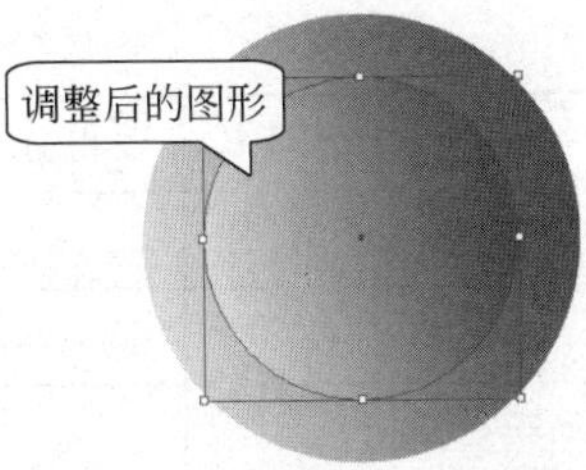

图　18-13

图　18-14

图　18-15

18.5　混合对象

混合对象是指在两个或多个选定的图形之间创建一系列中间图形。最简单的方法就是在两个图形之间平均创建和分布形状。

01　执行“文件”→“打开”命令，打开素材“CD\源文件\第 6 章\素材\18-18.ai”，如图 18-16 所示。同时选中所有图形，执行“对象”→“混合”→“建立”命令，效果如图 18-17 所示。

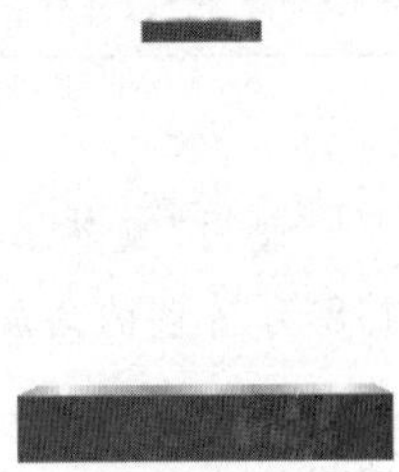

图　18-16

02　选中刚刚制作的图形，执行“对象”→“混合”→“混合选项”命令，弹出“混合选项”对话框，设置如图 18-18 所示。单击“确定”按钮，完成“混合选项”对话框的设置，效果如图 18-19 所示。

图　18-17

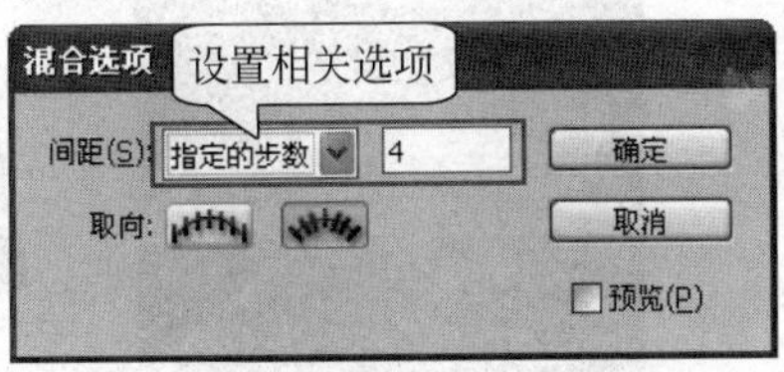

图　18-18

图　18-19

课堂练习

任务背景：通过本节课的学习，小强已经掌握了一些基本操作工具和命令的相关功能以及使用方法，但还需要多多练习，以增加对这些工具和命令各项功能使用的熟练度，这样才可以方便对图稿进行编辑。

任务目标：对基本操作工具和命令多加练习。

任务要求：掌握基本操作工具和命令功能的使用方法与应用技巧。

任务提示：灵活的使用方法可以对图形进行有效的简单编辑，但仅仅利用课上的时间是不够的，只有在课下勤加练习，才能掌握对象基本操作的技巧。

练习评价

项　目	标 准 描 述	评 定 分 值	得分
基本要求 60 分	移动与复制对象	20	
	对象的对齐与分布	20	
	变换对象	20	
拓展要求 40 分	使用“路径查找器”命令组合对象	20	
	混合对象	20	
主观评价		总分	

课外阅读

旋转与扭曲

使用“旋转工具”可以对对象进行旋转操作，在操作时如果按住 Shift 键，对象将以418°为增量的角旋转。打开一张素材图像，单击工具箱中的“移动工具”按钮，将需要旋转的对象选中，如图 18-20 所示。单击工具箱中的“旋转工具”按钮，在任意处单击可以确定旋转的中心点，如图 18-21 所示。按住鼠标左键拖动即可以自定的旋转中心旋转对象，如图 18-22 所示。

图　18-20

图　18-21

图　18-22

在 Illustrator CS4 中，可以通过“自由变换工具”或“液化工具组(变换工具、旋转扭曲工具、缩拢工具等)”来扭曲对象。如果要创建任意扭曲效果，可以使用“自由变换工具”操作，效果如图 18-23 所示。如果要利用特定的预设来扭曲对象，则应使用“液化工具组”操作，效果如图 18-24 所示。

图　18-23

图　18-24

课后思考

(1)“选择工具”都能执行哪些变换？

(2)“路径查找器”面板中的其他命令如何使用？

第 19 课　剪切、分割与裁切对象

Illustrator CS4 提供了多种可以剪切、分割和裁切对象的方法，这些方法包括使用“分割下方对象”命令、“分割为网格”命令、“美工刀工具”、“复合路径”命令。本节课将对这些命令进行详细的讲解。

课堂讲解

任务背景： 小强在绘制图形时发现绘制的图形组合后多出了一部分，影响了图形整体的美观，将它们拆分再组合就会很乱，操作起来会很麻烦，但通过使用一些分割工具和命令可以方便快捷地去除不需要的部分。小强思索去除这些多余部分的工具和命令有哪些？如何使用？于是开始努力对 Illustrator CS4 中的这些工具和命令进行学习。

任务目标： 掌握 Illustrator CS4 中分割图形的工具和命令。

任务分析： 学习本节课的内容是非常必要的，小强只有对 Illustrator CS4 的分割工具和命令有了一定的掌握，才能更好地在图稿中运用自如。

19.1　分割下方对象

使用“分割下方对象”命令，可以用当前选择的路径分割它下面的对象。该命令可以产生与“美工刀工具”相同的效果，但要比它更容易控制分割结果。

01　执行“文件”→“打开”命令，打开素材“CD\源文件\第 6 章\素材\19-1. ai”，如图 19-1 所示。单击工具箱中的“矩形工具”按钮，设置“填色”颜色为无，“描边”颜色为无，在画布中绘制矩形路径，如图 19-2 所示。

02　执行“对象”→“路径”→“分割下方对象”命令，将当前路径下面的图形分割，如图 19-3 所示。使用“选择工具”将分割出的图形移动，效果如图 19-4 所示。

图　19-1

图　19-2

图　19-3

图　19-4

19.2　分割为网格

使用“分割为网格”命令可以将一个或多个对象分割为由多个行和列排列的矩形对象。在进行分割时，可以精确行和列之间的高度、宽度和间距大小，并快速创建参考线来布置图稿。

01　执行“文件”→“打开”命令，打开素材“CD\源文件\第 6 章\素材\19-2. ai”，如图 19-5 所示。单击工具箱中的“选择工具”按钮，将需要分割为网格的图形选中，如图 19-6 所示。

图　19-5

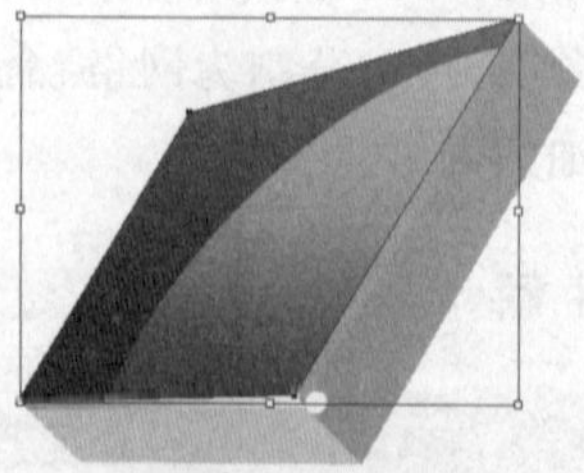

图　19-6

02　执行“对象”→“路径”→“分割为网格”命令，弹出“分割为网格”对话框，设置如图 19-7 所示。单击“确定”按钮，完成“分割为网格”对话框的设置，效果如图 19-8 所示。

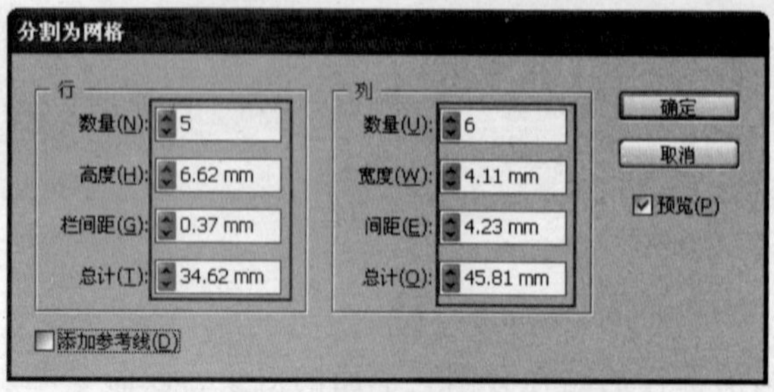

图　19-7

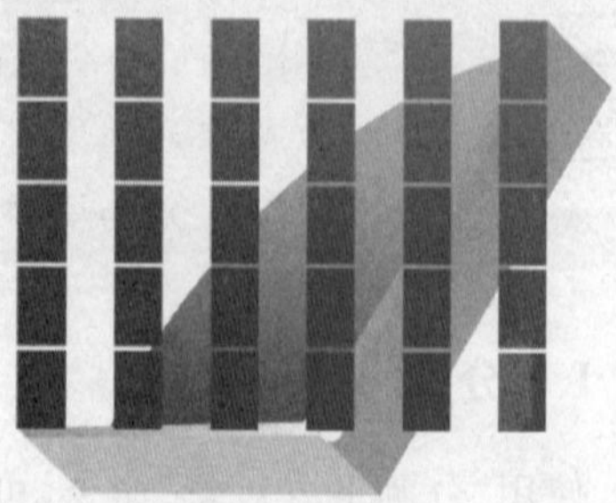

图　19-8

提示

在“分割为网格”对话框中选中“添加参考线”复选框后，会以阵列的形式为基准创建类似参考线状的网格。

19.3　使用美工刀

“美工刀工具”用来分割图形。在对象上单击并拖动鼠标，可以沿着光标的移动路线分割对象。

执行“文件”→“打开”命令，打开素材“CD\源文件\第 6 章\素材\19-3. ai”，如图 19-9 所示。单击工具箱中的“美工刀工具”按钮，按住鼠标左键拖动鼠标绘制分割路线，如图 19-10 所示。使用“选择工具”将分割后的图形移动，效果如图 19-11 所示。

图　19-9

图　19-10

图　19-11

提示

“美工刀工具”分割的对象会成为闭合的路径。

19.4　复合路径

使用“复合路径”命令可以将两个及两个以上的开放或闭合的已上色路径组合到一起，路径重叠的部分将被挖空呈现出透明的孔洞，而且复合路径中的所有对象都将应用到原来位于最上层的对象的填色与样式属性。

复合路径跟编组类似，也是将多个路径组合到一起，但是它跟编组是有区别的。使用“直接选择工具”虽然可以选中复合路径中的单独组件进行编辑，但却不能更改单独组件的外观属性、图形样式或效果，也不能单独操作“图层”面板中的组件。

19.5　创建复合路径

01　执行“文件”→“打开”命令，打开素材“CD\源文件\第 6 章\素材\19-3. ai”，如图 19-12 所示。单击工具箱中的“矩形工具”按钮，设置“填色”颜色为 RGB(235，102，137)，“描边”颜色为无，在画布中绘制矩形，并按快捷键 Shift＋Ctrl＋[将图形置于底层，如图 19-13 所示。

02　同时选中刚刚绘制的矩形和人物，如图 19-14 所示。执行“对象”→“复合路径”→“建立”命令，创建复合路径，效果如图 19-15 所示。

图　19-12

图　19-13

图　19-14

图　19-15

提示

复合路径按照奇偶填充规则产生孔洞。在偶数路径的重叠处可以产生孔洞，而奇数路径的重叠处不会出现孔洞，它将按照最后面一个对象的填充及描边设置进行填充。如果要将文件输出，为减少发生错误，应控制复合路径的使用量。

19.6　释放复合路径

复合路径虽然能够产生独特的形状，但如果图稿中复合路径过多和过于复杂，则会严重影响计算机运行的速度，降低工作效率。因此，如果有暂时不用的复合路径，可以先将其释放。如果要将复合路径恢复到原来的组件，可以执行“对象”→“复合路径”→“释放”命令。释放之后，原来的挖空效果也就不再存在。

课堂练习

任务背景： 通过本节课的学习，小强已经掌握了分割图形的工具和命令的使用方法，但还需要多多练习，以增加对这些工具和命令各项功能使用的熟练度，这样才可以方便对图稿进行编辑。

任务目标： 对分割图形的工具和命令的功能多加练习。

任务要求： 掌握分割图形的工具和命令的使用方法与应用技巧。

任务提示： 合理的使用方法可以对图形进行有效的调整，但仅仅利用课上的时间是不够的，只有在课下勤加练习，才能掌握分割的技巧。

练习评价

项　目	标准描述	评定分值	得分
基本要求 60 分	分割下方对象	20	
	分割为网格	20	
	使用美工刀	20	
拓展要求 40 分	复合路径	10	
	创建复合路径	20	
	释放复合路径	10	
主观评价		总分	

课外阅读

复合路径与复合形状的区别之处

(1) 复合形状与复合路径是两种不同的对象。复合形状是通过多个图形应用“路径查找器”面板中的命令创建的组合。复合路径则是由一条或多条简单的路径组合成的一个整体，通常用来制作挖空效果。

(2) 虽然从外观上看，二者的效果差不多，但它们的实际结构却是完全不同。复合形状对图形的处理是非破坏性的，较之复合路径的编辑方法也更加灵活。创建复合形状后，可以修改复合形状中的各个对象的形状，也可修改复合形状的上色、样式和透明度等属性。而复合路径虽然也可以修改形状，但却不能改变复合路径中各对象的外观属性、图形样式或效果。

(3) 由于要保留原始图形，复合形状要比复合路径的文件更大。并且在显示包含复合形状的文件时，计算机要一层一层地从原始对象读到现有的结果，因此屏幕的刷新速度就会变慢。

课后思考

(1)"分割下方对象"能分割下方多个对象吗？

(2) 什么情况下使用分割为网格？

(3) 复合路径在实际中如何应用？

第 20 课　企业 Logo 设计

本节课通过绘制企业 Logo，讲解了 Logo 设计的方法。学生可以通过本节课的学习，了解企业 Logo 的设计理念与技巧，培养独立设计各种不同行业 Logo 的技能。

课堂讲解

任务背景：通过前面两节课的学习，小强已经掌握对一些图形的基本操作和编辑，接下来就是通过两个实例 Logo 的设计，对掌握的知识进行巩固应用。

任务目标：掌握图形基本操作在实际中的应用。

任务分析：学习本节课的内容是非常必要的，小强只有对图形基本操作的实际应用有了一定的了解，才能在以后的设计中运用自如。

20.1　企业标志设计

步骤 1　绘制背景

01　执行"文件"→"新建"命令，弹出"新建文档"对话框，设置如图 20-1 所示。单击"确定"按钮，新建一个空白文档。单击工具箱中的"矩形工具"按钮，设置"填色"颜色为 CMYK(51,98,61,7)，"描边"颜色为无，在画布中绘制矩形，如图 20-2 所示。

02　选中刚刚绘制的矩形，执行"编辑"→"复制"命令，再执行"编辑"→"贴在前面"命令，设置"填色"颜色为 CMYK(100,100,100,100)，如图 20-3 所示。使用相同的方法，再次将黑色矩形复制贴在前面，打开"渐变"面板，设置如图 20-4 所示。

03　设置完成后，对渐变填充进行调整，效果如图 20-5 所示。打开"图层"面板，按 Shift 键将刚刚绘制的渐变矩形和黑色矩形选中，如图 20-6 所示。

04　打开"透明度"面板，单击"透明度"面板右上角的下三角按钮，在弹出的菜单中选择"建立不透明度蒙版"选项，建立不透明度蒙版，设置"不透明度"为 36%，效果如图 20-7 所示。"透明度"面板如图 20-8 所示。

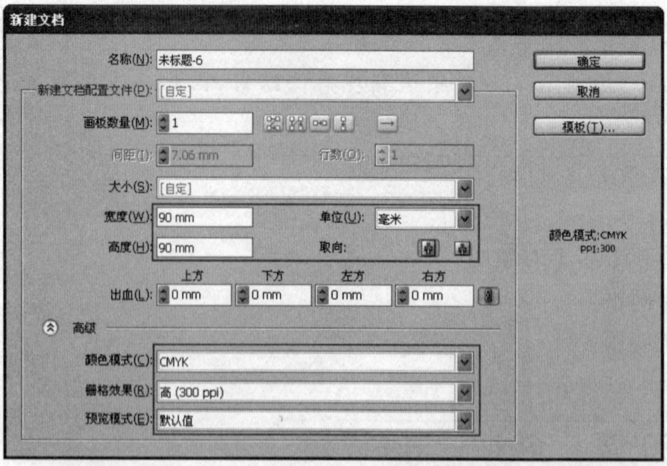

图 20-1

图 20-2

图 20-3

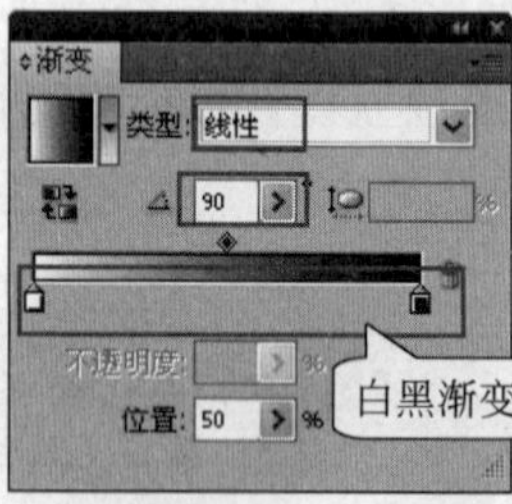

图 20-4

图 20-5

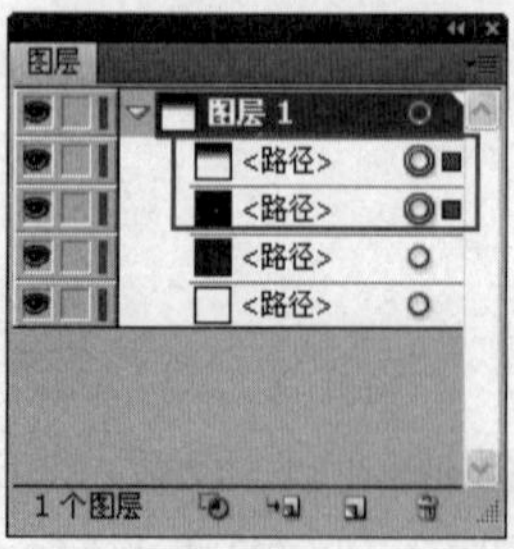

图 20-6

图 20-7

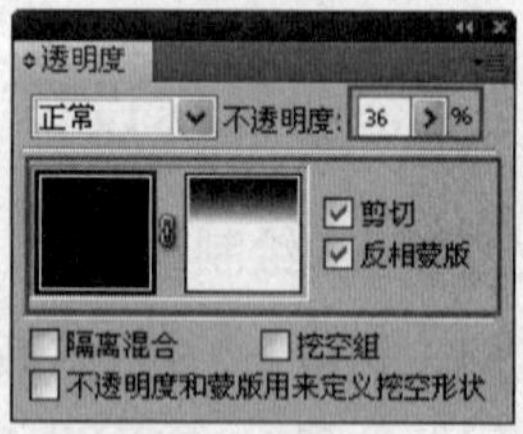

图 20-8

05 使用相同的方法，绘制“填色”颜色为 CMYK(0,100,0,0)的矩形，并建立不透明度蒙版，效果如图 20-9 所示。“透明度”面板如图 20-10 所示。

图 20-9

图 20-10

步骤 2　绘制图案

01　单击工具箱中的“椭圆工具”按钮，设置“填色”颜色为 CMYK(20,80,0,20)，“描边”颜色为无，按 Shift 键在画布中绘制正圆，如图 20-11 所示。选择刚刚绘制的正圆，复制贴在前面，并使用“选择工具”调整正圆大小，如图 20-12 所示。

02　选中刚刚绘制的两个正圆，执行“窗口”→“路径查找器”命令，打开“路径查找器”面板，单击“减去顶层”按钮，将顶层减去，效果如图 20-13 所示。“路径查找器”面板如图 20-14 所示。

图　20-11

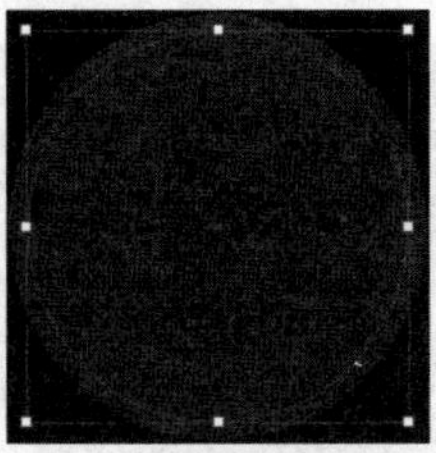

图　20-12

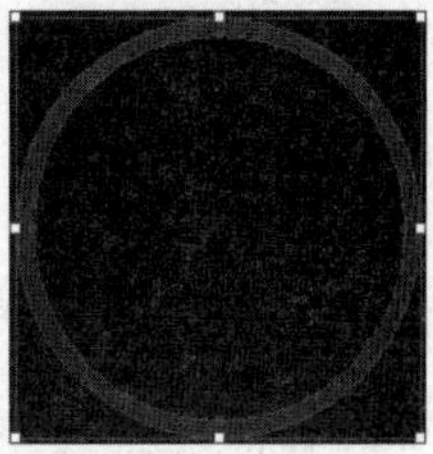

图　20-13

03　根据前面的制作方法，绘制出其他图形，效果如图 20-15 所示。使用相同的方法，设置“填色”颜色为 CMYK(0,100,100,0)，“描边”颜色为无，使用“椭圆工具”绘制正圆，如图 20-16 所示。

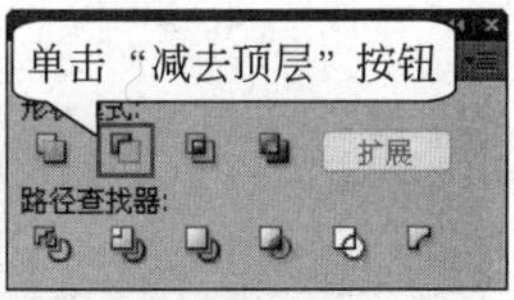

图　20-14

图　20-15

图　20-16

04　选中刚刚绘制的正圆，执行“效果”→“风格化”→“外发光”命令，弹出“外发光”对话框，设置如图 20-17 所示。单击“确定”按钮，完成“外发光”对话框的设置，效果如图 20-18 所示。

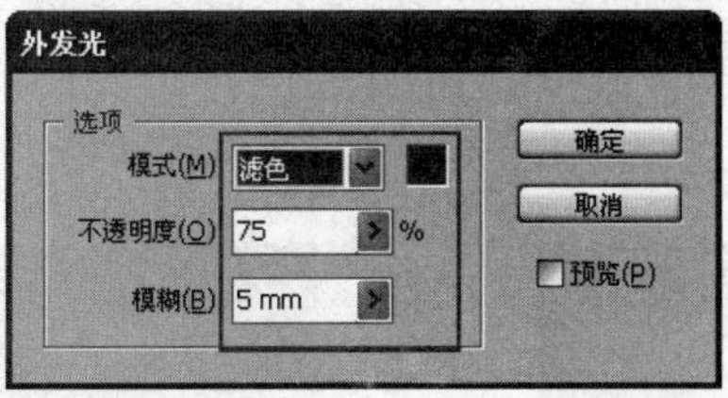

图　20-17

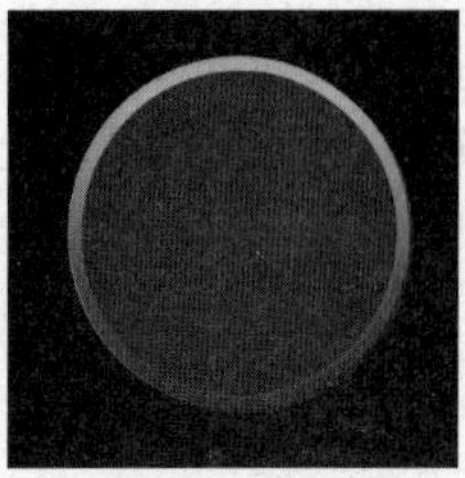

图　20-18

提示

此处“外发光”的颜色值为正圆本身的颜色值 CMYK(0,100,100,0)。

05　打开“图层”面板，选中刚刚添加外发光效果图形的图层，拖曳图层调整位置，效果如图 20-19 所示。“图层”面板如图 20-20 所示。

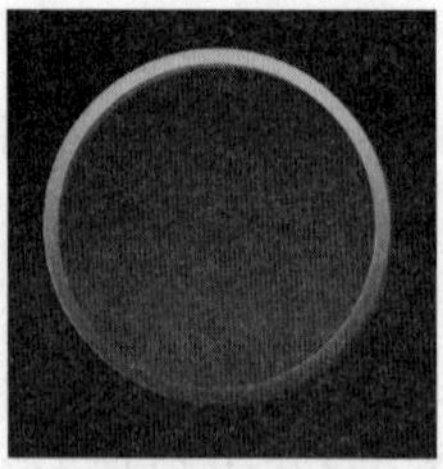
图　20-19

06　使用相同的方法，绘制正圆填充相应的渐变，并调整图层位置，效果如图 20-21 所示。单击工具箱中的“钢笔工具”按钮，设置“填色”颜色为白色，“描边”颜色为无，在画布中绘制图形，如图 20-22 所示。

图　20-20

图　20-21

图　20-22

07　选中刚刚绘制的图形，使用“选择工具”调整图形位置，并在“控制”栏上设置“不透明度”为 15%，效果如图 20-23 所示。选中刚刚填充渐变的正圆，将正圆复制并贴在前面，如图 20-24 所示。

08　同时选中刚刚复制的正圆和花纹图形，打开“路径查找器”面板，单击“交集”按钮，将花纹不需要的部分去除，效果如图 20-25 所示。“路径查找器”面板如图 20-26 所示。

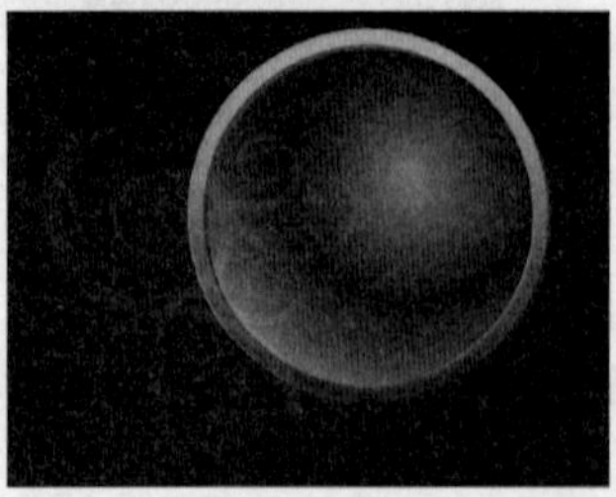
图　20-23

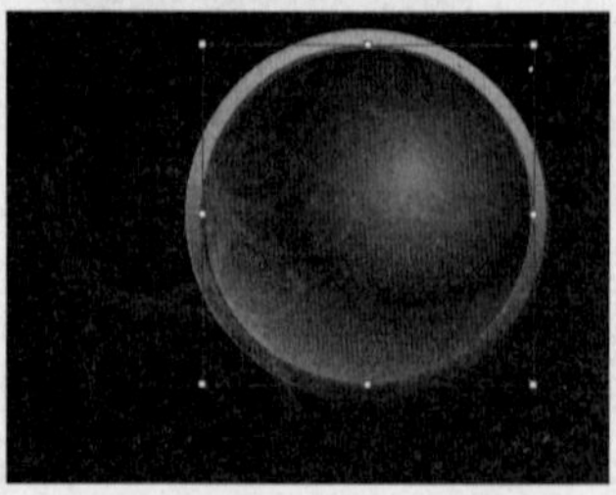
图　20-24

图　20-25

09　使用相同的方法，绘制出其他图形，效果如图 20-27 所示。使用“钢笔工具”设置“填色”颜色为无，“描边”颜色为白色，在“控制”栏上设置描边“粗细”为 0.5pt，在画布中绘制路径，如图 20-28 所示。

图　20-26

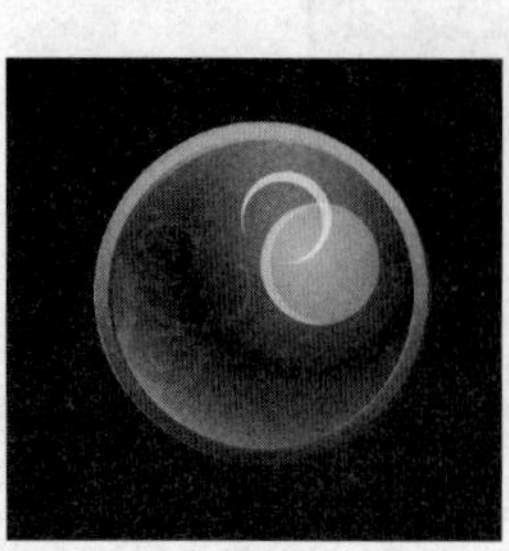
图　20-27

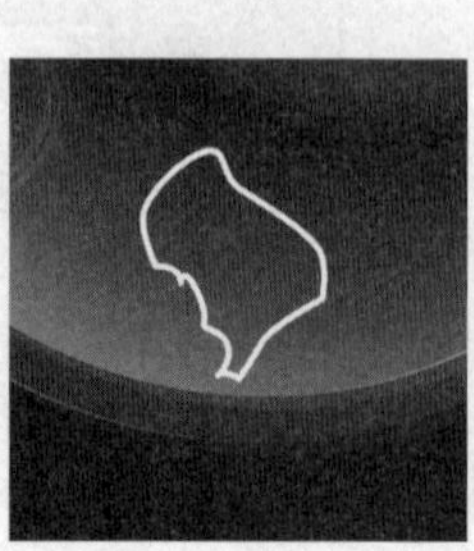
图　20-28

10　选中刚刚绘制的路径，打开“渐变”面板，设置如图 20-29 所示。设置完成后，对渐变填充进行调整，效果如图 20-30 所示。

图　20-29

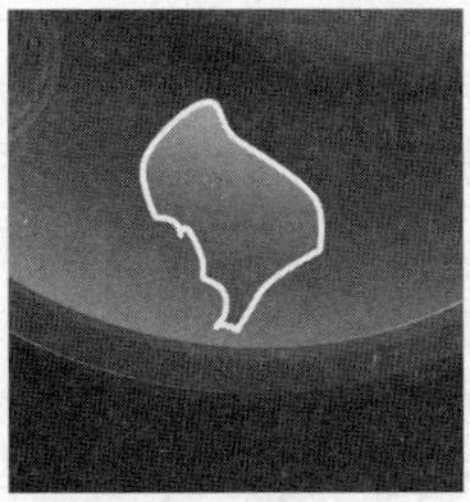

图　20-30

提示

此处“渐变”面板中渐变滑块颜色由左至右依次为 CMYK(0,100,100,0)、CMYK(0,60,100,0)、CMYK(0,3,100,0)和 CMYK(0,0,100,0)。

11　使用相同的方法，绘制出花朵的其他部分，效果如图 20-31 所示。将刚刚绘制的图形全部选中，按快捷键 Ctrl+G 编组，执行“效果”→“风格化”→“投影”命令，弹出“投影”对话框，设置如图 20-32 所示。

图　20-31

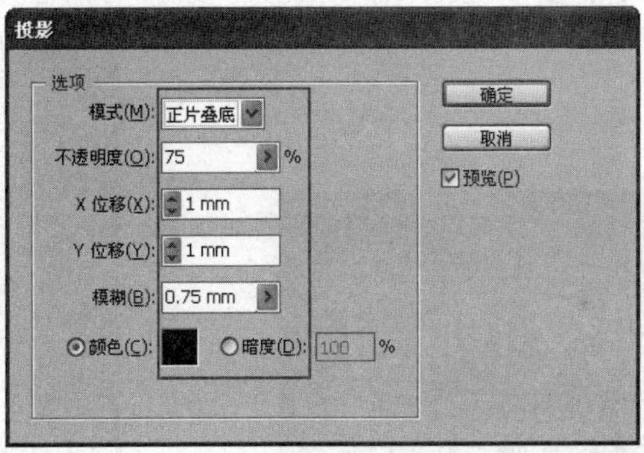

图　20-32

12　单击“确定”按钮，完成“投影”对话框的设置，效果如图 20-33 所示。单击工具箱中的“文字工具”按钮 T，并在画布中单击，设置“填色”颜色为白色，“描边”颜色为无，打开“字符”面板，设置如图 20-34 所示。

图　20-33

步骤 3　编辑文字

01　设置完成后，在画布中输入文字，如图 20-35 所示。执行“文字”→“创建轮廓”命令，将文字创建轮廓，单击工具箱中的“直接选择工具”按钮，单击选中锚点，按 Delete 键将不需要的锚点删除，效果如图 20-36 所示。

02　相同的方法，使用“钢笔工具”在画布中绘制图形，如图 20-37 所示。同时选中刚刚绘制的图形和文字，打开“路径查找器”面板，单击“合并”按钮，将图形合并，如图 20-38 所示。“路径查找器”面板如图 20-39 所示。

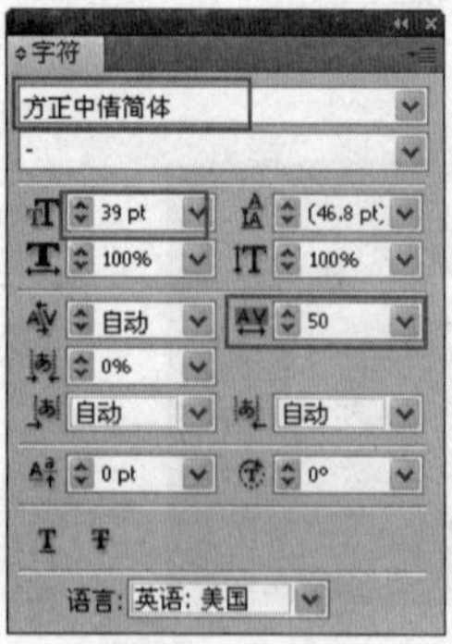

图 20-34

图 20-35

图 20-36

图 20-37

图 20-38

图 20-39

03 使用相同的方法，绘制出其他图形，效果如图 20-40 所示。选中文字图形，执行“效果”→“风格化”→“投影”命令，弹出“投影”对话框，设置如图 20-41 所示。

图 20-40

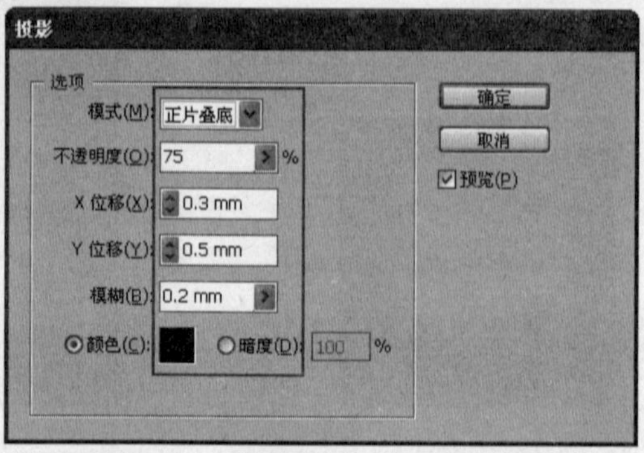

图 20-41

04 单击“确定”按钮，完成“投影”对话框的设置，效果如图 20-42 所示。使用相同的方法，输入其他文字，并添加相应效果，如图 20-43 所示。执行“文件”→“存储为”命令，将完成后的标志存储为“CD\源文件\第 6 章\ 20-1. ai”。

图 20-42

图 20-43

20.2 网站标志设计

步骤 1 绘制图形

01 执行“文件”→“新建”命令，弹出“新建文档”对话框，设置如图 20-44 所示。单击“确定”按钮，新建一个空白文档。单击工具箱中的“钢笔工具”按钮，设置“填色”颜色为无，“描边”颜色为无，在画布中绘制路径，如图 20-45 所示。

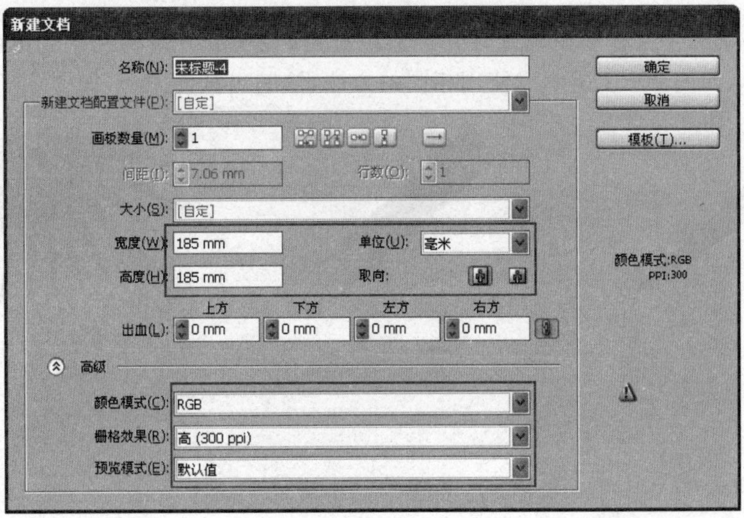

图 20-44

02 打开“渐变”面板，从左至右设置渐变滑块颜色为 RGB(224,55,119)和 RGB(91,55,130)，其他设置如图 20-46 所示。设置完成后，单击工具箱中的“渐变工具”按钮，对渐变填充进行调整，效果如图 20-47 所示。

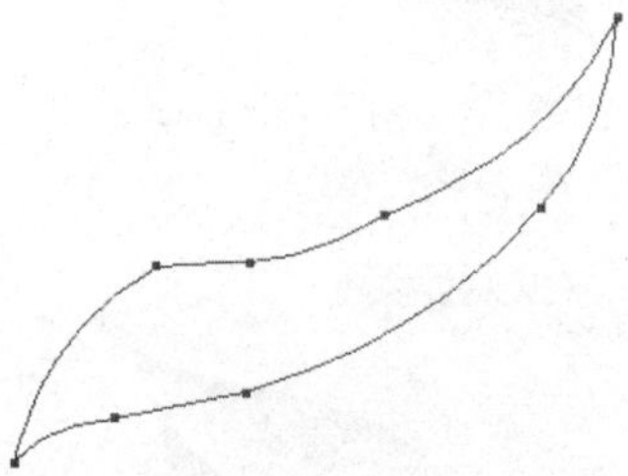

图 20-45

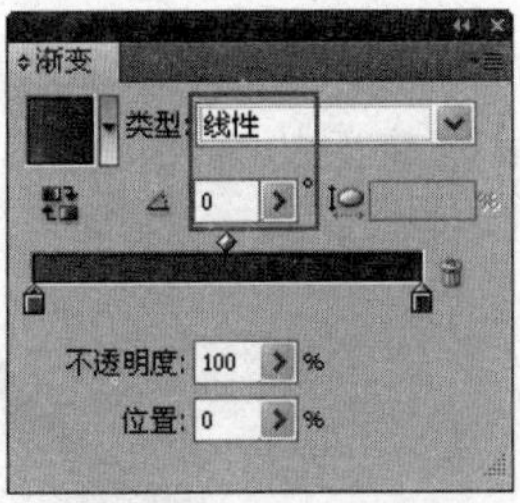

图 20-46

图 20-47

03 单击工具箱中的“多边形工具”按钮，设置“填色”颜色为黑色，“描边”颜色为无，在画布中单击，弹出“多边形”对话框，如图 20-48 所示。单击“确定”按钮，完成“多边形”对话框的设置，在画布中绘制出图形，如图 20-49 所示。

04 单击工具箱中的“直接选择工具”按钮，选择单个锚点进行移动，效果如图 20-50 所示。选中刚刚调整锚点的图形，单击工具箱中的“旋转工具”按钮，在画布中单击定位中心旋转点，如图 20-51 所示。

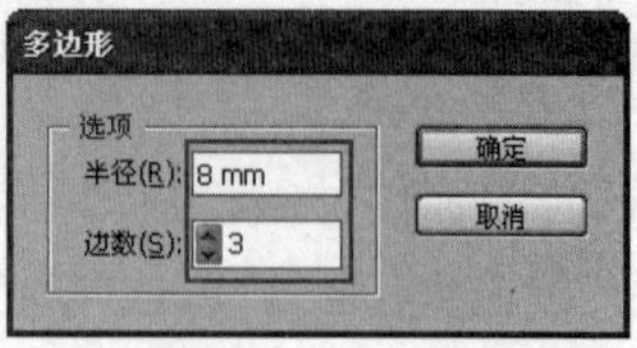

图 20-48

图 20-49

图 20-50

05 按住鼠标左键拖动鼠标旋转到合适位置后，在不放开鼠标左键的同时按住 Alt 键旋转复制图形，如图 20-52 所示。使用相同的方法，绘制出其他图形，如图 20-53 所示。

图 20-51

图 20-52

图 20-53

小技巧

按快捷键 Ctrl+D 可以重复上一次操作。

06 选中刚刚旋转复制的所有图形，按快捷键 Ctrl+G 进行编组，使用“移动工具”将编组后的图形移动到合适位置，如图 20-54 所示。同时选中刚刚编组的图形和填充渐变的图形，执行“窗口”→“路径查找器”命令，打开“路径查找器”面板，如图 20-55 所示。

图 20-54

07 单击“路径查找器”面板上的“减去顶层”按钮，将顶层减去，效果如图 20-56 所示。根据前面的方法，绘制出其他部分图形，效果如图 20-57 所示。

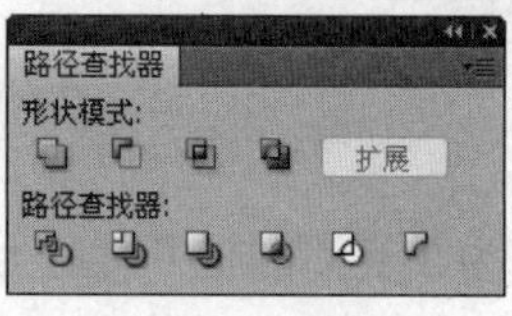

图 20-55

图 20-56

图 20-57

步骤 2 输入文字

单击工具箱中的“文字工具”按钮，并在画布中单击，打开“字符”面板，设置如图 20-58 所示。设置完成后，在画布中输入文字，效果如图 20-59 所示。执行“文件”→“存储为”命令，将网站标志存储为“CD \源文件\第 6 章\20-2. ai”。

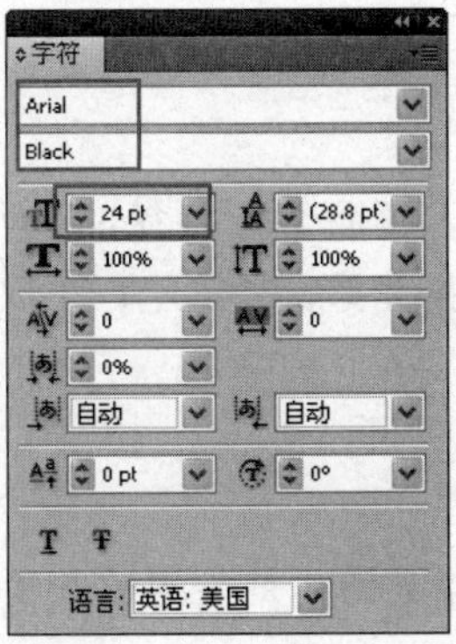

图　20-58

图　20-59

提示

此处文字的颜色为 RGB(147,155,159)。

课堂练习

任务背景： 通过本节课的学习，小强已经掌握 Logo 的设计方法与技巧，但还需要多多练习，以增加对各项功能操作的熟练度，从而设计出精美绝伦的 Logo。

任务目标： 对 Logo 设计多加练习。

任务要求： 掌握设计 Logo 中的基本绘制方法与应用技巧。

任务提示： 合理的使用方法可以设计出不同的图形效果，但仅仅利用课上的时间是不够的，只有在课下勤加练习，才能掌握其中的技巧。

练习评价

项　目	标准描述	评定分值	得分
基本要求 60 分	绘制圆环的方法和技巧	20	
	不透明度效果	10	
	路径结合的方法和技巧	20	
	图形的投影效果	10	
拓展要求 40 分	文字与图形之间是否和谐	40	
主观评价		总分	

课外阅读

Logo 的特点

1. 功用性

标志的本质在于它的功用性。经过艺术设计的标志虽然具有观赏价值，但标志主要不是为了供人观赏，而是为了实用。标志是人们进行生产活动、社会活动必不可少的直观工具。

2. 识别性

标志最突出的特点是各具独特面貌，便于识别。标示事物自身特征，标示事物间不同的意义、区别与归属是标志的主要功能。各种标志直接关系到个人、集团乃至国家的根本利益，决不能相互雷同、混淆，以免造成错觉。

3. 显著性

显著是标志的又一重要特点。除隐形标志外，绝大多数标志的设置就是要引起人们注意，因此色彩强烈醒目、图形简练清晰，是标志通常具有的特征。

4. 多样性

标志种类繁多、用途广泛，无论从其应用形式、构成形式、表现手段来看，都有着极其丰富的多样性。其应用形式，有平面的，有立体的。其构成形式，有直接利用物象的，有以文字符号构成的，有以具象、意象或抽象图形构成的，有以色彩构成的。多数标志是由几种基本形式组合构成的。

5. 艺术性

凡经过设计的非自然标志都具有某种程度的艺术性。既符合实用要求，又符合美学原则，给人以美感，是对其艺术性的基本要求。

6. 准确性

标志无论要说明什么、指示什么，无论是寓意还是象征，其含义必须准确。首先要易懂，符合人们的认识心理和认识能力。其次要准确，避免意料之外的多解或误解，尤其需要注意禁忌。让人在极短时间内一目了然、准确领会无误，正是标志优于语言、快于语言的长处。

7. 持久性

标志与广告或其他宣传品不同，一般都具有长期使用价值，不轻易改动。

课后思考

（1）填充渐变后还能调整哪些渐变填充？

（2）调整一个图层中图形的不透明度，对图层中其他图形有什么影响？

（3）旋转工具和“旋转”命令有何不同？

第 7 章

文字设计

知识要点

- 文字的创建
- 设置字体格式与段落格式
- 调整区域文字大小和形状
- 调整首行基线偏移
- 文字的安装
- 创建文字轮廓
- 变形文字的制作
- 立体文字的制作

第 21 课 创建文字

文字功能是 Illustrator CS4 软件中最强大的功能之一，在平面设计中只有文字才能最直接地表达作品的含义。Illustrator CS4 有着不同的输入方法，可以对文字进行不同的设置，使文字在表达方式上不再显得枯燥单调。本节课将对文字工具的使用、文字格式的设置以及段落格式的设置进行讲解。

课堂讲解

任务背景：小明在大街上闲逛时，经常看到一些漂亮海报，而且海报上的文字都非常有特点，于是小明开始翻阅大量的资料，发现原来文字的创建一点儿也不难，因此他决定对文字的创建进行学习。

任务目标：学习文字的创建方法。

任务分析：文字的创建对于平面设计来说是非常重要的，只有知道如何去创建文字，才能以最直接的形式去表达所要表达的内容。

21.1 文字工具的使用

Illustrator CS4 共提供了 6 种不同的文字工具，在工具箱中按住“文字工具”按钮 T，可以看到隐藏在里面的其他文字工具，此时单击最右侧的拖出按钮，可以弹出浮动的“文字”工具箱，如图 21-1 所示。

步骤 1 使用文字工具

工具箱中包含“文字工具”、“区域文字工具”、“路径文字工具”、“直排文字工具”、“直排区域文字工具”、“直排路径文字工具”6 种工具。下面简单介绍一下工具箱中 6 种文字工具

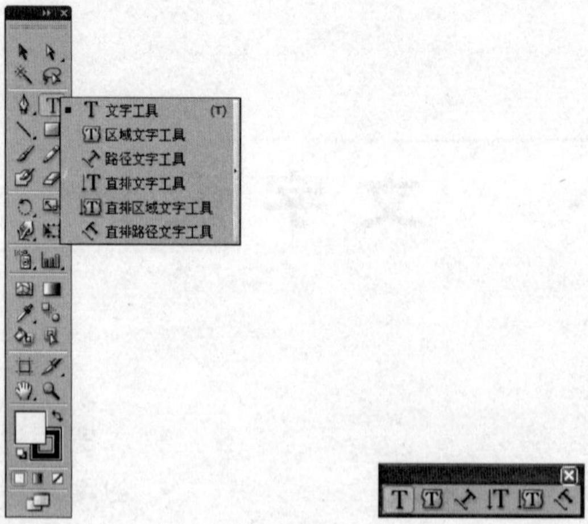

图 21-1

的作用。

- 文字工具：可以创建水平方向排列的文字和区域文字。
- 区域文字工具：可以在任意的图形内创建区域文字。
- 路径文字工具：可以在任意的路径上输入文字。
- 直排文字工具：可以创建垂直方向排列的文字和区域文字。
- 直排区域文字工具：可以在任意的图形内创建区域文字。
- 直排路径文字工具，可以在任意的路径上输入文字。

步骤 2　创建文字

在 Illustrator CS4 中有 3 种创建文字的方法：第一种是从某点输入，以这种方法创建的文字称为“点文字”；第二种是输入某区域，以这种方法创建的文字称为“区域文字”；第三种是沿路径创建，以这种方法创建的文字称为“路径文字”。下面将对这 3 种创建文字的方法进行介绍。

点文字：从单击位置开始，随着字符输入而扩展的一行或一列横排、直排文本。每行文本都是独立的，在对其进行编辑时，该行将扩展或缩短，但不会换行，这种方式非常适合输入少量的文字。使用“文字工具”在画布上单击，如图 21-2 所示。在光标闪烁的位置输入文字即可，如图 21-3 所示。

图 21-2

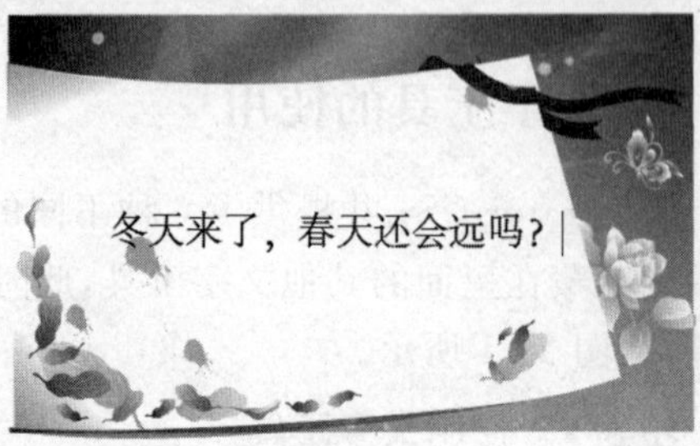

图 21-3

提示

当使用“文字工具”在画布上单击时，画布上会出现闪烁的光标，叫做“插入点”，表示现在可以在该位置输入文字。

区域文字：利用文本框来控制文字的排列（可以横排也可以直排）。当文本接触到文本框的边界时，会自动换行，落在自定的文本区域内。当希望创建一个或多个段落的文本时，这种输入文本的方法可以起到非常大的作用。使用“文字工具”在画布上拖曳出文本框，如图 21-4 所示。在该文本框中输入文字即可，如图 21-5 所示。

图　21-4

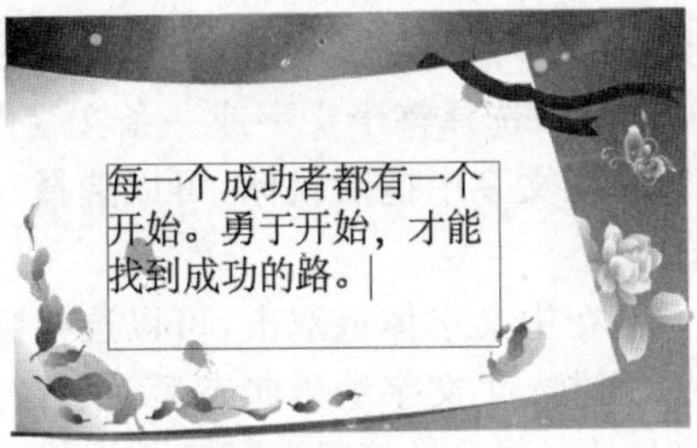

图　21-5

提示

如果输入的文本长度超过区域或路径的容许量后，在靠近边框区域底部的地方会出现一个红色加号（＋）的小方块⊞，表示文字没有全部显示，有一些文字被隐藏了，这些不能显示的文字叫“溢流文本”。

路径文字：沿着开放或封闭的路径输入的文字。当水平输入文字时，字符的排列会与基线平行；当垂直输入文字时，字符的排列会与基线垂直。使用“文字工具”将指针移动到路径上，指针会变为⌶状态，此时在路径上单击，如图 21-6 所示。在光标闪烁的位置输入文字即可，如图 21-7 所示。

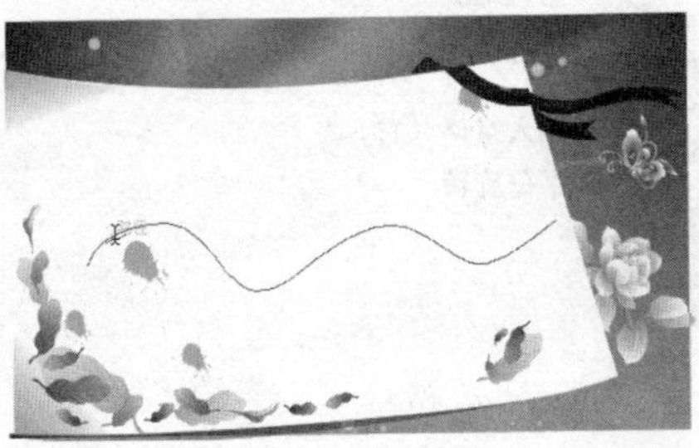

图　21-6

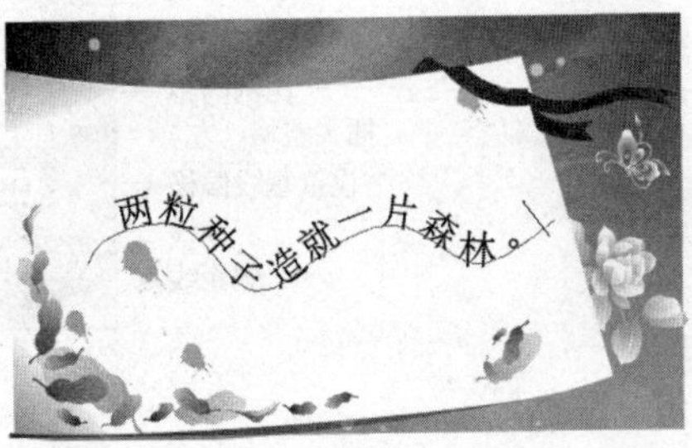

图　21-7

提示

使用“文字工具”、“直排文字工具”、“区域文字工具”和“直排区域文字工具”都可以基于一个图形创建区域文字。

21.2 设置文字格式

使用任何一种文字工具在文档中输入文字，都可以对文字的格式进行相应的设置。文字的格式设置包括对文字的行距、调整、填色、描边和透明的设置，应用效果和图形样式等，通过设置这些属性来改变文字的颜色和外观。除非将文字栅格化，否则不管如何更改文字的格式，文字仍将保持可编辑状态。

文字格式可以通过使用"控制"栏、"字符"面板 、"文字"菜单以及其他与文字相关的各种面板来设置。

步骤 1　选择文字

在对文字进行格式设置之前，必须将文字选中。选择文字时，可以选择一个字符或多个字符，也可以选择整个文字或一条文字路径。下面来具体介绍一下几种选择文字的方法。

(1) 在文字中拖动鼠标，可以选择一个或多个字符，按住 Shift 键并拖动，可以扩大或缩小选区。

(2) 在中文字体上双击，可以选择整句，在英文字体上双击，可以选择一个单词。

(3) 进入了文字编辑状态后，执行"选择"→"全部"命令，可以选择区域中的所有文字。

(4) 使用"选择工具"或"直接选择工具"，按 Shift 键的同时连续单击多个文字区域，可以将所有单击过的文字区域选中。

(5) 要选择整个段落时，可以在要选择的段落中三击即可。

(6) 要选择文档中的所有文本，可以通过执行"选择"→"对象"→"文本对象"命令即可。

步骤 2　使用"字符"面板

"字符"面板用于对文档中的单个或多个字符进行格式设置。执行"窗口"→"文字"→"字符"命令，弹出"字符"面板。打开"字符"面板，单击右上角的下三角按钮打开"面板选项"，在"面板选项"中选择"显示选项"，显示出隐藏的选项，如图 21-8 所示。

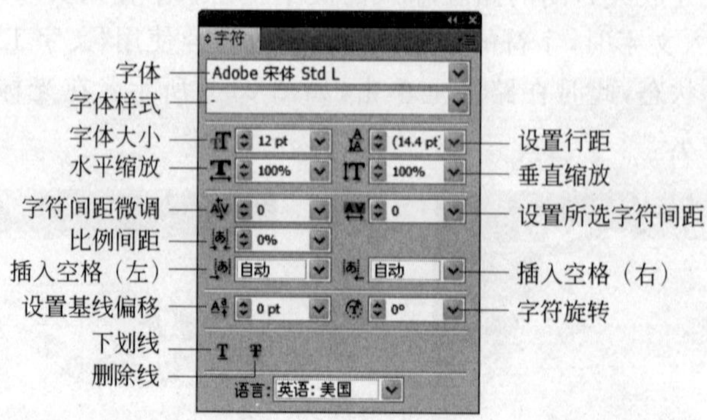

图　21-8

提示

设置"字符"面板中的选项时，可以使用面板中的微调按钮 ，在弹出的下拉列表中设置选项，也可以在数值框中输入数值后，按 Enter 键，完成选项的设置。按快捷键 Shift＋Enter可应用数值并突出显示刚刚编辑过的数值；按 Tab 键，可以应用数值并移至面板中的下一个文本框继续进行设置。

21.3 设置段落格式

"段落"面板用于更改栏和段落的格式。执行"窗口"→"文字"→"段落"命令,可以显示与隐藏"段落"面板。单击"段落"面板右上角的下三角按钮,在弹出的面板菜单中选择"显示选项",显示出隐藏的选项,如图21-9所示。

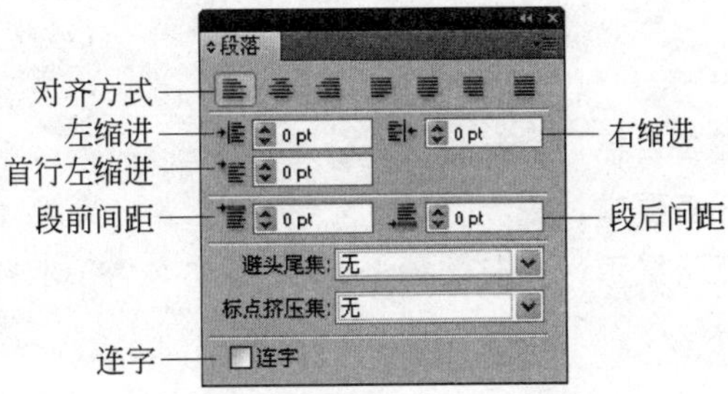

图 21-9

1. 对齐方式

"段落"面板上方的一排对齐按钮可以用于设置段落中各行文本的对齐方式。这7个按钮的功能介绍如下。

- 左对齐:使文本靠左端对齐。
- 居中对齐:使文本居中对齐。
- 右对齐:使文本靠右端对齐。
- 两端对齐,末行左对齐:使文本的左右两端都对齐,但最后一行左对齐。
- 两端对齐,末行居中对齐:使文本的左右两端都对齐,但最后一行居中对齐。
- 两端对齐,末行右对齐:使文本的左右两端都对齐,但最后一行右对齐。
- 全部两端对齐:使文本全部两端对齐,即使是最后一行也强制两端对齐。

2. 缩进

"段落"面板提供了3个缩进数值框,可以为文本指定缩进方式和缩进量。缩进是指文本和文字对象的边界之间的间距,它只会影响所选的段落,所以可以为多个段落设置不同的缩进方式,从而帮助实现复杂的文字排版。文本的缩进方式有左缩进、右缩进和首行左缩进3种。

除此之外,还可以使用"段落"面板通过调整段前间距和段后间距来控制段落之间的距离。

提示

"段落"面板包含了大量的选项,如果需要对大段文字进行格式设置时,使用它可以完成文本的对齐方式、段落的缩进量、更改段落之间的间距、设置避头尾集和标点挤压集、选择是否"连字"功能等。"段落"面板的使用与"字符"面板类似,可以使用微调按钮或下拉列表设置选项,也可以在数值框中直接输入数字。

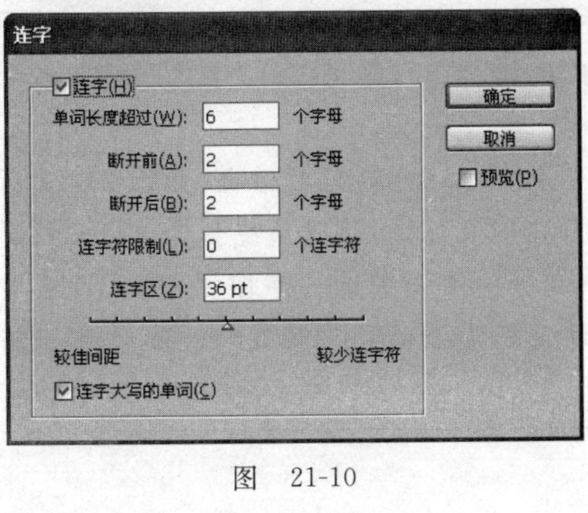

图 21-10

"段落"面板最下方的"连字"选项主要用于设置西文自动连字,选中该选项后,可以打开自动连字功能。如果不选此项,当一个单词在一行放不下时,单词会自动移动到下一行。选中此项后,单词会断开,断开部分出现连字符,表示单词未完成,转到了下一行。

单击"段落"面板右上角的下三角按钮,在弹出的面板菜单中选择"连字"选项,弹出"连字"对话框,如图21-10所示。在"连字"对话框中能够设置自动连字的一些选项。

课堂练习

任务背景：通过本节课的学习，小强已经对 Illustrator CS4 中文字的创建有了一定的了解，但还需要课下多多练习，以增加创建文字的熟练度，这样才能方便以后使用文字去表达。

任务目标：熟悉文字的创建。

任务要求：灵活地创建文字，体会各种文字工具的使用方法和技巧。

任务提示：只有懂得如何去创建文字，才可以为以后制作更多文字特效打下良好的基础。

练习评价

项 目	标准描述	评定分值	得分
基本要求 60 分	创建文字	20	
	设置文字格式	20	
	设置段落格式	20	
拓展要求 40 分	各种文字工具的使用	40	
主观评价		总分	

课外阅读

安装其他字体

在使用 Illustrator CS4 设计作品时，合适的字体可以增加作品的美观度，满足设计者的需要。在文字排版、平面设计等工作中经常会用到各种不同的字体，当系统提供的字体不够或者需要使用其他特殊字体代替时，就可以使用自己安装的字体，因此把经常使用的特殊字体安装到系统中也是非常必要的。如何将字体安装到系统中呢？其实方法非常简单。

在 Windows 操作系统下，单击“开始”按钮，在弹出的“开始”菜单中选择“设置”→“控制面板”选项，打开“控制面板”窗口，可以看到其中有很多图标，从中找到“字体”图标，如图 21-11 所示。双击“控制面板”窗口中的“字体”图标，即可打开“字体”窗口，看到安装在系统中的所有字体，如图 21-12 所示。

通过执行“字体”→“安装新字体”命令，可以弹出“添加字体”对话框，如图 21-13 所示。在该对话框中选择有字库的驱动器及字体所在的文件夹，此时系统会自动搜索所选文件夹中的字体。搜索完毕之后，在字体列表中选择需要安装的文字即可，按 Ctrl 或者 Shift 键可以选择多个字体，如图 21-14 所示。设置完成后，单击“确定”按钮，就可以将需要的字体安装在系统中。

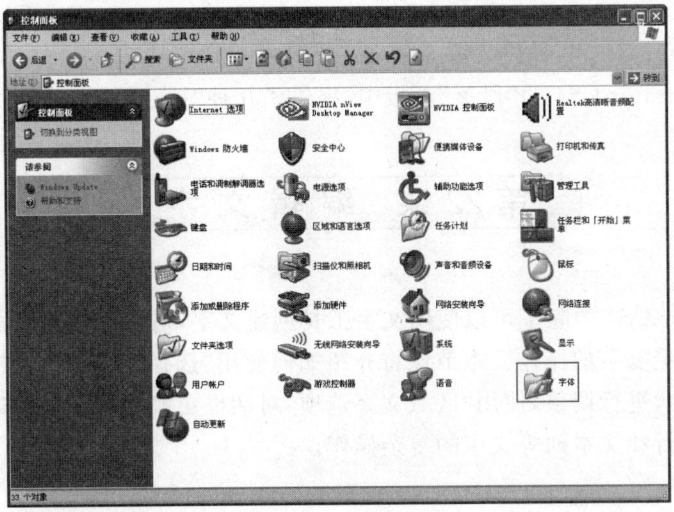

图 21-11

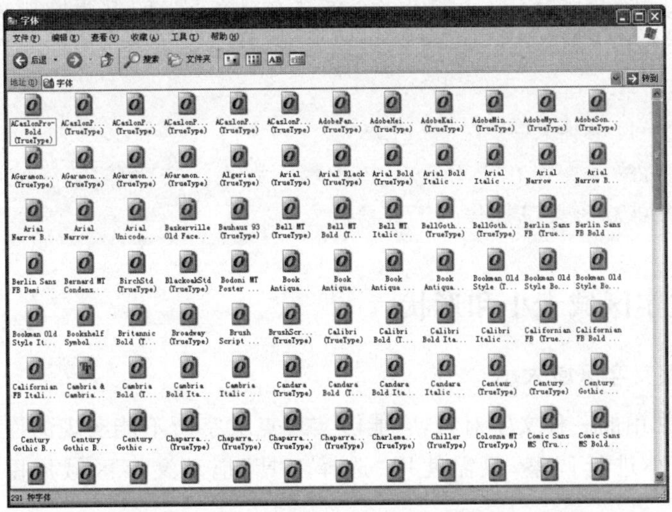

图 21-12

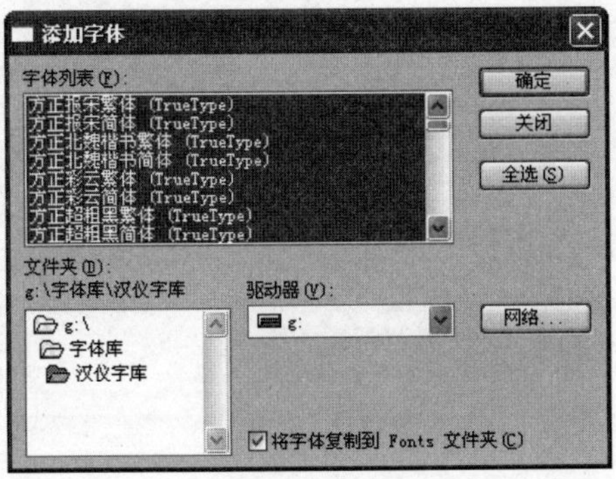

图 21-13

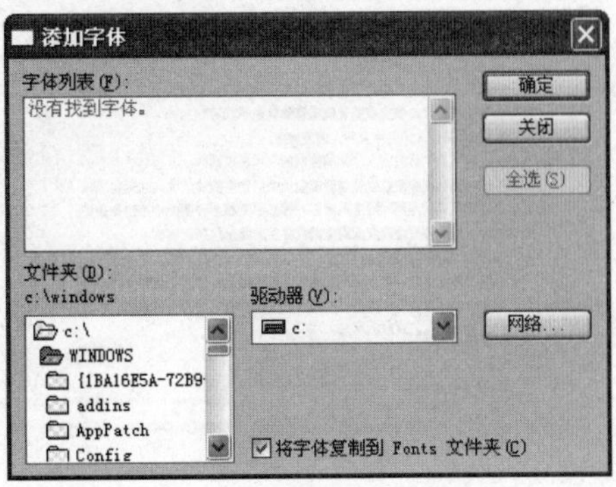

图 21-14

课后思考

(1) Illustrator CS4 共提供了哪 6 种文字工具?

(2) 在 Illustrator CS4 的"段落"面板中,提供了几种对齐方式?分别是什么?

第22课　编辑文字

在 Illustrator CS4 中除了可以使用文字工具创建文字,对文字格式和段落进行设置外,还可以进行一些更复杂的操作。本节课将介绍如何使用"选择工具"和"直接选择工具"对文字区域大小和形状进行调整,使用"区域文字选项"对话框更改文字区域的边距、首行基线偏移以及创建文本行和文本列等文字的复杂操作。

课堂讲解

任务背景:通过上节课的学习,小明熟悉了文字的基本操作,但是像创建文字这些仅仅是一些简单的操作,要想使用强大的文字工具还需要懂得如何对其进行编辑。

任务目标:学习如何编辑文字。

任务分析:文字的编辑工作在平面设计中起到了举足轻重的作用,一定要多多学习、练习,为以后的文字操作打下基础。

22.1　调整文字区域大小和形状

步骤1　调整文字区域大小

区域文字是常用的一种文字对象,它能够实现点文字所不能实现的许多功能。如果想对区域文字的大小进行调整,只需使用"选择工具"拖动文字区域周围的手柄即可,如图 22-1 所示。

图　22-1

步骤 2 调整文字区域形状

使用“直接选择工具”双击并拖动文字区域路径的边或角，可以改变文字区域的形状，就像编辑路径一样，如图 22-2 所示。在实际操作中，通常先执行“视图”→“轮廓”命令，将文字转换为轮廓后，再使用“直接选择工具”拖动，这是比较容易的一种办法。在预览视图中虽然也能实现，但操作起来不太方便。

图 22-2

22.2 更改文字区域边距

区域文字对象中的文本与边框路径之间的边距，称为“内边距”。可以根据实际需要改变内边距的大小。

将需要更改边距的区域文字选中，执行“文字”→“区域文字”命令，弹出“区域文字选项”对话框，在该对话框中输入“内边距”的数值，如图 22-3 所示。单击“确定”按钮后即可对区域文字的边距进行更改，如图 22-4 所示。

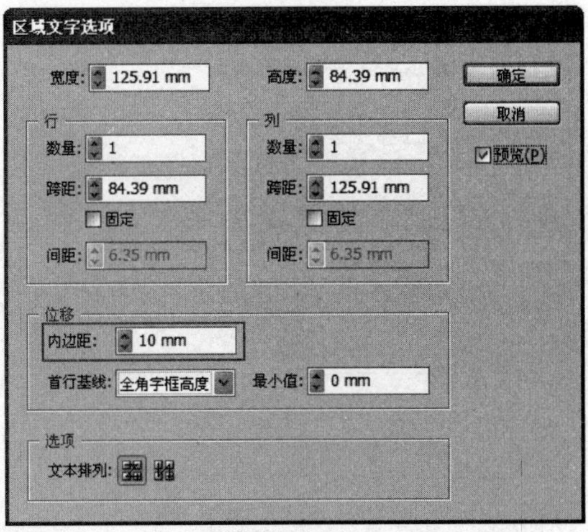

图 22-3

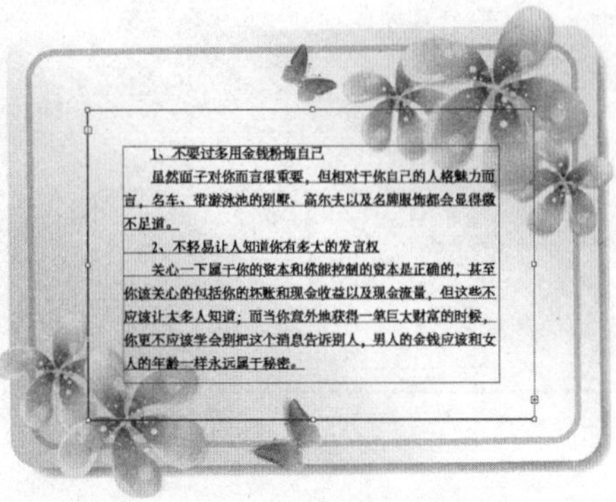

图 22-4

22.3 调整首行基线偏移

区域文字中的首行文本与边框顶部的对齐方式称为“首行基线偏移”。可以通过调整使文字紧贴文字对象顶部，也可以使它们之间有一段距离。

将需要调整首行基线偏移的区域文字选中，如图 22-5 所示。执行“文字”→“区域文字选项”命令，弹出“区域文字选项”对话框，在该对话框的“首行基线”右侧下拉列表中提供了几种偏移方式，如图 22-6 所示。

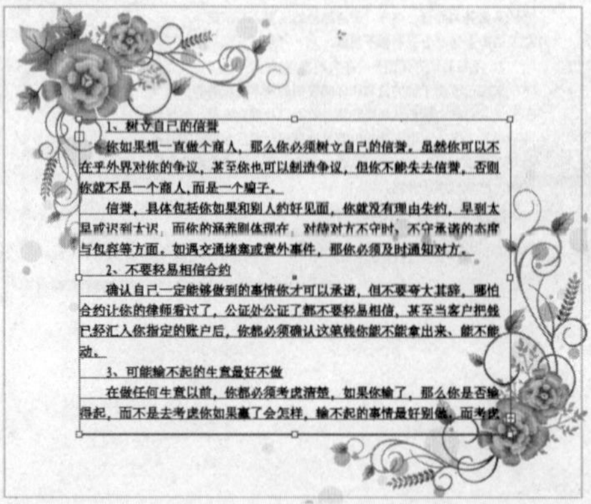

图 22-5

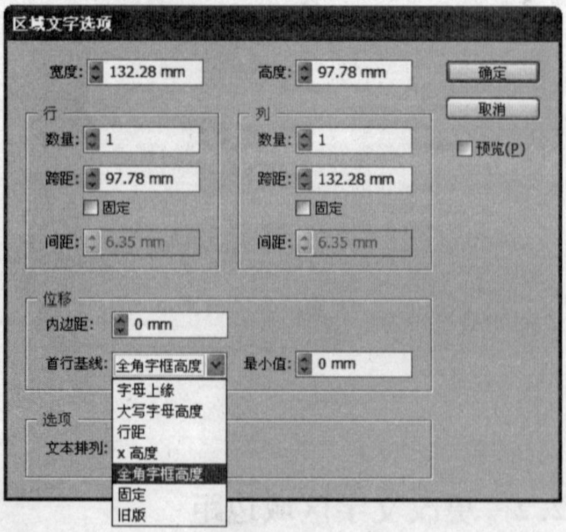

图 22-6

在“首行基线”右侧下拉列表中选择一种偏移方式，并进行相应设置，如图 22-7 所示。单击“确定”按钮，即可调整区域文字的首行基线偏移，如图 22-8 所示。

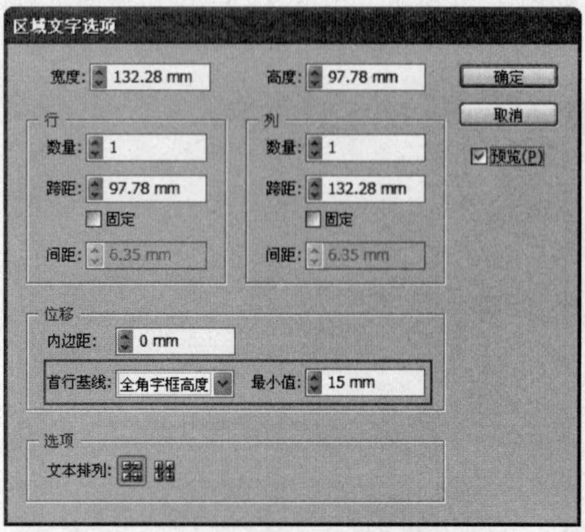

图 22-7

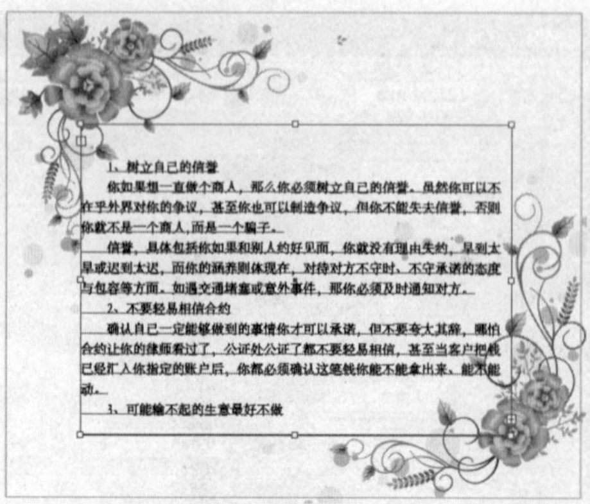

图 22-8

“首行基线”右侧下拉列表中几种偏移方式的介绍如下。

- 字母上缘：像 d 这样的字符的高度降到文字对象顶部之下。
- 大写字母高度：大写字母的顶部接触到文字对象的顶部。

- 行距：以文本的行距值作为文本首行基线和文字对象顶部之间的距离。
- X 高度：像 X 这样的字符的高度降到文字对象顶部之下。
- 全角字框高度：亚洲字体中全角字框的顶部接触到文字对象的顶部。
- 固定：指定文本首行基线与文字对象顶部之间的距离，其值在“最小值”文本框中指定。

22.4　创建文本行和文本列

在 Illustrator 中，用户可以在区域文字对象内部创建文本行和文本列，来实现分栏效果。将需要调整首行基线偏移的区域文字选中，如图 22-9 所示。执行“文字”→“区域文字选项”命令，弹出“区域文字选项”对话框，在该对话框中可以对“行”和“列”进行设置，如图 22-10 所示。

图　22-9

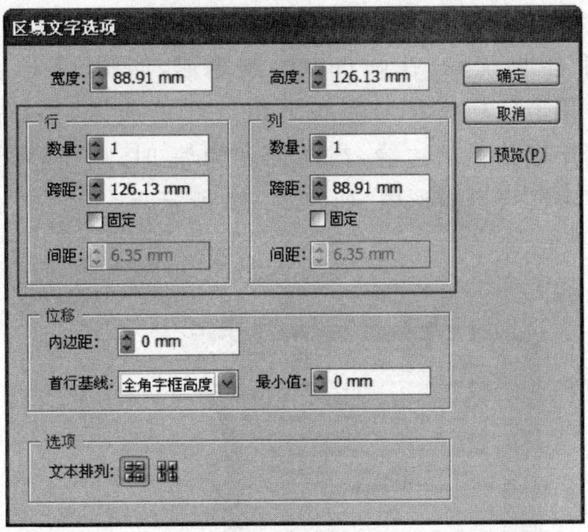

图　22-10

在“区域文字选项”对话框中的“行”区域中，设置行数为 4、跨距为 30mm，其他选项采用默认，此时区域文字如图 22-11 所示。保持刚才对“行”区域的设置，继续设置列数为 2、跨距为 40mm，此时区域文字如图 22-12 所示。

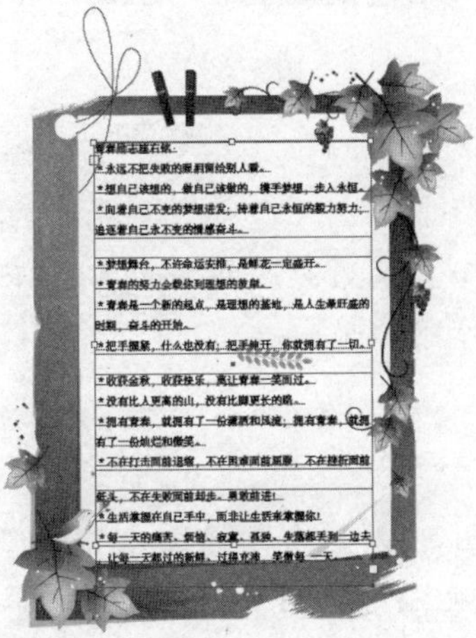

图 22-11

图 22-12

22.5 文本串接

串接文本是指将文本从一个区域文字和另一个区域文字连接起来，文本之间保持链接关系。如果当前文本框中不能完全显示所有文字，可以通过链接文本的方式将文字导出到其他文本框中。但是需要注意，只有区域文本或路径文本可以创建串接文本，直接输入的文本不能进行串接。

图 22-13

在画布中绘制一个文本区域并输入文字，如图 22-13 所示。可以看到区域文字对象的右下方出现一个红色的加号，表示在该对象内存有“溢流文本”。使用“矩形工具”在画布中绘制矩形，如图 22-14 所示。单击区域文字对象右下角的红色加号，移动指针到矩形路径的边缘，当指针变为时，单击，即可将文字链接到矩形内，如图 22-15 所示。

图 22-14

图 22-15

提示

创建了串接文本后，还可以释放串接或移去串接。只需将串接的文字选中，执行“文件”→“串接文字”→“释放所选文字”或“移去串接文字”命令即可。

小技巧

除了先使用“矩形工具”绘制矩形路径以外，也可以直接选择文本框右下角的红色加号，当指针变成时，在画布上拖出文本框，也能够达到文字串接的效果。

22.6　导入与导出文本

在实际应用中，经常需要将其他应用程序创建的文件的文本导入到画布中，Illustrator CS4 支持从 Word 文档、RTF 文档、纯文本文件中导入文本。还可以将 Illustrator 中的文本导出以用于在其他应用程序中编辑。

步骤 1　导入文本

执行“文件”→“置入”命令，选择要打开的文本文件，并单击“置入”按钮，即可将文本导入当前打开的文件中。

如果要置入的是 Word 文档，则单击“置入”按钮后会弹出“Microsoft Word 选项”对话框，如图 22-16 所示。在“Microsoft Word 选项”对话框中可以选择要置入的文本中包含哪些内容，可以选中复选框“移去文本格式”将其作为纯文本置入，设置完成后单击“确定”按钮，将文本导入。

如果置入的是纯文本，则单击“置入”按钮后会弹出“文本导入选项”对话框，如图 22-17 所示。在“文本导入选项”对话框中可以选择用以创建文件的字符集和平台，设置“额外回车符”以确定 Illustrator 在文件中如何处理额外的回车符。如果希望 Illustrator 用制表符替换文本中的空格字符串，则选择“额外空格”选项中的“替换”复选框，并输入要用制表符替换的空格数。设置完成后单击“确定”按钮将文本导入。

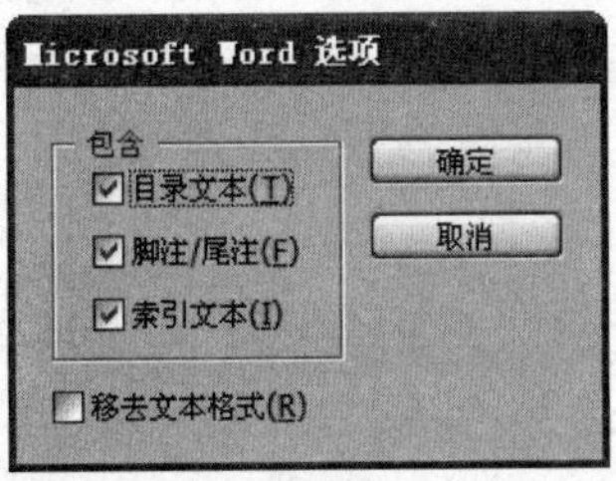

图　22-16

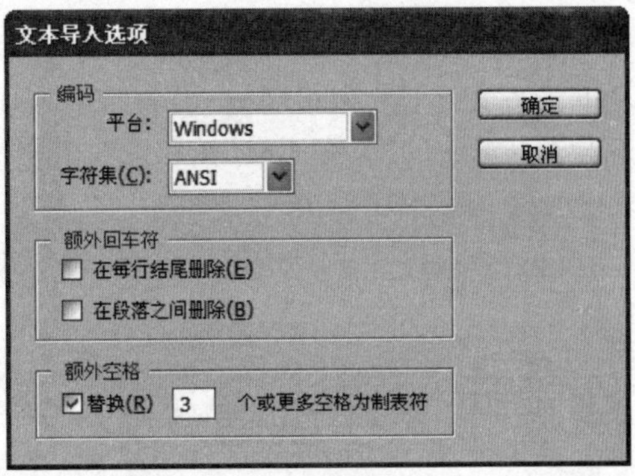

图 22-17

提示

如果要将文本导入新文件中，可以直接执行“文件”→“打开”命令，在弹出的“打开”对话框中选择要打开的文本文件，单击“打开”按钮即可。

步骤 2　导出文本

单击工具箱中的“文字工具”按钮 T，在画布中选中需要导出的文本。执行“文件”→“导出”命令，弹出“导出”对话框，选择文件要导出的位置，选择保存的类型为“文本格式(*.TXT)”并输入要导出的文件名称，如图 22-18 所示。单击“保存”按钮，弹出“文本导出选项”对话框，在该对话框中选择平台和编码方法，如图 22-19 所示。单击“导出”按钮即可将需要的文本导出。

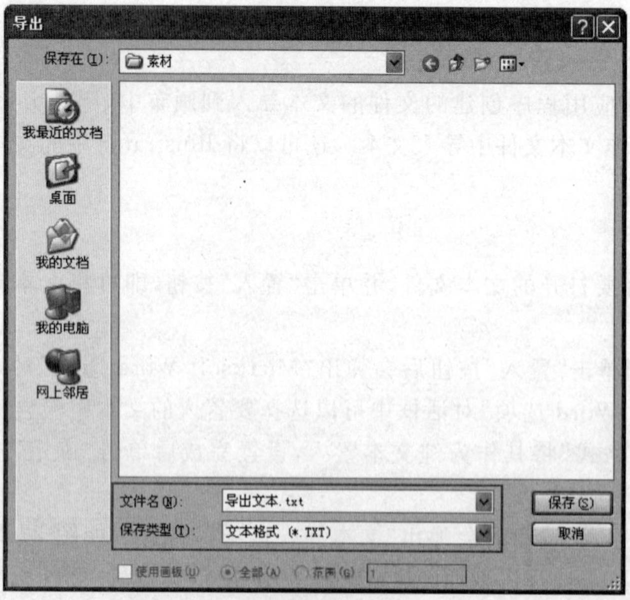

图 22-18

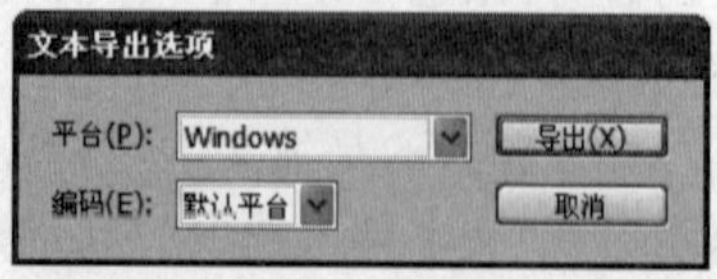

图 22-19

22.7 创建文字轮廓

将文字转为轮廓可以像对普通的路径一样编辑和处理，还可以避免因缺失字体而无法正确打印。文字被创建为轮廓后，仍会保留所有的图形格式，如填色和描边等。

单击工具箱中的"文字工具"按钮T，在画布中单击并输入文字。在"控制"栏上选择字体列表中合适的字体，单击工具箱中的"选择工具"按钮，选择刚刚输入的文字，如图 22-20所示。执行"文字"→"创建轮廓"命令，将文字转换为轮廓，如图 22-21 所示。

图 22-20

图 22-21

打开"渐变"面板，从左至右分别设置渐变滑块颜色值为 RGB(176,202,74)、RGB(255,255,255)，如图 22-22 所示。单击工具箱中的"渐变工具"按钮，在路径上拖动鼠标指针，即可为转换成轮廓的文字填充渐变，如图 22-23 所示。

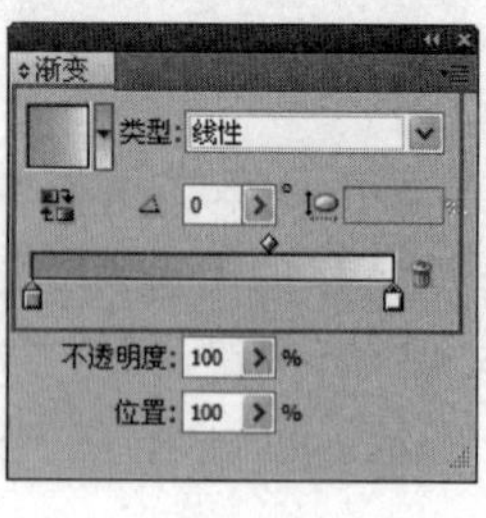

图 22-22

图 22-23

课堂练习

任务背景：通过本节课的学习，小明已经掌握了文字的编辑方法，并了解到文字只有在创建轮廓后才能像其他路径图形一样进行编辑操作，现在小明开始努力练习。

任务目标：练习文字的编辑。

任务要求：对文字的各种编辑方法进行深入的研究。

任务提示：对文字的编辑操作多多练习，其中可以发现，在操作时文字工具存在着很多平时看不到的技巧。

练习评价

项　目	标准描述	评定分值	得分
基本要求 60 分	区域文字的编辑方法	30	
	导入和导出文本	10	
	轮廓化文字	20	
拓展要求 40 分	综合应用文字的编辑方法	40	
主观评价		总分	

课外阅读

查找与替换文本

使用“查找与替换文本”可以快速找到文档中需要修改的内容并完成替换。Illustrator CS4 的查找与替换类似于 Word 中的“查找”→“替换”命令，所以如果熟悉 Word 则很容易掌握此功能。

在查找与替换文本之前，首先要选择要查找的对象。要查找的对象可以是文字对象，也可以是整篇文档。如果要查找整篇文档，则不要选择任何文字对象；如果要查找的内容在文字对象内，则选择该文字对象；如果只需要在某一段文本中查找，则选中这些文本即可。

现在有篇文档，如图 22-24 所示。如果想对它进行操作，那么需要先使用“选择工具”将文字区域选中，执行“编辑”→“查找和替换”命令，弹出“查找和替换”对话框，在“查找”文本框中输入要查找的“一”，在“替换为”文本框中输入“二”，如图 22-25所示。

对“查找和替换”对话框进行设置以后，单击“查找”按钮，就可以找到“一”，并且查找到的内容在文档中会以高亮显示，如图 22-26 所示。现在单击“替换”按钮，用“二”替换“一”，单击“查找下一处”按钮或者“全部替换”按钮，文档中的“一”将被全部替换为“二”，效果如图 22-27 所示。单击“完成”按钮即可完成替换。

图 22-24

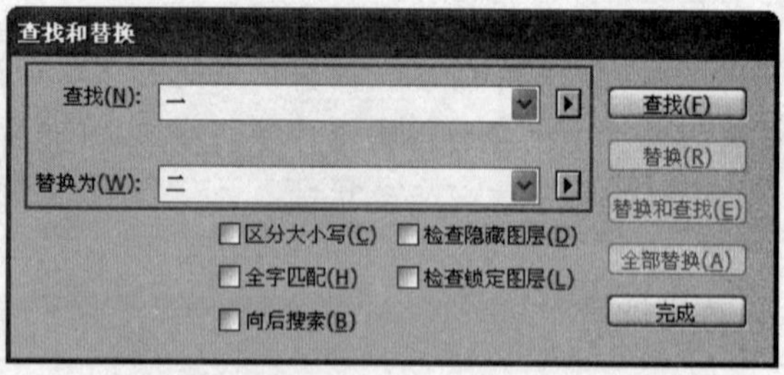

图 22-25

图 22-26

图 22-27

课后思考

（1）如果要改变区域文字的大小可以通过哪个工具直接完成？

（2）如果将文字转换为轮廓，需要执行什么命令？

第 23 课 文字设计

在前面的课程中已经对文字工具的使用、文字的创建、编辑以及轮廓化文字进行了详细的讲解，下面将主要针对文字的应用，以两个典型的文字设计实例讲解文字的设计。通过在 Illustrator 中制作艺术变形文字和立体文字，使学生对在 Illustrator 中文字的设计制作方法和相关知识有更加详细的理解和掌握。

课堂讲解

任务背景：虽然对文字的一些基本操作、编辑已经比较熟悉，但是还没有真正实际应用过，还不知道在操作时根据情况应该使用什么样的工具和命令，这可把小明急坏了，于是他开始学习文字的设计……

任务目标：掌握设计不同类型文字的区别和技巧。

任务分析：不同类型的文字在设计和制作上使用的方法也是不同的，需要通过练习才可以对它们有更深入的了解。

23.1　变形文字的制作

步骤 1　输入文字

01　执行"文件"→"新建"命令，弹出"新建文档"对话框，设置如图 23-1 所示。单击"确定"按钮，新建一个空白文档。单击工具箱中的"矩形工具"按钮，绘制一个矩形，如图 23-2 所示。

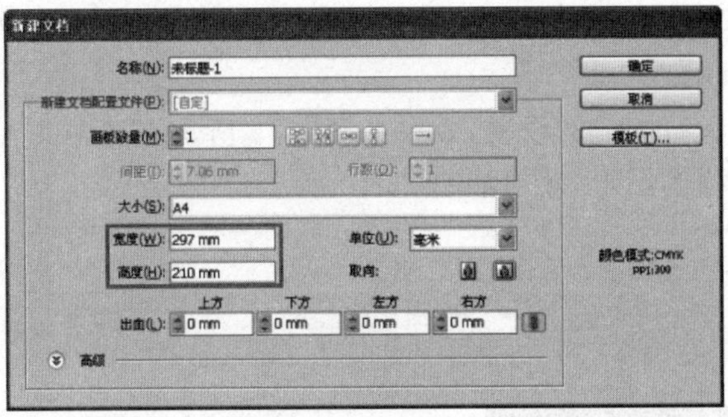

图　23-1

图　23-2

提示

在这里制作一个变形文字的效果，后面需要将该变形文字应用到一个商业案例中，到后期是需要输出打印的，所以在这里将分辨率设置为 300 像素。

02　选中刚刚绘制的矩形，设置"描边"为无，打开"渐变"面板，设置"类型"为"径向"，从左到右分别设置渐变滑块颜色值为 CMYK(100,0,0,0)、CMYK(100,53,0,10)，如图 23-3 所示。填充渐变效果如图 23-4 所示，按快捷键 Ctrl+2 将矩形锁定。

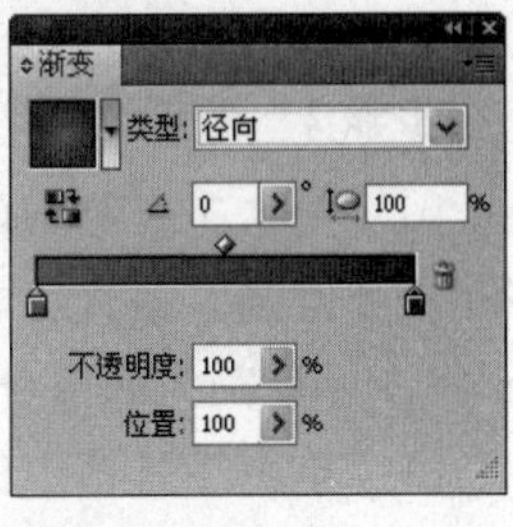

图　23-3

03　单击工具箱中的"文字工具"按钮，并在画布上单击，设置"填色"为 CMYK(0,0,100,0)。打开"字符"面板，设置文本的相关属性，如图 23-5 所示。输入文本，效果如图 23-6 所示。

图 23-4

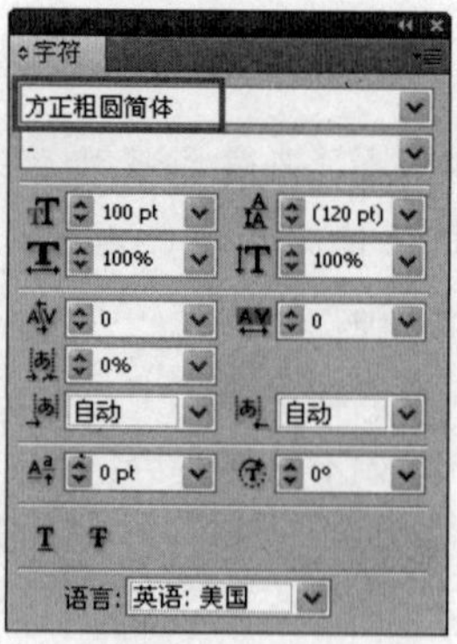

图 23-5

图 23-6

提示

在下一步中需要对每个文字的相关属性进行设置，所以在此处只需要对输入文字的字体进行设置即可，其他的文本属性可以暂时不进行设置。

04 拖动鼠标选中第一个文字，打开“字符”面板，设置该文本的相关属性，如图 23-7 所示。完成该文字的设置，效果如图 23-8 所示。

05 使用相同方法，分别对其他文字进行相应的设置，效果如图 23-9 所示。选中文字，执行“文字”→“创建轮廓”命令，将文字转换为图形，效果如图 23-10 所示。

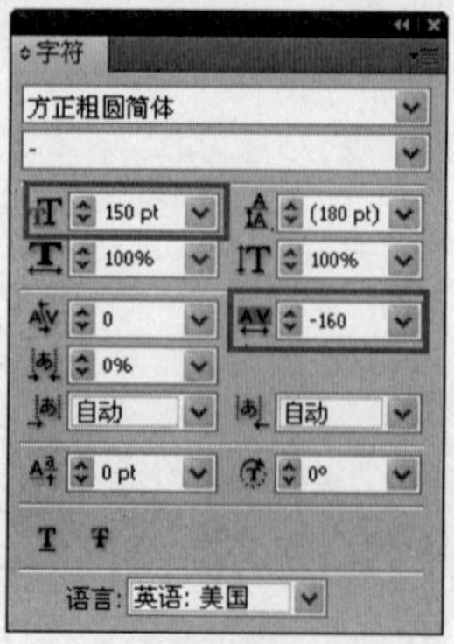

图 23-7

图 23-8

图 23-9

步骤 2 变形文字

01 单击工具箱中的“直线段工具”按钮，设置“描边颜色”为黑色，在“盛”字图形上下相交处绘制一条直线，位置如图 23-11 所示。执行“对象”→“路径”→“分割下方对象”命令，将图形分割为两部分，效果如图 23-12 所示。

02 单击工具箱中的“直接选择工具”按钮，对图形上的锚点进行调整并将多余的锚点删除，效果如图 23-13 所示。使用相同方法，对其他文字图形进行调整，效果如图 23-14 所示。

图 23-10

图 23-11

图 23-12

图 23-13

图 23-14

提示

在对文字上的锚点进行调整的过程中，需要明确文字变形的效果，有针对性的对文字进行调整。在调整文字的过程中，通常使用“直接选择工具”、“转换锚点工具”和“钢笔工具”。

03 单击工具箱中的“钢笔工具”按钮，设置“填色”颜色值为 CMYK(0,0,100,0)，“描边”颜色为无，在画布中绘制图形，如图 23-15 所示。相同方法，使用“钢笔工具”绘制出其他图形，如图 23-16 所示。

图 23-15

图 23-16

04 单击工具箱中的“直接选择工具”按钮，选择需要的图形，按住 Alt 键拖曳进行复制，设置“描边”颜色值为 CMYK(0,100,100,0)，在“描边”面板中设置如图 23-17 所示。按快捷键 Ctrl+[将图形后移一层，并调整位置，效果如图 23-18 所示。

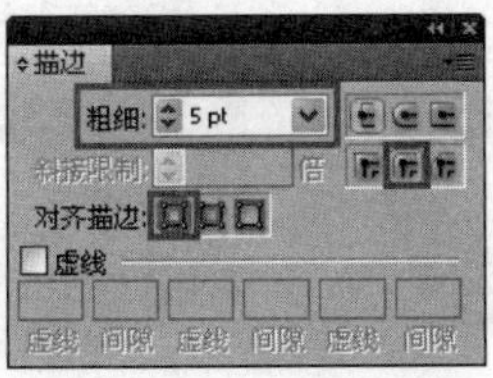

图 23-17

图 23-18

05　使用相同的制作方法，对图形进行复制并进行描边操作，效果如图 23-19 所示。单击工具箱中的“直接选择工具”按钮，选择相应的图形，修改其“填色”值为 CMYK (0,100,100,0)，效果如图 23-20 所示。

步骤 3　运用文字

01　使用相同的制作方法，在文档中输入其他的文字并对效果进行制作，如图 23-21 所示。执行“文件”→“打开”命令，打开素材“CD\源文件\第 7 章\素材\001.ai”，如图 23-22 所示。

图　23-19

图　23-20

图　23-21

02　将制作完成的艺术变形文字复制到打开的素材文档中，得到的最终效果如图 23-23 所示。执行“文件”→“存储为”命令，将其保存为“CD\源文件\第 7 章\23-1.ai”。

图　23-22

图　23-23

23.2　立体文字的制作

步骤 1　输入文字

01　执行“文件”→“打开”命令，打开素材“CD\源文件\第 7 章\素材\002.ai”，如图 23-24 所示。单击工具箱中的“文字工具”按钮 T，打开“字符”面板，设置文本的相关属性，如图 23-25 所示。

02　设置“填色”值为 RGB(133,6,13)，“描边”为无，在画布中单击并输入文字，效果如图 23-26 所示。按 Alt 键将刚刚输入的文字复制，如图 23-27 所示。

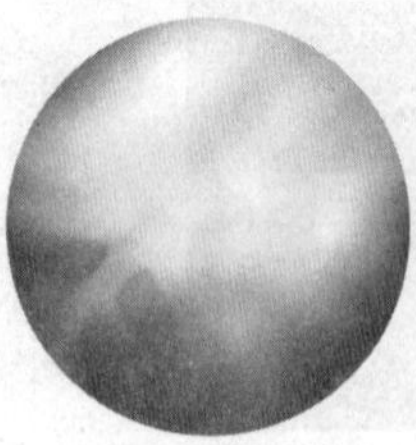

图　23-24

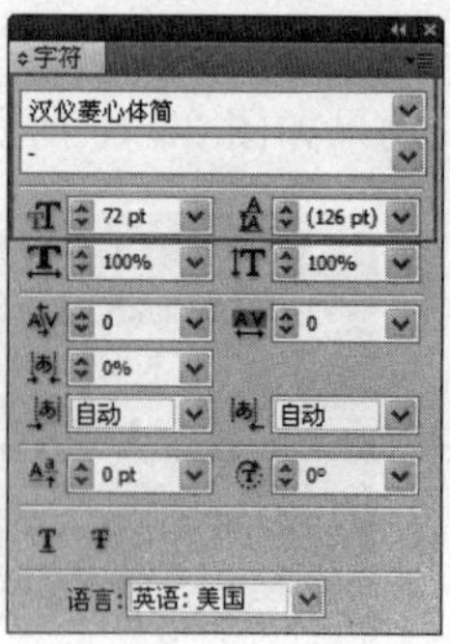

图　23-25

图　23-26

图　23-27

步骤 2　制作立体字

01　单击工具箱中的“选择工具”按钮，将输入的文字选中，执行“效果”→“3D”→“凸出和斜角”命令，弹出“3D 凸出和斜角选项”对话框，设置如图 23-28 所示。单击“确定”按钮，效果如图 23-29 所示。

02　使用“选择工具”将前面复制的文字选中，如图 23-30 所示。执行“文字”→“创建轮廓”命令，打开“渐变”面板，从左至右分别设置渐变滑块的颜色值为 RGB(255,255,255)、RGB(248,217,0)、RGB(250,243,130)，如图 23-31 所示。

图　23-28

图　23-29

图　23-30

03　单击工具箱中的“渐变工具”按钮，在画布中拖动鼠标为文字填充渐变，使用“选择工具”将其移至到合适的位置，效果如图 23-32 所示。使用相同的制作方法，可以完成其他内容的制作，效果如图 23-33 所示。执行“文件”→“存储为”命令，将其保存为“CD\源文件\第 7 章\23-2. ai”。

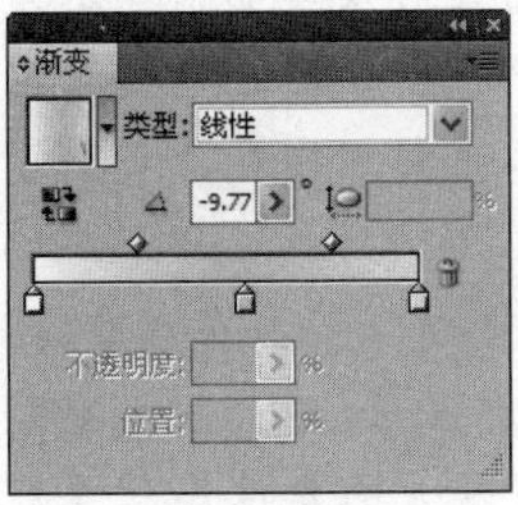

图　23-31

图　23-32

图　23-33

课堂练习

任务背景：通过本节课的学习，小明已经了解了文字工具在不同情况下的使用方法和技巧，了解了文字工具及命令的综合应用。接下来小明将亲自动手，综合使用文字工具设计文字。

任务目标：设计制作一个简单的变形文字。

任务要求：使用合适的文字、工具制作出富有特色的变形文字。

任务提示：仅仅利用课上的学习是起不到关键作用的，还需要自己动手去操作。只有自己动手操作，才能逐步提高水平。

练习评价

项　目	标准描述	评定分值	得分
基本要求 60 分	变形文字的制作	30	
	立体文字的制作	30	
拓展要求 40 分	文字工具及命令的综合应用	40	
主观评价		总分	

课外阅读

3D 效果

3D 效果可以将二维图像创建出三维立体图形，通过设置高光、阴影、旋转及其他属性来控制 3D 对象的外观。它同时还支持贴图功能，可以将图稿贴到 3D 对象的每个表面上，从而帮助设计者创建出逼真的三维对象。

创建三维对象的方法有两种：凸出和绕转。创建三维对象后，可以使用"旋转"命令在三维空间中对其进行旋转操作。这里主要针对"凸出和斜角"命令进行介绍。

在画布中任意输入一些文字，确认文字的选中状态，如图 23-34 所示。然后执行"效果"→"3D"→"凸出和斜角"命令，弹出"3D 凸出和斜角选项"对话框，在该对话框中可以对相应的参数进行设置，如图 23-35 所示。

- 位置：在该选项的下拉列表中可以选择一种系统预设的旋转及观察对象的透视角度。如果要自定义角度，可以在指定绕 X 轴旋转、指定绕 Y 轴旋转和指定绕 Z 轴旋转按钮右侧的文本框中输入 −180～180 的数值，或者直接拖动观景窗内的立方体来确定角度。
- 透视：用来调整对象的透视角度，可以使对象的立体感更加真实。在调整时，可以输入一个 0～106 的数值，或者单击选项右侧的下三角按钮，然后移动显示的滑块进行调整。较小的角度类似于长焦照相机镜头，而较大的角度类似于广角照相机镜头。
- 凸出厚度：用来设置对象的厚度。
- 端点：单击该选项中的按钮，对象为实心效果，而单击按钮，对象为空心效果。
- 斜角：在该选项的下拉列表中可以为对象的边缘指定一种斜角。

图　23-34

图　23-35

- 高度：用来设置斜角的高度。设置高度后，单击选项右侧的按钮，可以将斜角添加至原始对象的原始形状，单击按钮，则会从对象的原始形状中砍去斜角。
- 预览：选择该选项后，可以在文档窗口中预览对象的立体效果，如图 23-36 所示。

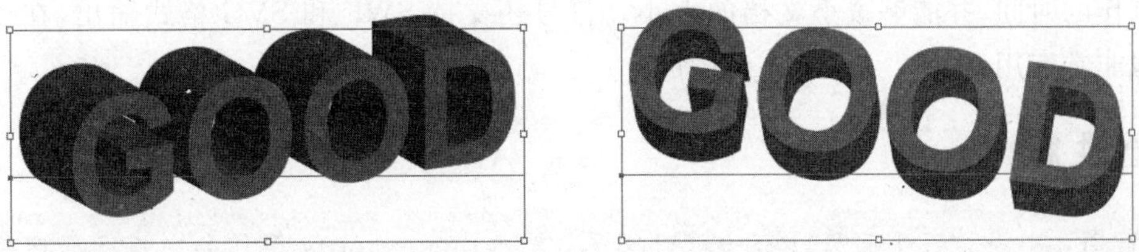

图　23-36

课后思考

（1）在对文字进行编辑，如填充渐变、变形等操作时，为什么要先将文字创建轮廓？

（2）除了使用 3D 效果制作立体字以外，还可以使用什么方法制作立体字效果？

第8章 使用符号和绘制图表

知识要点

- 了解符号的定义
- 掌握创建、添加、删除符号实例的方法
- 掌握设置符号的方法
- 了解图表的分类
- 掌握绘制图表的方法
- 掌握图表设计的技巧

第24课 使用符号

符号可以在文档中反复使用，当图稿中需要多次使用同一个图形对象时，使用符号可以节省创作的时间，并能够减小文档的大小。符号还支持 SWF 和 SVG 格式输出，在创建动画时也非常有用。

课堂讲解

任务背景：小强学习平面设计有一段时间了，使用 Illustrator 设计作品也有一段时间了，但是对符号和图表知识方面始终搞不明白，还不能运用符号来绘制自己满意的作品，他下定决心要研究透这方面的知识。

任务目标：认真学习符号知识。

任务分析：符号在设计作品方面起着重要的作用。如果在设计作品中运用符号可以点缀作品，更可以节省制作时间，从而绘制出完美作品。

24.1 什么是符号

符号是在文档中重复使用的图稿对象，使用它可以快速创建多个形状相同的对象。如要绘制插画中的花朵，可以先绘制一朵花朵，将其定义为符号，并将该符号的实例多次添加到图稿中后，使用各种符号工具修改这些花朵实例的大小、方向、位置和疏密程度，就可以很快地绘制出大量不同的花朵，如图 24-1 所示。

图　24-1

24.2　创建符号实例

使用“符号”面板可以快速将符号置入文档中，符号被置入文档后称为“实例”。使用各种符号工具可以一次性添加和操作多个符号实例，下面将一一讲解。

步骤 1　使用“置入符号实例”创建符号实例

执行“窗口”→“符号”命令，弹出“符号”面板，如图 24-2 所示。默认“符号”面板中有 6 种符号，选择一种符号，单击“符号”面板上的“置入符号实例”按钮，将符号置入到画布中，效果如图 24-3 所示。

除了使用默认设置的符号之外，还可以从符号库中找到更多可以使用的符号。在“符号”面板中单击右上角的下三角按钮，在弹出的下拉菜单中选择“打开符号库”选项，符号库中会列出许多符号选项，如图 24-4 所示。

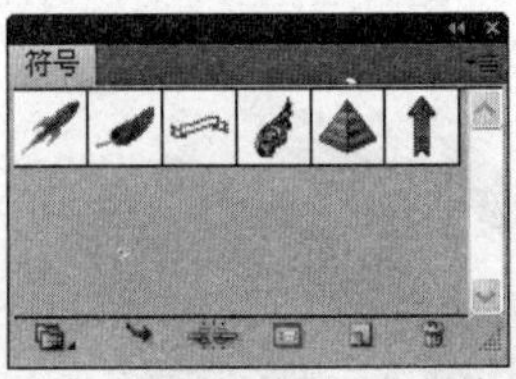

图　24-2

图　24-3

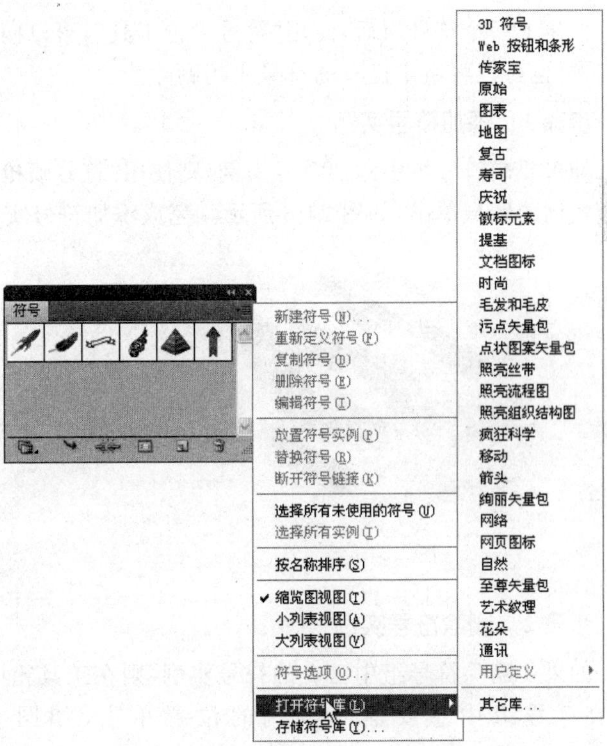

图　24-4

步骤 2　使用"符号喷枪工具"创建符号实例

在"符号"面板上保持选择的符号不变，单击工具箱中的"符号喷枪工具"按钮，按住鼠标左键在画布中单击，可以出现很多符号图形，效果如图 24-5 所示。松开鼠标左健，效果如图 24-6 所示。此外还可以使用"符号喷枪工具"在画布中的不同区域多次单击，效果如图 24-7 所示。

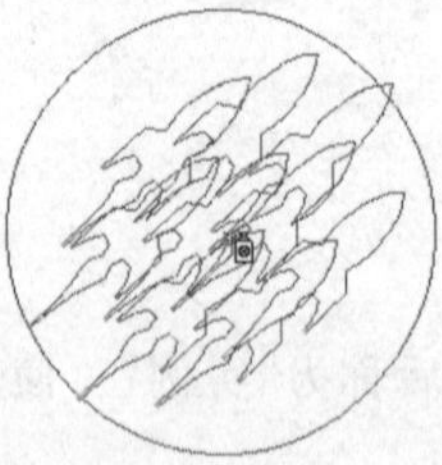

图　24-5

图　24-6

图　24-7

提示

使用"置入符号实例"一次只可以创建一个符号实例，使用"符号喷枪工具"可以创建多个符号实例（或称符号组）。

24.3　添加与删除符号实例

创建了一个符号组后，使用"符号喷枪工具"，可以向组中继续添加原来符号或其他符号的实例，也可以将组中已有的符号实例删除。

步骤 1　添加符号实例

如果要向符号组中添加符号实例，则使用"符号喷枪工具"。按住鼠标左健，在需要添加符号实例的区域单击，如图 24-8 所示。完成添加符号实例的操作，效果如图 24-9 所示。

图　24-8

图　24-9

步骤 2　删除符号实例

如果要删除符号组中已有的符号实例，则在工具箱中选择"符号喷枪工具"后，按住 Alt 键，在符号组中想要删除实例的位置单击，如图 24-10 所示。释放鼠标，效果如图 24-11 所示。

图 24-10

图 24-11

24.4 设置符号工具

步骤 1 使用符号工具对符号进行设置

(1) 使用“符号移位器工具”可以移动符号实例，也可以更改符号实例的排列顺序。

选中符号组，如图 24-12 所示。单击工具箱中的“符号移位器工具”按钮，按住鼠标左键在画布中拖动以移动符号实例组的位置，如图 24-13 所示。松开鼠标，可以看到符号组的顺序被改变了，效果如图 24-14 所示。

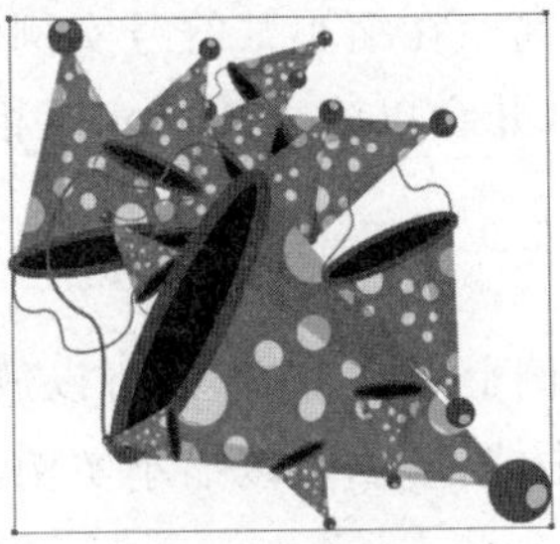

图 24-12

图 24-13

图 24-14

(2) 使用“符号紧缩器工具”，可以聚拢或分散符号组中的符号实例。

选中符号组，如图 24-15 所示。单击工具箱中的“符号紧缩器工具”按钮，在要聚拢的符号实例的位置单击或拖动，可以缩小符号实例之间距离，效果如图 24-16 所示。按住 Alt 键，单击或拖动要分散符号实例的位置，可以扩大符号实例之间的距离，效果如图 24-17 所示。

图 24-15

图 24-16

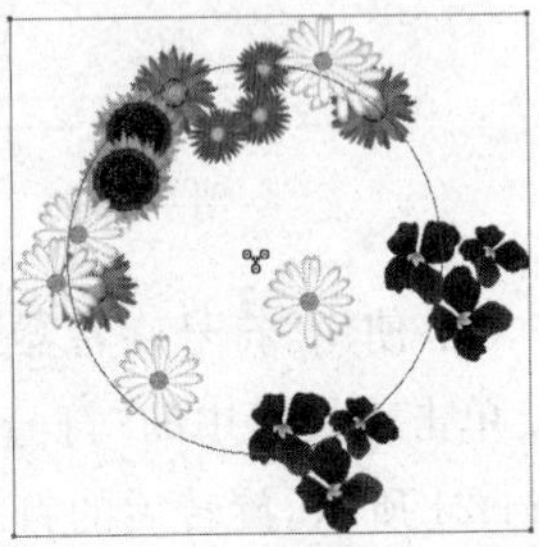

图 24-17

双击工具箱中的“符号紧缩器工具”按钮，弹出“符号工具选项”对话框，如图 24-18 所示。在该对话框中，可以对“符号紧缩器工具”的相应选项进行设置。

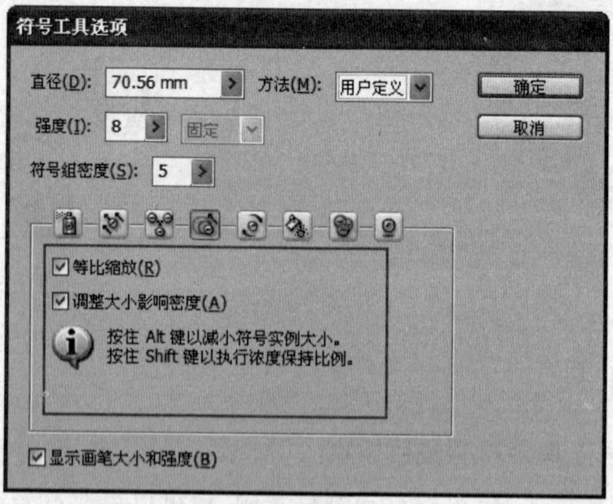

图 24-18

- 等比缩放：可以将每个符号实例以等比例放大或缩小。
- 调整大小影响密度：在放大某符号实例时，将以被放大的符号实例为中心，周围其他实例向外扩散，并会以放大的尺寸而相应调整扩散距离。在缩小某符号实例时，将以被缩小的符号实例为中心，周围其他实例向外紧缩，并会以缩小的尺寸而相应调整紧缩距离。

(3) 使用“符号缩放器工具”，可以更改符号实例的大小。

单击工具箱中的“符号缩放器工具”按钮，在要放大的实例上单击或拖动，可以放大实例，效果如图 24-19 所示。按住 Alt 键，在要放大的实例上单击或拖动，可以缩小实例，效果如图 24-20 所示。

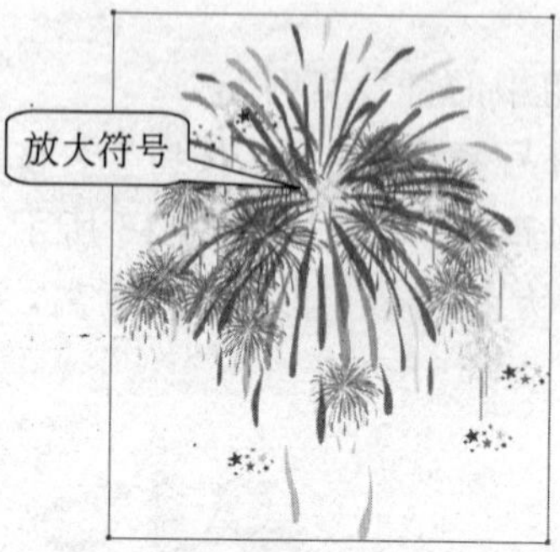

图 24-19

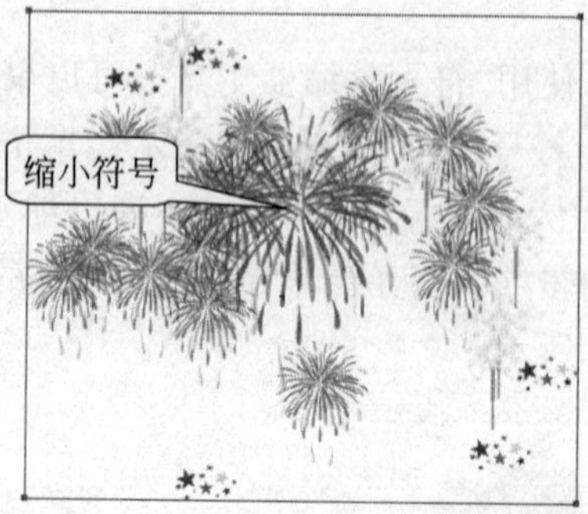

图 24-20

(4) 使用“符号旋转器工具”，可以旋转符号实例。

单击工具箱中的“符号旋转器工具” 按钮，在要旋转的符号实例组上单击拖动，如图 24-21 所示。旋转后的符号组效果如图 24-22 所示。

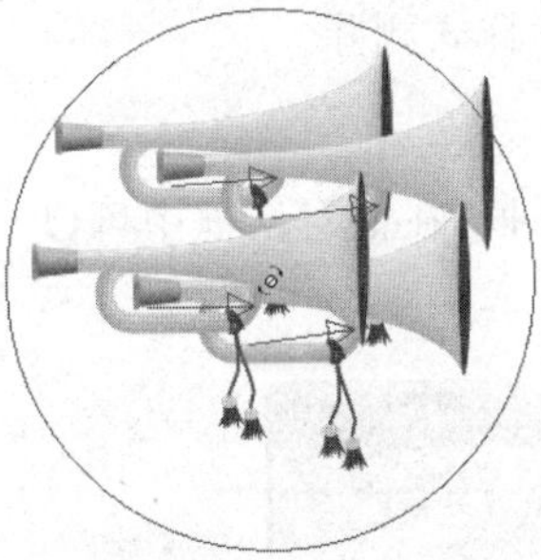

图 24-21

图 24-22

(5) 使用“符号着色器工具”,可以为符号实例着色。

单击工具箱中的“符号着色器工具”按钮,在“颜色”面板中选择黑色,在要着色的实例上单击,如图 24-23 所示。为实例填色后的效果如图 24-24 所示,可以看到符号的颜色发生了变化。

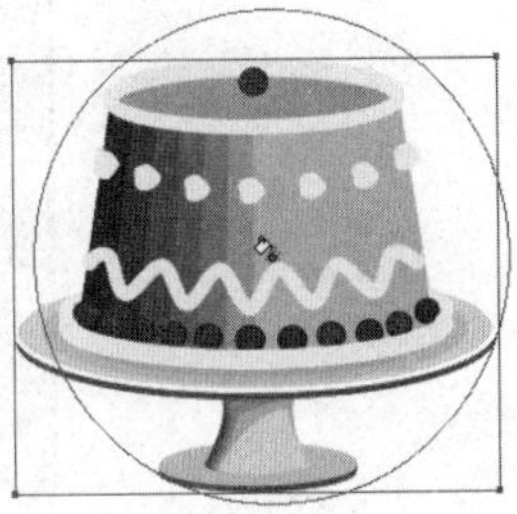

图 24-23

(6) 使用“符号滤色器工具”,可以为符号实例调整透明度。

单击工具箱中的“符号滤色器工具”按钮,在要添加透明度的符号组上单击,如图 24-25 所示。释放鼠标,效果如图 24-26 所示,可以看到符号组的透明度降低了。

图 24-24

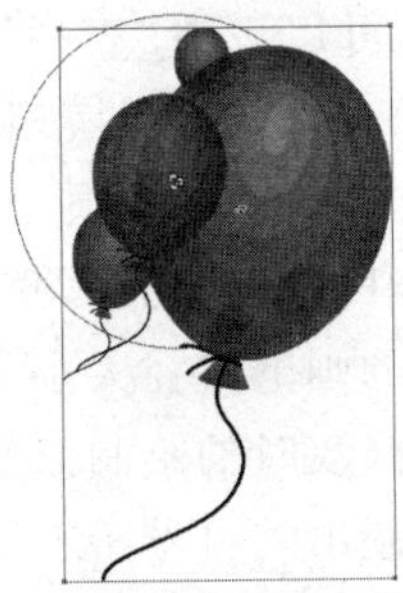

图 24-25

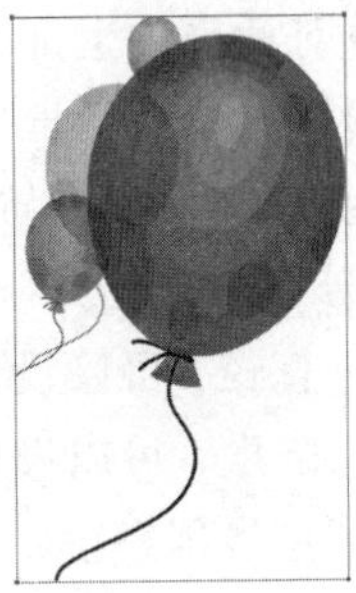

图 24-26

(7) 使用“符号样式器工具”可以为符号实例应用图形样式,也可以从符号实例中删除图形样式。

单击工具箱中的“符号样式器工具”按钮,执行“窗口”→“图层样式”命令,弹出“图层样式”对话框,在对话框中选择“彩色半调”图层样式,如图 24-27 所示。在符号组中单击,如图24-28所示。为符号实例应用该图形样式,效果如图24-29所示。在符号组中已经应

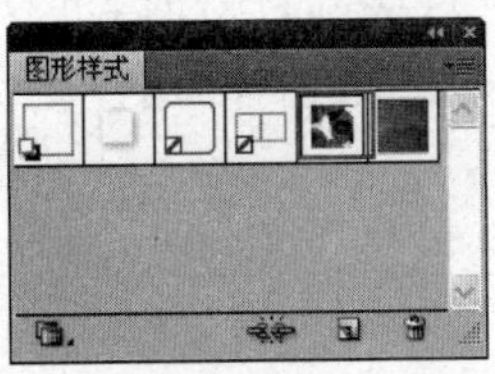

图 24-27

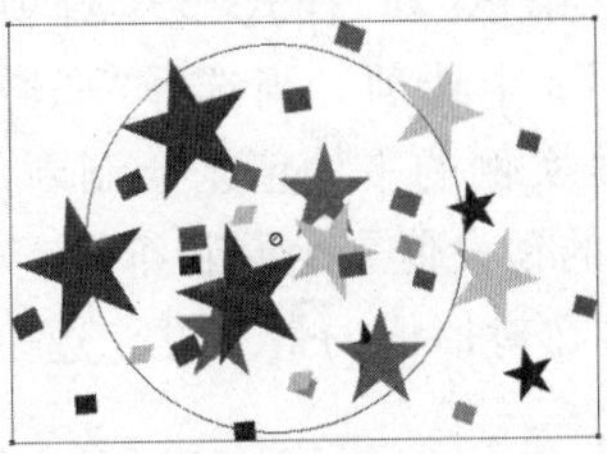

图 24-28

图 24-29

用图形样式的实例上单击或拖动，可以将已经应用的图形样式删除。

步骤 2　设置符号工具选项

双击“符号喷枪工具”按钮，弹出“符号工具选项”对话框，在该对话框中可以对符号工具的相应选项进行设置，如图 24-30 所示。

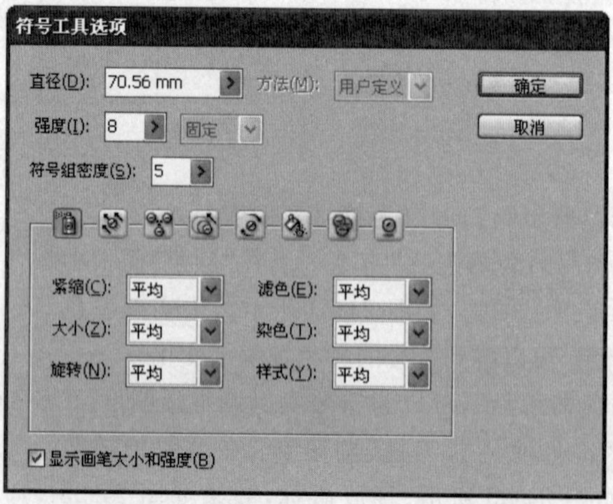

图　24-30

该对话框的上部为常规选项，可以设置“直径”、“强度”、“符号组密度”和“方法”选项。可以通过单击对话框中部的符号工具按钮，切换相应的符号工具选项。对话框的下面部分为特定选项，可以设置各符号工具中的特定选项。在所有符号工具中只有“符号喷枪工具”和“符号缩放器工具”有特定选项，其他符号工具没有特定选项。

- 直径：可以设置符号工具的画笔直径大小。
- 强度：可以设置在绘制或修改时的绘制流量或修改速度。
- 符号组密度：可以设置绘制出的符号密度数值，当数值设置较低时符号的扩散范围会较大。
- 方法：在设置“符号紧缩器工具”、“符号缩放器工具”、“符号旋转器工具”、“符号着色器工具”、“符号滤色器工具”和“符号样式器工具”时才可以设置该选项。在下拉列表中可以选择“平均”、“用户定义”和“随机”3 个选项，选择“平均”选项，在绘制时可以将符号平滑化。当选择“用户定义”选项时，可以随着鼠标移动位置逐步调整符号。当选择“随机”选项时，可以在鼠标指针移动的区域内随机修改符号。
- 符号喷枪工具特定选项：在设置“符号喷枪工具”时，在特定选项中可以设置“紧缩”、“大小”、“旋转”、“滤色”、“染色”和“样式”6 个选项，在每个选项右侧的下拉列表中都有“平均”和“用户定义”2 个选项。当选择“平均”选项，绘制符号时，可以以画笔设置的半径内现有的符号实例的平均值来绘制新的符号。当选择“用户定义”选项时，可以以每个参数特定的预设值来绘制新符号。
- 显示画笔大小和强度：该选项在对话框的最下方。选中该选项后，在使用符号工具时会显示画笔大小和强度。

课堂练习

任务背景：小强已经学习完本节课的重要知识点，正在打开 Adobe Illustrator 软件，准备按照本节课所讲解的知识进行实际操作。

任务目标：熟练掌握和使用各种符号工具，能够使用各种符号工具绘制图形。

任务要求：在学习绘制符号实例时要认真仔细。

任务提示：在实际的操作过程中要注意操作技巧。

练习评价

项　目	标准描述	评定分值	得分
基本要求 60 分	创建符号实例	25	
	对符号进行设置	35	
拓展要求 40 分	使用符号绘制图形	40	
主观评价		总分	

课外阅读

创建符号和符号库

1. 创建符号

除了使用“符号”面板和符号库中预设的符号之外，还可以自己创建符号以满足设计制作的需要。大部分 Illustrator CS4 对象都可以用于创建符号，如路径、复合路径、文本、栅格图像、网格对象和对象组，但链接的图稿及某些组不能用于创建符号。

单击工具箱中的“选择工具”按钮，在画布中选择将用于创建符号的对象。将该对象拖动到“符号”面板，也可以从面板菜单中选择“新建符号”选项，还可以单击“符号”面板右下方的“新建符号”按钮。如果要在创建符号的同时为符号命名，则选中对象后，按住 Alt 键，单击“符号”面板右下方的“新建符号”按钮，弹出“符号选项”对话框，在“符号选项”对话框中输入名称，如图 24-31 所示。单击“确定”按钮，即可创建新符号。

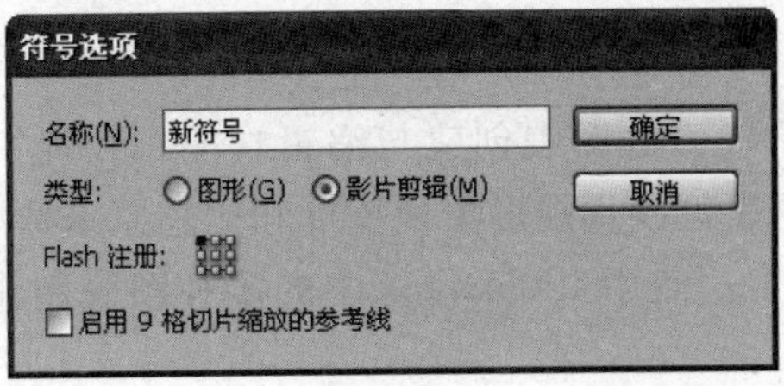

图　24-31

2. 创建符号库

单击"符号"面板右上角的向下三角按钮，弹出下拉菜单，在弹出的下拉菜单中选择"存储符号库"选项，弹出"将符号存储为库"对话框，在"将符号存储为库"对话框中输入新符号库的文件名称，单击"保存"按钮，如图 24-32 所示。

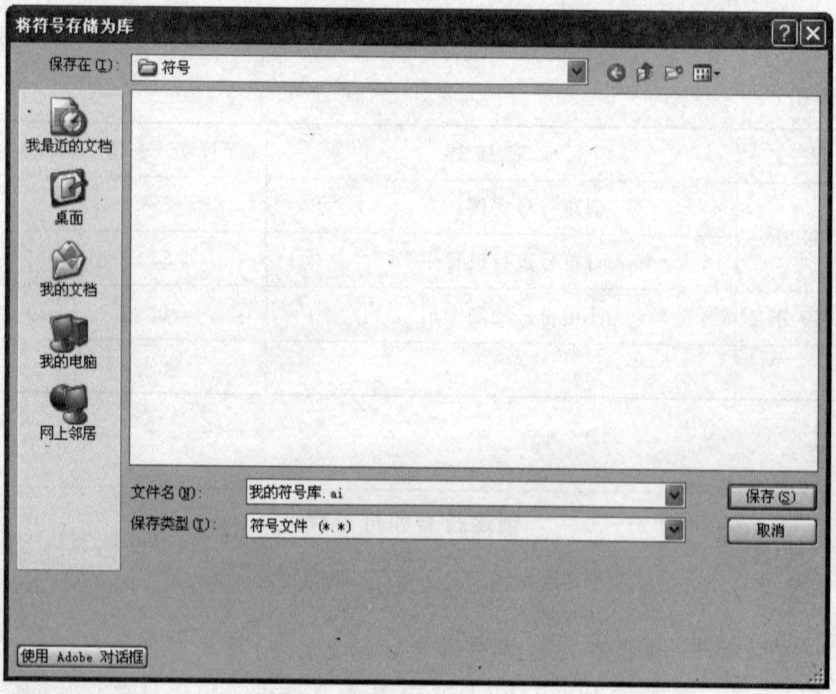

图 24-32

课后思考

(1) 如何创建符号实例？
(2) 如何设置符号工具？

第 25 课 绘制图表

Illustrator 提供了非常优秀的图表创建与编辑功能。在现实的生活工作中，经常要用到各种各样的统计图表，图表可以直观形象地统计和比较原本枯燥的数据，比单纯的数据和文字说明更能够吸引注意力。使用 Illustrator 中的多种图表制作工具，即可制作出实用而美观的各种图表。

课堂讲解

任务背景：小强现在有一组数据，不知道如何用图表体现出来，他尝试了各种方法，但很不理想，灵光一闪，突然想到有一本书……

任务目标：学习如何绘制图表。

任务分析：如果掌握了绘制图表的各种方法，那么数据就可以以直观的、形象的图表方式展现出来，这样浏览起来会更方便快捷。

25.1　图表类型介绍

图表可以直观地反映各种统计数据的比较结果，在工作中的应用非常广泛。在 Illustrator CS4 中可以制作不同类型的图表，包括柱形图图表、堆积柱形图图表、条形图图表、堆积条形图图表、折线图图表、面积图图表、散点图图表、饼图图表和雷达图图表，如图 25-1 所示。

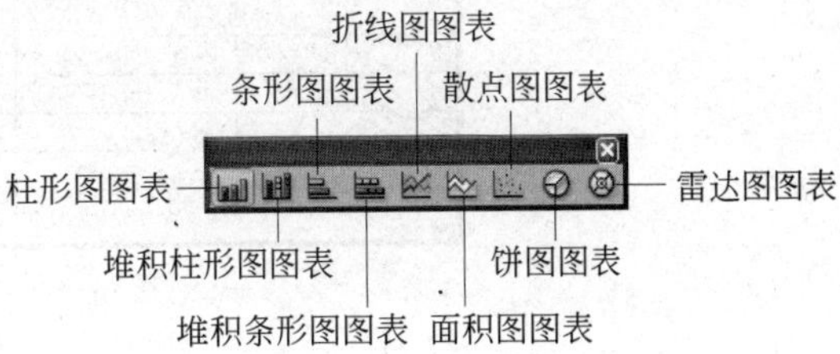

图　25-1

25.2　创建图表

在 Illustrator CS4 工具箱中一共有 9 种图表工具，可以很容易地创建不同的外观图表。

步骤 1　使用"柱形图工具"创建图表

"柱形图工具"用于创建柱形图。柱形图是默认的图表类型，这种图表用垂直柱形来比较一组或多组数据。

单击工具箱中的"柱形图工具"按钮，在画布中拖动鼠标绘制出一个矩形。松开鼠标时，弹出"图表数据"对话框，该对话框用于输入图表的数据，其各部分名称如图 25-2 所示。

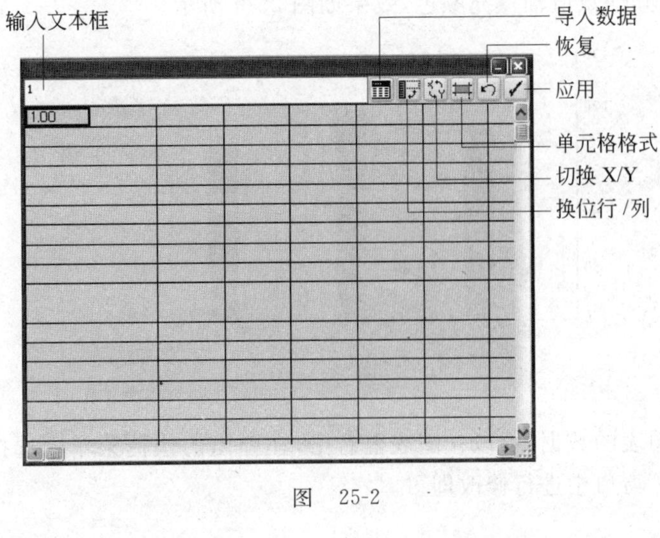

图　25-2

按 Delete 键将第 1 行第 1 列单元格中的数据删除，在文本框中输入相应的数值，按 Enter 键确认，效果如图 25-3 所示。单击“图表数据”对话框中的“应用”按钮✓，并单击“图表数据”对话框右上角的“关闭”按钮☒，图表效果如图 25-4 所示。

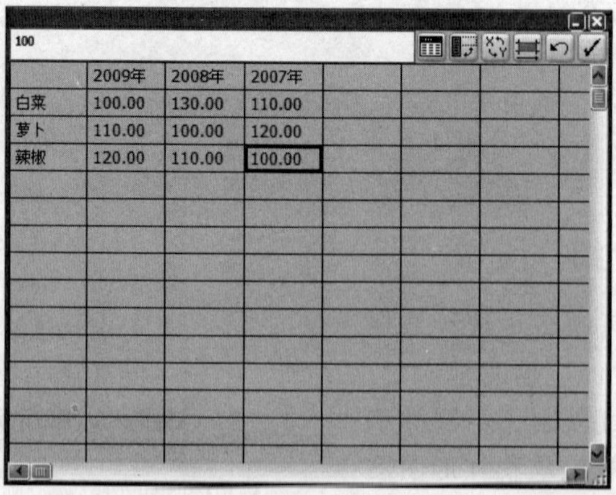

图 25-3

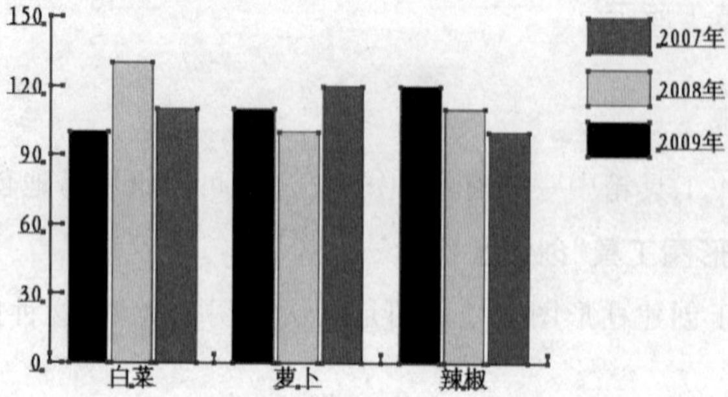

图 25-4

在画布中同时选中黑色的数值轴及图例，选择一种颜色为其填色，效果如图 25-5 所示。使用相同方法，为其他数值轴填充颜色，效果如图 25-6 所示。

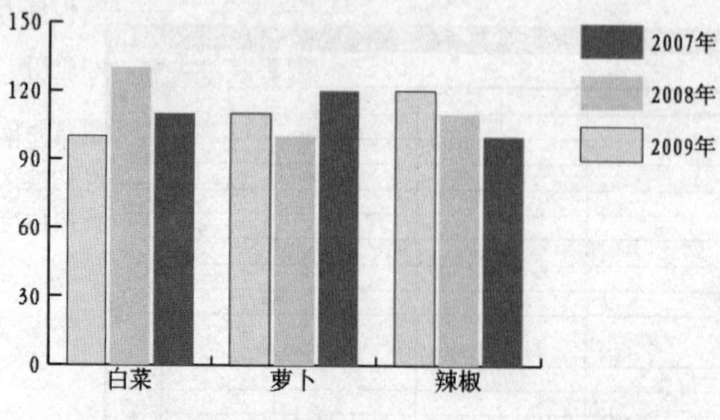

图 25-5

如果要更改图表的数据，可以在图表上右击，在弹出的快捷菜单中选择“数据”选项，在弹出的“图表数据”窗口中进行修改即可。

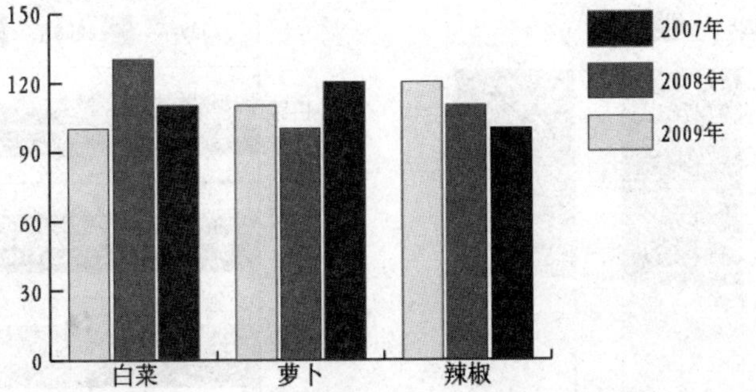

图　25-6

如果在弹出的快捷菜单中选择“类型”选项，可弹出“图表类型”对话框，对“图表类型”对话框进行设置，如图 25-7 所示。设置后的图表效果如图 25-8 所示，可以看到图表发生了变化。

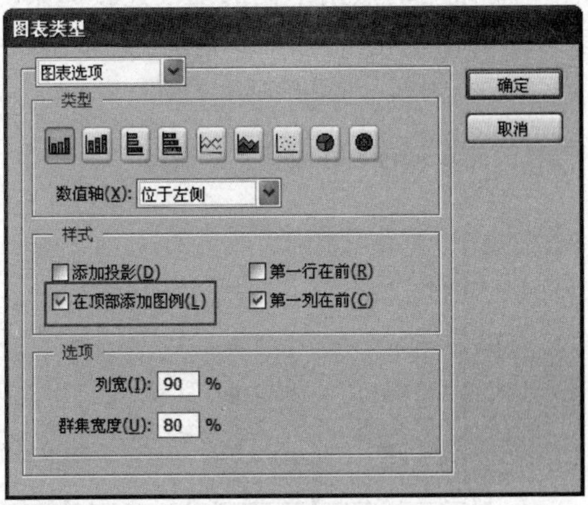

图　25-7

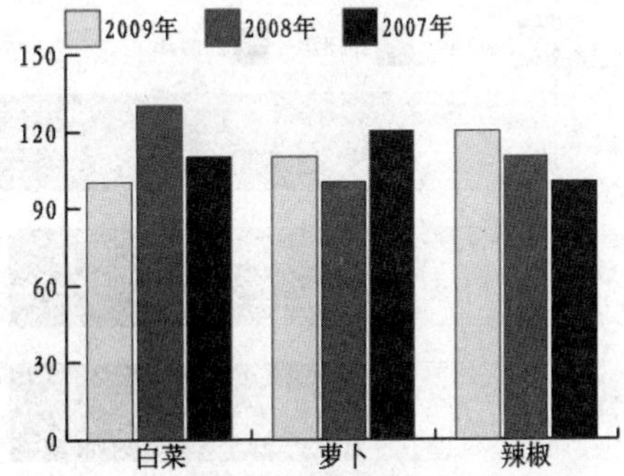

图　25-8

步骤 2　使用“其他图表工具”创建图表

在图表上右击，弹出下拉菜单，在下拉菜单中选择“类型”选项，弹出“图表类型”对话框，在对话框中单击“类型”区域的任意按钮，即可改变图表的类型。下面将对其他的图表类型进行一一讲解。

单击“类型”区域中的“堆积柱形图”按钮，可以将图表类型改为堆积柱形图。如图 25-9 所示。堆积柱形图将柱形堆积起来，而不是互相并列，这种类型的图表可以用于表示部分和总体的关系。使用“堆积柱形图工具”可以创建堆积柱形图图表。单击“类型”区域中的“条形图”按钮，可以将图表类型改为条形图，如图 25-10 所示。条形图与柱形图类似，不同的是条形图为水平放置而不是垂直放置。使用“条形图工具”可以创建条形图图表。

单击“类型”区域中的“堆积条形图”按钮，可以将图表类型改为堆积条形图，如图 25-11 所示。“堆积条形图工具”用于创建与堆积柱形图类似的堆积条形图，不同的

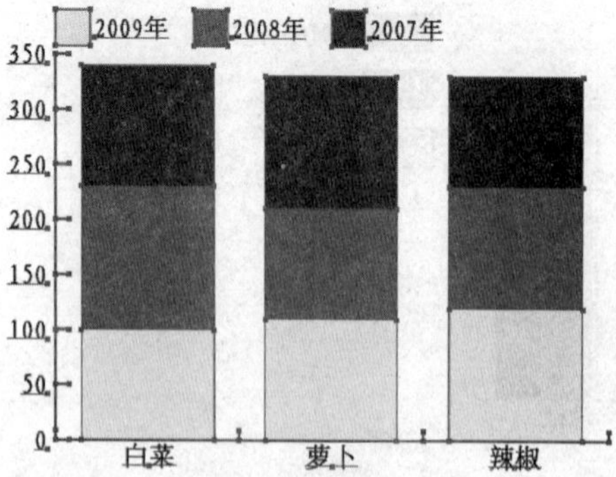

图 25-9

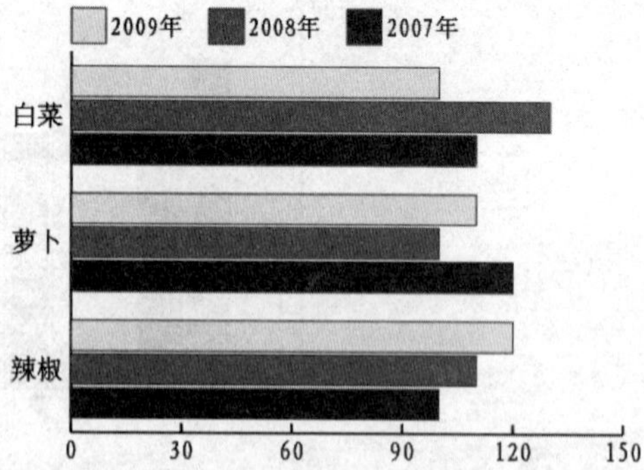

图 25-10

是条形图为水平放置而不是垂直放置。使用“堆积条形图工具”可以创建堆积条形图图表。单击“类型”区域中的“折线图”按钮，可以将图表类型改为折线图，如图 25-12 所示。折线图使用点来表示一组或多组数据，并将每组中的点用不同的线段连接起来。这种图表类型常用于表示一段时间内一个或多个事物的变化，使用“折线图工具”可以创建折线图图表。

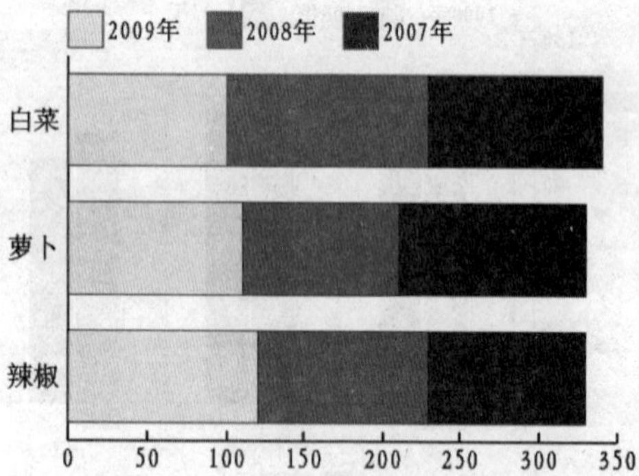

图 25-11

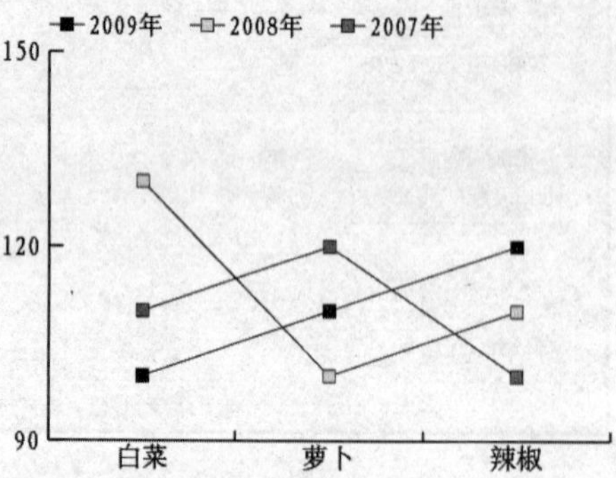

图 25-12

单击“类型”区域中的“面积图”按钮，可以将图表类型改为面积图，如图 25-13 所示。面积图与折线图类似，它就像一个填充了颜色的折线图，但它会突出数值的整体和变化的情况。使用“面积图工具”可以创建面积图图表。单击“类型”区域中的“散点图”按钮，可以将图表类型改为散点图。散点图沿 X 轴和 Y 轴将数据点作为成对的坐标进行绘制，可用于识别数据中的图案和趋势，还可以表示变量是否互相影响。如果散点图是一个圆，则表示数据之间的随机性比较强，如果散点图接近直线，则表示数据之间有较强的相关关系。使用“散点图工具”可以创建散点图图表。

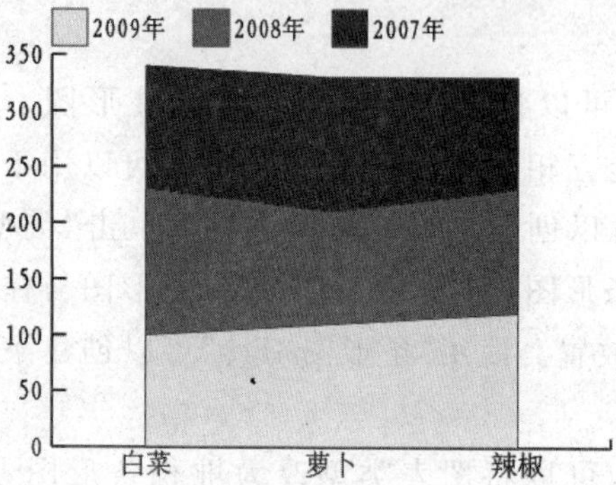

图 25-13

单击“类型”区域中的“饼图”按钮，可以将图表类型改为饼图，如图 25-14 所示。饼图将数据总和作为一个圆饼，而不同颜色的扇形表示所比较的数值的相对比例，它的缺点在于不能显示各个数据的具体数值。使用“饼图工具”可以创建饼图图表。单击“类型”区域中的“雷达图”按钮，可以将图表类型改为雷达图，如图 25-15 所示。该类型的图表比较特殊，常在专业性较强的自然科学统计数据中使用。雷达图可以在某一特定时间点或特定数据类型上比较数值组，并以图形格式显示出来，这种图表也称为“网状图”。使用“雷达图工具”可以创建雷达图图表。

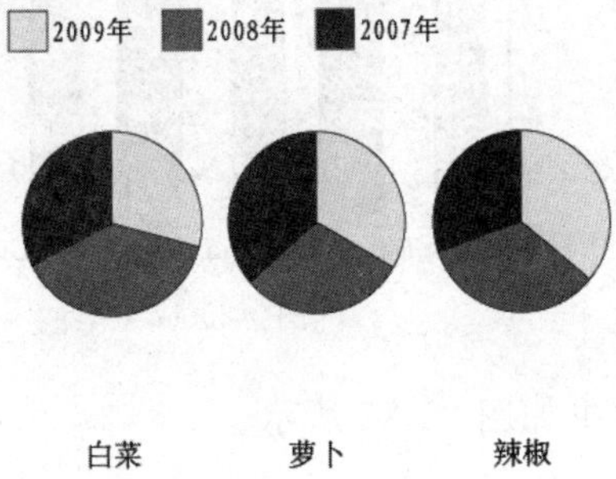

图　25-14

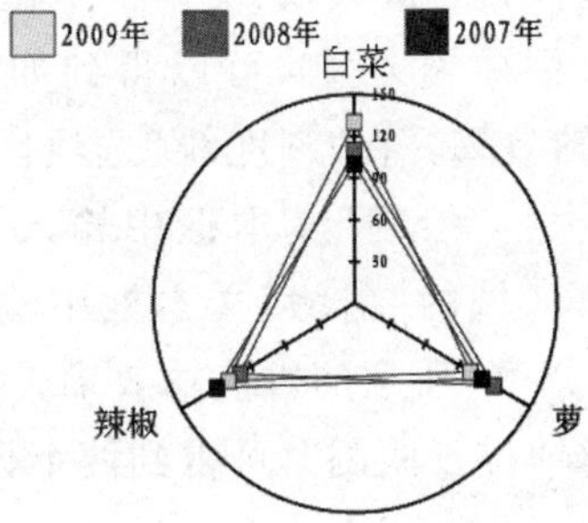

图　25-15

25.3　设置图表标签

图表标签用于说明要比较的数据组和数据组的种类，在前面柱形图所输入的“白菜”、“萝卜”等是图表标签。

在“图表数据”对话框中输入数据时，要在单元格的顶行中输入用于不同的数据的标签，在单元格的左列中输入用于类别的标签。这些标签都将在图表中显示出来，并生成图表，如果不输入标签，则不生成图表。

如果创建的标签只包含数字，则在输入时需要有英文引号将数字引起来，如输入“2009”表示年份。

标签中也可以实现换行，方法是在输入时用竖线 | 将每一行分隔开，如输入“2009 年 | 9 月 | 销售量”，图表效果如图 25-16 所示。

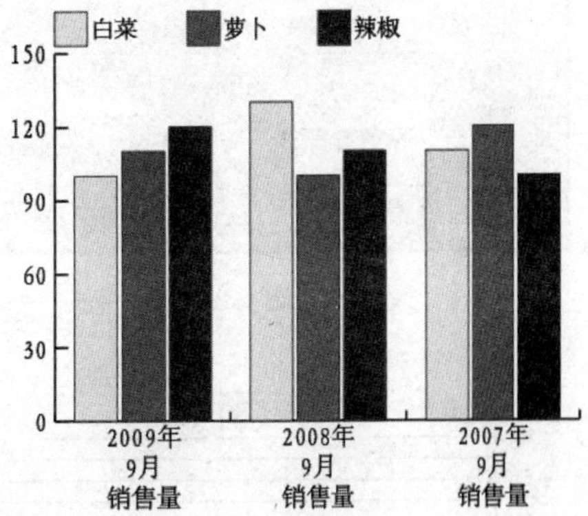

图　25-16

25.4　设置图表格式

创建图表后，可以使用多种方法来设置图表的格式，这些方法包括更改图表轴的外观和位置、添加投影、移动图例、组合显示不同的图表类型等。

步骤 1　设置图表轴格式

除饼图之外，所有的图表都有用于显示图表测量单位的“数值轴”，数值轴可以只在图表一侧显示，也可以在图表两侧都显示。对于条形、堆积条形、柱形、堆积柱形、折线和面积图，还有一个用于在图表中定义数据类别的“类别轴”。

使用“选择工具”，选择画布上的图表，如图 25-17所示。执行“对象”→“图表”→“类型”命令，弹出“图表类型”对话框，在对话框顶部的下拉菜单中选择“数值轴”选项，如图 25-18 所示。

在“图表类型”对话框，选中“忽略计算出的值”复选框，在“最大值”文本框中输入 500，在“刻度”文本框中输入 10，可以得到如图 25-19 所示的数值轴效果。在“刻度线”选项区域中设置“长度”为全宽，“绘制”文本框中输入 2，在“添加标签”选项区域的“前缀”文本框中输入￥，可以得到如图 25-20 所示的数值轴效果。在“数值轴”选项中选择“位于两侧”，可得到两个数值的图表，效果如图 25-21 所示。

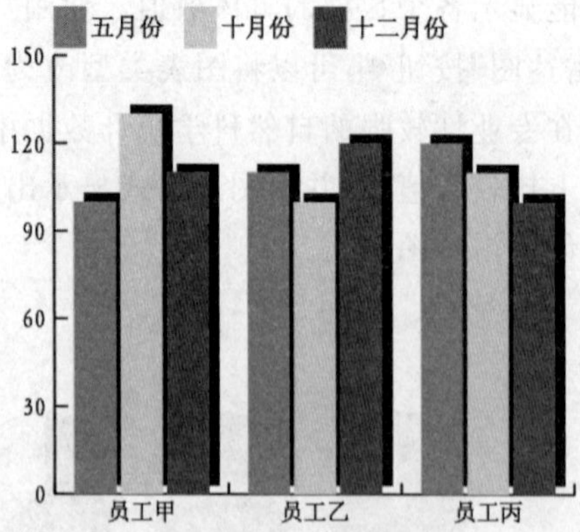

图 25-17

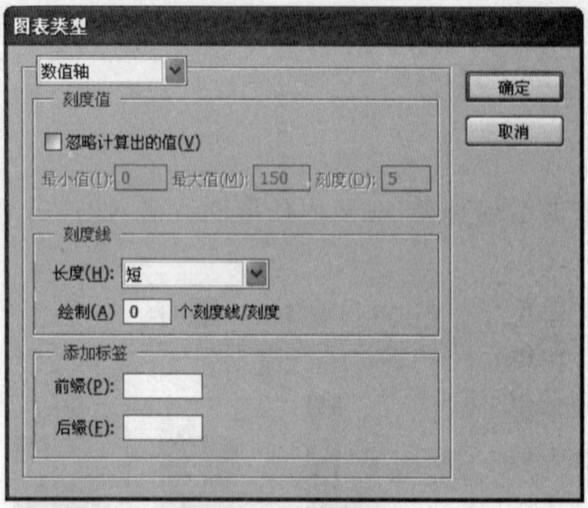

图 25-18

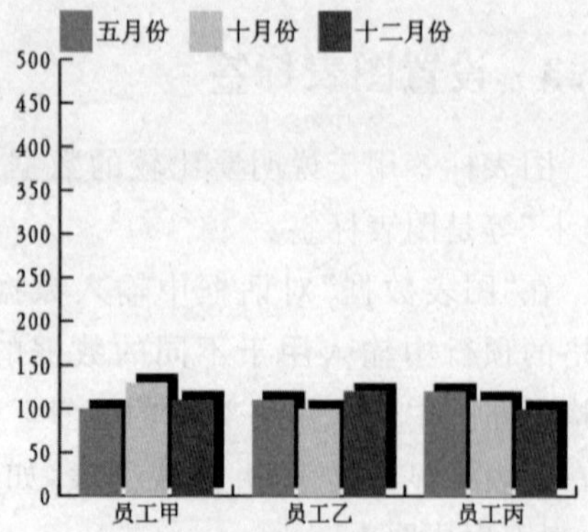

图 25-19

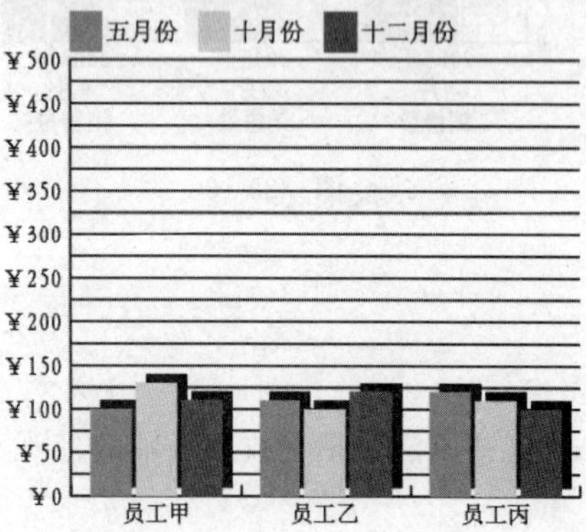

图 25-20

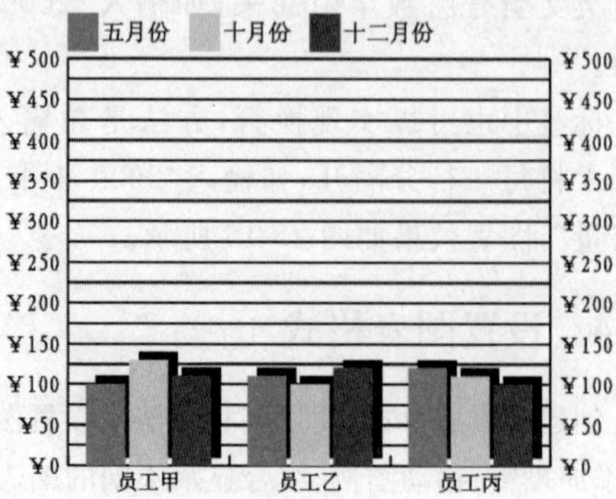

图 25-21

步骤 2　改变图表外观

对于柱形图、堆积柱形、条形和堆积条形图，可以更改它们的外观。例如可调整图表中柱形或条形的宽度，每个柱形或条形之间的空间大小，调整图表中数据类别或数据群集之间的空间大小。对于折线、散点和雷达图，可以调整线段和数据点的外观。

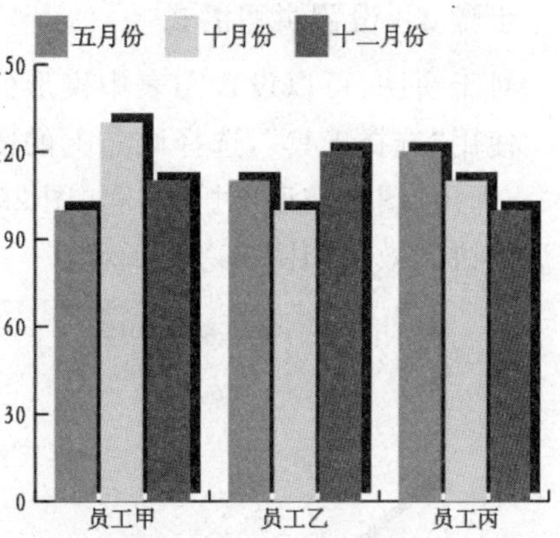

图　25-22

使用“选择工具”，选择画布上的图表，如图 25-22 所示。执行“对象”→“图表”→“类型”命令，弹出“图表类型”对话框，如图 25-23 所示。设置“选项”下的“列宽”值为 50%，“群集宽度”值为 50%，其中“列宽”设置的是柱形的宽度，设置后的图表效果如图 25-24 所示。

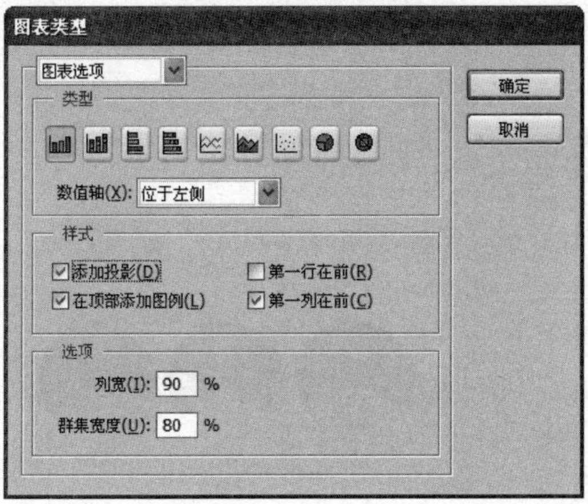

图　25-23

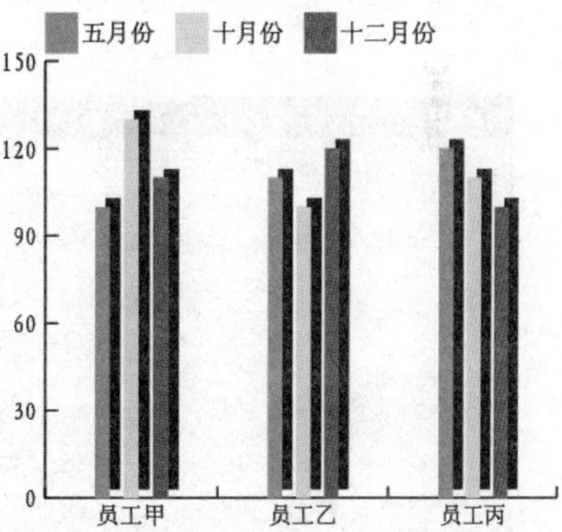

图　25-24

在“图表类型”对话框中单击“折线图”按钮，可以得到如图 25-25 所示的效果。在“选项”区域中选择“线段边到边跨 X 轴”选项，可以得到如图 25-26 所示的折线图效果。在“选项”区域中选择“绘制填充线”选项，并将“线宽”设置为 4pt，可以得到如图 25-27 所示的折线图效果。

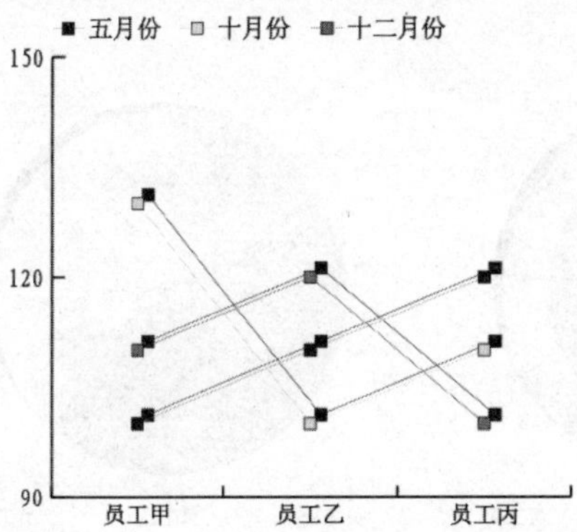

图　25-25

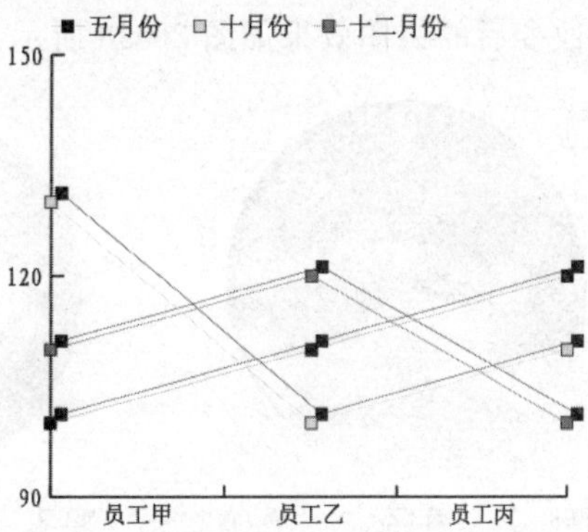

图　25-26

步骤 3　设置饼图格式

对于饼图，可以设置图表中楔形的排列方式以及指定显示多个饼图的方式。

使用“选择工具”，选择画布上的图表，如图 25-28 所示。执行“对象”→“图表”→“类型”命令，弹出“图表类型”对话框，如图 25-29 所示。设置“选项”下的“图例”为“楔形图例”，改变后的饼图效果如图 25-30 所示。

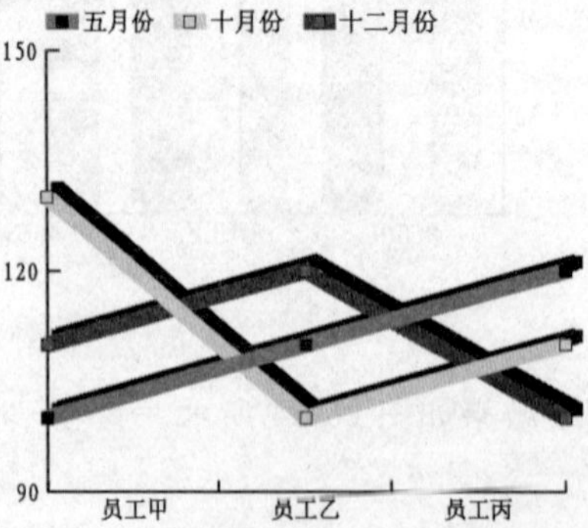

图　25-27

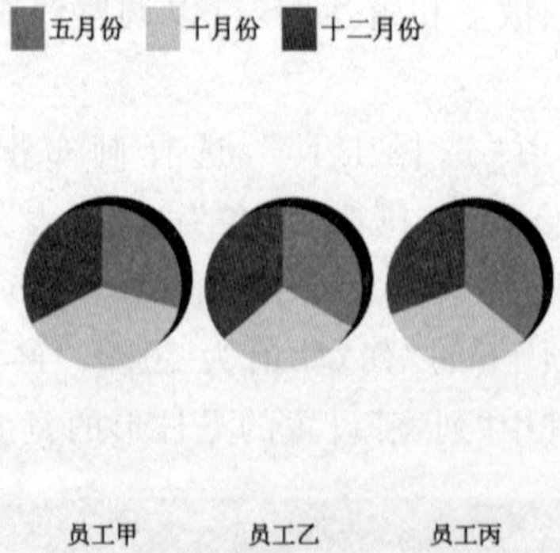

图　25-28

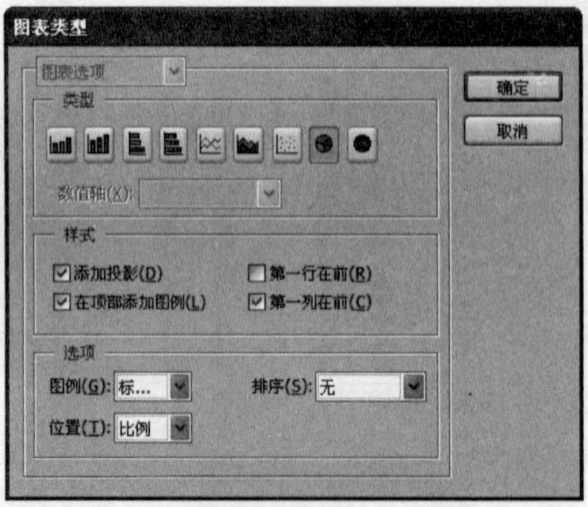

图　25-29

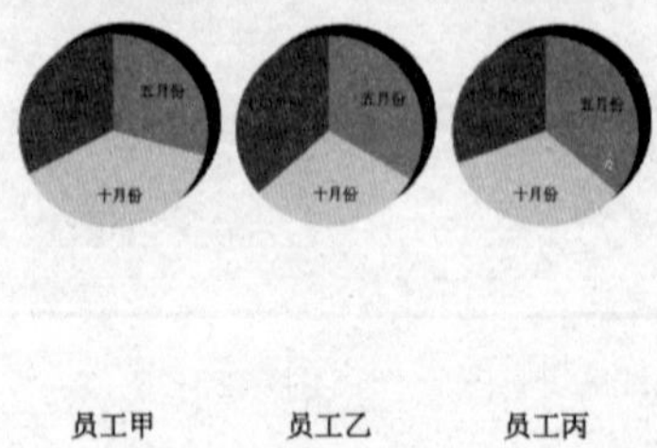

图　25-30

设置“选项”下的“位置”为“堆积”，改变后的饼图效果如图 25-31 所示。设置“选项”下的“排列”为“全部”，改变后的饼图效果如图 25-32 所示。设置“选项”下的“排列”为“第一个”，改变后的饼图效果如图 25-33 所示。

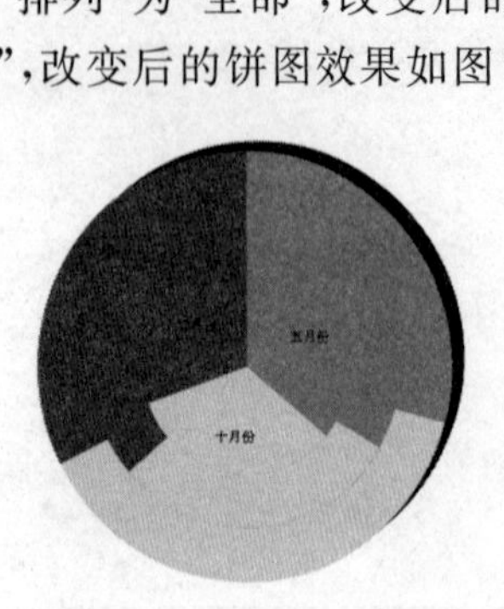

图　25-31

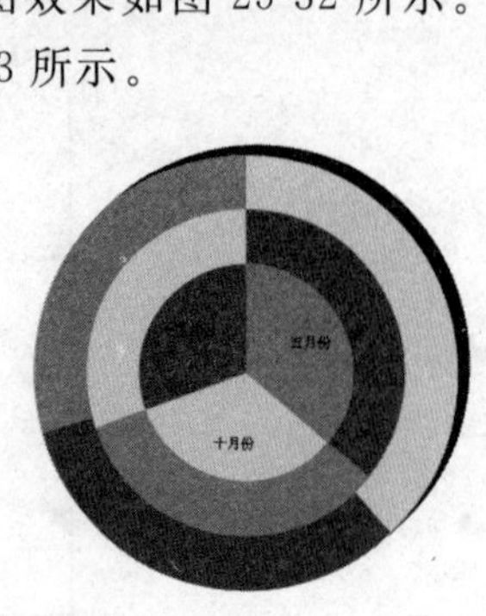

图　25-32

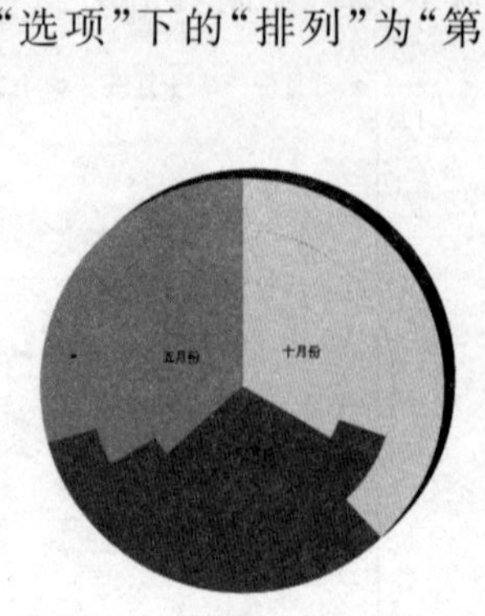

图　25-33

步骤 4　组合显示图表类型

Illustrator CS4 可以实现在一个图表中组合显示不同的图表类型。例如可以让一组数据显示为柱形，而让其他数据组显示为折线。

单击工具箱中的“编组选择工具”按钮，在画布中双击五月份色块，可以将所有的五月份的柱形及图例选中，如图 25-34 所示。执行“对象”→“图表”→“类型”命令，弹出“图表类型”对话框，在“图表类型”对话框中单击“折线图”按钮，如图 25-35 所示。单击“确定”按钮，可以得到如图 25-36 所示的组合图表。

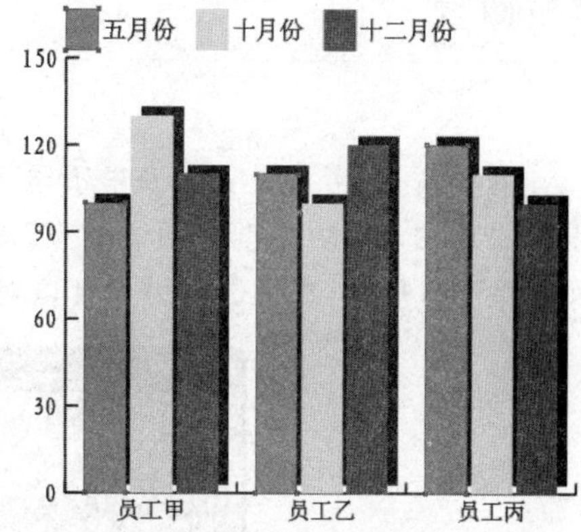

图　25-34

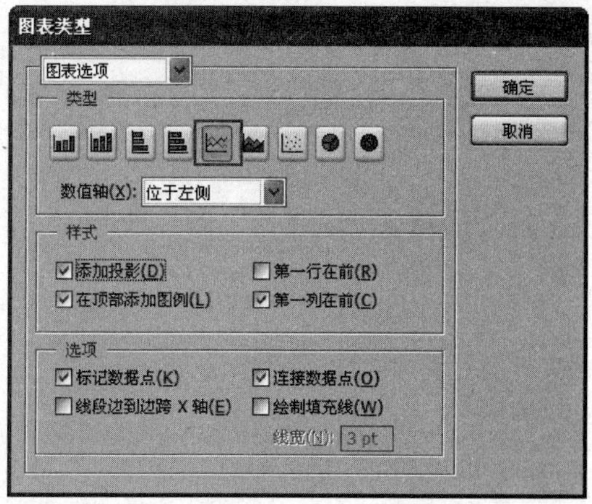

图　25-35

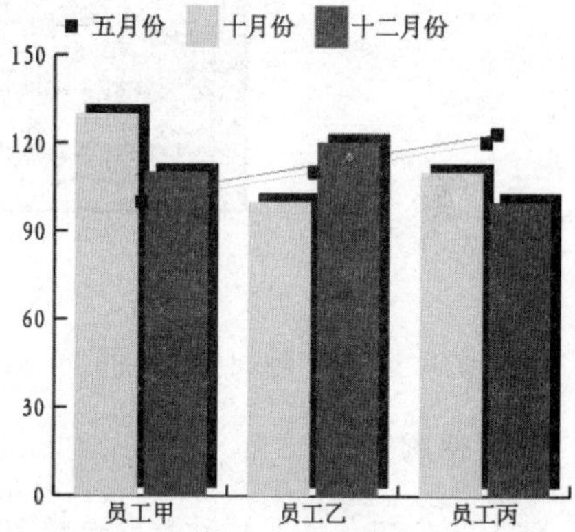

图　25-36

课堂练习

任务背景：小强想做一个图表，所以他正仔细地阅读本节课的内容，情至深处，阅读得越来越认真……

任务目标：绘制图表。

任务要求：掌握创建图表的方法以及如何使用图表标签和图表格式。

任务提示：在绘制过程中注意图表标签的运用。

练习评价

项　目	标准描述	评定分值	得分
基本要求 60 分	分别使用 9 种图表工具创建图表	25	
	对图表标签进行编辑	35	
拓展要求 40 分	组合显示图表类型	40	
主观评价		总分	

课外阅读

“饼图”选项介绍

对于饼图，可以设置图表中不同的排列方式以及指定显示多个饼图的方式。双击工具箱中的图表工具，打开“图表类型”对话框，单击“饼图”按钮，会出现“饼图”选项组，如图25-37所示，在该选项组中可以对相应的选项进行设置。

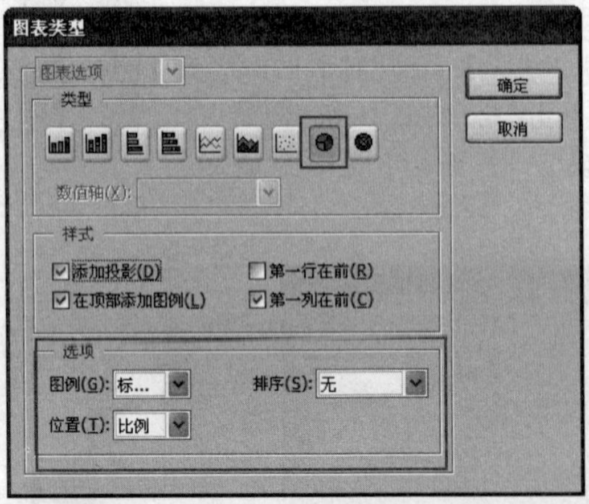

图 25-37

在该对话框中对相应选项的介绍如下。

1. 图例

可以在其右侧下拉列表中选择图例的位置，单击“图例”选项，弹出的下拉菜单中有3个选项，分别是无图例、标准图例和楔形图例。标准图例是在图表外侧放置列标签，这是默认情况，将饼图与其他种类的图表组合显示时可以使用此选项。楔形图例是将标签插入到对应的楔形中。无图例是完全忽略图例。

2. 位置

可以指定显示多个饼图的方式。单击“位置”选项，在弹出的下拉菜单中弹出3个选项，分别是比例、相等和堆积。比例是指按比例调整图表的大小。相等是指使所有饼图都有相同的直径。堆积是指每个饼图相互堆积，每个图表按相互比例调整大小。

3. 排序

可以指定楔形排序方式。单击“位置”选项，在弹出的下拉菜单中有3个选项，分别是全部、第一个和无。全部是指在饼图顶部按顺时针顺序从最大值到最小值，对所选饼图的楔形进行排序。第一个是指对所选饼图的楔形进行排列，以便将第一幅饼图中的最大值放置在第一个楔形中，其他将按从最大到最小的顺序排序，所有其他图表将遵循第一幅图表中楔形的顺序。无是指从图表顶部按顺时针方向输入值的顺序将所选饼图的楔形排序。

课后思考

（1）如何使用各种图表工具绘制图表？

（2）对于已经绘制好的图表如何更换图表标签？

第 26 课　图表设计

本节课将通过使用符号绘制插画实例和绘制企业销售图表设计实例，综合地讲述使用符号和图表的方法。此外，本节课还配合使用了基本的绘图工具，使绘制出的图形更具色彩，更美观，更具有可读性。

课堂讲解

任务背景： 通过前两节课的学习，小强现在可谓是胸有成竹，正美滋滋地参照着书绘制着属于自己风格的图形。

任务目标： 使用符号和图表绘制各种图表。

任务分析： 在平面设计和制作中，符号和图表的运用可以使作品锦上添花，在灵活运用的基础上可以绘制出独特的、别具一格的图形。

26.1　使用符号绘制插画

步骤 1　绘制插画背景

01　执行“文件”→“新建”命令，弹出“新建文档”对话框，新建一个空白文档，如图 26-1 所示。单击工具箱中的“矩形工具”按钮，在画布中绘制矩形，打开“渐变”面板，设置如图 26-2 所示。

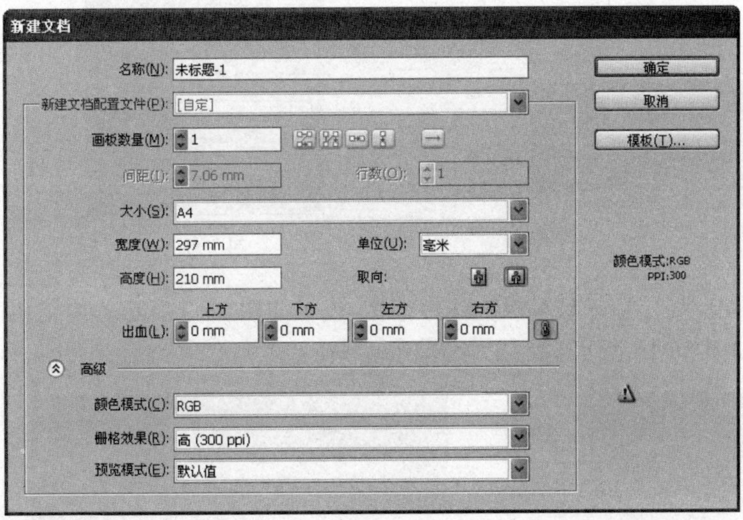

图　26-1

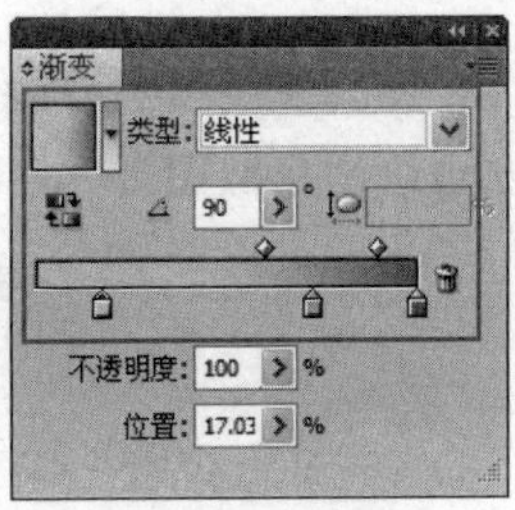

图　26-2

提示

从左至右分别设置渐变滑块的颜色值为 RGB(247,209,221)、RGB(113,200,235)、RGB(67,135,199)。

02　使用"渐变工具"在路径上拖动鼠标填充线性渐变,效果如图 26-3 所示。单击工具箱中的"画笔工具"按钮,设置"填色"为无,"描边"为无,在画布中绘制路径,效果如图 26-4 所示。

图　26-3

图　26-4

03　打开"渐变"面板,从左至右分别设置渐变滑块的颜色值为 RGB(151,194,232)、RGB(181,224,243),使用"渐变工具"在路径上拖动鼠标填充线性渐变,效果如图 26-5 所示。使用相同方法绘制相似图形,效果如图 26-6 所示。

图　26-5

图　26-6

04　单击工具箱中的"钢笔工具"按钮,设置"填色"为无,"描边"为无,在画布中绘制路径,效果如图 26-7 所示。打开"渐变"面板,从左至右分别设置渐变滑块的颜色值为 RGB(255,255,255)、RGB(213,228,248)、RGB(155,151,191),如图 26-8 所示。

图　26-7

图　26-8

05　使用"渐变工具"在路径上拖动鼠标填充线性渐变,效果如图 26-9 所示。使用相同方法绘制相似图形,效果如图 26-10 所示。

图　26-9

图　26-10

06　使用“钢笔工具”，设置“填色”为无，“描边”为无，在画布中绘制路径，并为图形填充相应渐变，效果如图 26-11 所示。使用相同方法绘制相似图形，效果如图 26-12 所示。

图　26-11

图　26-12

提示

打开“渐变”面板，从左至右分别设置渐变滑块的颜色值为 RGB(250,223,231)、RGB(250,223,231)、RGB(153,213,238)、RGB(147,171,221)。

07　复制绘制的第一个图形并隐藏，选中刚刚绘制的两个图形，执行“窗口”→“路径查找器”命令，弹出“路径查找器”面板，单击面板上的“减去顶层”按钮，如图 26-13 所示。得到的新图形效果如图 26-14 所示。

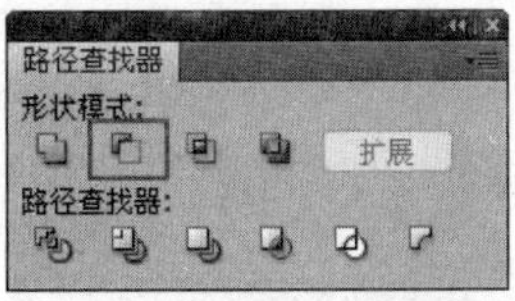

图　26-13

图　26-14

提示

使用“路径查找器”制作的图形是一个整体的复合路径，不可以像建立复合路径一样，但可以释放复合路径。所以在使用“路径查找器”时，应根据不同的制作复制不同的图形。

08　打开“不透明度”面板，设置图形不透明度为 50%，显示全部图层，效果如图 26-15 所示。相同方法使用“钢笔工具”绘制图形，并填充相应的颜色，效果如图 26-16 所示。

图　26-15

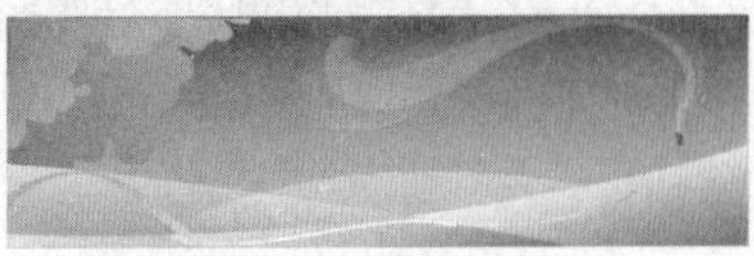

图　26-16

步骤 2　使用符号绘制插画下雪场景

01　单击工具箱中的“椭圆工具”按钮，设置“填色”为白色，“描边”为无，按住 Shift 键在画布中绘制正圆，效果如图 26-17 所示。执行“窗口”→“符号”命令，弹出“符号”面板，在面板中单击的“新建符号”按钮，如图 26-18 所示。

图 26-17

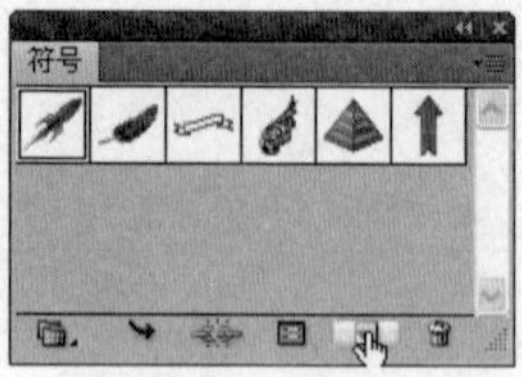

图 26-18

02 弹出“符号选项”对话框，设置如图 26-19 所示。单击“确定”按钮，“符号”面板如图 26-20 所示。

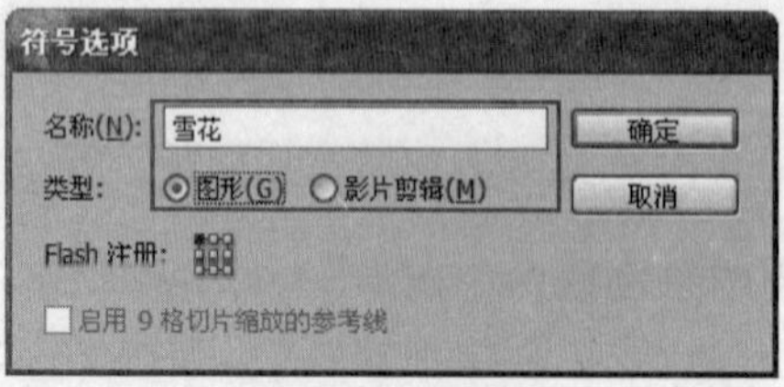

图 26-19

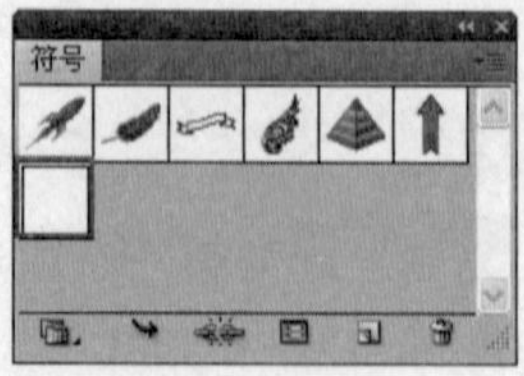

图 26-20

03 选中雪花符号，单击工具箱中的“符号喷枪工具”按钮，在画布中单击拖动，效果如图 26-21 所示。单击工具箱中的“符号缩放工具”按钮，按住 Alt 键在画布中拖动缩小部分符号，效果如图 26-22 所示。

图 26-21

图 26-22

步骤 3 使用符号绘制插画中积雪的树

01 单击工具箱中的“钢笔工具”按钮，设置“填色”为无，“描边”为无，在画布中绘制路径，效果如图 26-23 所示。打开“渐变”面板，从左至右分别设置渐变滑块的颜色值为 RGB(84,176,73)、RGB(1,86,47)，如图 26-24 所示。

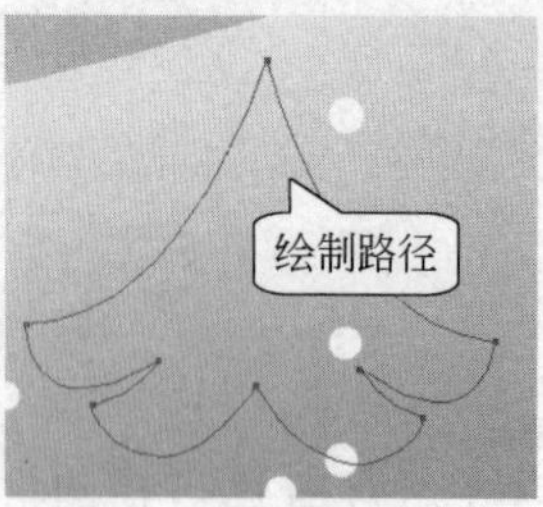

图 26-23

图 26-24

02　使用“渐变工具”在路径上拖动鼠标填充线性渐变，效果如图 26-25 所示。使用相同方法绘制其他图形并填充相应渐变，效果如图 26-26 所示。

03　单击工具箱中的“铅笔工具”按钮，设置“填色”为无，“描边”为无，在画布中绘制路径，效果如图 26-27 所示。打开“渐变”面板，从左至右分别设置渐变滑块的颜色值为 RGB(255,255,255)、RGB(191,223,241)，效果如图 26-28 所示。

图　26-25

图　26-26

图　26-27

04　使用“渐变工具”在路径上拖动鼠标填充线性渐变，效果如图 26-29 所示。使用相同方法绘制其他图形并填充相应渐变，效果如图 26-30 所示。

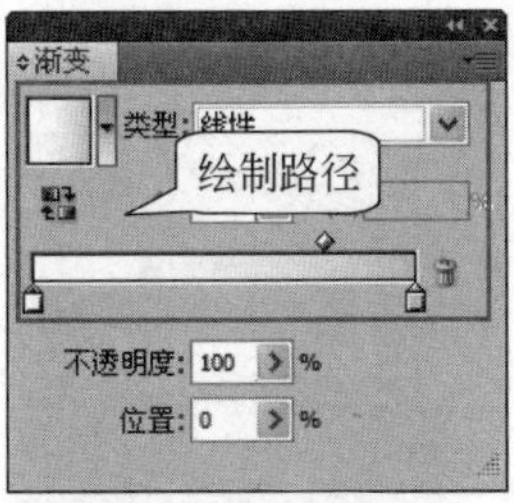

图　26-28

图　26-29

图　26-30

05　选中刚刚绘制的图形，按快捷键 Ctrl+G 将图形编组，使用相同方法新建符号，“符号”面板如图 26-31 所示。使用相同方法在画布中创建和调整符号、符号组，并调整符号实例的叠放顺序，效果如图 26-32 所示。

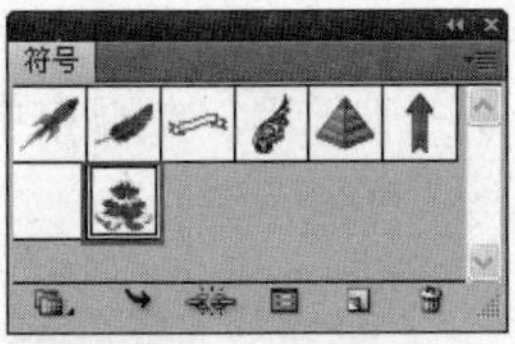

图　26-31

图　26-32

提示

为了突出插画的层次感，这里绘制了一个符号组和一个符号实例，并调整了符号实例的图层叠放位置，所以在操作时要注意观察。

步骤 4　绘制插画中的雪人

01　使用“椭圆工具”绘制正圆，效果如图 26-33 所示。使用“直接选择工具”和“添加锚点工具”对图形进行调整，效果如图 26-34 所示。

02　打开“渐变”面板，从左至右分别设置渐变滑块的颜色值为 RGB(212,227,244)、RGB(154,169,213)，如图 26-35 所示。使用“渐变工具”在路径上拖动鼠标填充径向渐变，效果如图 26-36 所示。

图　26-33

图　26-34

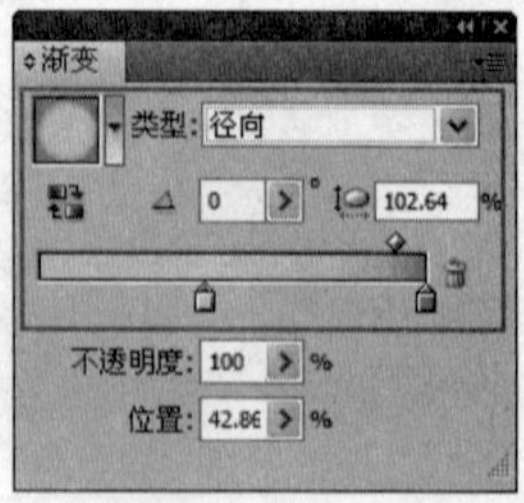

图　26-35

03　使用相同方法得到的图形如图 26-37 所示。使用相同方法绘制正圆，打开“渐变”面板，从左至右分别设置渐变滑块的颜色值为 RGB(102,102,102)、RGB(0,0,0)，使用“渐变工具”在路径上拖动鼠标填充径向渐变，效果如图 26-38 所示。

图　26-36

图　26-37

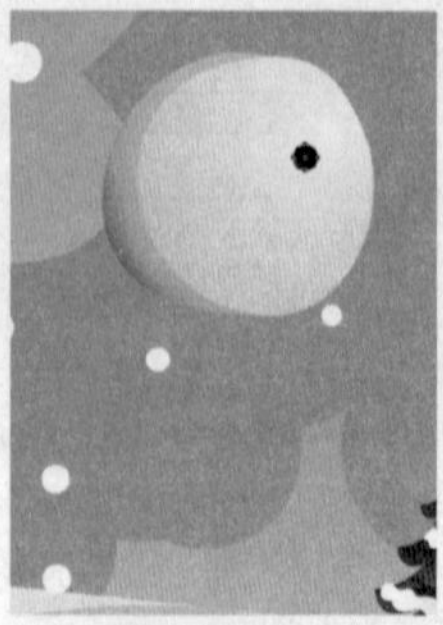

图　26-38

04　使用相同方法得到的图形如图 26-39 所示。单击工具箱中的“画笔工具”按钮，设置“填色”为黑色，“描边”为黑色，打开“描边”面板，设置如图 26-40 所示。在画布中绘制路径，效果如图 26-41 所示。

图　26-39

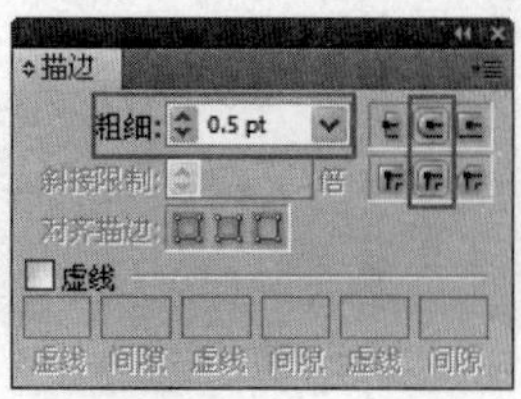

图　26-40

图　26-41

05　单击工具箱中的“圆角矩形工具”按钮，设置“填色”为黑色，“描边”为黑色，绘制圆角矩形，配合使用“选择工具”对图形进行调整，效果如图 26-42 所示。使用“钢笔工具”，设置“填色”为黑色，“描边”为无，在画布中绘制路径，效果如图 26-43 所示。

06　使用“圆角矩形工具”，设置“填色”为无，“描边”为无，绘制圆角矩形，效果如图 26-44 所示。使用“直接选择工具”和“转换锚点工具”对图形进行调整，效果如图 26-45 所示。

图　26-42

图　26-43

图　26-44

07　打开“渐变”面板，从左至右分别设置渐变滑块的颜色值为 RGB(182,40,44)、RGB(193,60,43)、RGB(236,142,38)，如图 26-46 所示。使用“渐变工具”在路径上拖动鼠标填充线性渐变，效果如图 26-47 所示。

图　26-45

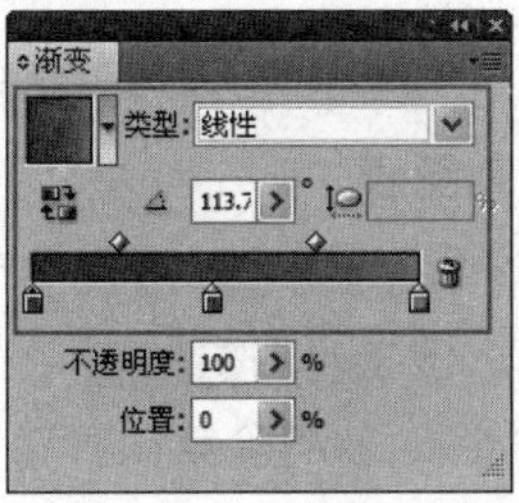

图　26-46

图　26-47

08　使用相同方法得到图形，效果如图 26-48 所示。使用相同方法绘制雪人其他部位，效果如图 26-49 所示。

图　26-48

图　26-49

09　执行“文件”→“置入”命令，将素材“CD\源文件\第 8 章\素材\001. ai”置入到画布中，效果如图 26-50 所示。在“控制”栏上单击“嵌入”按钮，将素材嵌入到当前文档，并调整其叠放位置，效果如图 26-51 所示。

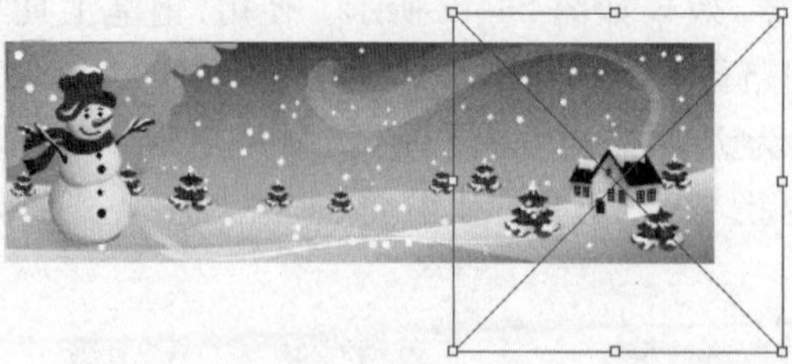

图 26-50

图 26-51

10 完成插画绘制，最终效果如图 26-52 所示。执行“文件”→“存储为”命令，将其保存为“CD/源文件/第 8 章/26-2. ai”。

图 26-52

26.2 企业销售图表设计

步骤 1 使用“柱形图工具”绘制图表

01 执行“文件”→“新建”命令，弹出“新建文档”对话框，新建一个空白文档，如图 26-53 所示。单击工具箱中的“柱形图工具”按钮，在画布中拖动绘制出一个矩形，松开鼠标，弹出“图表数据”对话框，按 Delete 键删除第 1 行第 1 列单元格中的数据，在第 1 行第 2 列单元格中输入“女装”，并在单元格中单击，如图 26-54 所示。

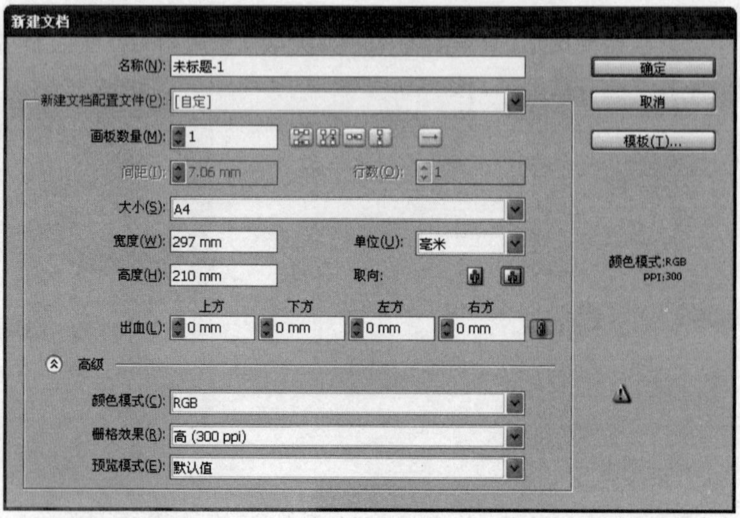

图 26-53

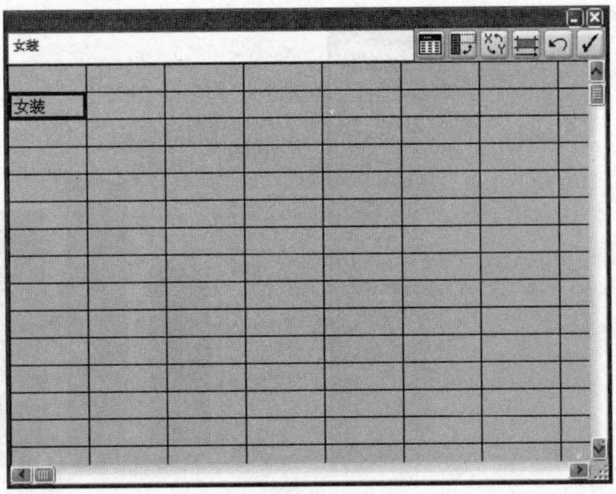

图　26-54

02　使用相同的方法，将数据全部输入完毕，如图 26-55 所示。单击“图表数据”对话框中的“应用”按钮✓，并单击“图表数据”对话框右上角的“关闭”按钮☒，效果如图 26-56 所示。

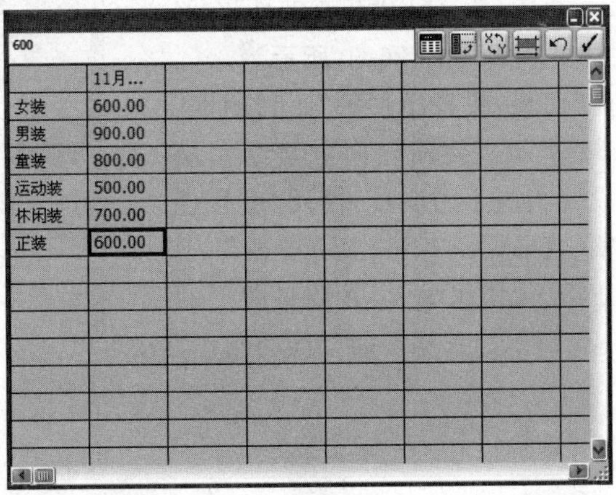

图　26-55

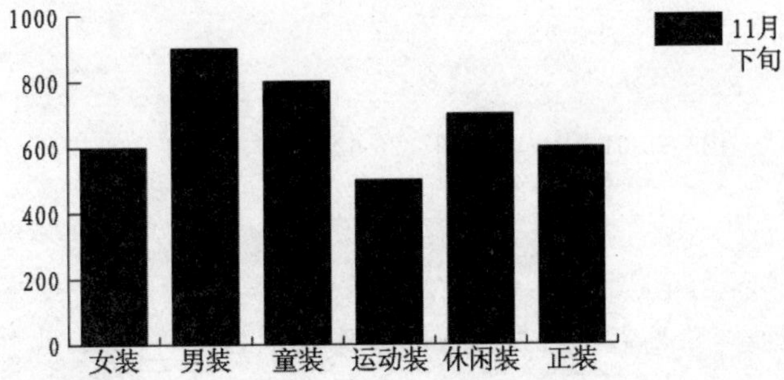

图　26-56

03　执行“对象”→“图表”→“类型”命令，弹出“图表类型”对话框，设置如图 26-57 所示。单击“确定”按钮，效果如图 26-58 所示。

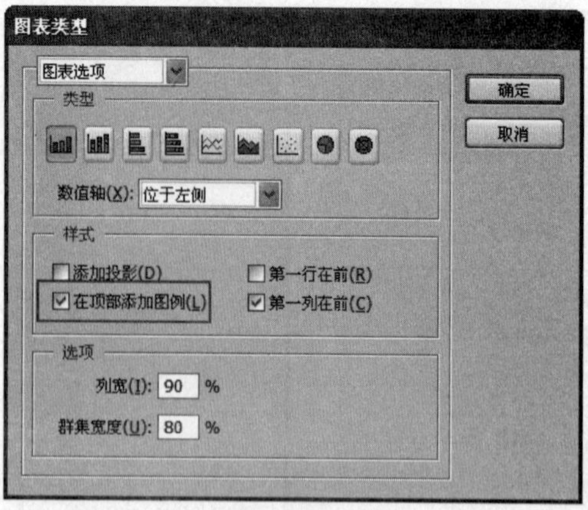

图 26-57

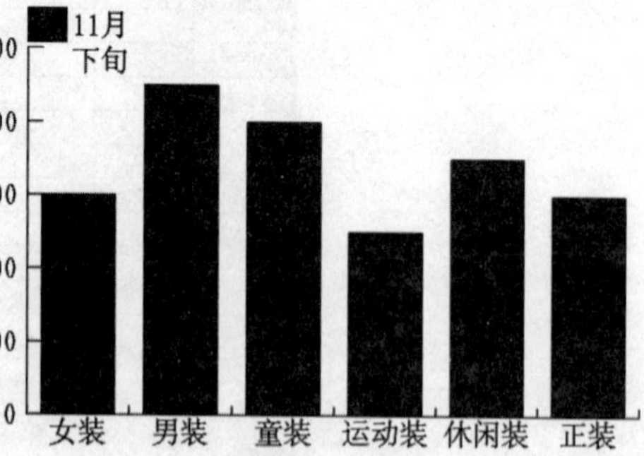

图 26-58

步骤 2 绘制长方体

01 单击工具箱中的"矩形工具"按钮，设置"填色"为无，"描边"为白色，打开"描边"面板，设置描边"粗细"为 1pt，在画布中拖动绘制矩形。打开"渐变"面板，设置如图 26-59 所示。使用"渐变工具"在路径上拖动鼠标填充线性渐变，效果如图 26-60 所示。

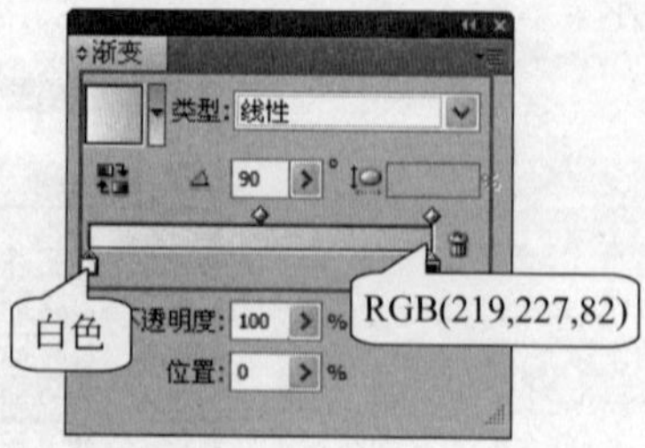

图 26-59

02 打开"不透明度"面板，设置图形的"不透明度"为 70%，效果如图 26-61 所示。使用相同方法绘制矩形，为矩形填充渐变并设置相应不透明度，使用"直接选择工具"对矩形进行调整，效果如图 26-62 所示。

03 使用相同方法，绘制其他图形，并调整图形的叠放顺序，效果如图 26-63 所示。根据前面相同的制作方法可以完成相似内容的制作，效果如图 26-64 所示。

图 26-60

图 26-61

图 26-62

图 26-63

图 26-64

提示

为了增加图形的立体感需对图形的不透明度进行相应的设置，此处设置所有图形的不透明度为 50%。

步骤 3 应用预设图表设计

01 将刚刚得到的图形选中，执行"对象"→"编组"命令，再执行"对象"→"图表"→"设计”命令，弹出“图表设计”对话框，单击对话框中的“新建设计”按钮，如图 26-65 所示。单击对话框中的“重命名”按钮，弹出“重命名”对话框，设置如图 26-66 所示。

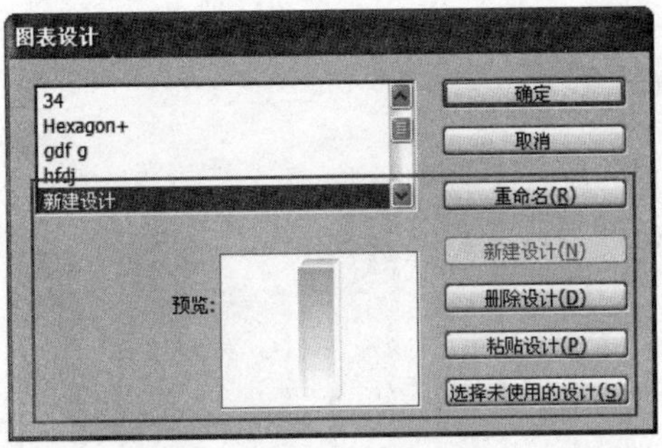

图　26-65

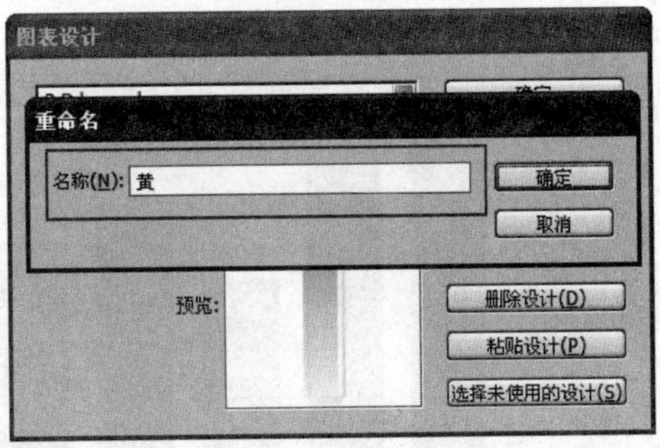

图　26-66

02　单击“确定”按钮，完成重命名设置，单击“确定”按钮，完成“图表设计”对话框设置。使用相同方法绘制其他图形，如图 26-67 所示。使用相同方法依次重命名为橙、红、绿、蓝、青，“图表设计”对话框如图 26-68 所示，完成应用图表设计。

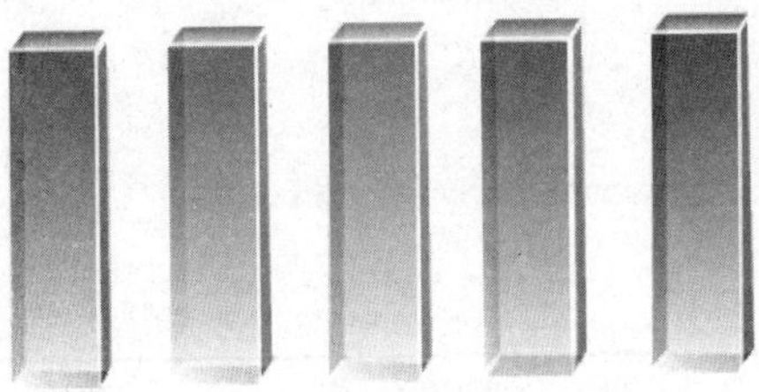

图　26-67

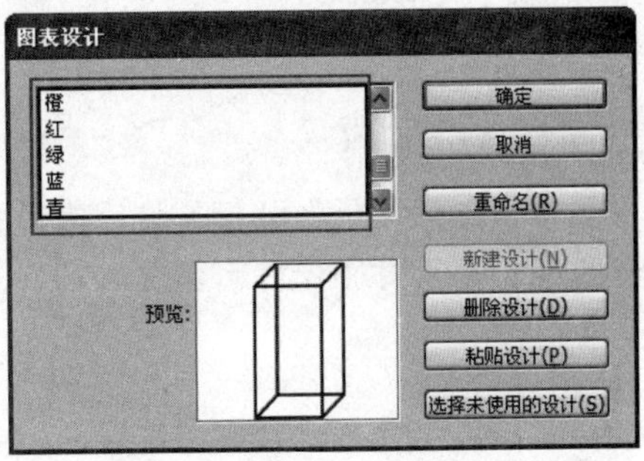

图　26-68

步骤 4　应用图表设计

01　选中“女装”柱形图，执行“对象”→“图表”→“柱形图”命令，弹出“图表列”对话框，设置如图 26-69 所示。单击“确定”按钮，效果如图 26-70 所示。

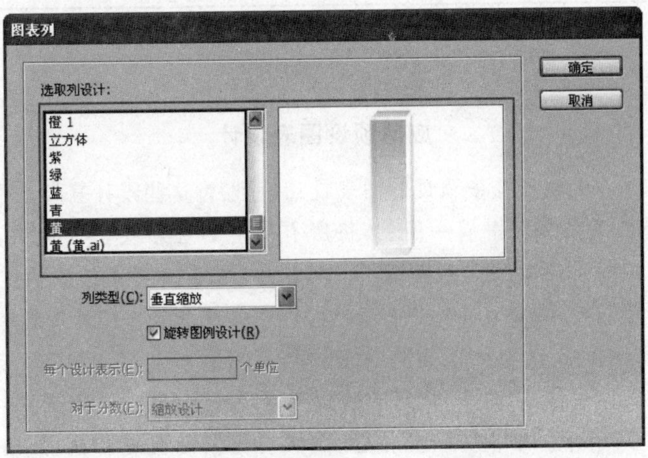

图　26-69

02　使用相同方法，应用其他柱形图图表设计，完成企业销售图表设计，效果如图 26-71 所示。执行“文件”→“存储为”命令，将其保存为“CD/源文件/第 8 章/26-2. ai”。

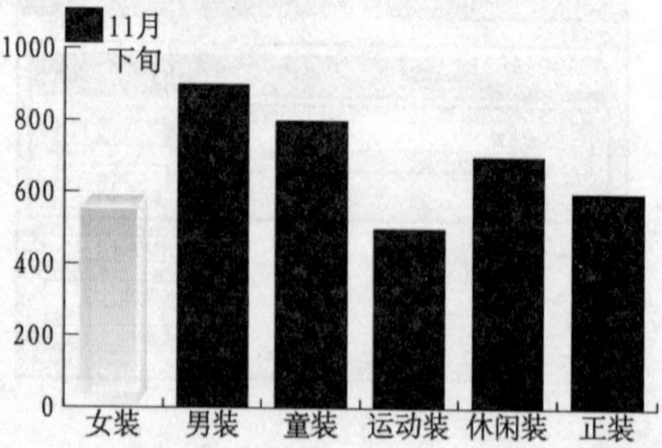

图　26-70

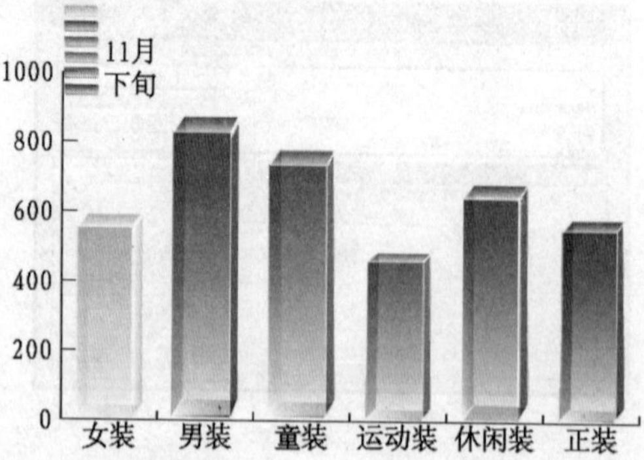

图　26-71

课堂练习

任务背景：小强学习完本节课的内容后，对于进行实例绘制已经有了一定的计划，正在准备一些素材。

任务目标：实际操作。

任务要求：掌握符号和图表工具的使用方法。

任务提示：在绘制过程中注意发散思维。

练习评价

项　目	标准描述	评定分值	得分
基本要求 60 分	使用符号绘制图形	25	
	绘制图表	35	
拓展要求 40 分	使用符号绘制风景	40	
主观评价		总分	

课外阅读

应用预设图表设计

Illustrator CS4 中提供了许多预设的图表设计，可以将这些设计直接应用到当前图表中。

使用“编辑选择工具”，双击周一图例，将所有周一的柱形及图例选中，如图 26-72 所示为选中后的效果。执行“窗口”→“色板库”→“其他库”命令，打开“选择要打开的库”对话框，单击“向上一级”按钮，依次双击“其他精彩内容”→“zh_CN”→“示例文件”→“图表设计”文件夹，选择“柱形图和标记设计 1. ai”。打开“柱形图和标记设计 1”面板，执行“对象”→“图表”→“柱形图”命令，打开“图表列”对话框，在“选取列设计”选项中选择一个选项，选项显示的效果如图26-73所示。单击“确定”按钮，完成应用预设图表设计，效果如图26-74所示。

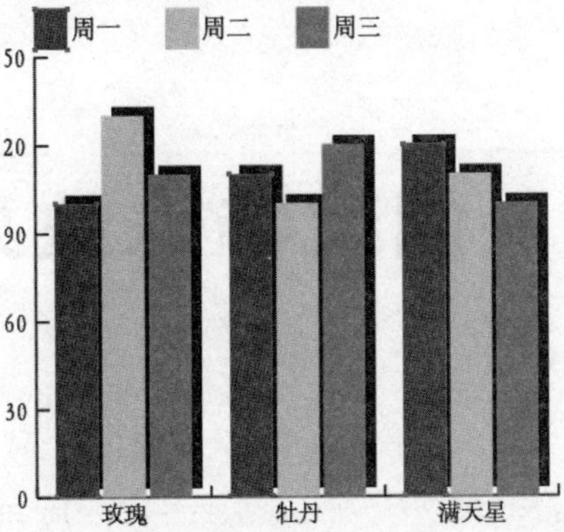

图　26-72

图　26-73

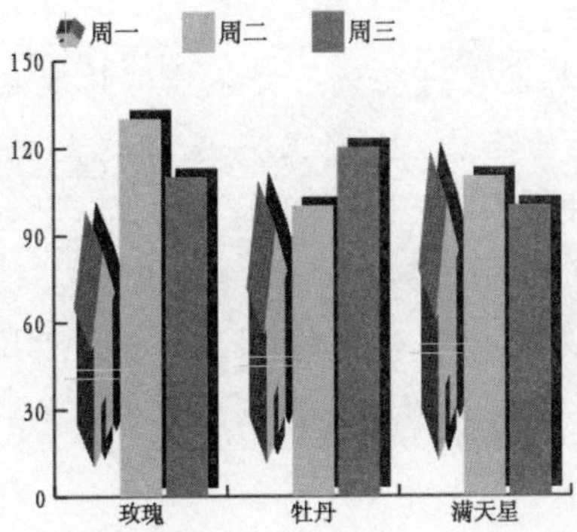

图　26-74

课后思考

（1）如何使用符号绘制海报？

（2）如何使用其他工具进行图表设计？

第 9 章

创建特殊效果

知识要点

- 使用“外观”面板
- 复制外观属性
- 应用 3D 效果
- 应用变形效果
- 应用扭曲和变换效果
- 应用路径
- 应用转换为形状效果
- 应用风格化效果

第 27 课　使用外观和图形样式

外观属性包括填色、描边、透明度与效果，是在不改变选中对象的基础上影响对象的外观效果。应用在对象上的外观属性，可以随时在“外观”面板中修改或者删除。图形样式是一系列外观属性的集合，这些集合存储在“图层样式”面板中，将图形样式应用于对象时可以快速改变对象的外观。

课堂讲解

任务背景：小强在制作图稿时发现一些效果并不能够体现创意思维，而且影响图稿的整体意境。小强开始思索，从哪里完成对这些效果的编辑呢？于是努力对 Illustrator CS4 中的“外观”面板进行学习。

任务目标：掌握 Illustrator CS4 中“外观”面板的使用。

任务分析：学习本节课的内容是非常必要的，小强只有对 Illustrator CS4 的“外观”面板有了一定的认识，才能更好地在图稿中运用自如。

27.1　使用“外观”面板

处理对象的外观属性主要在“外观”面板中设置，“外观”面板使这种工作变得条理清晰。因为在图稿中对象繁多、层次复杂时，对象的外观属性也会非常多，而“外观”面板可以显示对象、组或图层所有应用的填色、描边和图形样式，这样一来便可以很方便地编辑这些外观属性。

01　执行“文件”→“打开”命令，打开素材“CD\源文件\第 9 章\素材\27-1. ai”，如

图 27-1 所示。单击工具箱中的“选择工具”按钮，将背景选中，如图 27-2 所示。

图 27-1

图 27-2

02　执行“窗口”→“外观”命令，打开“外观”面板，如图 27-3 所示。选择“高斯模糊”效果，弹出“高斯模糊”对话框，设置如图 27-4 所示。

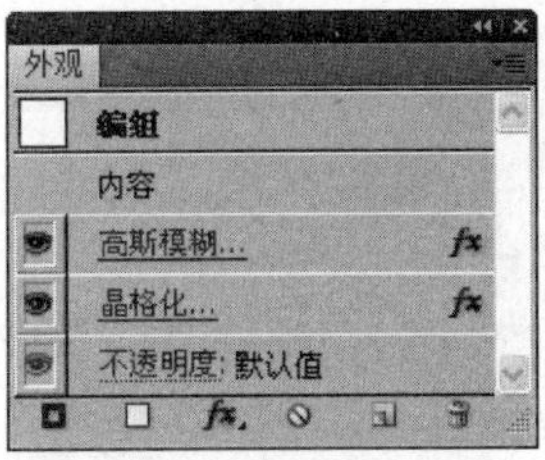

图　27-3

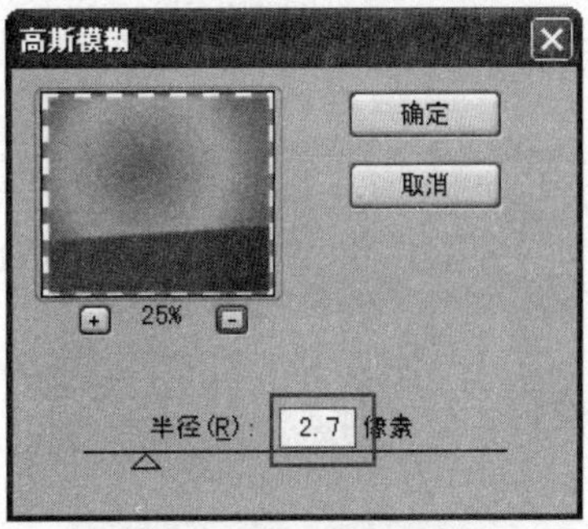

图　27-4

03　单击“确定”按钮，完成“高斯模糊”对话框的设置，效果如图 27-5 所示。返回到“外观”面板，选择“晶格化”效果，单击“删除所选项目”按钮，将“晶格化”效果删除，效果如图 27-6 所示。

图　27-5

图　27-6

27.2　复制外观属性

外观属性应用于对象后，可以将其中某一个属性进行复制，而复制后对该基本对象以及任何应用于该对象的其他属性都不会产生影响。

01　执行“文件”→“打开”命令，打开素材“CD\源文件\第 9 章\素材\27-2. ai”，如图 27-7 所示。单击工具箱中的“选择工具”按钮，将对象选中，打开“外观”面板，如图 27-8 所示。

图 27-7

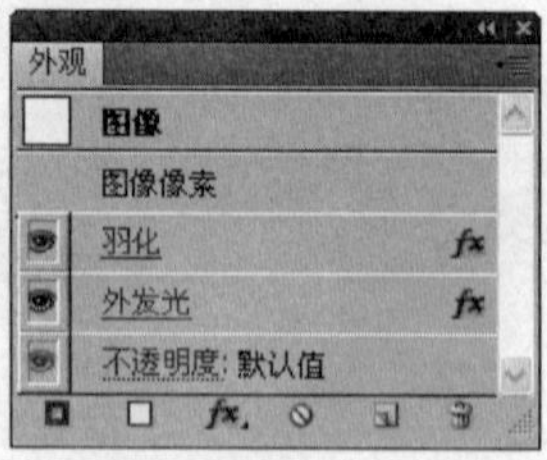

图 27-8

02　选择“外发光”效果，单击“复制所选项目”按钮，将“外发光”效果复制，效果如图 27-9 所示。“外观”面板如图 27-10 所示。

图　27-9

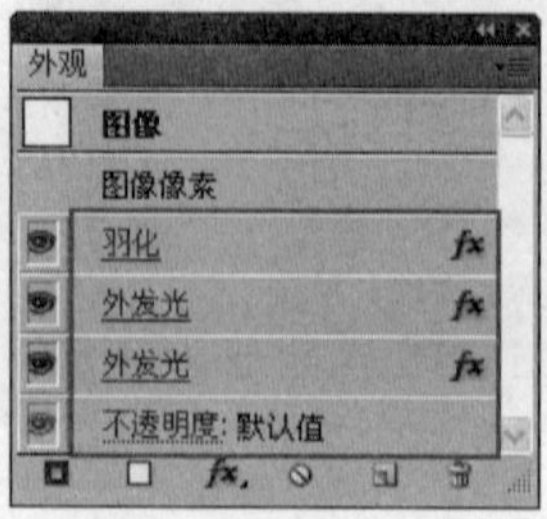

图　27-10

提示

执行“对象”→“扩展外观”命令，可以将当前对象的填充、描边及应用的效果等外观属性扩展为独立的对象，这些对象会自动创建一个群组，但可以单独进行编辑。

27.3　使用图形样式

Illustrator CS4 提供了大量预设的图形样式，所谓图形样式是指一组可供反复使用的外观属性，可以快速为对象指定预设的外观，让作品充满个性。使用“图形样式”面板，可以方便地将图形样式应用给文档中的对象。

01　执行“文件”→“新建”命令，弹出“新建文档”对话框，设置如图 27-11 所示。单击“确定”按钮，新建一个空白文档。单击工具箱中的“椭圆工具”按钮，设置“填色”颜色为无，“描边”颜色为无，在画布中绘制正圆，如图 27-12 所示。

02　选中刚刚绘制的正圆，执行“窗口”→“图形样式”命令，打开“图形样式”面板，单击“彩色半调”样式，如图 27-13 所示。添加样式后的效果如图 27-14 所示。

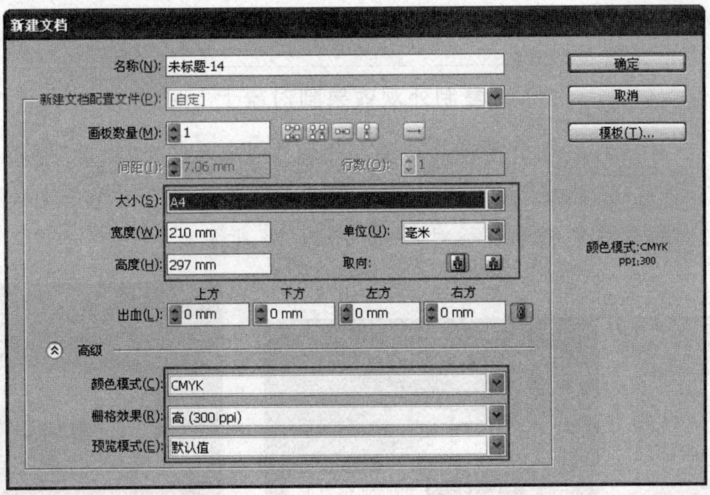

图　27-11

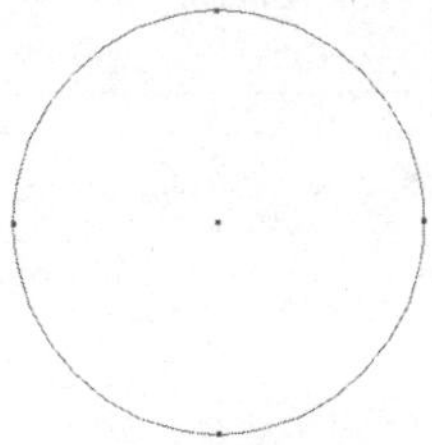

图　27-12

图　27-13

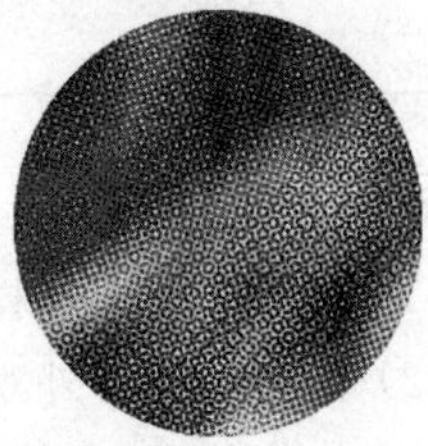

图　27-14

课堂练习

任务背景： 通过本节课的学习，小强已经掌握了“外观”面板的相关功能和使用方法，但还需要多多练习，以增加对“外观”面板各项功能使用的熟练度，这样才可以方便对图稿进行编辑。

任务目标： 对“外观”面板中的功能多加练习。

任务要求： 掌握“外观”面板功能的使用方法与应用技巧。

任务提示： 正确的使用方法可以对图形进行有效的简单编辑，但仅仅利用课上的时间是不够的，只有在课下勤加练习，才能掌握“外观”面板的功能和使用技巧。

练习评价

项　目	标 准 描 述	评 定 分 值	得分
基本要求 60 分	使用“外观”面板	20	
	复制外观属性	20	
	使用图形样式	20	
拓展要求 40 分	外发光效果	40	
主观评价		总分	

课外阅读

复制外观效果到对象上

如果将一个对象的外观效果添加到另一个对象上，可以在"外观"面板中选择添加外观属性的图形，然后将"外观"面板顶部的缩览图拖动到另一个对象上，如图 27-15 所示，即可将该对象上的外观复制给目标对象，如图 27-16 所示。

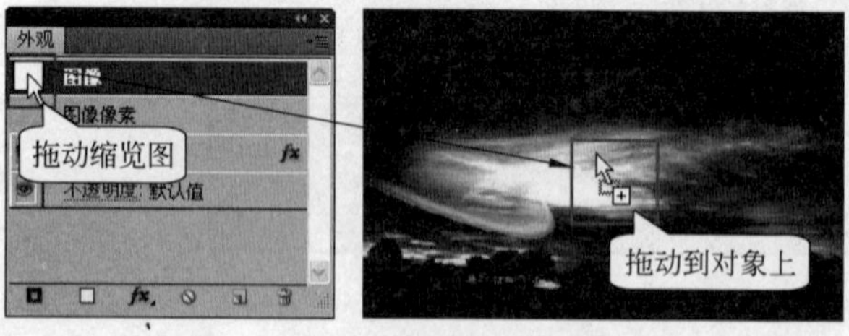

图 27-15

图 27-16

课后思考

(1) 如何改变图形样式的显示方式？

(2) 如何将所有外观快速清除？

(3) 如何使用"吸管工具"复制外观属性？

第 28 课　灵活应用不同效果

Illustrator CS4 提供了众多效果和滤镜，它们能够改变对象的外观。通过为对象应用效果和滤镜，可以将普通的对象变为非凡的视觉艺术作品。

课堂讲解

任务背景： 小强发现绘制对象后，还可以给它们添加一些特殊效果，这在设计作品中是经常会出现的，但是使用起来比较复杂。小强开始思索，这些效果怎么结合应用才能达到最佳效果？于是努力对 Illustrator CS4 中的效果进行学习。

任务目标： 掌握 Illustrator CS4 中效果的使用。

任务分析： 学习本节课的内容是非常必要的，小强只有对 Illustrator CS4 的效果有了一定的掌握，才能更好地在图稿中运用自如。

28.1　应用 3D 效果

3D 效果可以将二维图稿创建为三维对象。在应用 3D 效果时，可以调整对象的角度和透视，还能为其添加光源，并为3D对象中的每一个表面设置贴图。

01　执行“文件”→“打开”命令，打开素材“CD\源文件\第9章\素材\28-1.ai”，如图28-1所示。单击工具箱中的“选择工具”按钮，将对象全部选中，如图28-2所示。

图　28-1

图　28-2

02　执行“效果”→3D→“凸出和斜角”命令，弹出“3D凸出和斜角选项”对话框，设置如图28-3所示。单击“确定”按钮，完成“3D凸出和斜角选项”对话框的设置，效果如图28-4所示。

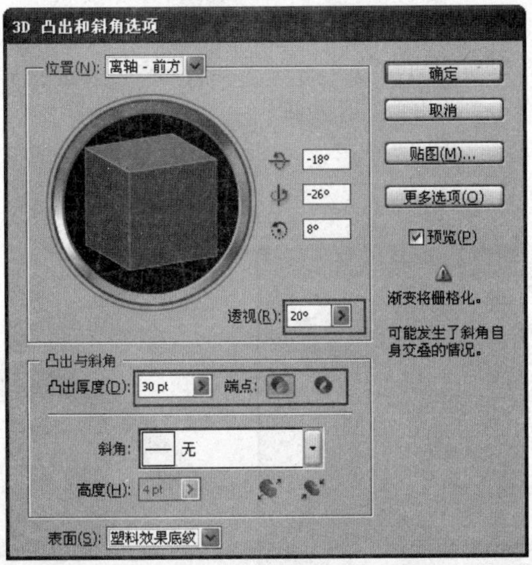

图　28-3

图　28-4

28.2　应用SVG滤镜

SVG滤镜是将图像描述的形状、路径、文本和滤镜效果的矢量格式。它生成的文件很小，可在Web打印甚至资源有限的手持设备上提供较高品质的图像，并且可以任意缩放。SVG滤镜效果是一系列描述各种数学运算的XML属性，生成的效果会应用于目标对象而不是源图形。

- 如果要应用具有自定义设置的效果，可执行“效果”→“SVG滤镜”→“应用SVG滤镜”命令，在打开的对话框中选择一个效果，然后单击“编辑SVG滤镜”按钮，编辑默认代码，然后单击“确定”按钮即可。

- 如果要创建并应用新效果，可执行“效果”→“SVG 滤镜”→“应用 SVG 滤镜”命令，在打开的对话框中单击“新建 SVG 滤镜”按钮，输入新代码，然后单击“确定”按钮即可。

提示

如果对象使用多个效果，则 SVG 滤镜效果必须是最后一个效果，也就是说，它必须显示在“外观”面板底部。如果 SVG 滤镜效果后面还有其他效果，则 SVG 输出将由栅格对象组成。

28.3 应用变形效果

“变形”效果组中包括了 128 种变形样式，使用它们可以扭曲路径、文本、外观、混合以及位图图像，创建弧形、拱形、旗帜等变形效果。这些变形样式与预设的封套扭曲的变形样式相同。

图 28-5

01 执行“文件”→“打开”命令，打开素材“CD\源文件\第 9 章\素材\28-3. ai”，如图 28-5 所示。单击工具箱中的“选择工具”按钮，将需要应用效果的对象选中，如图 28-6 所示。

02 执行“效果”→“变形”→“弧形”命令，弹出“变形选项”对话框，设置如图 28-7 所示。单击“确定”按钮，完成“变形选项”对话框的设置，效果如图 28-8 所示。

图 28-6

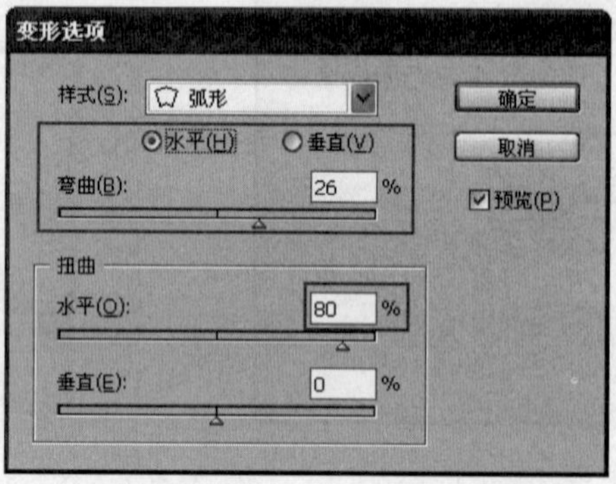

图 28-7

图 28-8

28.4 应用扭曲和变换效果

“扭曲和变换”效果组中包含 7 种效果，使用这些效果可以快速地改变矢量对象的形状。

01 执行“文件”→“打开”命令，打开素材“CD\源文件\第 9 章\素材\28-4. ai”，如图 28-9 所示。单击工具箱中的“选择工具”按钮，将需要应用效果的对象选中，如图 28-10 所示。

02 执行“效果”→“扭曲和变换”→“扭转”命令，弹出“扭转”对话框，设置如图 28-11 所示。单击“确定”按钮，完成“扭转”对话框的设置，效果如图 28-12 所示。

图　28-9

图　28-10

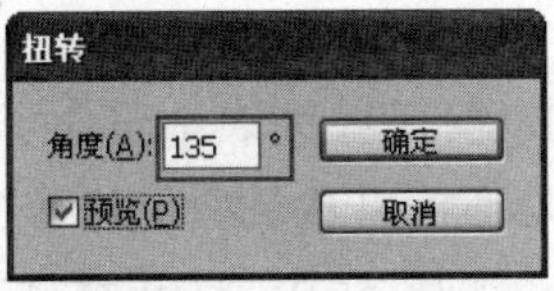

图　28-11

图　28-12

28.5　栅格化

使用“效果”中的“栅格化”命令可以栅格化矢量对象，使其呈现位图的外观，但不会更改对象的结构。“对象”中也包含了一个用于栅格化对象的“栅格化”命令，但它与“效果”中的“栅格化”命令有着本质的区别。

图　28-13

例如，打开一张素材，如图 28-13 所示。打开“外观”面板，在“外观”面板中显示了该对象为一个编组的矢量图形，如图 28-14 所示。

当使用“效果”中的“栅格化”命令处理对象时，“外观”面板中仍保存着该对象的矢量图形属性，如图 28-15 所示。“栅格化”效果可以随时删除，将对象恢复为原来的状态。而使用“对象”中的“栅格化”命令处理对象时，则将对象转换为位图图像，“外观”面板中显示该对象为一个图像，如图 28-16 所示，此时的位图图像不能再恢复为矢量对象。

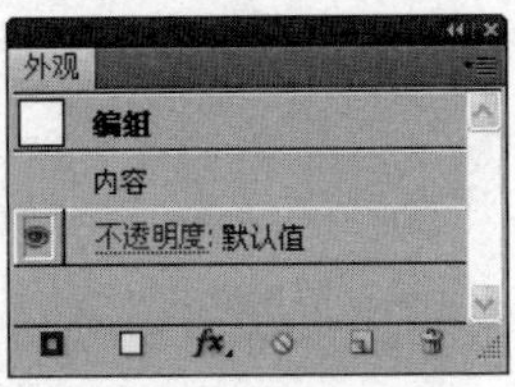

图　28-14

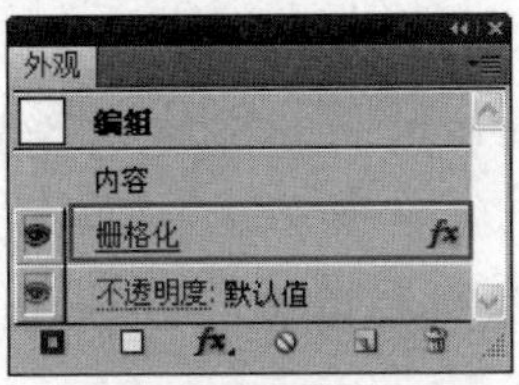

图　28-15

图　28-16

28.6　路径

“效果”→“路径”下拉列表中包含了 3 个用于路径的命令，分别为“位移路径”、“轮廓化对象”和“轮廓化描边”。

- 位移路径：使用“位移路径”命令可以得到对象的一个副本，并将副本对象偏移到指定的距离。这种效果可用于将网格对象转换为常规路径。该命令与“对象”→“路径”→“偏移路径”命令的设置方法相同。
- 轮廓化对象：使用“轮廓化对象”命令可以将对象创建为轮廓。该命令通常用来处理文字，将文字创建为轮廓后，可以对它的外形进行编辑，还可以使用渐变进行填充，而文字的内容可以随时修改。

• 轮廓化描边：使用"轮廓化描边"命令可以将对象的描边创建为轮廓。创建轮廓后，还可以继续对描边的粗细进行调整。

28.7 路径查找器

"效果"→"路径查找器"下拉列表中包含了13种效果，这些效果与"路径查找器"面板中的命令的作用相同，就是都可以从重叠的路径中创建新的形状。

01 执行"文件"→"打开"命令，打开素材"CD\源文件\第9章\素材\28-7.ai"，如图28-17所示。单击工具箱中的"选择工具"按钮，将需要应用效果的对象选中，如图28-18所示。

图 28-17

02 将光标放置在对象上，按住Alt键拖动鼠标，将对象复制到合适位置，如图28-19所示。将两个对象选中，按快捷键Ctrl+G进行编组，执行"效果"→"路径查找器"→"差集"命令，将对象做差集效果，如图28-20所示。

图 28-18

图 28-19

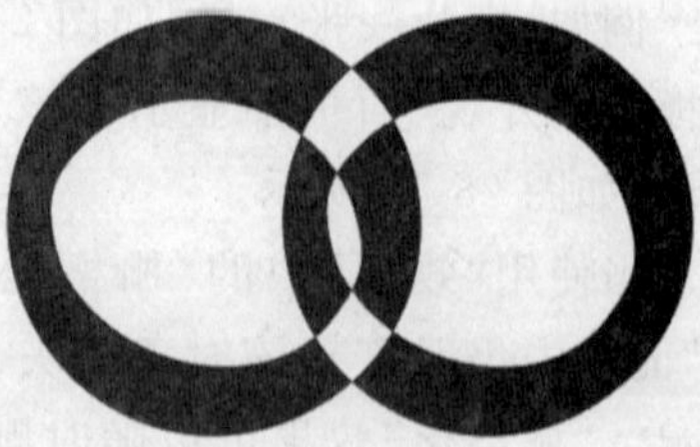
图 28-20

提示

"效果"中的路径查找器效果仅可用于组、图层和文本对象。应用效果后，可以选择和编辑原始对象，也可以使用"外观"面板来修改或删除效果。而"路径查找器"面板可用于任何对象、组和图层的组合。在单击"路径查找器"按钮时即创建了最终的形状组合，以后不能够再编辑原始对象。如果这种效果产生了多个对象，则这些对象会自动编组到一起。

28.8 应用风格化效果

"效果"→"风格化"下拉列表中包含了7个命令。使用这些效果可以为对象添加发光、投影、箭头和羽化等外观样式。

图 28-21

01 执行"文件"→"打开"命令，打开素材"CD\源文件\第9章\素材\28-8.ai"，如图28-21所示。单击工具箱中的"选择工具"按钮，将需要应用效果的对象选中，如图28-22所示。

02 执行"效果"→"风格化"→"投影"命令，弹出"投影"对话框，设置如图28-23所示。单击"确定"按钮，完成"投影"对话框的设置，效果如图28-24所示。

图 28-22

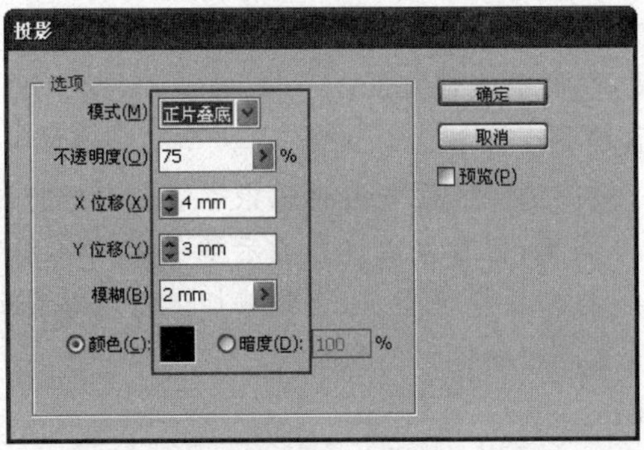

图　28-23

图　28-24

课堂练习

任务背景： 通过本节课的学习，小强已经掌握了一些效果的使用方法，但还需要多多练习，以增加对这些效果功能使用的熟练度，这样才可以更好地对图稿进行设计。

任务目标： 对效果多加练习。

任务要求： 掌握效果功能的使用方法与应用技巧。

任务提示： 合理的使用方法可以对图形进行有效的编辑，但仅仅利用课上的时间是不够的，只有在课下勤加练习，才能掌握效果操作的技巧。

练习评价

项　目	标 准 描 述	评 定 分 值	得分
基本要求 60 分	应用 3D 效果	10	
	应用 SVG 滤镜	10	
	应用变形效果	10	
	应用扭曲和变换效果	10	
	栅格化	10	
	应用路径	10	
拓展要求 40 分	应用转换为形状效果	20	
	应用风格化效果	20	
主观评价		总分	

课外阅读

裁 剪 标 记

除了指定不同画板以裁剪用于输出的图稿外，还可以在图稿中创建和使用多组裁剪标记。裁剪标记指示了所需的打印纸张剪切位置。需要围绕页面上的几个对象创建标记时(例如打印一张名片),裁剪标记是非常有用的。在对齐已导出到其他应用程序的 Illustrator CS4 图稿方面,它们也非常有用。

裁剪标记在以下方面有别于画板。

- 画板指定图稿的可打印边界,而裁剪标记根本不会影响打印区域。
- 每次只能激活一个画板,但可以创建并显示多个裁剪标记。
- 画板由可见但不能打印的标记指示,而裁剪标记则用套版黑色打印出来(以便打印到每张分色版,这与印刷标记类似)。

提示

裁剪标记不会取代使用“打印”对话框中的“标记和出血”选项创建的裁切标记。

课后思考

(1)“效果”菜单中的“Photoshop 效果”可以处理矢量图像么?

(2)使用“羽化”命令,应注意哪些问题?

第 29 课 插画设计

本节课通过绘制实例插画,讲解了插画的绘制方法和设计理念。学生可以通过本节课的学习,增加对艺术的理解和认识,在设计中体现出艺术美。

课堂讲解

任务背景:通过前面两节课的学习,小强掌握了对一些图形添加效果的基本操作和编辑,接下来就是通过两个实例插画的设计,对掌握的知识进行巩固应用。

任务目标:掌握设计插画中效果的应用。

任务分析:学习本节课的内容是非常必要的,小强只有对一些效果的实际应用有了一定的了解,才能设计出感染力强的插画。

29.1 春色插画设计

步骤 1 绘制背景

01 执行“文件”→“新建”命令,弹出“新建文档”对话框,设置如图 29-1 所示。单击“确定”按钮,新建一个空白文档。单击工具箱中的“矩形工具”按钮,设置“填色”颜色为无,“描边”颜色为无,在画布中绘制矩形,如图 29-2 所示。

02 选中刚刚绘制的矩形,打开“渐变”面板,从左至右分别设置渐变滑块颜色依次为

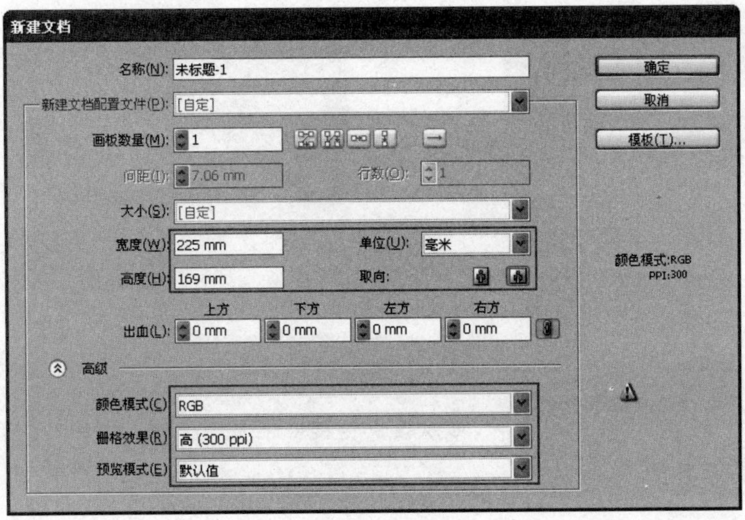

图　29-1

RGB(0,0,0)和 RGB(0,167,233),其他设置如图 29-3 所示。设置完成后,单击工具箱中的“渐变工具”按钮,对渐变填充进行调整,效果如图 29-4 所示。

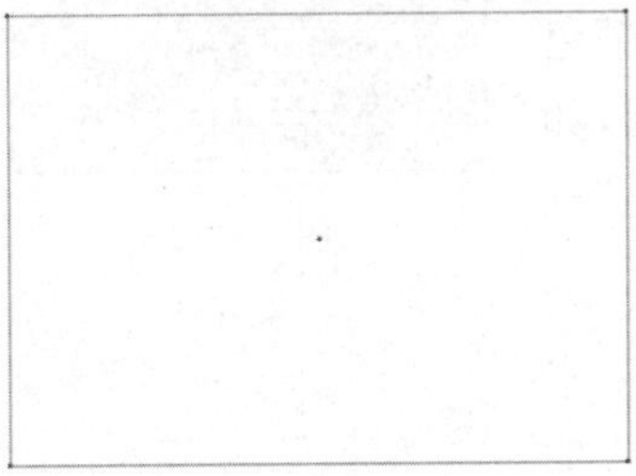

图　29-2

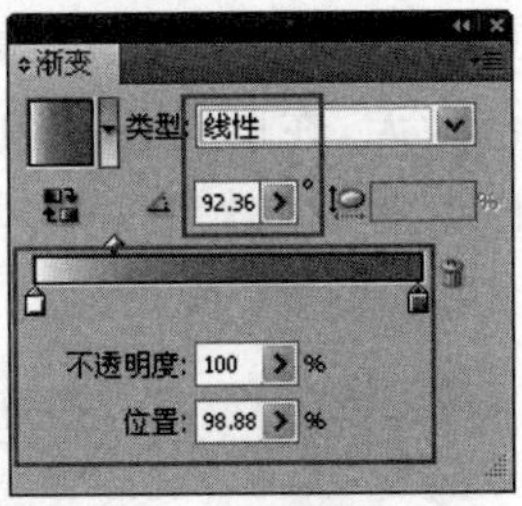

图　29-3

图　29-4

03　使用“矩形工具”,设置“填色”颜色为 RGB(158,216,245),“描边”颜色为 RGB(255,252,219),在画布中绘制矩形,如图 29-5 所示。单击工具箱中的“直接选择工具”按钮,选中单个锚点进行移动,效果如图 29-6 所示。

图　29-5

图　29-6

步骤 2　绘制图形

01　使用相同的方法,绘制出其他图形,效果如图 29-7 所示。单击工具箱中的“钢笔工具”按钮,设置“填色”颜色为无,“描边”颜色为无,在画布中绘制路径,如图 29-8 所示。

图 29-7

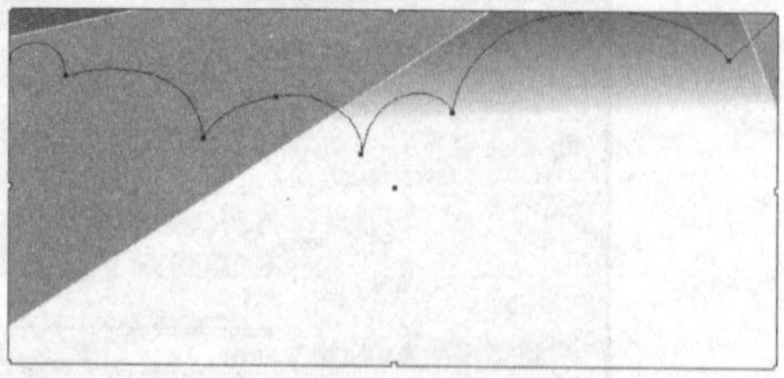

图 29-8

提示

在使用“钢笔工具”绘制图形时，可以按快捷键Ctrl+R将标尺调出，然后在标尺中拖出参考线来定位锚点。

02 选中刚刚绘制的图形，打开“渐变”面板，从左至右分别设置渐变滑块颜色依次为RGB(0,0,0)和RGB(0,167,233)，其他设置如图29-9所示。设置完成后，单击工具箱中的“渐变工具”按钮，对渐变填充进行调整，效果如图29-10所示。

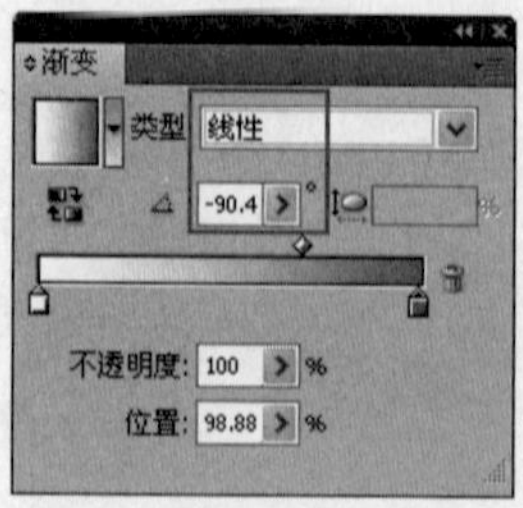

图 29-9

03 单击工具箱中的“椭圆工具”按钮，设置“填色”颜色为RGB(255,242,81)，“描边”颜色为无，在画布中绘制正圆，如图29-11所示。选中刚刚绘制的正圆，执行“效果”→“风格化”→“羽化”命令，弹出“羽化”对话框，设置如图29-12所示。

图 29-10

图 29-11

图 29-12

04 单击“确定”按钮，完成“羽化”对话框的设置，效果如图29-13所示。执行“效果”→“风格化”→“外发光”命令，弹出“外发光”对话框，设置如图29-14所示。

图 29-13

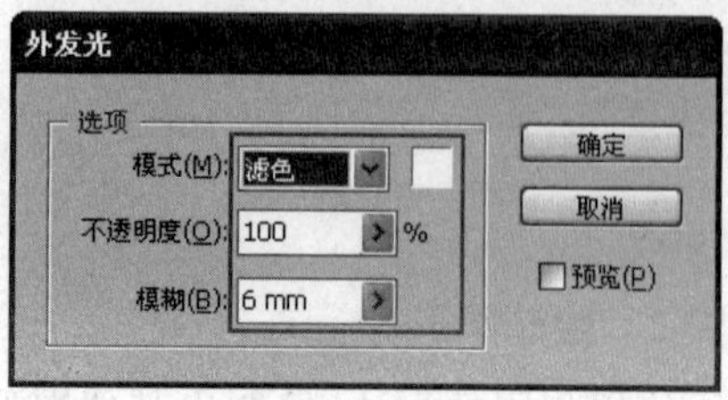

图 29-14

提示

当使用外发光效果对图形进行扩展时，外发光会变成一个透明的栅格对象。

05　单击“确定”按钮，完成“外发光”对话框的设置，效果如图 29-15 所示。使用相同的方法，在画布中绘制正圆，如图 29-16 所示。

06　选择刚刚绘制的白色正圆，执行“效果”→“模糊”→“高斯模糊”命令，弹出“高斯模糊”对话框，设置如图 29-17 所示。单击“确定”按钮，完成“高斯模糊”对话框的设置，效果如图 29-18 所示。

图　29-15

图　29-16

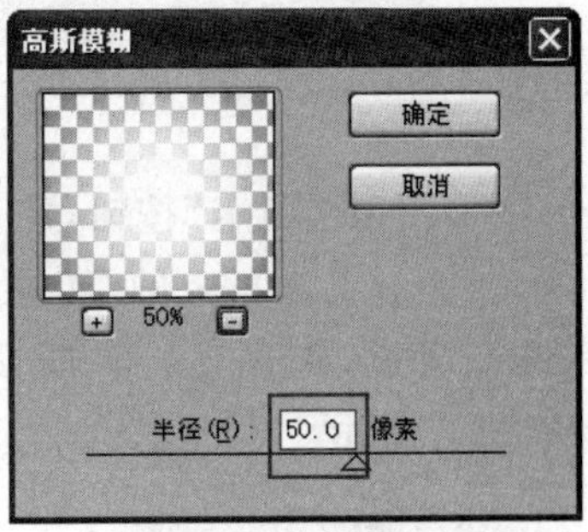

图　29-17

07　使用“钢笔工具”在画布中绘制路径，如图 29-19 所示。打开“渐变”面板，从左至右分别设置渐变滑块颜色依次为 RGB(0,0,0) 和 RGB(0,167,233)，其他设置如图 29-20 所示。

图　29-18

图　29-19

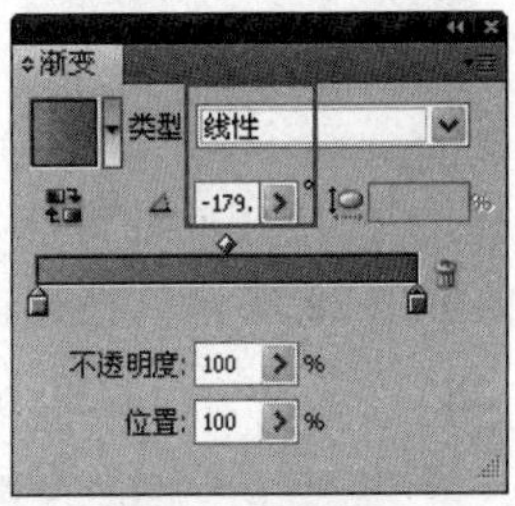

图　29-20

08　设置完成后，单击工具箱中的“渐变工具”按钮，对渐变填充进行调整，效果如图 29-21 所示。使用相同的方法，绘制出彩虹的其他部分，效果如图 29-22 所示。

图　29-21

图　29-22

09　根据前面的制作方法，绘制出其他部分内容，效果如图 29-23 所示。单击工具箱中的“星形工具”按钮，设置“填色”颜色为 RGB(255,252,219)，“描边”颜色为无，在画布中单击，弹出“星形”对话框，设置如图 29-24 所示。

图　29-23

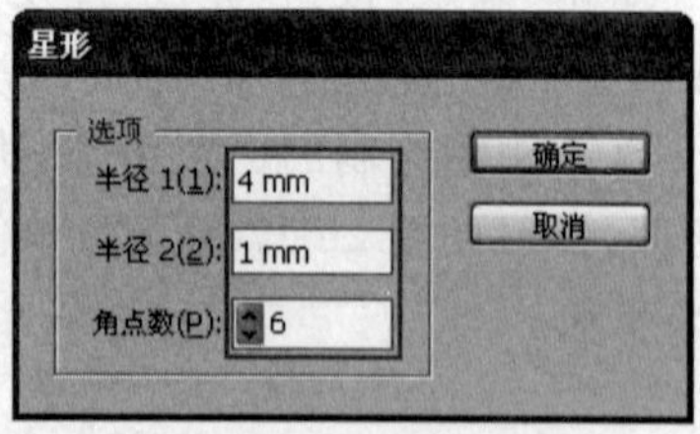

图　29-24

10　单击“确定”按钮，完成“星形”对话框的设置，在画布中绘制星形，如图 29-25 所示。单击工具箱中的“转换锚点工具”按钮，选择单个锚点，按住鼠标左键拖动鼠标进行调整，如图 29-26 所示。使用相同的方法，绘制出花朵的其他部分，效果如图 29-27 所示。

图　29-25

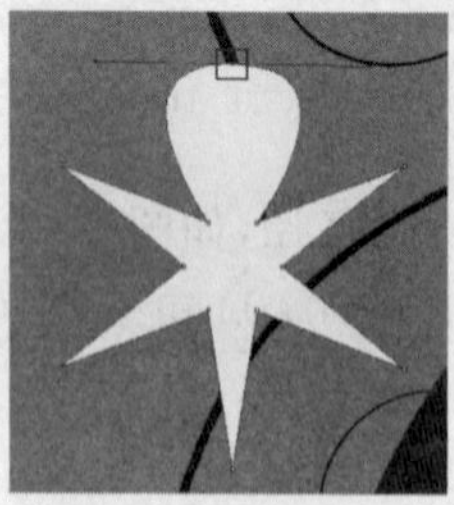

图　29-26

图　29-27

11　使用相同的方法，绘制出其他花朵，并对相应的花朵使用“选择工具”调整大小，效果如图 29-28 所示。根据前面的制作方法，绘制出画布中其他部分内容，效果如图 29-29 所示。执行“文件”→“存储为”命令，将插画存储为“CD\源文件\第 9 章\源文件\29-1.ai”。

图　29-28

图　29-29

29.2　国画设计

步骤 1　绘制背景

01　执行“文件”→“新建”命令，弹出“新建文档”对话框，设置如图 29-30 所示。单击

“确定”按钮，新建空白文档。单击工具箱中的“矩形工具”按钮，设置“填色”颜色为 RGB (109,46,3)，“描边”颜色为无，在画布中绘制矩形，如图 29-31 所示。

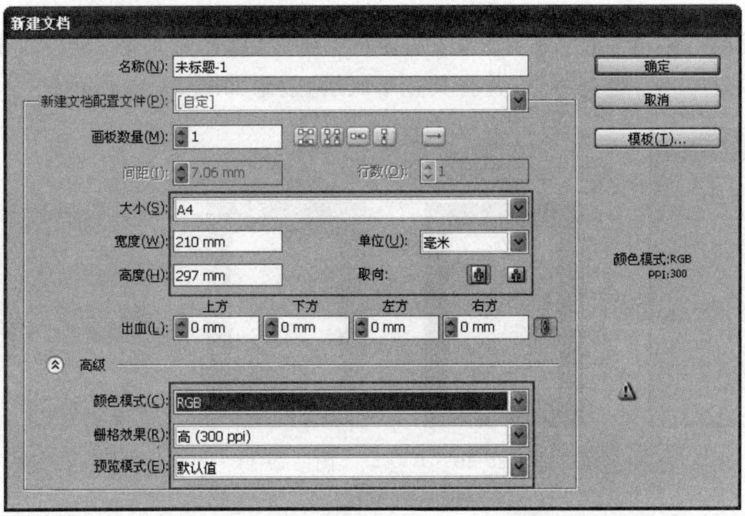

图　29-30

图　29-31

02　选中刚刚绘制的矩形，按快捷键 Ctrl+C 复制图形，按快捷键 Ctrl+F 将图形贴在前面，并调整图形大小，如图 29-32 所示。同时选中刚刚绘制的两个矩形，打开“路径查找器”面板，单击“减去顶层”按钮，效果如图 29-33 所示。“路径查找器”面板如图 29-34 所示。

图　29-32

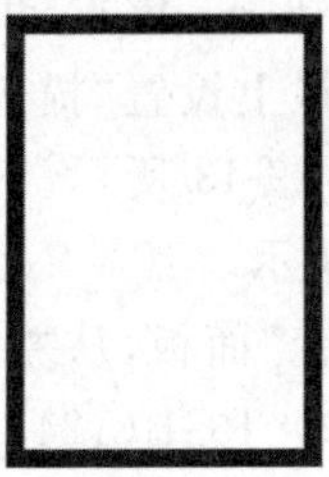

图　29-33

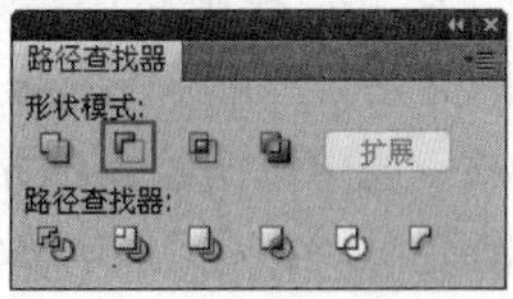

图　29-34

03　使用相同的方法，使用“路径查找器”面板绘制图形，效果如图 29-35 所示。单击工具箱中的“添加锚点工具”按钮，沿着图形内壁路径单击多次，添加多个锚点，如图 29-36 所示。

04　单击工具箱中的“直接选择工具”按钮，选中锚点调整锚点位置，效果如图 29-37 所示。选中调整锚点的图形，复制图形并贴在前面，设置“填色”颜色为 RGB(81,48,0)，“描边”颜色为无，使用“选择工具”调整图形大小，效果如图 29-38 所示。

图　29-35

图　29-36

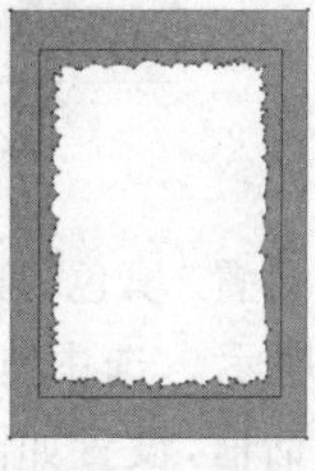

图　29-37

图　29-38

05　选择刚刚调整颜色的图形，执行“效果”→“模糊”→“高斯模糊”命令，弹出“高斯模糊”对话框，设置如图 29-39 所示。单击“确定”按钮，完成“高斯模糊”对话框的设置，效果如图 29-40 所示。

06　在“控制”栏上设置“不透明度”为 75%，按快捷键 Ctrl+[将图形后移一层，效果如图 29-41 所示。使用相同的方法，绘制矩形，并将其置于底层，效果如图 29-42 所示。

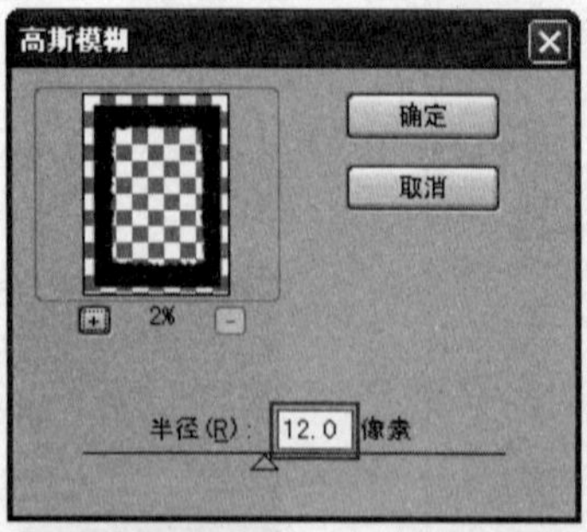

图　29-39

图　29-40

图　29-41

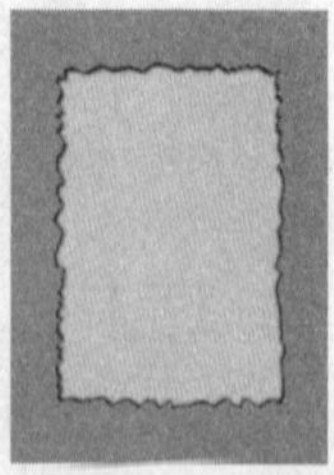

图　29-42

提示

此处置于底层的矩形颜色为 RGB(255,229,210)。

步骤 2　绘制图形

01　单击工具箱中的“钢笔工具”按钮，设置“填色”颜色为无，“描边”颜色为黑色，在“控制”栏上设置“描边”的“粗细”为 3pt，在画布中绘制图形，如图 29-43 所示。使用相同的方法，绘制一个图形，如图 29-44 所示。

02　选中刚刚绘制的路径，打开“渐变”面板，从左至右设置渐变滑块颜色为 RGB(209,180,109)、RGB(124,110,8)和 RGB(43,29,0)，其他设置如图 29-45 所示。设置完成后，将其移动到合适位置，效果如图 29-46 所示。

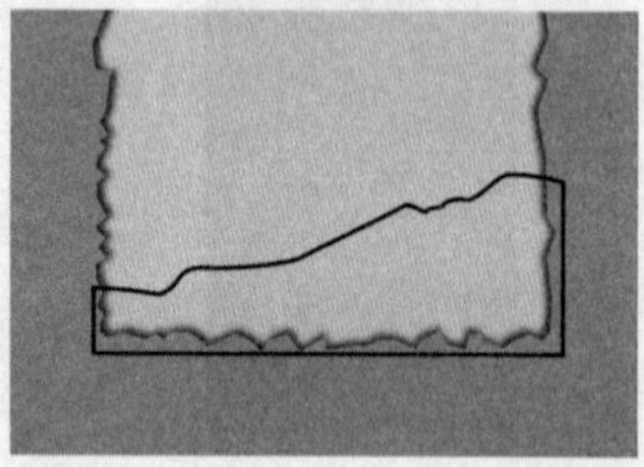

图　29-43

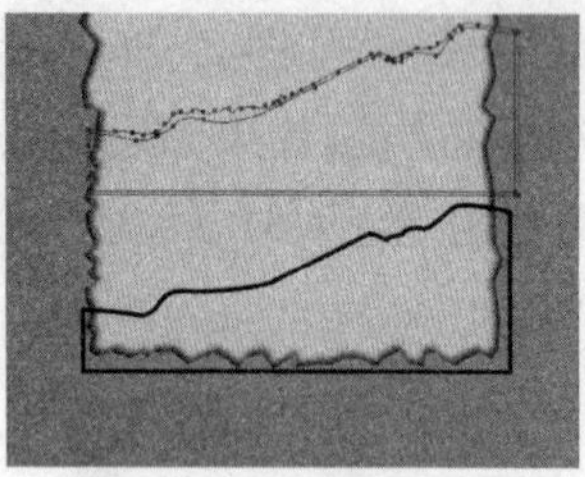

图　29-44

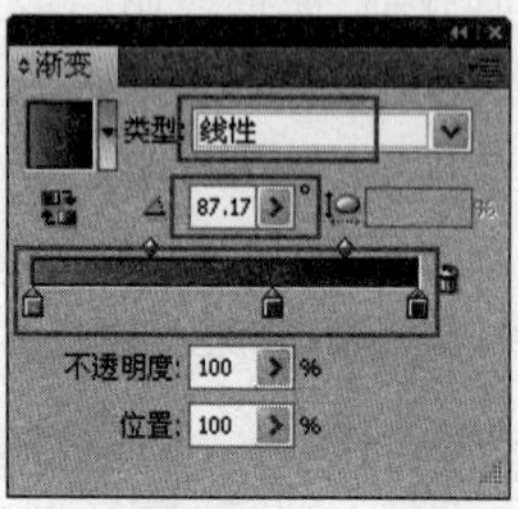

图　29-45

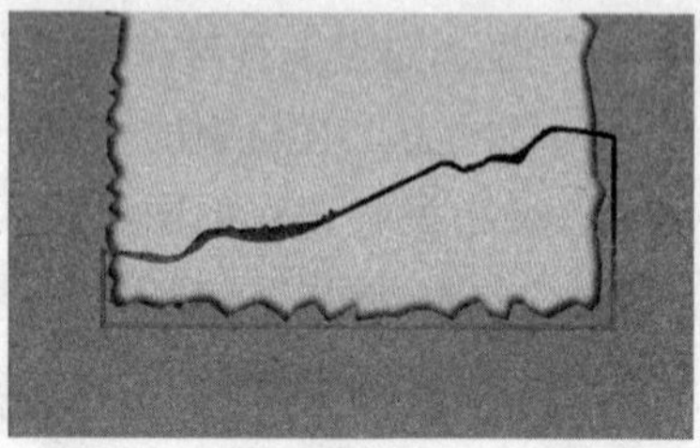

图　29-46

03　使用相同的方法，设置“填色”颜色为 RGB(234,183,148)，“描边”颜色为无，在画布中绘制图形，如图 29-47 所示。选中刚刚绘制的图形，执行“对象”→“创建渐变网格”命令，弹出“创建渐变网格”对话框，设置如图 29-48 所示。

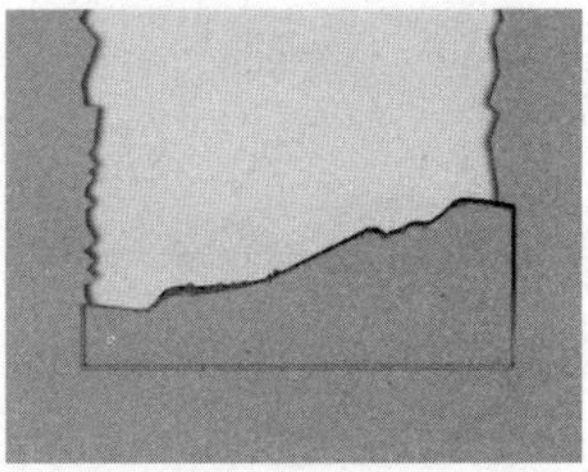

图 29-47

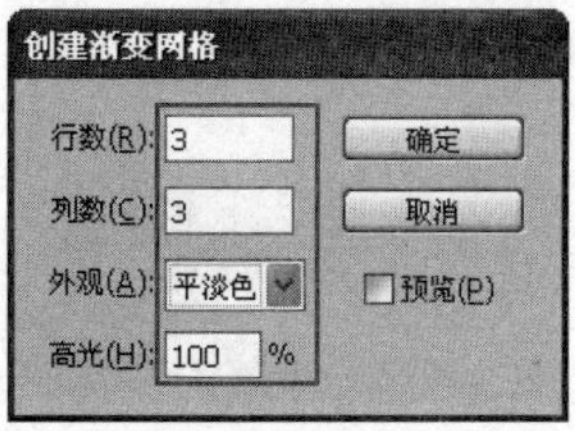

图 29-48

04 单击“确定”按钮，完成“创建渐变网格”对话框的设置，效果如图 29-49 所示。单击工具箱中的“直接选择工具”按钮，对图形中的锚点进行调整，效果如图 29-50 所示。

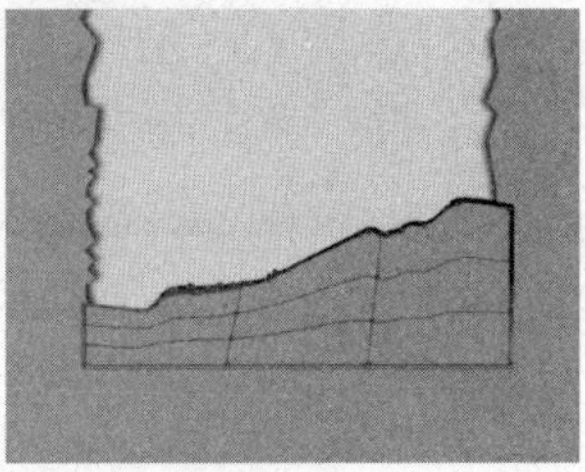

图 29-49

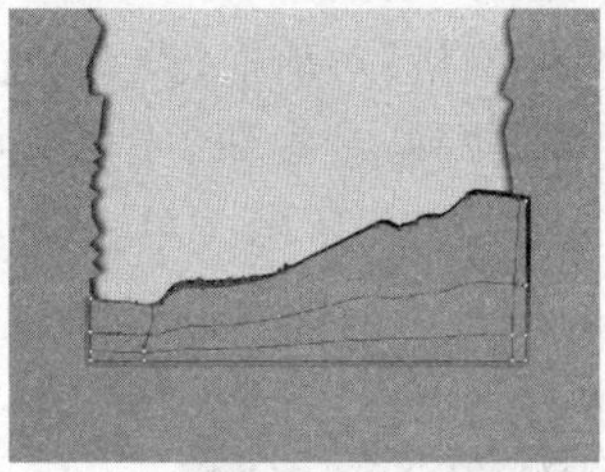

图 29-50

小技巧

在使用“直接选择工具”调整锚点的同时，还可以结合其他调整工具一同使用，从而使锚点的位置和角度达到最佳。

05 使用“直接选择工具”，选中单个锚点，设置锚点颜色为 RGB(192,159,137)，效果如图 29-51 所示。使用相同的方法，选中其他锚点，并设置颜色，效果如图 29-52 所示。

06 使用相同的方法，绘制出图形，并填充相应的渐变，效果如图 29-53 所示。单击工具箱中的“椭圆工具”按钮，设置“填色”颜色为 RGB(252,225,141)，“描边”颜色为无，在画布中绘制正圆，如图 29-54 所示。

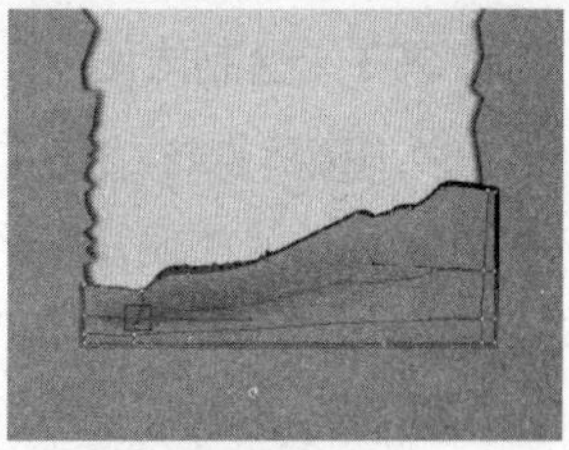

图 29-51

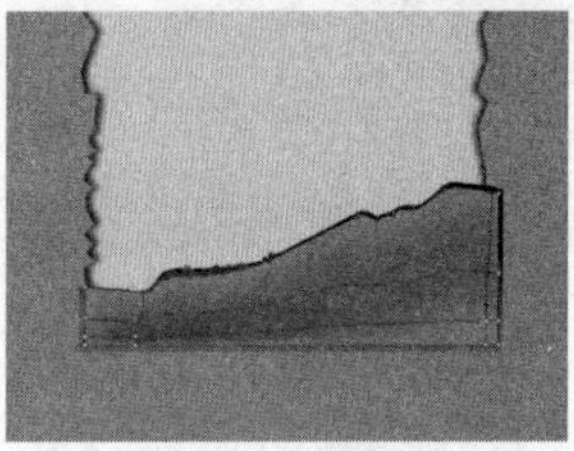

图 29-52

图 29-53

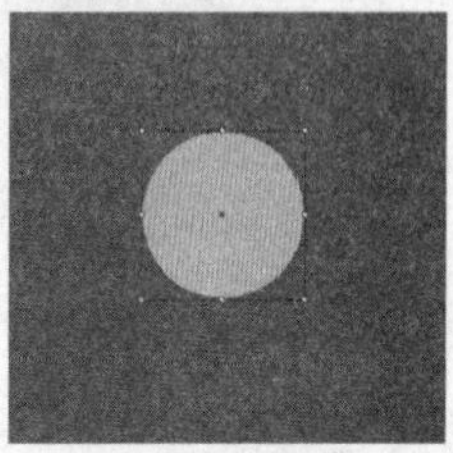

图 29-54

07 使用相同的方法，绘制出其他正圆图形，效果如图 29-55 所示。使用相同的方法，绘制出画布中其他图形，效果如图 29-56 所示。

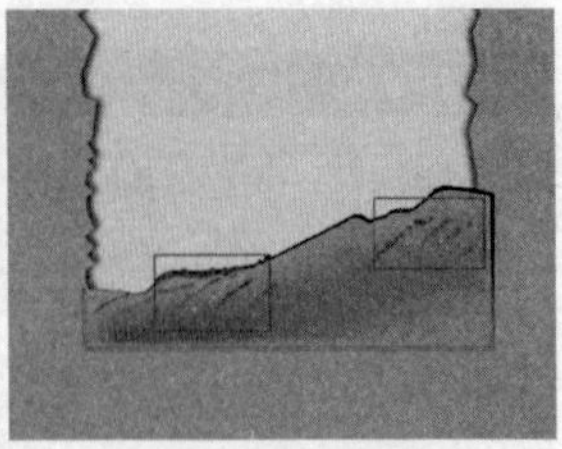

图 29-55

图 29-56

08 使用“椭圆工具”设置“填色”颜色为 RGB(255,229,210),“描边”颜色为无,在画布中绘制椭圆,如图 29-57 所示。选中刚刚绘制的椭圆,执行“对象”→“创建渐变网格”命令,弹出“创建渐变网格”对话框,设置如图 29-58 所示。

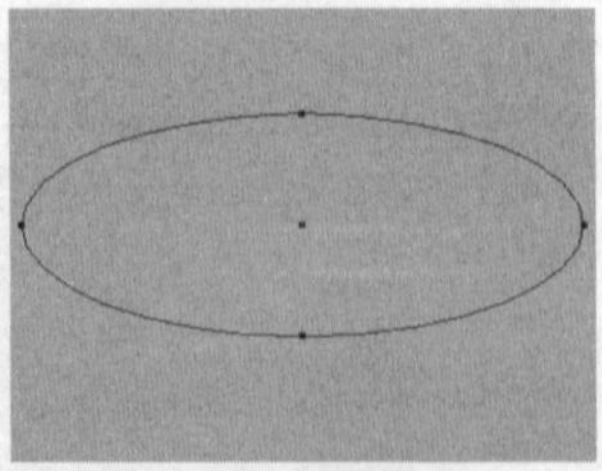

图 29-57

09 单击“确定”按钮,完成“创建渐变网格”对话框的设置,效果如图 29-59 所示。单击工具箱中的“直接选择工具”按钮,对图形中的锚点进行调整,效果如图 29-60 所示。

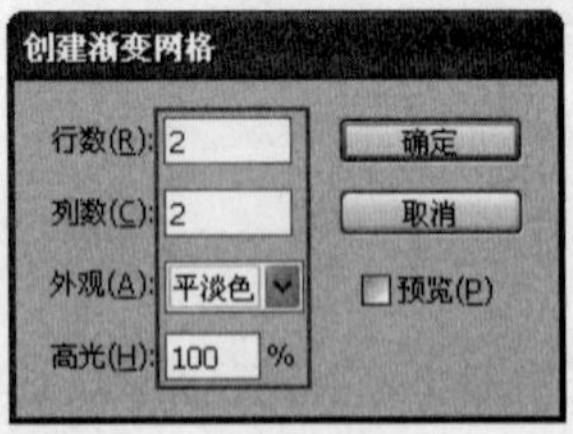

图 29-58

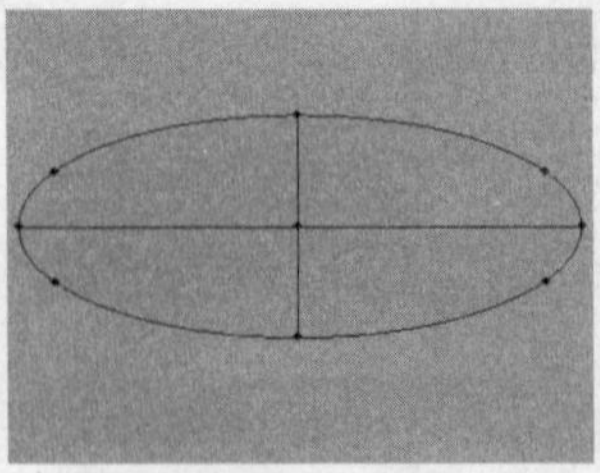

图 29-59

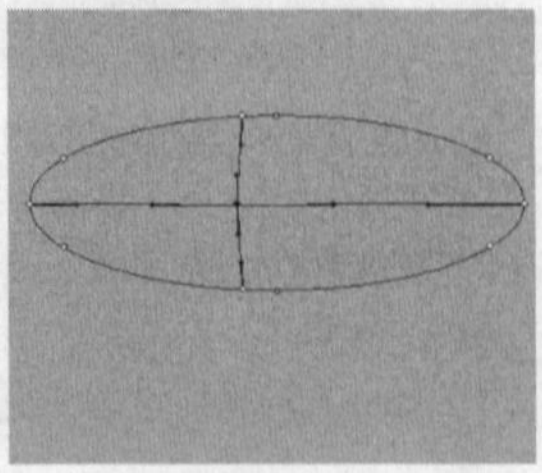

图 29-60

步骤 3 绘制太阳

01 使用“直接选择工具”,选中单个锚点,设置锚点颜色为 RGB(244,189,166),效果如图 29-61 所示。使用“椭圆工具”设置“填色”颜色为 RGB(229,140,119),“描边”颜色为无,在画布中绘制椭圆,在“控制”栏上设置“不透明度”为 40%,如图 29-62 所示。

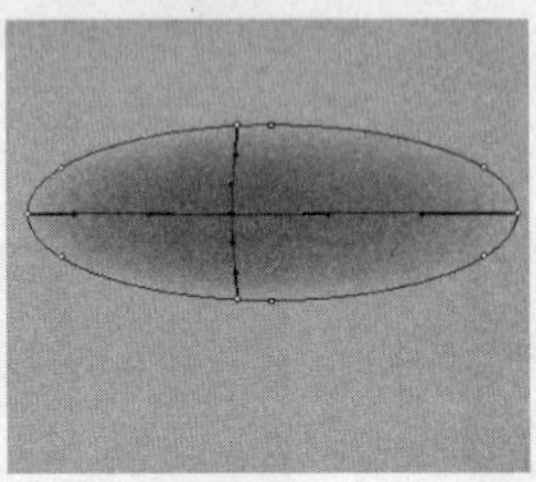

图 29-61

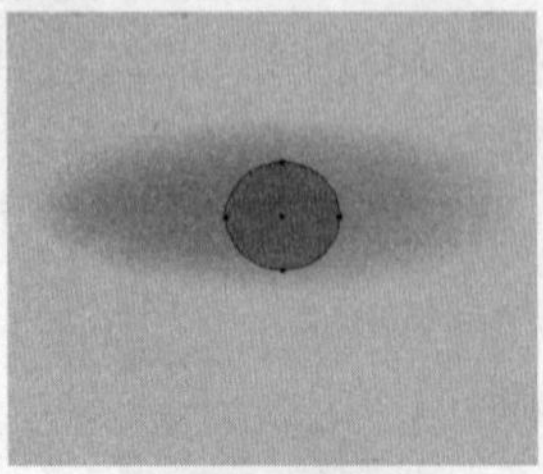

图 29-62

提示

除了使用“渐变网格”绘制太阳后面的模糊背景外,还可以使用“羽化”命令,对图形进行模糊处理。

02　使用相同的方法，绘制出其他图形，效果如图 29-63 所示。根据前面的制作方法，制作出画布中其他部分内容，效果如图 29-64 所示。

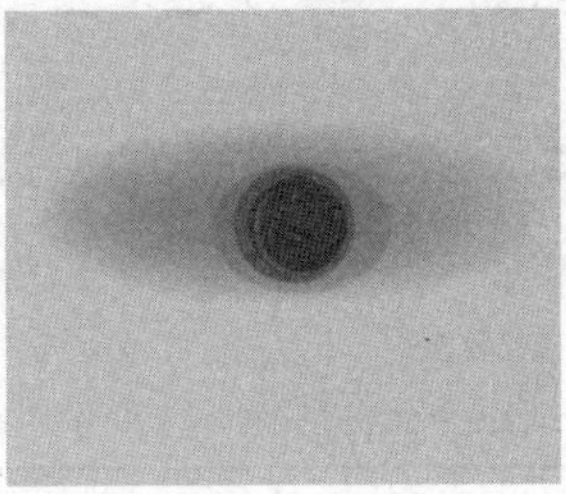

图　29-63

图　29-64

03　打开“图层”面板，选择复合路径，如图 29-65 所示。按快捷键 Shift＋Ctrl＋[将其置于顶层，效果如图 29-66 所示。执行“文件”→“置入”命令，将素材“CD\源文件\第 9 章\素材\云纹. ai”置入文件中，并移动到合适位置，如图 29-67 所示。

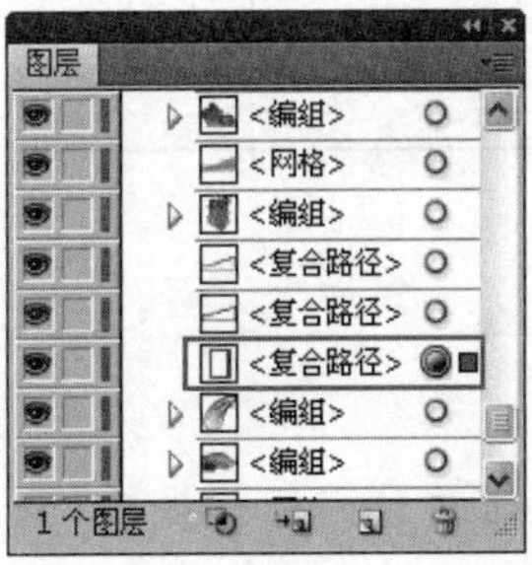

图　29-65

图　29-66

图　29-67

04　选中刚刚置入的云纹图案，将光标移到图案上，按住 Alt 键拖动鼠标复制多个图案，如图 29-68 所示。使用相同的方法，置入其他素材，效果如图 29-69 所示。执行“文件”→“存储为”命令，将插画存储为“CD\源文件\第 9 章\源文件\29-2. ai”。

图　29-68

图　29-69

课堂练习

任务背景：通过本节课的学习，小强已经掌握插画的设计方法与技巧，但还需要多多练习，以增加对制作插画的各项操作功能的熟练度，从而设计出更加富有诗意的插画。

任务目标：对插画设计多加练习。

任务要求：掌握设计插画中效果的应用技巧。

任务提示：合理的使用方法可以设计出不同的图形效果，但仅仅利用课上的时间是不够的，只有在课下勤加练习，才能掌握其中的奥妙。

练习评价

项　目	标准描述	评定分值	得分
基本要求 60 分	绘制光芒四射的效果	20	
	绘制太阳发光的效果	10	
	绘制花朵的技巧	10	
	利用锚点绘制图形	10	
	渐变网格结合颜色	10	
拓展要求 40 分	高斯模糊效果	40	
主观评价		总分	

课外阅读

插画的应用

- 出版物：书籍的封面、内页、外套和内容辅助等所使用的插画。包括报纸、杂志等编辑上所使用的插画。
- 商业宣传：广告类包括报纸广告、杂志广告、招贴、海报、宣传单、电视广告中所使用的插画。
- 商业形象设计：商品标志与企业形象（吉祥物）。
- 商品包装设计：包装设计及说明图解包括消费指导、商品说明、使用说明书、图表、目录等。
- 影视多媒体：影视剧、广告片、网络等方面的角色及环境美术设计或界面设计。
- 游戏设计：游戏宣传插画、游戏人物设定、场景设定动画、漫画、卡通动画原画设计、漫画设计、卡通设计。

基本上所有商业性绘画都可以算在插画的范畴。在平面设计领域，接触最多的插画应用的两大类型是文学插图与商业插画。

- 文学插图：再现文章情节、体现文学精神的可视艺术形式。
- 商业插画：为企业或产品传递商品信息，集艺术与商业的一种图像表现形式。

课后思考

(1) 除了能够移动锚点位置，还能对锚点进行哪些操作？

(2) 对描边能进行哪些设置？

第 10 章

平面设计行业知识

知识要点

- 字体的分类和应用
- 纸张的单位、分类和应用
- 单色印刷和多色印刷
- 常见印刷工艺的种类
- 覆膜和装订
- 模切和 UV 上光
- 压痕的应用
- 打孔和打号

第 30 课　关于字体和纸张

在平面设计制作过程中，通常都需要将设计原稿依照设计要求，以文字排版为基础，使用不同类型的纸张将其组织成规定的版式，书籍、杂志等书版印刷物。对于处在设计行业的设计人员可能会对文字排版的方法以及所需使用的纸张类型不太了解，下面将针对字体和纸张的相关基础知识进行讲解。

课堂讲解

任务背景： 小强通过自己的努力学习，现在已经可以独立制作出一些平面设计作品。每一次看到路边的海报，他多么期望自己所设计的作品也可以印刷出来贴在墙上，但是他并不知道应该使用什么纸张，也不知道如何正确地应用合适的字体，于是他翻阅大量的资料进行查询。

任务目标： 对字体和纸张的基础知识进行学习。

任务分析： 对字体和纸张的学习是非常必要的，只有对这些有了最基本的了解，才可以为自己的作品选择一种最合适的纸张。

30.1　字体的分类和运用

1. 字体的分类

供排版、印刷用的规范化文字形态，叫做印刷字体。下面介绍一下字体的分类。

1）汉字字体

汉字是世界上最古老、最优美的文字之一。汉字在长期的发展演变过程中，创造了多种笔画整齐、结构严谨的印刷字体，常用的印刷字体有下列几种。

(1) 宋体。是宋代雕版印书通行的印刷字体,最初用于明朝刊本,是写字人模仿宋体写成,是现在最通行的一种印刷字体。其特点是字形方正,笔画横平竖直,横细竖粗,整齐均匀,使人在阅读时有一种醒目舒适的感觉,目前常用于排印书刊报纸的正文,如图 30-1 所示。

(2) 黑体。又称方体、等线体,其特点是字面呈正方形,字形端庄,笔画横平竖直等粗,粗壮醒目,结构紧密。它适用于作标题或重点按语,因色调过重,不宜排印正文。

(3) 楷体。又称活体,其特点是字形端正,笔迹挺秀美丽,字体均整,用笔方法与手写楷书基本一致,初学文化的读者易辨认,所以广泛用于印刷小学课本、少年读物,通俗读物等。

(4) 仿宋体。又称真宋体,其特点是宋体结构,楷书笔法,笔画横直粗细匀称,字体清秀挺拔,常用于排印诗集短文、标题、引文等,杂志中也有用这种字体排整段文章的。

(5) 长仿宋体。是仿宋体的一种变形,字面呈长方形,字身大小与宽度之比是 4∶3 或 3∶2,字体狭长,笔画细而清秀,一般用于排版古书,诗词等,也有用作书刊标题。

(6) 美术字。是一种特殊的印刷字体,它是为了美化版面,将文字的结构和字形加以形象化,一般用于书刊封面或标题。这些字一般字面较大,可以增加印刷品的艺术性。

近几年来,为了活跃版面,又设计了许多新字体供印刷使用,其中有中圆体、隶书体、隶变体、综艺体、美黑体、粗黑体、行书体、小姚体、新魏体等,如图 30-2 所示,这些都可以作为标题使用。

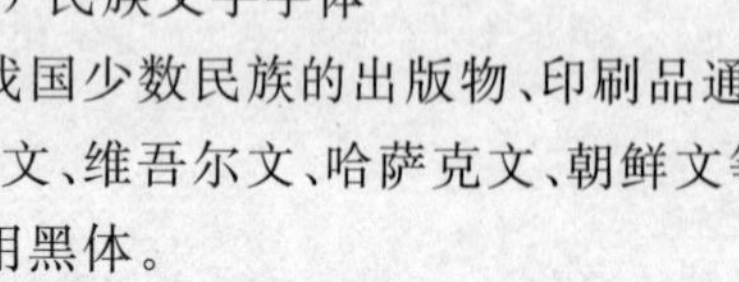

图 30-1

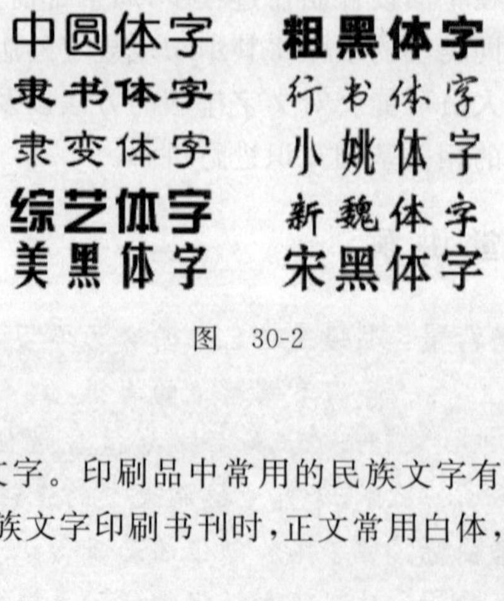

图 30-2

2) 民族文字字体

我国少数民族的出版物、印刷品通常使用民族文字。印刷品中常用的民族文字有蒙古文、藏文、维吾尔文、哈萨克文、朝鲜文等。用这些民族文字印刷书刊时,正文常用白体,标题等常用黑体。

3) 外文字体

在印刷外文书刊和中文科技书刊时,使用外文字体。在外文中使用最多的是拉丁文,也有斯拉夫文、日文、阿拉伯文等东方文字。外文字体一般分为白体与黑体,白体用于印刷正文,黑体用于标题。外文字体在字面形式上又分为正写(又称正体)与斜写(又称斜体)两种,拉丁文中还有手写体,德文中有花体,在少数场合用于词头。日文与汉字相同都是方块字形,其字体有明朝体、黑体等。

2. 字体的运用

1) 活字的大小

活字是用金属或非金属材料制成顶端有反向凸字的单个排版用字的方柱体。

我国活字大小的规格单位有两种：号制和点制。国际上通用点制，我国现在采用的是以号制为主、点制为辅的混合制。

号制是以互不成倍数的 3 种活字为标准，加位或减半自成系统，字号的大小可以分为以下 4 个序列。

- 四号序列：一号、四号、小六号。
- 五号序列：初号、二号、五号、七号。
- 小五号序列：小初号、小二号、小五号、八号。
- 六号序列：三号、六号。

点制又称磅，是由英文 Point 翻译的，缩写为 P，是通过计量单位"点"为专用尺度，来计量字的大小。1985 年 6 月，文化部出版事业管理局为了革新印刷技术，提高印刷质量，提出了活字及字模规格化的决定。规定每一点(1P)等于 0.35mm，误差不超过 0.005mm，如五号字为 10.5 点，即 3.675mm。外文活字大小都以点来计算，每点大小约等于 1/72in，即 0.5146mm。

我国现用活字正方字身的大小如表 30-1 所示。

表 30-1　号数、点数值对照表

序　号	号　数	点　数	尺寸/mm	序　号	号　数	点　数	尺寸/mm
1		72	25.305	10	三号	16	5.623
2	大特号	63	22.142	11	四号	14	4.920
3	特号	54	18.979	12	小四号	12	4.218
4	初号	42	14.761	13	五号	10.5	3.690
5	小初号	36	12.653	14	小五号	9	3.163
6	大一号	31.5	11.071	15	六号	8	2.812
7	一(头)号	28	9.841	16	小六号	6.875	2.416
8	二号	21	7.381	17	七号	5.25	1.845
9	小二号	18	6.326	18	八号	4.5	1.581

2) 照排字的大小

照像排字中文字大小以 mm 计算，计量单位为"级"，以 J 表示(旧用 K 表示)，每一级等于 0.25mm，1mm 等于 4 级。一般文字以正方形为基本形态。20 级大小的文字，就是这个文字的字面各边都 5mm。

一般照像排字机(简称照排机)能照排出的文字大小有 7～62 级，也有 7～100 级的。

由于活字和照排文字的计量方法不同，因此，如果遇到用号数标注的文字时，必须换算成级数，以便照排的操作。例如，五号字的大小为 3.69mm，经计算在 14～15K 之间，选择哪个级数合适，最后需根据排版要求确定。

3) 计算机排版文字的大小

在计算机排版系统中，文字的大小基本上和活字相同，采用号数字或点数字。

30.2 纸张的单位

纸张的单位以"定量"和"令重"表示，通常以定量表示。定量又称克重，是纸张每平方米的重量，即克重/平方米。定量是纸张厚薄的标志，定量越大，纸张越厚，每吨纸的张数越少。

纸张克重、吨令折算对照如表 30-2 所示。

表 30-2 纸张克重、吨令折算对照表

规格：787mm×1092mm							
克重/平方米	令数/吨	克重/平方米	令数/吨	克重/平方米	令数/吨	克重/平方米	令数/吨
40	58.180	75	31.029	110	21.165	130	17.902
50	46.544	80	29.090	113	20.595	150	15.515
52	44.754	90	25.858	115	20.237	157	20.237
60	38.787	95	24.497	120	19.363		
65	35.803	100	23.272	126.6	18.382		
70	33.246	105	22.164	128	18.181		
规格：889mm×1194mm							
克重/平方米	令数/吨	克重/平方米	令数/吨	克重/平方米	令数/吨	克重/平方米	令数/吨
64	29.440	105	17.945	150	12.561	300	6.280
70	26.917	115	16.384	200	9.421	350	5.383
80	23.552	120	15.701	210	8.972		
90	20.936	128	14.720	230	8.192		
100	18.842	130	14.494	250	7.537		
规格：850mm×1168mm							
克重/平方米	令数/吨	克重/平方米	令数/吨	克重/平方米	令数/吨	克重/平方米	令数/吨
52	38.740	70	28.779	100	20.145	150	13.430
60	33.575	80	25.181	120	16.788		

定量在 250 克重/平方米以下的称为纸，超过的称为纸板。

令是平板纸的计量单位，以 500 张为 1 令，不足 1 令以方计算，1 令等于 1000 方。现在通常以印张为令以下的单位。1 令等于 1000 印张，一个印张等于半张纸。

30.3 纸张的分类

印刷方式不同，因此必须根据印刷工艺的要注及特点去选用相应的纸张。下面是一些出版物常用纸张规格的介绍。

1. 按文化用纸分类

1）新闻纸

新闻纸俗称白报纸，其特点是松软多孔，有一定的机构强度，吸收性好，能使油墨在很短时间内渗透固着，折叠时不会沾脏，用于在高速轮转机上印刷报纸、期刊及一般书籍。新闻纸的定量为 51g/m^2，卷筒新闻纸的宽度有 1572mm、1562mm、787mm、781mm 4 种，平版纸幅面尺寸为 787mm、1092mm。新闻纸印刷不透明，但白度较低，表面平滑度不同，印刷图片时应使用较粗网目，但日光后容易发黄变脆，不宜长期保存。

2）凸版纸

这是一种适于凸版印刷机印刷各种书籍、文体用品和杂志正文的纸张，定量为 52g/m^2 和 60g/m^2，有卷筒纸和平板纸两种，平滑度 30m，不透明度不小于 88%。凸版印刷纸是广泛使用的书刊纸，比新闻纸平滑度稍高，保存期较长，但是容易出现掉毛掉粉，不适于用胶版印刷方法印刷书刊，这种纸写字容易洇。

3）胶版纸

胶版纸旧称“道林纸”，是供胶印机使用的书刊用纸，适于印制单色或多色的书刊封面、正文、插页、画报、地图、宣传画、彩色商标和各种包装品。胶版印刷纸分为特号、1 号和2 号，定量为 70g/m^2～150g/m^2，纸浆具有较高的强度和适印性能。胶版纸是比较高级的书刊印刷纸，它的对比度、伸缩率和表面强度较高，酸碱性也应接近中性或呈弱碱性，定量为 40g/m^2～80g/m^2。近年来又试制成功了低定量的胶印新闻纸和胶印书刊纸，供胶印纸和书刊使用。

4）凹版纸

凹版纸是用于印刷各种彩色印刷品、期刊、连环画、画册、邮票和有价证券的纸张，其规格和尺寸基本上与新闻纸、凸版纸和胶版纸相同，也分卷筒纸与平板纸两种。凹版纸印刷要求较高，需要较高的纸张白度，并且有较好的平滑度和柔软性。

5）书写纸

书写纸是一种消费量很大的文化用纸，适用于表格、练习簿、账簿、记录本等，供书写用，分特号、1 号、2 号、3 号和 4 号 5 个等级，定量为 45g/m^2～80g/m^2。

质量要求色泽洁白、两面平滑、质地紧密、书写时不洇水。

6）有光纸

有光纸是供书写、办公和宣传标语用的单面光纸张，也可以用于裱糊纸盒、包装商品、印刷日历、信笺和发票等，是一种常用的薄纸。过去曾称之为办公纸或雪莲纸，分特号、1 号和 2 号 3 种，定量为 18g/m^2～40g/m^2。质量要求厚薄均匀，纸面平整，轻度施胶便于书写，有一定抗水性。有色有光纸又称标语纸，主要用于书写标语。

7）国书画用纸

国书画用纸是供毛笔书写和作画用的纸张，有元书纸、宣纸、毛边纸等。

2. 按包装用纸分类

1）邮封纸

邮封纸是一种极薄的单面光书写类纸张，定量仅为 20g/m^2，原来主要用于邮票衬纸和保价信件的封口用纸，现在则多用于化妆品、水果、食品的包装和卷烟衬里。印刷并上蜡后可做糖果包装纸，也可以代替打字纸和拷贝纸印刷单据、传票或多页复写纸。质量要求薄而强韧，透明度好，张力大，透气度小。

2）玻璃纸

玻璃纸又名透明纸，是像玻璃一样透明的高级包装和装饰用纸。它用于包裹粮果、食品、衬衫、卷烟、化装品以及其他商品，定量为30g/m²。它除了透明无色外还有金黄、桃红、翠绿等多种颜色。玻璃纸具有不透气、油和水，柔软强韧，无色透明并有光泽，密封后可以防潮、防锈，但稍有裂口就裂。由于它纵向强度较大，可以造成纸绳。废玻璃纸不能回收利用。

3）牛皮纸

牛皮纸是坚韧耐水的包装用纸，呈棕黄色，用途很广，常用于制作纸袋、信封、唱片套、卷宗和砂纸等。定量范围为40g/m²～120g/m²，有卷筒纸和平板纸，又有单面光、双面光和带条纹的区别。质量要求是柔韧结实，耐破度高，能承受较大拉力和压力。

4）装订纸板

装订纸板是书籍装帧的重要材料，有白纸板、黄纸板、箱纸板等，主要用于制作精装书壳和封套。以纸板为骨架的精装书壳，具有坚固、美观、有利于长期保存的优点。

5）白纸板

白纸板又名马尼拉纸，是白色的比较高级的包装纸板。它用于印刷儿童教育图片和文具用品、化妆品、药品的商标。定量为200g/m²～400g/m²，薄厚一致，不起毛、不掉粉、有韧性、折叠时不易断裂。

6）草纸板

草纸板又名黄纸板或马粪纸，是黄色的包装用纸板。它主要用于商品的包装、制纸盒和书箱、账册的封面衬里。定量为200g/m²～860g/m²，常用的是8号420g、10号530g、12号640g。草纸板要求质量紧密结实，纸面平整，有一定的机械强度和韧性。

7）箱纸板

箱纸板又名麻纸板，是比较坚固的纸箱使用的纸板，广泛用于装运书籍、百货用品、收音机、电视机、机器零件及食品等。定量为200g/m²、310g/m²、420g/m²和530g/m²，表面平整，机械强度好。

8）瓦楞纸

瓦楞纸在生产过程中被压制成瓦楞形状，它将提供纸板弹性、平压强度，并且影响垂直压缩强度等性能。瓦楞纸的纸面平整，厚薄要一致，不能有皱折、裂口和窟窿等纸病，否则会增加生产过程的断头故障，影响产品质量。

9）纸袋纸

纸袋纸类似于牛皮纸，大多用针叶木硫酸盐浆来生产，国内也有掺用部分竹浆、棉杆浆、破布浆生产的，因此纸袋纸机械强度很高，一般用来制作水泥、农药、化肥及其他工业品的包装袋。为满足灌装时的要求，纸袋纸要有一定的透气性和较大的伸长率。

10）复合纸

用粘合剂将纸、纸板与其他塑料、铝箔、布等合起来，就得到复合加工纸。复合加工纸不仅能改善纸和纸板的外观性能及强度，主要还能提高防水、防潮、耐油、气密保香等性能，同时还会获得热封性、阻光性、耐热性等。生产复合纸的方法有湿法、干法、热融和挤出复合等。

11）防潮纸

防潮纸是在两层原纸中间涂上沥青而制成的包装纸，主要供包装卷烟防潮用，也可用作水果包装。防潮纸具有一定的防潮能力，其防潮率最小在15%以上。好的防潮纸涂布均匀，粘合牢固，没有纸层脱裂及柏油渗透现象，耐热度不低于85°，不应有臭味，以免影响卷烟质量，但目前已不使用该纸包装卷烟。

3. 按技术用纸分类

1）铜版纸

铜版纸又名涂料纸，是在原纸上涂抹一层由碳酸钙或白陶土等与粘合剂配成的白色涂料，烘干后压光制成的高级印刷用纸，适合于铜板印刷或胶印。它分单面涂布和双面涂布两种，两种中又分特号、1 号、2 号、3 号，定量为 $80g/m^2 \sim 250g/m^2$。铜板纸要求有较高的涂层强度，不掉粉，能适合 60 线/cm 以上细网目印刷。

2）铸涂纸

铸涂纸又名玻璃粉纸，是一种表面特别光滑的高级涂布印刷纸。它是在原纸上经过二次或一次厚涂布量（单面 20g～39g）的涂布，在涂料处于潮湿状态时，涂布面紧贴在高度抛光的镀铬烘缸上加热烘干，加工速度约 100m 或低一些即可得到，光泽度为 85％左右，不须进行压光。将涂布纸用花纹辊进行压花处理，可以制成布纸或鸡皮纸。铸涂纸主要印刷封面、插页和高级纸盒，布纹纸和鸡皮纸则多用于印刷挂历和名片等。

3）打字纸

打字纸是供打字和复写用的薄型纸张，目前也用来印刷单据、票证或信笺。分特号、1 号和2 号 3 个等级，定量为 $24g/m^2 \sim 30g/m^2$，常用的是 $28g/m^2$。它要求纸张厚度不超过 0.05mm，厚薄一致，能一次打字，复写多页，纸质强韧平整，书写时不洇水。有色打字纸用于印刷多联传票或票证。

4）钙朔纸

外观上与纸张很接近，能耐水浸、不吸湿、不易燃烧，具有较高的耐破度和抗撕裂度，生产成本低。可用于印刷书卡、证券、标签和彩色印刷品，也可用来制作瓦楞纸板箱，装运需防潮、耐油的食品和货物。

5）商标纸

商标纸纸面洁白，印刷性能良好，用于制作商标标志。

6）白卡纸

白卡纸是一种平板纸，它表面平滑，质地坚挺。

7）印刷纸

印刷纸是专供印刷用的纸。按用途可分为新闻纸、书刊用纸、封面纸、证券纸等；按印刷方法的不同可分为凸版印刷纸、凹版印刷纸、胶版印刷纸等。

8）彩印纸

彩印纸主要包括彩印纸盒、彩印纸箱。

30.4　纸张的运用

凸版印刷的方法与橡皮印章的工作原理是相同的，即把油墨涂在凸起的印刷图文上，并通过压力把油墨转移到纸张或其他一些承印物上。传统凸版印刷和柔性版印刷都属于凸版印刷方法。

平版印刷是目前使用最多的印刷工艺。平版印刷和凸版印刷不同，印刷表面的文字图像区并不凸起，而是在有文字和图像的地方吸附油墨排斥水，在文字和图像以外的空白区吸附水排斥墨。所以说，实际上平版印刷是利用墨水排斥的原理进行的。

在平版印刷中，水墨的配合非常重要，只有水墨搭配合适，图像和文字印刷出来才会精美，图像质量也就越高。

平版和凸版印刷都是通过网点面积的大小和网线的粗细来显现层次和印迹的清晰，而凹版印刷则是以线条图纹在印版版面凹下的深浅和宽窄程度来显现画面层次。图纹凹下得越深，填入的油墨越多，印出的印迹色调也就越浓。

纸张厚度如表 30-3 所示。

表 30-3　纸张厚度表

mm

类别	纸张名称	单张厚度	类别	纸张名称	单张厚度
超级压光凸版纸	52g/m² 1号凸版纸	0.065	普通压光胶版纸	50g/m² 特号胶版纸	0.071
	60g/m² 1号凸版纸	0.075		60g/m² 特号胶版纸	0.086
	52g/m² 2号凸版纸	0.087		70g/m² 特号胶版纸	0.100
超级压光胶版纸	50g/m² 特号胶版纸	0.063		80g/m² 特号胶版纸	0.114
	60g/m² 特号胶版纸	0.075		90g/m² 特号胶版纸	0.129
	70g/m² 特号胶版纸	0.088		120g/m² 特号胶版纸	0.171
	80g/m² 特号胶版纸	0.100		150g/m² 特号胶版纸	0.214
	90g/m² 特号胶版纸	0.113		180g/m² 特号胶版纸	0.257
	120g/m² 特号胶版纸	0.150		50g/m² 1号胶版纸	0.071
	150g/m² 特号胶版纸	0.188		60g/m² 1号胶版纸	0.086
	180g/m² 特号胶版纸	0.225		70g/m² 2号胶版纸	0.100
	50g/m² 1号胶版纸	0.063		80g/m² 2号胶版纸	0.129
	60g/m² 1号胶版纸	0.075		120g/m² 2号胶版纸	0.171
	70g/m² 1号胶版纸	0.088		150g/m² 2号胶版纸	0.214
	80g/m² 1号胶版纸	0.100		180g/m² 2号胶版纸	0.257
	90g/m² 1号胶版纸	0.113	单面胶版纸	40g/m² 1号单胶纸	0.073
	120g/m² 1号胶版纸	0.150		50g/m² 1号单胶纸	0.091
	150g/m² 1号胶版纸	0.188		60g/m² 1号单胶纸	0.109
	180g/m² 1号胶版纸	0.225		70g/m² 1号单胶纸	0.127
	50g/m² 2号胶版纸	0.063		80g/m² 1号单胶纸	0.146
	60g/m² 2号胶版纸	0.075		40g/m² 2号单胶纸	0.080
	70g/m² 2号胶版纸	0.088		50g/m² 2号单胶纸	0.100
	80g/m² 2号胶版纸	0.100		60g/m² 2号单胶纸	0.120
	90g/m² 2号胶版纸	0.113		70g/m² 2号单胶纸	0.140
	120g/m² 2号胶版纸	0.150		80g/m² 2号单胶纸	0.160
	150g/m² 2号胶版纸	0.188	书皮纸	80g/m² 1号书皮纸	0.114
	180g/m² 2号胶版纸	0.225		100g/m² 1号书皮纸	0.143

续表

类别	纸张名称	单张厚度	类别	纸张名称	单张厚度
书皮纸	120g/m² 1号书皮纸	0.171	普通压光字典纸	40g/m² 1号字典纸	0.057
	80g/m² 2号书皮纸	0.121		25g/m² 2号字典纸	0.038
	100g/m² 2号书皮纸	0.152		30g/m² 2号字典纸	0.046
	120g/m² 2号书皮纸	0.182		35g/m² 2号字典纸	0.054
打字纸	24g/m² 特号书皮纸	0.037		40g/m² 2号字典纸	0.062
	26g/m² 特号书皮纸	0.040	招贴纸	50g/m² 1号招贴纸	0.091
	28g/m² 特号书皮纸	0.043		60g/m² 1号招贴纸	0.109
	30g/m² 特号书皮纸	0.046		80g/m² 1号招贴纸	0.145
	24g/m² 1号书皮纸	0.040		50g/m² 2号招贴纸	0.100
	26g/m² 1号书皮纸	0.043		60g/m² 2号招贴纸	0.120
	28g/m² 1号书皮纸	0.047		80g/m² 2号招贴纸	0.160
	30g/m² 1号书皮纸	0.050	簿页纸	16g/m² 1号簿页纸	0.036
	24g/m² 2号书皮纸	0.044		18g/m² 1号簿页纸	0.040
	26g/m² 2号书皮纸	0.047		16g/m² 2号簿页纸	0.040
	28g/m² 2号书皮纸	0.051		18g/m² 2号簿页纸	0.045
	30g/m² 2号书皮纸	0.055		16g/m² 特号簿页纸	0.032
画报印刷纸	70g/m² 画报纸	0.093		18g/m² 特号簿页纸	0.036
	80g/m² 画报纸	0.107	凹版印刷纸	70g/m² 特号凹版纸	0.078
	90g/m² 画报纸	0.120		80g/m² 特号凹版纸	0.089
	100g/m² 画报纸	0.133		90g/m² 特号凹版纸	0.100
	120g/m² 画报纸	0.160		100g/m² 特号凹版纸	0.110
	140g/m² 画报纸	0.187		120g/m² 特号凹版纸	0.133
	150g/m² 画报纸	0.200		70g/m² 1号凹版纸	0.082
	180g/m² 画报纸	0.240		80g/m² 1号凹版纸	0.094
超级压光字典纸	25g/m² 1号字典纸	0.031		90g/m² 1号凹版纸	0.106
	30g/m² 1号字典纸	0.038		100g/m² 1号凹版纸	0.118
	35g/m² 1号字典纸	0.044		120g/m² 1号凹版纸	0.141
	40g/m² 1号字典纸	0.050		70g/m² 2号凹版纸	0.088
	25g/m² 2号字典纸	0.033		80g/m² 2号凹版纸	0.100
	30g/m² 2号字典纸	0.040		90g/m² 2号凹版纸	0.113
	35g/m² 2号字典纸	0.047		100g/m² 2号凹版纸	0.125
	40g/m² 2号字典纸	0.053		120g/m² 2号凹版纸	0.150

续表

类别	纸张名称	单张厚度	类别	纸张名称	单张厚度
白卡纸	200g/m² 1号白卡纸	0.250	铜版纸（胶版涂料纸）	90g/m²（单双面胶）特号铜版纸	0.072
	230g/m² 1号白卡纸	0.288		100g/m²（单双面胶）特号铜版纸	0.080
	250g/m² 1号白卡纸	0.313		120g/m²（单双面胶）特号铜版纸	0.096
	200g/m² 2号白卡纸	0.267		150g/m²（单双面胶）特号铜版纸	0.120
	230g/m² 2号白卡纸	0.307		180g/m²（单双面胶）特号铜版纸	0.144
	250g/m² 2号白卡纸	0.333		250g/m²（单双面胶）特号铜版纸	0.200
	200g/m²特号白卡纸	0.235		90g/m²（单双面胶）1号铜版纸	0.069
	230g/m²特号白卡纸	0.271		100g/m²（单双面胶）1号铜版纸	0.077
	250g/m²特号白卡纸	0.294		120g/m²（单双面胶）1号铜版纸	0.092
米卡纸	170g/m²特号米卡纸	0.283		150g/m²（单双面胶）1号铜版纸	0.115
	200g/m²特号米卡纸	0.333		180g/m²（单双面胶）1号铜版纸	0.138
	170g/m² 1号米卡纸	0.262		250g/m²（单双面胶）1号铜版纸	0.192
	200g/m² 1号米卡纸	0.308		90g/m²（单双面胶）2号铜版纸	0.067
	170g/m² 2号米卡纸	0.262		100g/m²（单双面胶）2号铜版纸	0.074
	200g/m² 2号米卡纸	0.308		120g/m²（单双面胶）2号铜版纸	0.089
证券纸	50g/m² 1号证券纸	0.077		150g/m²（单双面胶）2号铜版纸	0.111
	60g/m² 1号证券纸	0.091	铜版纸（凸版涂料纸）	90g/m²（单双面胶）特号铜版纸	0.075
	70g/m² 1号证券纸	0.108		100g/m²（单双面胶）特号铜版纸	0.083
	80g/m² 1号证券纸	0.123		120g/m²（单双面胶）特号铜版纸	0.100
	100g/m² 1号证券纸	0.154		150g/m²（单双面胶）特号铜版纸	0.125
	120g/m² 1号证券纸	0.184		180g/m²（单双面胶）特号铜版纸	0.150
	150g/m² 1号证券纸	0.231		250g/m²（单双面胶）特号铜版纸	0.208
	50g/m² 2号证券纸	0.077		90g/m²（单双面胶）1号铜版纸	0.074
	60g/m² 2号证券纸	0.092		100g/m²（单双面胶）1号铜版纸	0.082
	70g/m² 2号证券纸	0.108		120g/m²（单双面胶）1号铜版纸	0.098
	80g/m² 2号证券纸	0.123		150g/m²（单双面胶）1号铜版纸	0.123
	100g/m² 2号证券纸	0.154		180g/m²（单双面胶）1号铜版纸	0.148
	120g/m² 2号证券纸	0.184		250g/m²（单双面胶）1号铜版纸	0.205
	150g/m² 2号证券纸	0.231		90g/m²（单双面胶）2号铜版纸	0.072
				100g/m²（单双面胶）2号铜版纸	0.080
				120g/m²（单双面胶）2号铜版纸	0.096
				150g/m²（单双面胶）2号铜版纸	0.120

课堂练习

任务背景： 通过本节课的学习，小强对文字和纸张有了最基本的了解，已经可以为自己的作品选择出一种合适的纸张。接下来小强通过互联网开始查看每一种纸张所印刷出的效果。

任务目标： 查看每类纸张的印刷成品。

任务要求： 通过搜索查看运用各种纸张所印刷出的作品，对纸张进行更深一步的了解。

任务提示： 只有对纸张有更深入的了解，才可以找出更适合自己作品的纸张。

练习评价

项　目	标准描述	评定分值	得分
基本要求 60 分	字体的类型及应用	20	
	纸张的单位和分类	20	
	纸张的运用	20	
拓展要求 40 分	对不同类型的纸张进行了解	40	
主观评价		总分	

课外阅读

印刷中的字号与磅数

铅字印刷的时候，字体大小是用“字号”作为单位的，然而到了计算机排版的时代，字体的大小按照国际标准，用“磅”作为单位。不过由于两种标准不统一，所以没有直接换算的公式。

印刷中常用的字号与磅数换算表，如下表所示。

印刷中常用字号与磅数对照表

序号	字号	磅数	序号	字号	磅数	序号	字号	磅数
1	大特号	63	8	二号	21	15	小五号	9
2	特号	54	9	小二号	18	16	六号	8
3	初号	42	10	三号	16	17	小六号	6.875
4	小初	36	11	小三号	15	18	七号	5.25
5	大一号	34.5	12	四号	14	19	小七号	4.5
6	一号	28	13	小四	12			
7	小一号	24	14	五号	10.5			

> 磅值相对毫米则可以使用“磅数/2.845＝毫米数”的公式来进行换算，例如72磅的字大约为25.3mm左右。同样的，也可以反过来使用测量出的字的大小乘以2.845来推算出磅数，或者按照1磅大约是0.35mm进行换算。
>
> 1in＝2.54cm＝25.4mm。

课后思考

（1）最常用的印刷字体有哪些？

（2）按包装用纸分类可以将纸张分为哪几类？

第31课　印刷分类

设计师设计的作品最后都会通过印刷厂将其印刷成出版物，所以在进行设计之前，首先应该了解常见的印刷色彩种类。本节课将针对单色印刷、多色印刷、四色印刷和平版胶印这4种分类进行详细的讲解。

课堂讲解

任务背景：通过上节课的学习，小强已经对印刷的字体和纸张有了了解，但是仅仅是这两个元素还不够，如果想将自己的作品成功地印刷出来，还需要对印刷的知识进行学习，于是小强又一次打开百度进行搜索。

任务目标：掌握印刷的分类。

任务分析：学习本节课的内容是非常必要的，只有对印刷的分类有一个最基本的了解，才可以选择一种合适的印刷方式印刷自己的作品。

31.1　单色印刷

单色不是CMYK中的一个颜色，如果用户自己定义了一种专色，并且使用这种颜色印刷，也称为单色印刷。在色板中可以看到的只是一种颜色，分色时也只是一种颜色，对开单色印刷机如图31-1所示。

比较常见的单色印刷都是黑色印刷。在表现单色印刷中的灰度时，最深的实底是100%，白是0%。其间不同的深浅灰调用不同的网点制成，即利用百分比控制。为了便于阅读，通常在50%～100%的深灰色调上应用反白字，而50%～0%之间则用黑字，但也应根据单色的不同而酌情考虑。单色印刷中也可以使用渐变效果，但是一般的单色印刷机做渐变效果不会太好。

单色印刷中的图片如果是BMP格式，分辨率建议至少1000dpi，若是灰度的话300dpi就可以了。如果印刷报刊则可以将图片分辨率设置为150dpi，铜版纸印刷应该是300dpi。单色印刷品效果如图31-2所示。

图 31-1

图 31-2

提示

渐变就是网点，只要机器性能够高，网点还原的能力不是太差就可以。决定印刷前要找印刷公司提供机器印刷的样品。

31.2 双色印刷

双色印刷相当于使用两个专色印刷。在早期的节日报纸中一般都采用的是黑色＋红色的双色印刷，双色印刷机如图 31-3 所示。

双色印刷在印刷时要出两个专色的片。如果使用的 CM 两个专色，那么使用 Photoshop 处理图像时可以将 YK 两个通道填充为白色，只显示 CM 两个通道，需要注意的是 CM 两个通道的颜色不要太深。在使用排版软件排版时也要注意尽量使用 CM 两个颜色，才可以保证有良好的印刷效果，如图 31-4 所示。

图 31-3

图 31-4

31.3 四色印刷

现在来了解印刷的色彩，借助印刷工的 10 倍放大镜来看一看印刷点，在放大镜下，印刷的颜色实际上是一些小点点，它们叫“网点”，如图 31-5 所示。网点对于印刷和平面设计来说都是非常重要的概念。

在印刷品上共有 4 种颜色的网点：青、品红、黄和黑，它们配出了千变万化的颜色，这叫“四色印刷”。四色印刷实际上就是用 4 种油墨配出几乎无限多的颜色，其中青色油墨很像

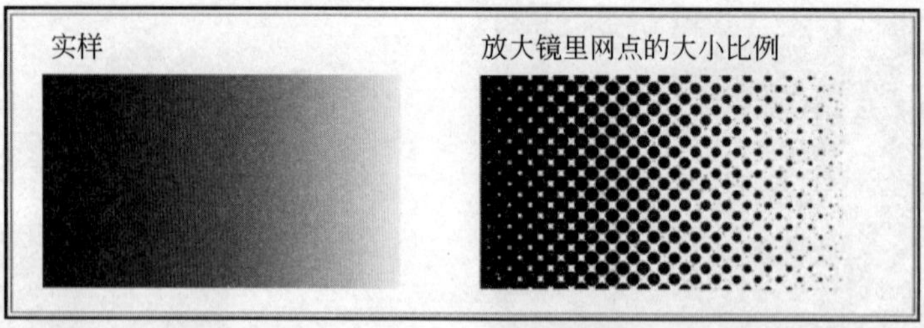

图 31-5

绘画中的湖蓝，品红很像玫瑰红，黄色接近中黄，如图 31-6 所示。

图 31-6

用户所设计的大多数彩色画册、书刊、海报、宣传单、包装等都是采用的四色印刷。为什么 4 种油墨就可以配出丰富的色彩呢？下面来简单讲述一下。

(1) 青、品红和黄，是色料中的三原色，它们不能用别的颜色配出来，但它们可以配出别的颜色。

(2) 黑色也是必需的颜色，因为仅仅以三原色配色时，最深也只能得到一种深灰色，它不足以表现很多画面的暗部，而且即使在亮部、中间调也需要一些黑色。从分色版上看，黑色是整个画面明暗的骨架。

假如用户用绘画颜料配色，可以在调色板上让三原色和黑色混合，让有的颜料多一些，有的颜料少一些，这样来调出所需要的颜色。但是印刷的油墨不是先搅好了之后再印上去的，而是分别印到纸张上，然后在人们的视觉中混合。印刷时让某种油墨多一些，某种油墨少一些，实际上是靠控制网点的面积来完成。放大一个局部可以看到，洋红色和黄色网点占得多时，总的颜色就会偏暖，其中又穿插着小面积的青色网点和黑色网点，调节着这块颜色的明度和纯度，网点分布如图 31-7 所示。

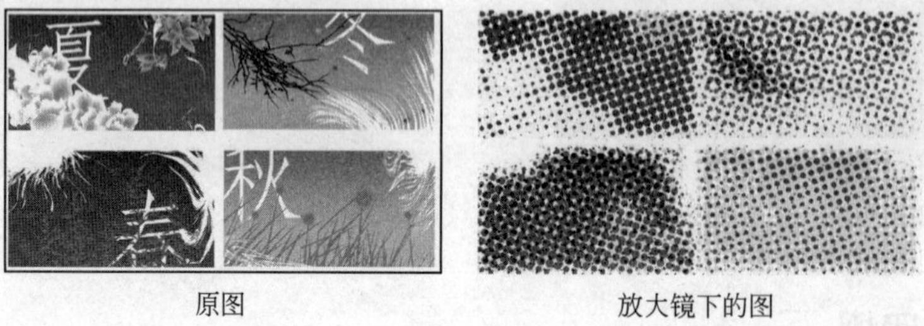

图 31-7

四色油墨的网点面积覆盖率与平面设计中的 CMYK 颜色值是对应的，例如青 80%、品红 20%、黄 100%、黑 10%，它大致相当于用户在计算机上调出的 CMYK(80,20,100,10)的颜色，反过来，在计算机上调节的 CMYK 颜色值，等于控制将来印刷品上 4 种油墨的网点面积覆盖率。不过 CMYK 颜色值和网点面积覆盖率并不是完全相等的，因为在出片、晒版和印刷过程中，由于曝光过度、印刷压力、纸张吸墨等原因，网点会扩大，网点面积覆盖率会比CMYK颜色值大一些，大概大8%～25%。在网点面积覆盖率为50%处扩大的最多，在较深和较浅处扩大的少。设计师校准屏幕的时候已经预测了网点扩大，只要使每一个CMYK颜色值在屏幕上显示的颜色差不多就是它网点扩大以后的颜色。

从CMYK颜色值，到网点面积覆盖率，是有一些中间环节的。首先，出片时胶片上的网点面积覆盖率很接近CMYK颜色值(网点扩大通常不超过2%)。然后晒版，网点转移到了印版上，现在常用的阳图型PS版一般没有网点扩大。之后印刷，输墨辊在印版上滚一遍，印版上有网点的地方粘上油墨，其余地方排斥油墨。这油墨并不是直接从印版转移到纸上的，而是通过橡皮布这种介质，它的弹性造成的压力会引起网点扩大，网点扩大主要发生在这一步。

31.4 平版胶印

平版胶印是许多印刷方式中最常见的一种，用户设计的画册、海报、杂志、书刊、包装等，都是平版胶印的。“平版”是说印版是平坦的，网点并没有凸起或凹陷。之所以在上墨时只有网点吸墨而空白部分不受影响，是因为它们的化学性质不一样，网点亲油憎水，空白部分亲水憎油。“胶印”不是说印刷在胶面上，而是指印版和纸张之间有橡皮布这个传递油墨的媒介，橡皮布的主要成分是橡胶，所以这种方式叫胶印。平版印刷机印刷部构造如图31-8所示。

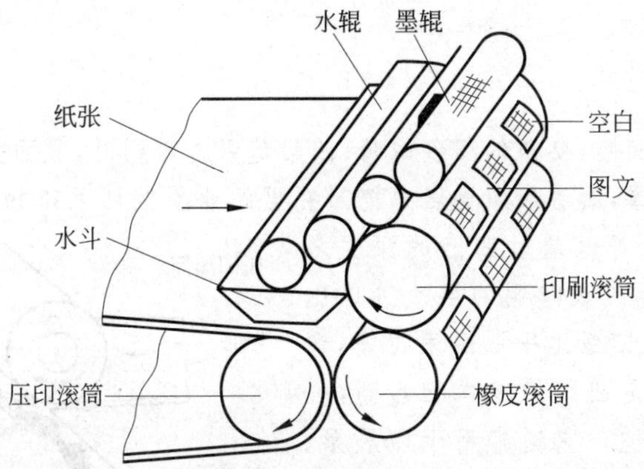

图 31-8

课堂练习

任务背景：本节课小强已经对印刷中的色彩分类进行了学习，对单色印刷、双色印刷、四色印刷以及平版胶印有了最基本的了解。小强利用课余时间去走访了周边的印刷厂。

任务目标：走访周边的各大印刷厂。

任务要求：观察印刷厂的印刷流程以及使用的不同印刷方式。

任务提示：只有亲眼看一看，才能对印刷的各种方式有更深入的了解。

练习评价

项 目	标准描述	评定分值	得分
基本要求60分	掌握单色印刷知识	20	
	掌握双色印刷知识	20	
	掌握四色印刷知识	20	
拓展要求40分	掌握平版胶印知识	40	
主观评价		总分	

课外阅读

除了平版胶印，还有一些印刷方式如下。

1. 凸版印刷

印版上有网点凸出，上墨时自然比空白部分优先接触油墨。凸版印刷的优点是墨色浓厚，色调鲜艳，印纹清晰有力，缺点是网点的形状保持得不好，大网点易糊版，小网点易丢失，甚至10%的网点都可能印不出来(在平版胶印中，最多5%的网点印不出来)。凸版印刷不适合精致的、大面积的印刷品。它通常用于信封信纸、纸箱纸盒、塑料或金属标牌、卫生纸等。

2. 凹版印刷

印版上的网点凹陷，要印的颜色越暗，凹陷越深。印刷时，版面先涂上油墨再用墨刀刮去空白部分的油墨，然后靠印刷压力把凹孔里的油墨按到承印物上，其印刷部构造如图31-9所示。由于可以通过凹陷的深度来控制油墨厚度，因此凹版印刷的层次可以比平版印刷丰富，而且凹版比平版耐用得多，适合大批量印刷。但是凹版的成本相当高，一般的印刷品不必用它。它通常用于印股票、邮票、有价证券、大批量的包装等。

图 31-9

3. 孔版印刷

印版上的网点是穿孔的，能让油墨透过。在孔板印刷中最常见的是丝网印刷，这号称“万能印刷”，因为它可以印刷几乎所有材料以及任意形状的表面。它的墨层很厚，特别适合某些需要厚度才能出效果的特种油墨。它有一个优点是印刷的面积不受限制，很多巨幅海报就是用丝网印刷的。缺点是印刷精度不够高，小网点易丢，大网点易并，而且印刷速度慢。

课后思考

(1) 最常用的印刷字体有哪些?

(2) 按包装用纸用类可以将纸张分为哪几类?

第32课 印刷工艺

很多平面设计行业中的新人在刚开始设计时,常常会遇到自己的设计不能够在印刷厂正常印刷的问题,有的甚至出现事故,导致重大经济损失,这些都是设计师对印刷工艺了解不够所造成的。本节课将针对平面设计行业中最常见的几种印刷工艺进行详细的讲解。

课堂讲解

任务背景: 小强学习平面设计行业的基础知识已经有一段时间了,现在小强已经熟悉了印刷的字体、纸张以及印刷的类型。但是作为一个平面设计人员,一定要对印刷工艺了解才可以保证自己的设计能够正常印刷出来。

任务目标: 学习印刷工艺。

任务分析: 学习印刷工艺对于小强来说是非常重要的,只有对印刷工艺有了足够的了解,才能避免在印刷时出现错误。

32.1 覆膜和装订

1. 覆膜

在纸制品上裱一层透明的塑料薄膜,就是覆膜。具体来说,像书籍的封面、纸盒的外表面这些容易磨损的部位,如果需要,就在印刷之后,折叠和裁切之前给它裱一层保护膜,这层膜必须很透明,有很好的韧性,质地均匀,没有砂眼气泡,表面很平整,它通常是聚丙烯材料制成的,如图 32-1 所示。保护膜上还预涂了热塑性高分子粘合剂以便和纸张结合,印刷厂用热压滚筒把它牢牢地贴在纸上,覆膜机外形如图 32-2 所示。这样一来,纸的表面有了更好的光泽,质地更厚实,而且印在上面的颜色受到了保护,覆膜后纸张会变得柔韧耐折。

图 32-1

图 32-2

2. 装订

书刊的内页在折叠之后是一帖一帖的，把它们叠在一起，把要相连的那一边撞齐，用某种方式把它们牢牢地连在一起，避免以后裁切时各帖之间发生滑动，这叫装订。

装订有多种类型，它们关系到每一页的 4 个边中哪一边应该和其他页面相连（订口），哪些边要被裁切（切口）。这对设计师来说是很重要的，因为接触到切口的图片、色块和线条必须超出切口几毫米，这叫出血，而订口上却不能出血，这也关系到在排版文件中哪些页面应该相连，在排版文件中各页面应该以什么顺序排列，这将在以后的章节中详细介绍。总之，在开始设计之前，设计师就要明白印刷品将用什么方式来装订。

1）骑马订

骑马订是最简单的装订，用于薄的杂志和册子。它看起来就好像是把一叠纸同时对折然后订上订书钉，在封面和封底之间只有一条折痕，订书钉穿过这条折痕扎到书的里面去，如图 32-3 所示。

图　32-3

2）平订

平订是大多数书籍采用的装订方式，在封面和封底之间有一个明显的接面，它叫书背，实际上它是内文一帖一帖叠起来产生的厚度，在这里用线、胶或铁丝固定。

锁线订：仅仅用线将各帖的订口缝合在一起。

无线胶订：在订口上铣背、打毛、打孔或者锯出一些槽，使它变得粗糙，然后涂上热熔胶，将各帖的订口牢牢地粘合。

铁丝订：采用铁丝将各帖的订口串起来。有时是在订口旁打眼，将铁丝穿入，有时与无线胶订结合，铁丝穿过书背扎到书的里面去，如图 32-4 所示。

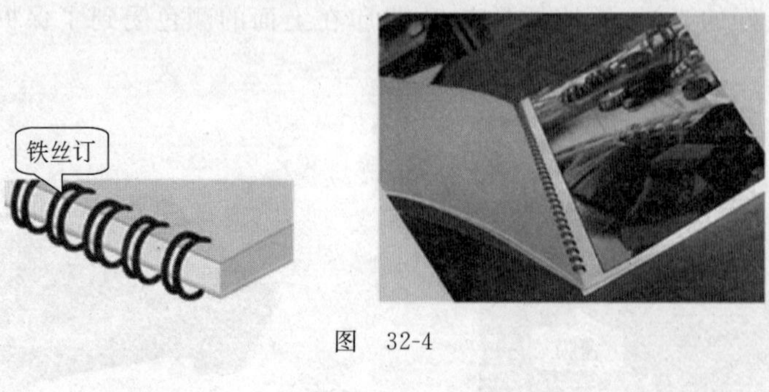

图　32-4

3）环装

像台历一样，在页面的边缘打孔，用螺旋形的金属或塑料丝穿连。环状分为外环和内环两种装订方式，如图 32-5 所示。

图 32-5

4）活页装

可以把一部分或全部内页完整地拆下来，内页用夹子固定，如图 32-6 所示。或者作为环装的一种变体，随时可以打开环调换内页，很多企业的 CI 手册就是这样的。

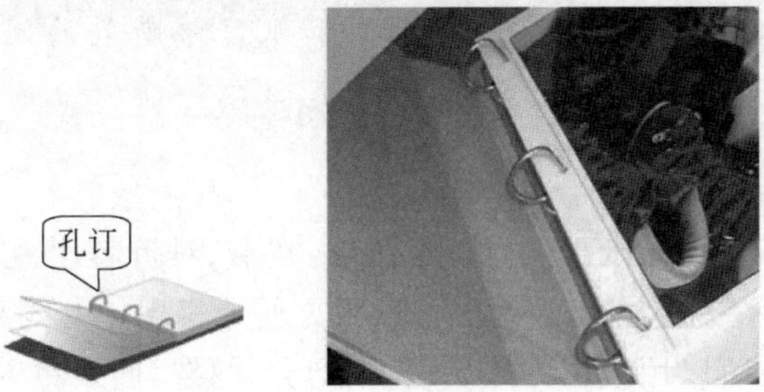

图 32-6

5）仿古装

线装：在订口旁打眼，穿线打结。

卷轴装：将长长的印张的一端粘在木轴上，另一端绕着轴心卷起来，在阅读时展开成一长幅。

经折装：将长长的印张反复来回折叠成扇面装，折线皆平行，在首页和末页上裱硬纸板。

旋风装：在经折装的基础上，不裱硬纸板，而是用一张纸把首页和末页连在一起，并且在这张纸中间留下书背的宽度，以便把书合起来。

蝴蝶装：把一张张纸对折后叠在一起，折线对齐，形成一定厚度的书背，在书背上粘一张纸，并且从封面到书背到封底再包一层硬纸。这种书翻阅时看不到装订痕迹，相邻的两页是连贯的，跨页的图也保持完整性。

包背装：装订方向和蝴蝶装正相反，各印张对折后不是由折线构成书背，而是在相对的另一侧打孔穿线，这样一来，折线成了可以自由翻动的一侧，翻页时翻的都是双层。针对这种装订方法，只能采用单面印刷，每个印张折叠时，有图文的那一面朝外，而且这种书比相同页数、相同纸张的普通平装书要厚一倍。

6）手工装

对于那些小批量的礼品书或纪念册，设计师可以使用任何材料、任何手法，不再拘泥于机器装订的规范。不过它们大都是由传统的装订方式演变而来的。

32.2 压痕

1. 压痕的目的和原理

传统压痕的目的是为了方便折叠，如纸板箱的折痕，都是用先压痕再折叠的方式成型的。其原理就是通过凸模和凹模的挤压使纸张纤维产生永久性的拉伸变形。

随着胶印印刷品品质的逐步提高，对折页的要求也在快速提高。直接折页很难应对150g以上的纸张，或者是折痕不清晰，或者是出现颜色爆裂、纸纤维断裂等现象，这在折页位置有深色印刷的情况下尤其严重。另外，一些较便宜纸张的纸纤维发脆，或是车间的湿度偏低，都将会使这一问题暴露无遗。

数码印刷的迅速普及使这一问题变得更加突出，尤其是彩色激光打印的印品。因为碳粉浮于纸张表面，传统的折页方式很容易造成颜色爆裂。另外数码印刷行业常用的花纹纸也使得这一问题变得棘手。

提示

解决这些问题的办法就是先压痕再折页。因为压痕的过程可以使纸纤维产生拉伸形变，再进行折页，就会大大改善颜色爆裂和纸纤维断裂的问题，使印品的折痕趋于完美。

2. 常见的压痕印品

最常见的压痕印品包括厚纸折页、请柬、门票、贺卡、对折名片、彩色激光打印件、厚介质喷墨打印件等，如图32-7所示。由于滚压可以很方便地实现压龙线和切断，因此，一些需要易于撕断处理的纸张也可以用滚压方式实现，如赠券、门票，回执单等。

图 32-7

3. 压痕方式

实现压痕的3种具体方式如表32-1所示。

表 32-1 压痕方式

方式	优 点	缺 点	常见设备
平压	易于实现，有现成的不同规格的刀模。压痕效果最佳，尤其是厚纸	极限速度不高，针对不同厚度的纸张，刀模更换麻烦	手动压痕机 模切压痕机 数码压痕机
滚压	效率高，可以同时实现打龙线、切断等功能	只能纵向压痕，机器幅宽要求大，过厚、过脆的纸张压痕效果不好	电动滚痕机
旋转压	既能达到较好的压痕效果，又能实现较快的速度	实现难度最大，机构控制复杂	少数高档胶装设备

32.3　专色印刷和烫金(银)

1. 专色印刷

除青色、品红、黄色、黑色 4 种基本油墨外，其他一切油墨统称为专色油墨。如果在一本画册上有彩色的图文，也有银色的标志，银色就是一种专色。

一般情况下，专色和四色的印刷工艺是相同的，都要经过出片、晒版、印刷，而且所使用的材料和机器没有什么不同。把四色机上任意机组的墨斗、墨辊清洗干净，就可以用来印专色，而专色的印版假如放在品红的机组里，也一样可以印品红。那些只有四色机的印刷厂，在印完四色之后会把机器清洗干净再印专色，或者先印专色(对于金、银这种不透明的，覆盖了别的颜色后效果难以预料的颜色，最好是先印)，再清洗机器来印四色。在五色机、六色机、八色机上专门为专色添加了机组，可以把四色和专色一口气印完，如图 32-8 所示为使用了专色的包装设计。

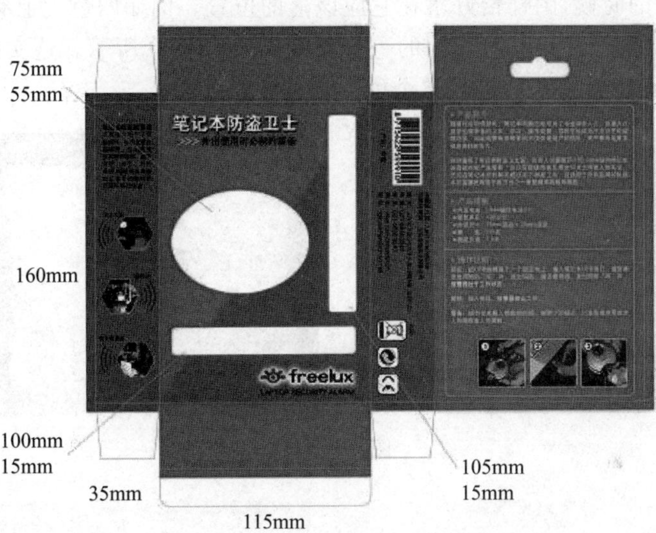

图　32-8

2. 烫金(银)

传统的烫印俗称“烫金”、“烫银”，是用灼热的金属磨边将金箔、银箔按在承印物表面，使它们牢牢结合，最常见的是在精装书的封皮上烫金、烫银。烫出的金银比印出的金银更光亮，而且常常有压痕的效果，如图 32-9 所示。传统的金箔、银箔都是纯金、纯银，成本高，现在廉价的电化铝已基本上取代它们，而且效果更好。

图　32-9

电化铝除了有传统金、银箔的光泽外，还有丰富的色彩和肌理，富丽堂皇，流光溢彩，甚至可以在各种底色上做出类似于皮革、纺织品、木材的凹凸纹路。它装饰印刷品的效果实际上已经超过了传统的烫金和烫银。电化铝可以和各种各样的材料结合，用户在书籍封面、请柬、家用电器、建筑装饰用品、车辆上常常可以看到电化铝。

电化铝有整版烫印的，也有局部烫印的。如果是局部烫印，就需要金属模板，模板上有凹凸，凸起部分就是要烫印的图案形状。设计师需要为电化铝烫印提供图样，或者出一张胶片供印刷厂制版参考，这实际上是一种专色制作方法，而且是专色中比较简单的。

32.4 起凸和压凹

在该印的颜色印完，上光或覆膜也做完之后，如果印刷品的某些部分需要浮雕效果，就进行凹凸压印。这是一种类似于盖钢印的工艺，它有一个凹的模具和一个凸的模具，它们的凹凸面是契合的，把它们垫在纸的两面，对齐、加压，必要时还要加热，图样就在纸上凸起来了。

图样由设计师提供，印刷厂的工人根据它来腐蚀金属版，做出凹的模具，再往里灌石膏或高分子材料，做成凸的模具。设计师提供图样最好的办法就是出一张胶片，胶片是和四色片同时出的，上面的规线和四色片的规线完全对齐，起凸的部位被填充成黑色，当把它和四色胶片重叠在一起的时候，图样恰好落在它应该落的位置。例如四色片上有一行大字，这些大字应该起凸，那么起凸片上就有相同的一行黑字，如图 32 10 所示。这实际上是一种专色手法，假如把起凸的胶片制成 PS 版，完全可以拿来做局部 UV。

图 32-10

提示

和 UV 比起来，起凸不像局部 UV 那么精确，局部 UV 可以用很小的字，起凸却只能用于大字、粗线条和简单图案，这一点读者要注意。

就起凸的表面而言，可以达到两种效果。

- 单层凸效：就像钢印一样简单的凸起，各处凸起一样高，大块的凸起是平坦的。
- 多层凸效：凸中有凸，或者像真正的浮雕一样呈复杂的曲面。

起凸处与图文的结合方式可以有以下几种。

- 严套：起凸区域的边缘和中间的每一个细节都与图文套准。
- 套边：起凸区域的一部分与图文套准，但中间不太受限制。
- 交套：起凸区域的一部分与图文套准，而另一部分完全是自由的。
- 松套：起凸区域完全是独立的图案，不必与任何图文套准。
- 素凸：起凸区域在印刷品的空白处，没有压住任何图文。

32.5　模切和 UV 上光

1. 模切

除了裁切以外的一切切割方式都叫模切，模切可以将印刷品切出曲线轮廓，也可以在中间开孔，如图 32-11 所示。还有一种工艺常常和模切同时进行，就是压痕，它可以在印刷品上压出直线形折痕。

模切和压痕的模具被固定在同一块板上，同时对印刷品施压。模切用的是钢刀，这种刀非常柔韧有弹性，可以弯折成曲线，嵌入底板上预先锯出的沟缝中，锋利的刀刃朝外，可以把印刷品切开。压痕用的是钢线，也像钢刀一样安装，但钢线是钝的，压在印刷品上只能压出凹痕。在钢刀和钢线之间夹着一些木块或金属块，放置它们松动，在钢刀的道口两侧还有弹性材料（例如橡皮块、折起来的硬纸），它们高于刀口，利用其弹性将模切后的纸板从刀口上推开。

模切的图样是由设计师提供的，实现代表模切效果，只需要将印刷品的轮廓标示出来就可以了，如图 32-12 所示。

图　32-11

图　32-12

多个模切品的拼版应尽量节约版面，有以下几种方式。

- 一刀切拼版：让它们尽量紧密地排在一起，相接处共用一条模切线。
- 双刀切拼版：相邻模切品之间留有废边，废边的宽度大于 5mm，以便在刀口旁边安装橡皮条。这些废边应尽量连在一起便于模切后清理。
- 搭接桥拼版：旋转 180°相接。

> **提示**
>
> 考虑到工艺难度，设计时应注意模切后的废料尽量连成一片，便于清理。线条尽量连贯，转弯处尽可能是圆角，除非设计要求这里必须是尖角。

2. UV 上光

在印刷品表面整个涂一层物色透明的特种油墨，叫上光，这种透明的油墨叫上光油。它干燥后在印刷品表面形成了一层均匀的薄膜，能改善印刷品的光泽，保护色层不磨损、不受潮发霉、不易沾脏。大多数上光油让印刷品更光亮，也有一些上光油可产生毛玻璃那样的特殊效果，使用 UV 印刷工艺的印品如图 32-13 所示。

压光是上光的进一步操作，是在上光油干燥后用不锈钢滚筒压出镜面般的光泽，比单纯的上光还要光亮。

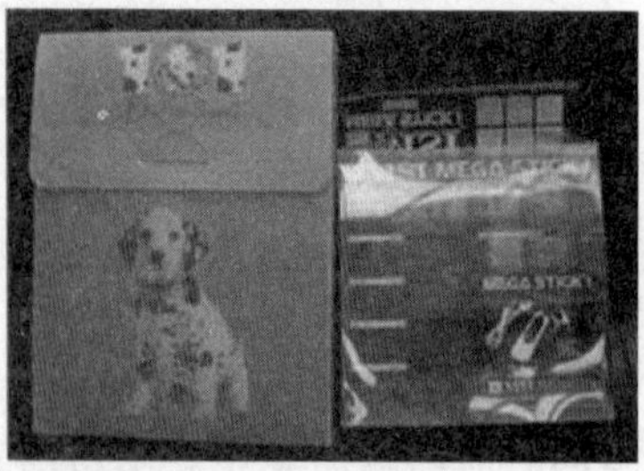

图 32-13

上光和压光是在印完四色之后，在起凸、折叠、裁切、模切压痕等工艺之前进行的，因为上光油必须与印刷色紧密地结合，没有任何气泡、砂眼和缝隙，而且要非常均匀的涂布。印刷业常常将上光和压光简称为UV，常用的上光油是采用紫外线固化的，相对局部UV而言，这是整体UV。例如一个手提袋，如果要上光应不仅在图文部分上光，而且在白纸部分包括向内折叠的白边上也要上光，所以它应在印完四色之后首先上光，然后再模切、折叠、粘贴成形。

在海报、日历、明信片等印刷品上也常常进行上光和压光处理，另外在硬纸材料上烫金、烫银或进行电化铝烫印后，也可涂一层上光油来防止箔层脱落。

上光油有时会让印刷品的颜色发生变化，人物图像对此尤其敏感，所以这种画面最好使用覆膜来代替上光。

提示

上光和压光后的印刷品会变脆，如果这种印刷品需要折叠，就要小心了。厚纸本来就容易折裂，再上光、压光就更难折了。如果它们是用200g/m^{2}以上的厚纸来做的，还是覆膜好。

上光油可以是手工喷刷的，也可以是机械涂布的。机械涂布的方式分两种，一种是用印刷机把上光油当成一种专色来印刷（在四色和其他的专色印完之后），另一种是用专用的上光机来涂布。因为上光油是整版涂布的，所以设计师不需要专门文件，只要对印刷厂提出要求就行了。

课堂练习

任务背景： 通过本节课的学习，小强已经掌握了各种印刷工艺的基础知识。本节课所讲解的内容毕竟有限，所以小强还需要上网查找一些相关的链接知识，以提高自己的知识范围。

任务目标： 上网查阅印刷工艺的相关链接。

任务要求： 找到和印刷工艺有关的知识，一定要仔细阅读，开动脑筋，与实际联系在一起多多思考。

任务提示： 因为小强并没有系统地学习过印刷知识，仅仅课本上的知识是完全不够的，还需要从网络上查询相关的资料进行补充学习。

练习评价

项　目	标准描述	评定分值	得分
基本要求 70 分	熟悉覆膜和装订工艺	15	
	熟悉压痕工艺	10	
	了解专色印刷和烫金(银)工艺	15	
	了解起凸和压凹工艺	15	
	了解模切和 UV 上光工艺	15	
拓展要求 30 分	识别和理解各种印刷工艺	30	
主观评价		总分	

课外阅读

打孔与打号

在一些特殊的印刷品上，常常要实现打孔的效果。打孔效果就是使用相关设备通过压力在印刷品上形成孔状，以便于装订或配合其他工艺，常见的有方孔和圆孔。打孔可使印刷品易于装订或进行穿绳等其他工艺，如图 32-14 所示。具体的工艺很简单，设计师在制作时只需要将打孔的位置标示出来就可以了。

打号工艺是利用相关的打号设备将各类号码打印到印刷品上，以便于发放、登记或查找。在平面设计中多用于优惠券、票据、门票和工作单等，如图 32-15 所示。

图　32-14

图　32-15

课后思考

(1) 通常情况下，在装订较薄的杂志和册子时使用什么方式装订？

(2) 常见的压痕印品有哪些？

第 11 章

商业案例

知识要点

- DM 广告的设计方法和制作
- DM 广告的形式和特点
- DM 广告的设计要求
- 海报的分类
- 海报的设计要求
- 包装的设计方法与制作
- 包装的分类
- 包装的基本功能

第 33 课 DM 广告设计

DM 是英文 Direct Mail Advertising 的省略表达，直译为"直接邮寄广告"，即通过邮寄、赠送等形式，将宣传品送到消费者手中、家里或公司所在地，是一种广告宣传的手段。随着我国广告业的飞速发展，DM 广告正为越来越多的我国企业所接受和认可。下面将通过一个宣传活动 DM 广告的设计，讲解 DM 广告的设计方法。

课堂讲解

任务背景：小强在通过前面课程的学习以后，已经对平面设计有了全面的了解。一天，他在超市接到一张宣传单，上面有很多新商品的介绍，于是他开始陷入沉思，这就是平面设计吗？那它到底属于哪种类型？他上网查询相关资料。

任务目标：学习制作 DM 广告。

任务分析：平面设计涉及的范围非常广，只有多查询相关的资料，对平面设计的大体分类有一定的了解，才能从真正意义上学习平面设计。

33.1 设计分析

本实例制作的是一个通信行业的活动宣传 DM 广告，该 DM 广告以绿色为主色调。绿色象征着自然、和谐、健康等，符合本节课中所设计的 DM 广告所要传达的主题。背景颜色使用了由浅到深的过渡，增加不同形状的不透明度的白色光束图形，丰富了 DM 广告背景的层次感。在整体的构图上，使用具有特殊艺术效果的文字生动而直接地突出了要宣传的重点，让人一目了然。在底部充分运用年轻、充满活力的少女与现代通信产品的结合，整个 DM 广告显得时尚、流行，给人新鲜、明朗的感觉。

33.2　绘制步骤

步骤 1　制作背景

01　执行“文件”→“新建”命令，弹出“新建文档”对话框，设置如图 33-1 所示。单击“确定”按钮，新建一个空白文档。打开“渐变”面板，如图 33-2 所示。从左至右分别设置渐变滑块颜色值为 CMYK(0,0,40,0)、CMYK(40,0,100,0)、CMYK(40,0,100,0)。

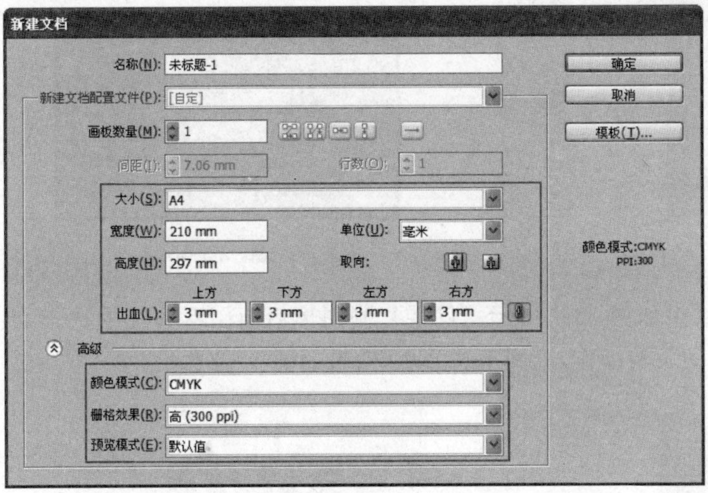

图　33-1

图　33-2

> **提示**
>
> 因为制作的 DM 广告页最终是需要输出印刷的，所以设计之前就应该考虑到作品最后的出血问题，在这里新建的文档尺寸为 210mm×297mm，上下左右 4 边各扩展出的 3mm 为出血值。

02　单击工具箱中的“矩形工具”按钮，在画布中绘制矩形，并单击“渐变工具”按钮，对填充的径向渐变进行调整，效果如图 33-3 所示。再次使用“矩形工具”绘制矩形，设置“填色”为白色，“描边”为无，并使用“直接选择工具”进行调整，效果如图 33-4 所示。

图　33-3

图　33-4

03　保持图形的选中状态，单击工具箱中的“旋转工具”按钮，按住 Alt 键在画布中单击，弹出“旋转”对话框，此时中心点位置如图 33-5 所示。在“旋转”对话框中设置旋转“角度”，如图 33-6 所示。

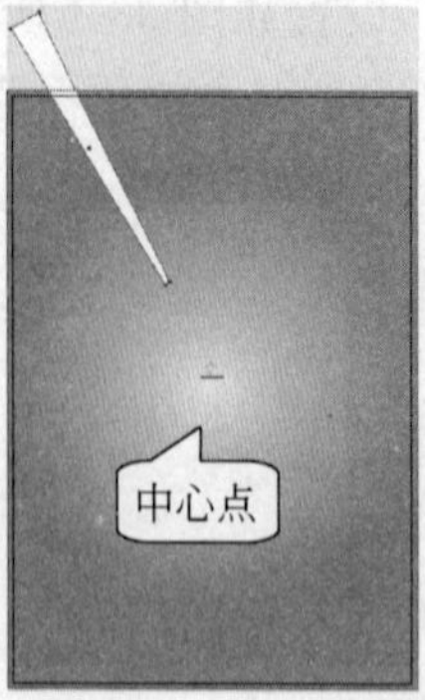

图　33-5

图　33-6

04　单击“复制”按钮，效果如图 33-7 所示。保持复制图形后新图形的选中状态，多次按快捷键 Ctrl＋D 重复刚才的旋转操作，直到满意为止，效果如图 33-8 所示。

图　33-7

图　33-8

05　将刚刚旋转的所有图形选中，执行“对象”→“编组”命令，在“控制”栏上设置“不透明度”为 15％，效果如图 33-9 所示。使用相同的制作方法，可以完成相似内容的制作，效果如图 33-10 所示。

图　33-9

图　33-10

06　将当前画布中所有的内容锁定，再次使用“矩形工具”绘制矩形，设置“填色”为黑色，“描边”为无，效果如图 33-11 所示。单击工具箱中的“钢笔工具”按钮，设置“填色”和“描边”均为无，在画布中绘制路径，效果如图 33-12 所示。

图　33-11

图　33-12

小技巧

为了更方便地完成操作，可以将画布中不需要操作的内容全部选中，然后执行“对象”→“锁定”→“所选对象”命令，将不需要的内容锁定，以后继续操作的时候就不会影响到前面制作的内容。

07　将刚刚绘制的矩形与路径同时选中，执行“窗口”→“路径查找器”命令，打开“路径查找器”面板，如图 33-13 所示。单击“减去顶层”按钮，效果如图 33-14 所示。

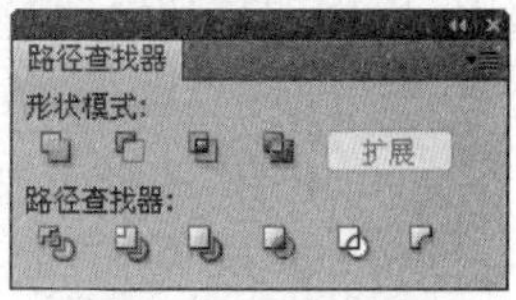

图　33-13

08　按住 Alt 键拖动鼠标复制刚刚得到的图形，保持新图形的选中状态，设置“填色”为 CMYK(0,10,100,0)，单击工具箱中的“直接选择工具”按钮，对图形进行调整，效果如图 33-15所示。使用相同的制作方法绘制出相同的图形，效果如图 33-16 所示。

图　33-14

图　33-15

图　33-16

小技巧

在这里可以将这两个叠加的图形同时选中，然后进行编组操作，再执行“对象”→“变换”→“对称”命令，在弹出的“对称”对话框中选择“水平”选项即可将图形水平翻转，达到对称的效果。

步骤 2　制作文字

01　打开“字符”面板，设置如图 33-17 所示。单击工具箱中的“文字工具”按钮 T，设置“填色”为黑色，在画布中单击并输入文字，并执行“文字”→“创建轮廓”命令，效果如图 33-18 所示。

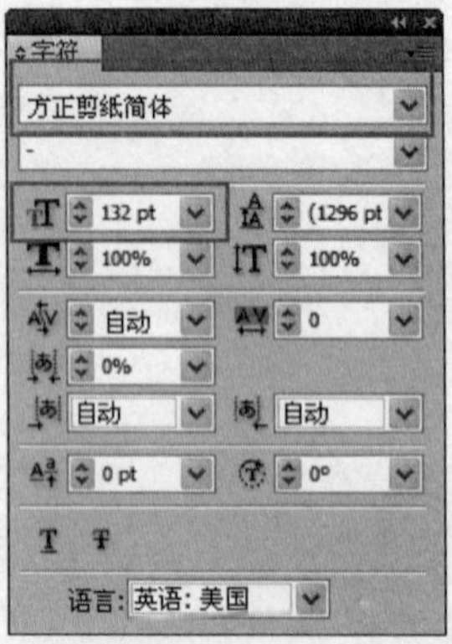

图　33-17

图　33-18

02　打开“渐变”面板，从左至右分别设置渐变滑块颜色值为 CMYK(100,100,0,0)、CMYK(0,100,0,0)，如图 33-19 所示。将刚刚创建轮廓的文字选中，执行“对象”→“取消编组”命令，使用“渐变工具”分别为两个文字填充线性渐变，效果如图 33-20 所示。

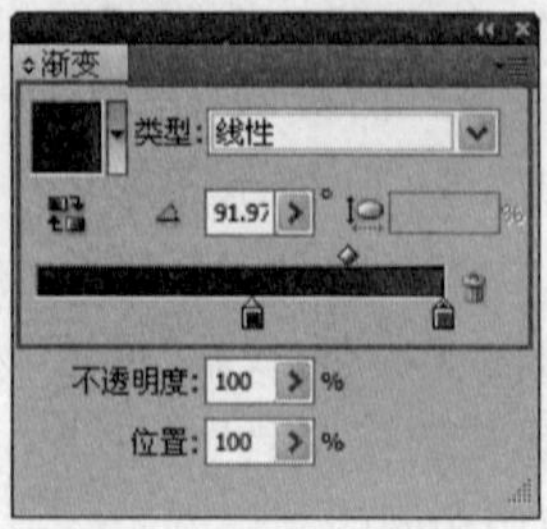

图　33-19

03　使用“选择工具”对文字进行相应调整并执行编组命令，设置“描边”为白色，打开“描边”面板，设置“粗细”为 5pt，效果如图 33-21 所示。保持图形的选中状态，执行“对象”→“路径”→“偏移路径”命令，弹出“位移路径”对话框，设置如图 33-22 所示。

图　33-20

图　33-21

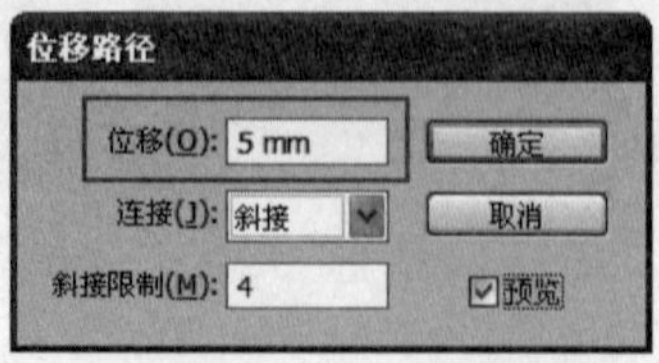

图　33-22

04　单击“确定”按钮，效果如图 33-23 所示。设置“填色”值为 CMYK(100,100,0,0)，“描边”为黑色，打开“描边”面板，设置如图 33-24 所示。

05　完成“描边”面板的设置，效果如图 33-25 所示。打开“路径查找器”面板，单击“联集”按钮，得到新的图形。保持图形的选中状态，执行“对象”→“排列”→“后移一层”命令，效果如图 33-26 所示。

图　33-23

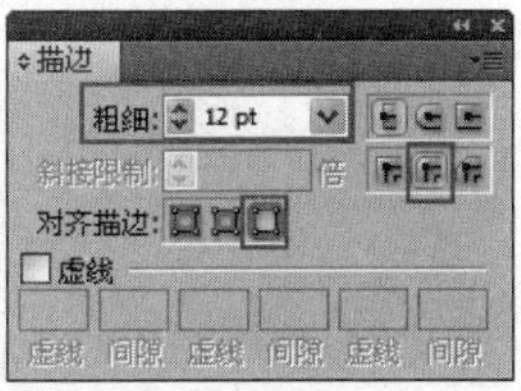

图　33-24

图　33-25

06　取消图形的编组，按住 Alt 键使用“选择工具”拖动鼠标复制图形，如图 33-27 所示。使用“矩形工具”在画布中绘制矩形，设置“描边”为无，“填色”值为 CMYK(0,100,0,0)，如图 33-28 所示。

图　33-26

图　33-27

图　33-28

07　按住 Shift 键将矩形与复制得到的图形同时选中，打开“路径查找器”，单击“交集”按钮，得到新的图形，效果如图 33-29 所示。将得到的图形移至合适的位置，在“控制”栏上设置“不透明度”为 80%，效果如图 33-30 所示。

08　使用相同的方法，可以完成其他相似内容的制作，效果如图 33-31 所示。根据前面相同的制作方法，可以完成该部分文字内容的制作，如图 33-32 所示。

图　33-29

图　33-30

图　33-31

图　33-32

09　执行“文件”→“置入”命令，将素材“CD\源文件\第 11 章\素材\3301.ai”置入画布中，使用相同方法复制图形，将其移至合适位置并调整相应叠放顺序，效果如图 33-33 所示。

单击工具箱中的“椭圆工具”按钮，设置“填色”为黑色，在画布中绘制椭圆并进行旋转，如图 33-34 所示。

图　33-33

图　33-34

10　使用“钢笔工具”在画布中绘制路径，将椭圆与路径同时选中，如图 33-35 所示。打开“路径查找器”面板，单击“交集”按钮，效果如图 33-36 所示。

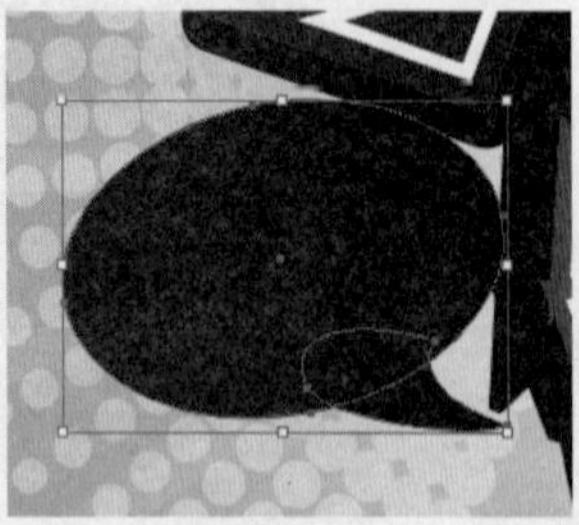
图　33-35

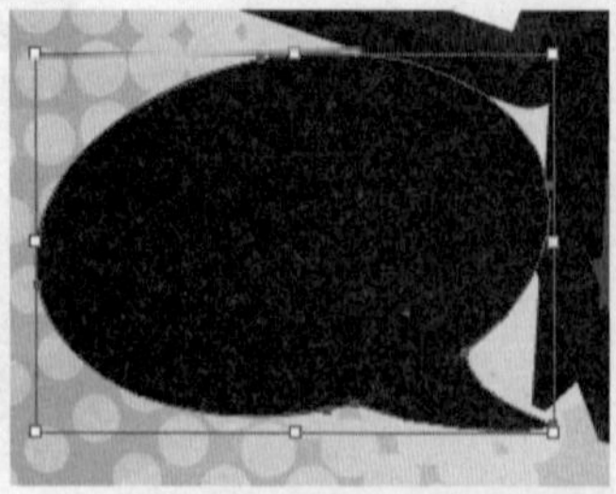
图　33-36

11　打开“渐变”面板，从左至右分别设置渐变滑块颜色值为 CMYK(0,30,90,0)、CMYK(0,60,95,0)，如图 33-37 所示。使用“渐变工具”为图形填充径向渐变，效果如图 33-38 所示。

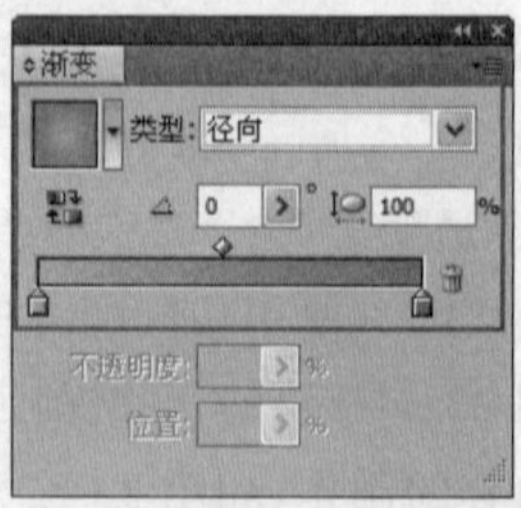

图　33-37

12　使用相同的制作方法，可以完成相应文字的制作，效果如图 33-39 所示。使用“选择工具”选中文字图形“我的地盘听你的”，单击工具箱中的“自由变换工具”按钮，按住 Shift 键拖动图形的同时再按住 Ctrl 键，对图形进行斜切操作，效果如图 33-40 所示。

图　33-38

图　33-39

图　33-40

13 将斜切后的文字复制一层，设置“填色”与“描边”均为黑色，在“控制”栏上设置“粗细”为10，调整相应的叠放顺序，效果如图33-41所示。使用相同方法，可以完成其他内容的制作，效果如图33-42所示。执行“文件”→“存储”命令，将图形保存为“CD\源文件\第11章\33-1.ai”。

图 33-41

图 33-42

33.3 总结扩展

DM广告源于国外，至今已有50年的历史，并被国外有关人士称为继影视、广播、报纸、书刊四大媒体之后的第五大媒体。DM通常由8开或16开广告纸正反面彩色印刷而成，采取邮寄、定点派发、选择性派送到消费者住处等多种方式广为宣传，是超市最重要的促销方式之一。

DM广告的主题主要有新产品的介绍，招待展示会、发表会的宣传，折价收购旧货单，开业或新装修后的纪念性销售，廉价打折的宣传，节庆的销售宣传等，如图33-43所示。

图 33-43

提示

根据DM广告的不同主题，可以选择小册子（最便宜、利用度最高）、销售信函（容易使顾客有亲切感）以及商品目录等形式。

DM就是要最大限度地促进销售、提高业绩，其目的大致可以归纳为以下几点。

(1) 在一定时期内，扩大营业额，并提高毛利率。

(2) 稳定已有的顾客群并吸引增加新顾客，以提高客流量。

(3) 增加特定商品（新产品、季节性商品、自身商品等）的销售，以提高人均消费额。

(4) 介绍新产品、时令商品或公司重点推广的商品，以稳定消费群。

(5) 增强企业形象，提高公司知名度。

(6) 与同行举办的促销活动竞争。

(7) 刺激消费者的计划性购买和冲动性购买，提高超市或商场的营业额。

DM广告的形式多种多样，派发形式也是多种多样，主要的派发方式有以下几种。

（1）邮寄：按会员地址邮寄给过去1个月内有消费记录的会员。

（2）夹报：夹在当地畅销的报纸中进行投递。

（3）店内派发：由公司客服部组织员工在店内或商场内派发。

（4）街头派发：组织人员在车站、广场、市场等人群密集区域进行散发。

（5）上门投递：组织员工将DM投送到生活水准较高的生活社区居民家中。

DM广告相对于其他形式的广告有其明显的优势。

（1）DM广告不同于其他传统广告媒体，它可以有针对性地选择目标对象，有的放矢，减少浪费，并且可以将明确的信息准确地发送到消费者手中。例如，连锁店可以采用这种方式提前向消费者进行宣传。

（2）DM广告的发行周期非常灵活，它既可以作为专门指定在某一时间期限内到达，以产生即时效果的短期广告，也可以作为经常性、常年性寄送的长期广告。其次，它的作品形式和篇幅也具有很大的灵活性。

（3）DM广告是对事先选定的对象直接实施广告，广告接受者容易产生其他传统媒体无法比拟的优越感，使其更自主关注产品。

（4）一对一地直接发送，可以减少信息传递过程中的客观发挥，使广告效果达到最大化。

（5）广告主介绍商品不被篇幅所限制，可以尽情地赞誉商品，让消费者全方位地了解商品。

（6）不会引起同类产品的直接竞争，有利于中小型企业避开与大企业的正面交锋，潜心发展壮大企业。

（7）互动性高，信息反馈快捷、直接，有利于买卖双方双向沟通。

（8）广告主可以对广告活动进行自我控制，可以自主选择广告时间、区域，灵活性大，更加适应善变的市场。摆脱中间商的控制，买卖双方皆大欢喜。

提示

DM广告的优点比较多，但是要发挥最佳的效果，还需要有3个条件的支持。第一，必须有一个优秀的商品来支持DM。如果商品与DM广告宣传的信息相差较大，甚至是假冒伪劣商品，无论DM广告宣传的如何，最终还是会被市场抛弃。第二，选择好广告对象，再好的DM，再好的商品，也要有针对性的宣传，这样才能达到理想的效果。第三，考虑使用什么样的广告方式来打动消费者，巧妙的广告诉求会使DM有事半功倍的效果。

DM广告虽然有众多的自身优势，但是它也存在着一定的局限性。

（1）发送目标形式单一，邮寄对象的选定较为困难。这样给广告的发行带来了一定的盲目性，同时造成了大量的资源浪费。

（2）邮件的达到率不高。据调查，24%的目标受众可能接收不到邮件，16%的DM广告被完全抛弃，尤其是那些制作不突出、没有鲜明个性的邮件。

（3）DM广告的功利性表露明显，容易使消费者产生反感。有的消费者将直邮视为是对个人隐私的侵犯。

（4）直邮广告良莠不齐，有的直邮信函明显不怀好意，是一个充满诱惑的陷阱。经常发生广告欺诈的现象，可信度大大降低，从而使消费者心存戒备。

针对目标单一、到达率不高的弊端，必须以提高直邮广告的成功率来解决。因此，有必要在大规模投递前做效果测评，以期将风险降至广告主可以承受的程度。

针对功利性的弊端，一方面，直接邮寄广告应该注重人情味的表达，注意图像的趣味性和文案描述的亲和力；另一方面，DM 广告应该注意发挥其互动性强的特点，多运用可以使目标消费者主动参与的项目，例如小常识或小问答等。

针对信任危机可以运用赠送样品的方式，使消费者有真实感和可预测感，为其决策提供更多的、翔实的咨询信息。

课堂练习

任务背景： 通过本节课的学习，小强已经掌握了 DM 广告的设计制作方法与技巧。由于本节课所讲解的 DM 广告并不够全面，所以小强需要上网或从其他资料中学习其他类型的 DM 广告制作，通过更加全面的学习，制作一个 DM 宣传广告。

任务目标： 设计制作一个 DM 宣传广告。

任务要求： 在制作过程中，要注意整体色彩的搭配，了解需要传达的信息，主题一定要突出，让人一目了然。

任务提示： DM 广告在总体上要求新求异，充分体现广告创意的内容，将商品信息或广告主信息最大限度地传递给目标市场。设计的重点是将广告创作通过一定的形式具体地表现出来，体现设计者的心智，画面布局的好坏会直接影响到广告宣传的效果。

练习评价

项　目	标准描述	评定分值	得分
基本要求 60 分	DM 的表现形式	30	
	DM 的设计方法	30	
拓展要求 40 分	整体效果	40	
主观评价		总分	

课外阅读

DM 广告的设计要求

DM 广告是指采用排版印刷技术制作，以图文作为传播载体的视觉媒体广告。这类广告一般采用宣传单页或杂志、报纸、手册等形式出现。对于 DM 广告的设计制作主要有以下几点要求。

(1) 设计师需要透彻地了解商品，熟知消费者的心理、习惯和规律，知己知彼，才能够百战不殆。

(2) DM 的设计形式没有固定的法则，设计师可以根据具体的情况灵活掌握，自由发挥，出奇制胜。

(3) DM 广告设计要新颖有创意，印刷要精致美观。

(4) 设计制作DM广告时要充分考虑其折叠方式、尺寸大小、实际重量，便于邮寄。

(5) 设计师可以在DM广告的折叠方法上玩一些小花样，例如借鉴中国传统折纸艺术，让人耳目一新，但切记要使接受邮寄者方便拆阅。

(6) 在为DM广告配图时，多选择与所传递信息有强烈关联的图案，刺激记忆。

(7) 制作DM广告时，设计者需要充分地考虑到色彩的魅力，合理地运用色彩，给受众群体留下深刻印象。

在普通消费者眼里，DM与街头散发的小广告没有多大的区别，印刷粗糙，内容低俗，是一种避之不及的广告垃圾。如果想使设计出的DM广告是精品，就必须借助一些有效的广告技巧来提高设计的DM效果。这些技巧能使设计的DM看起来更美，更招人喜爱，成为企业与消费者建立良好互动关系的桥梁，如图33-44所示为设计精美的DM广告。

图 33-44

课后思考

(1) DM广告通常使用什么方式作宣传？

(2) DM广告所要表达的主题有哪些？

第34课 海报设计

海报也叫招贴，是一种十分常见的广告形式，具有很大的吸引力，每一张海报本身就是一件高级的艺术。海报具有发布时间短、时效强、印刷精美、视觉冲击力强、成本低廉、对发布环境的要求较低等特点。它的画面应有较强的视觉中心，并力求新颖，此外还必须具有独特的艺术风格。

课堂讲解

任务背景： 小强最近喜欢上了海报设计，他发现一些商品的促销、电影播放的内容等信息都可以以海报的形式来直接展现给群众。他觉得海报的功能甚是强大，于是就认真研究起来。

任务目标： 掌握海报设计的方法。

任务分析： 海报是一种大众化的宣传工具，如果小强了解了海报制作的方法，只要多加练习就可以在以后的学习和工作中以成熟的作品脱颖而出。

34.1 设计分析

本实例设计制作的是一个企业的活动宣传海报，主要以突出活动为中心，作品中的庆祝元素和活动礼包元素都是围绕着这个中心制作的。本实例运用了大量的文字来说明活动的具体事项，此外在设计过程中多次对图形叠放顺序进行调整，使海报的层次更加分明，而且多姿多彩。

34.2 绘制步骤

步骤 1 绘制海报背景

01 执行“文件”→“新建”命令，弹出“新建文档”对话框，设置如图 34-1 所示，单击“确定”按钮，新建一个空白文档，效果如图 34-2 所示。

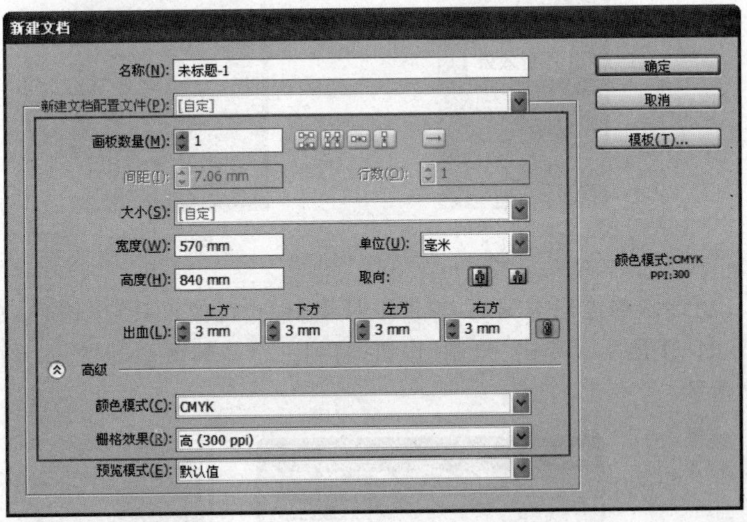

图 34-1

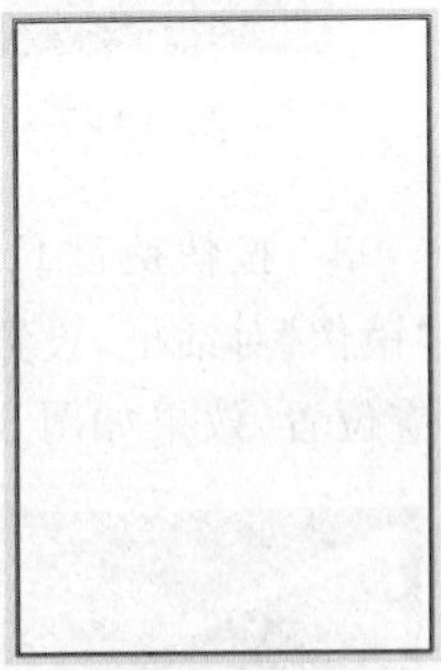

图 34-2

02 单击工具箱中“矩形工具”按钮，设置“填色”与“描边”均为无，在画布中绘制矩形，效果如图 34-3 所示。打开“渐变”面板，从左至右分别设置渐变滑块的颜色值为 CMYK(10,0,0,0)，CMYK(27,0,0,0)，CMYK(100,26,0,0)，使用“渐变工具”，在路径上拖动鼠标填充径向渐变，效果如图 34-4 所示。

03 使用“矩形工具”，设置“填色”为白色，“描边”为无，在画布中绘制矩形，配合使用“直接选择工具”和“转换锚点工具”对图形进行调整，效果如图 34-5 所示。使用相同方法可以完成相似内容的绘制，效果如图 34-6 所示。

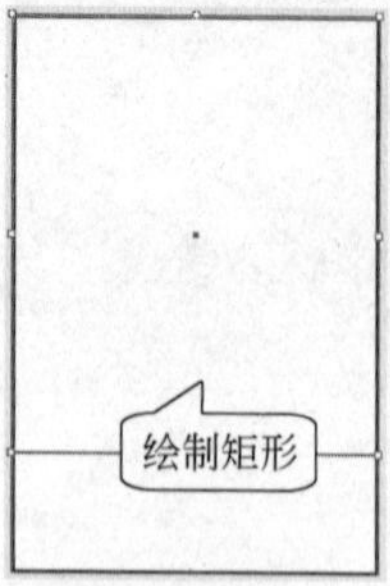

图 34-3

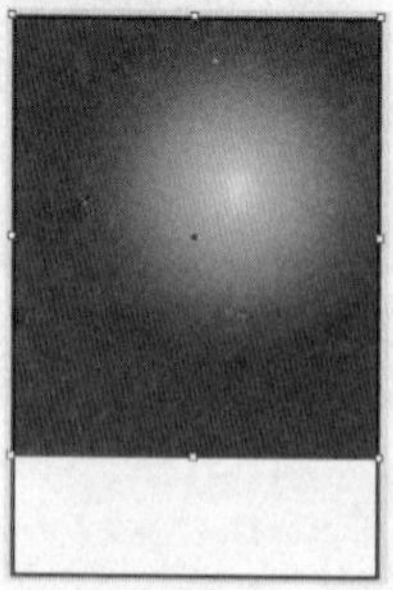

图 34-4

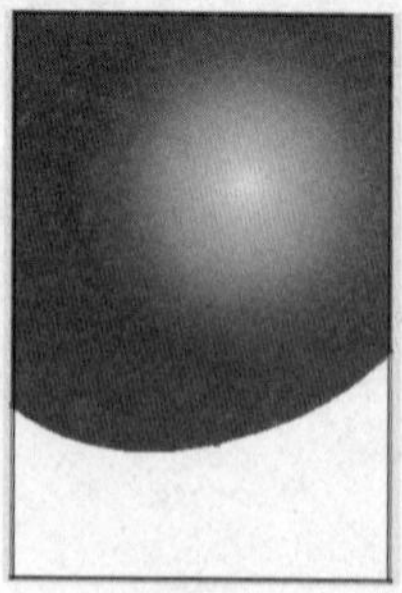

图 34-5

图 34-6

步骤 2 绘制海报中的笔记本

01 使用“圆角矩形工具”，在画布中绘制圆角矩形，并使用“删除锚点工具”对图形进行调整，效果如图 34-7 所示。使用“直接选择工具”对图形锚点进行调整，效果如图 34-8 所示。

02 使用“渐变工具”，在路径上拖动鼠标填充“黑白”线性渐变，效果如图 34-9 所示。使用相同方法得到相似图形，效果如图 34-10 所示。

图 34-7

图 34-8

图 34-9

03 按快捷键 Ctrl＋G 将绘制的笔记本编组，单击工具箱中的“镜像工具”按钮，弹出“镜像”对话框，设置如图 34-11 所示。单击“复制”按钮，得到一个新的图形，调整图形的相应位置，效果如图 34-12 所示。

图 34-10

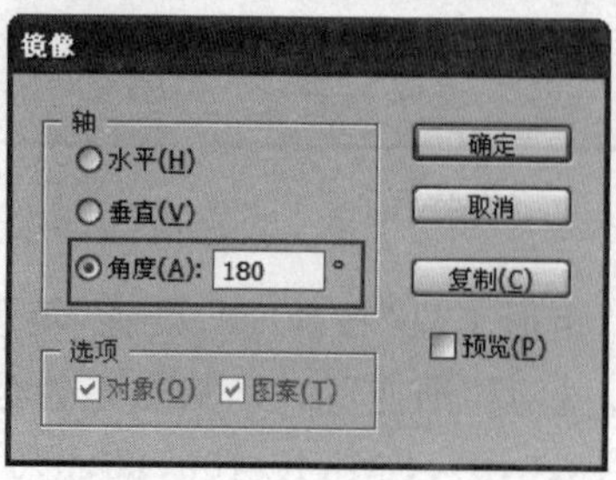

图 34-11

图 34-12

04 使用相同方法绘制矩形，为图形填充相应渐变，效果如图 34-13 所示，将矩形和镜像的图形同时选中，打开“透明度”面板，单击面板右上角的下三角按钮，在弹出的下拉列表中选择“建立不透明度蒙版”选项，并对“透明度”面板进行设置，如图 34-14 所示。调整图形的叠放位置，效果如图 34-15 所示。

图 34-13

图 34-14

图 34-15

步骤 3 绘制海报中的庆祝元素

01 使用相同方法绘制图形，并调整图形的叠放顺序，效果如图 34-16 所示。执行“文件”→“置入”命令，将素材“CD\源文件\第 34 章\素材\3401. ai”置入画布中，效果如图 34-17 所示。

02 在“控制”栏上单击“嵌入”按钮，将素材嵌入到当前文档，使用“钢笔工具”设置“填色”为无，“描边”为无，在画布中绘制路径，效果如图 34-18 所示。执行“对象”→“剪切蒙版”→“建立”命令，建立剪切蒙版，根据前面的制作方法，建立不透明度蒙版，效果如图 34-19所示。

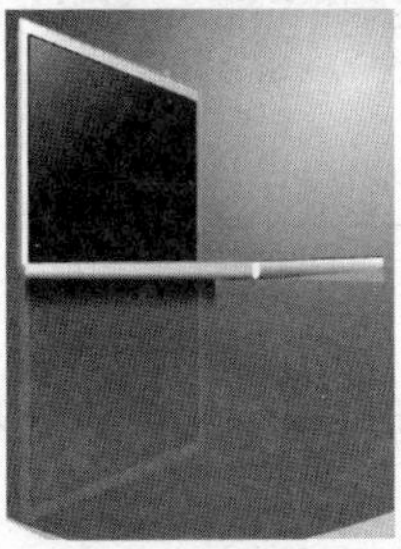

图 34-16

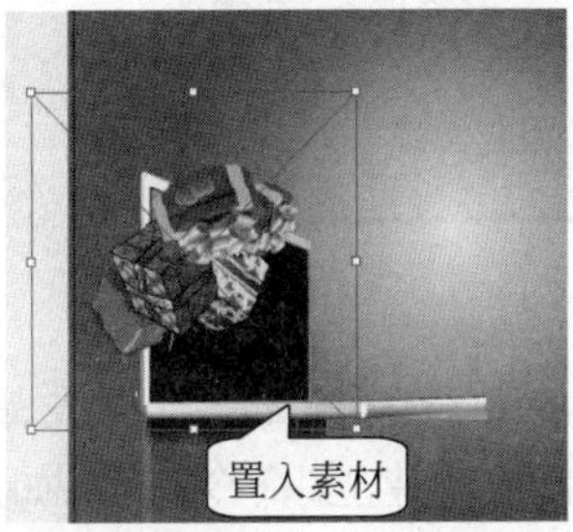

图 34-17

图 34-18

03 使用“铅笔工具”，设置“填色”为 CMYK(0,0,100,0)，“描边”为无，在画布中绘制图形，如图 34-20 所示。使用相同方法得到图形，效果如图 34-21 所示。

图 34-19

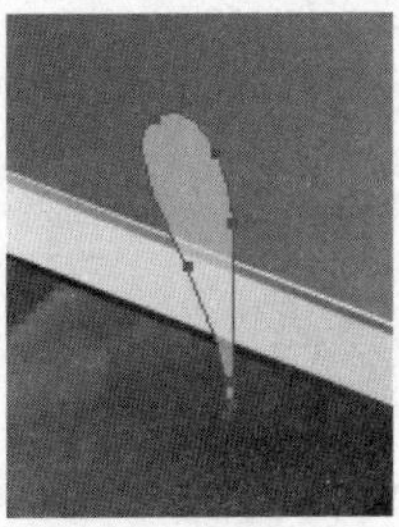

图 34-20

图 34-21

04　使用“钢笔工具”在画布中绘制路径，并为图形填充相应颜色，效果如图 34-22 所示。使用相同方法建立不透明度蒙版，效果如图 34-23 所示。

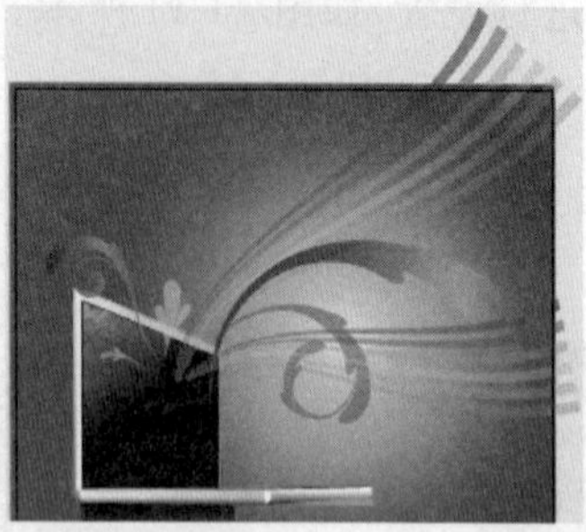

图　34-22

图　34-23

05　单击工具箱中的“光晕工具”按钮，并在画布中单击，弹出“光晕工具选项”对话框，设置如图 34-24 所示。单击“确定”按钮，在画布中绘制光晕，效果如图 34-25 所示。

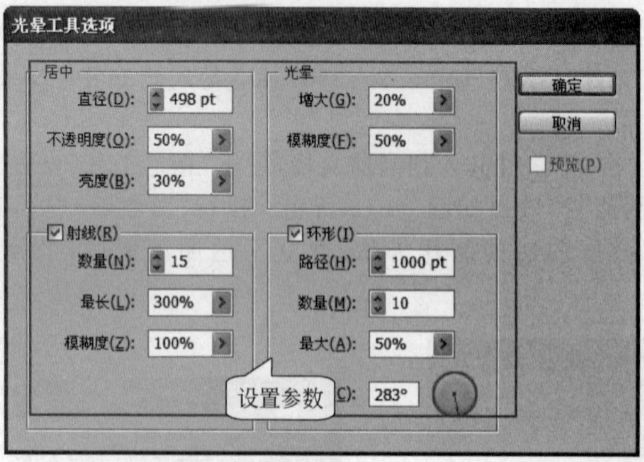

图　34-24

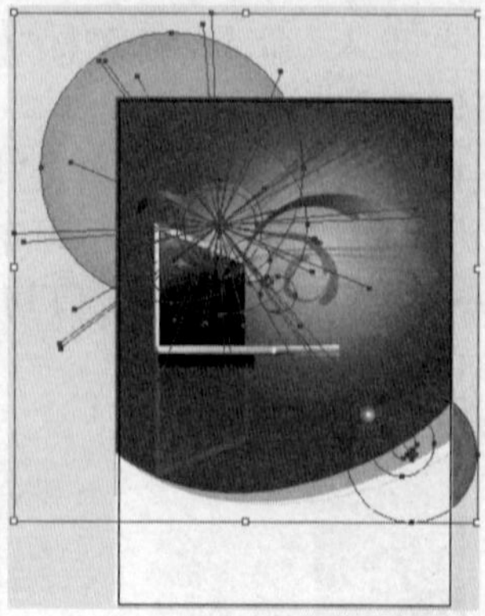

图　34-25

06　根据前面的制作方法在画布中绘制矩形，并将光晕和图形同时选中，效果如图 34-26 所示。执行“对象”→“剪贴蒙版”→“建立”命令，效果如图 34-27 所示。

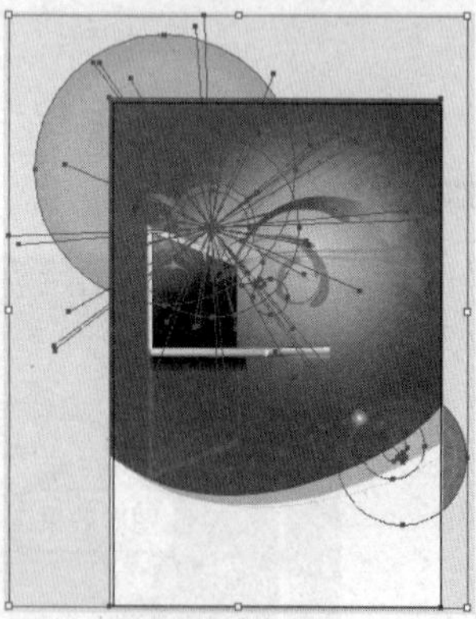

图　34-26

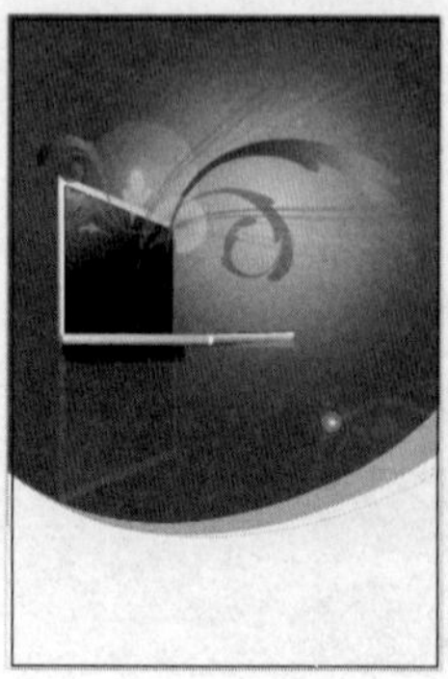

图　34-27

步骤 4　绘制海报中的礼包

01　使用相同方法将相应素材置入画布中，效果如图 34-28 所示。根据前面的制作方法，绘制图像的倒影和投影，效果如图 34-29 所示。

02　使用相同方法绘制光晕，效果如图 34-30 所示。置入相应素材，并调整素材的位置和大小，效果如图 34-31 所示。

图　34-28

图　34-29

图　34-30

图　34-31

03　使用“铅笔工具”绘制路径，并打开“渐变”面板，从左至右分别设置渐变滑块的颜色值为 CMYK(0,0,0,0)，CMYK(81,0,0,0)，使用“渐变工具”，在路径上拖动鼠标填充径向渐变，效果如图 34-32 所示。使用相同方法绘制其他图形，效果如图 34-33 所示。

图　34-32

步骤 5　绘制海报中的文字

01　使用“钢笔工具”在画布中绘制路径，打开“字符”面板，设置如图 34-34 所示。单击工具箱中的“文字工具”按钮 T，设置“填色”为黑色，在画布中单击并输入文字，效果如图 34-35 所示。

图　34-33

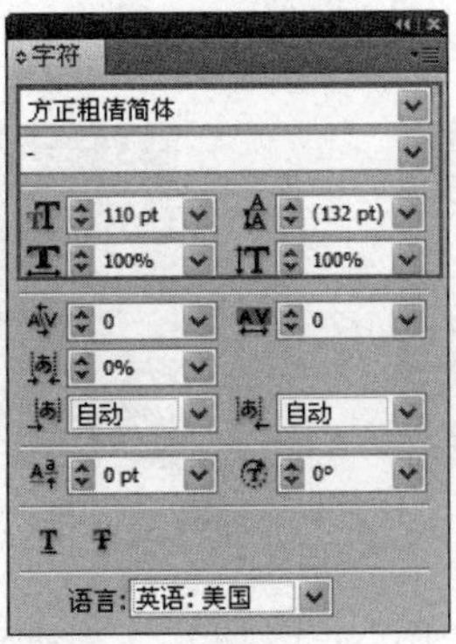

图　34-34

图　34-35

02　选中文字“三”，打开“字符”面板，设置如图 34-36 所示。使用同样制作方法得到其他文字，按住 Shift 键同时选中所有文字，按快捷键 Ctrl＋G 将其编组，并执行“文字”→“创建轮廓”命令，如图 34-37 所示。

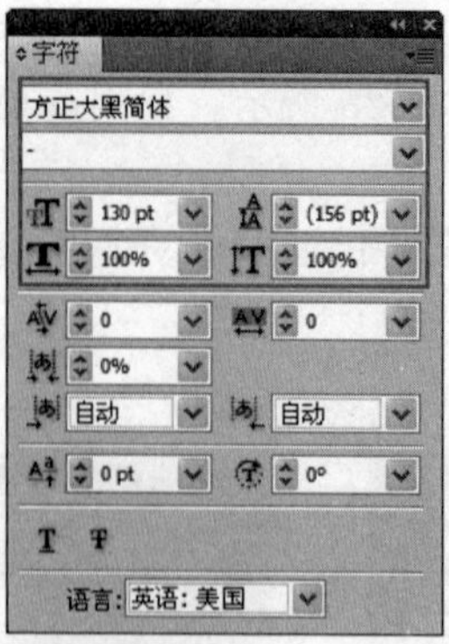

图 34-36

图 34-37

03 保持文字的选中状态，打开“渐变”面板，从左至右分别设置渐变滑块颜色值为CMYK(0,50,100,0)、CMYK(0,25,100,0)，CMYK(0,0,100,0)，CMYK(0,50,100,0)，CMYK(0,0,100,0)，如图 34-38 所示。使用“渐变工具”填充线性渐变，效果如图 34-39 所示。

04 选择文字，执行“对象”→“路径”→“偏移路径”命令，弹出“位移路径”对话框，设置如图 34-40 所示。单击“确定”按钮，打开“路径查找器”面板，单击“联集”按钮，得到新的图形，效果如图 34-41 所示。为其填充相应渐变，效果如图 34-42 所示。

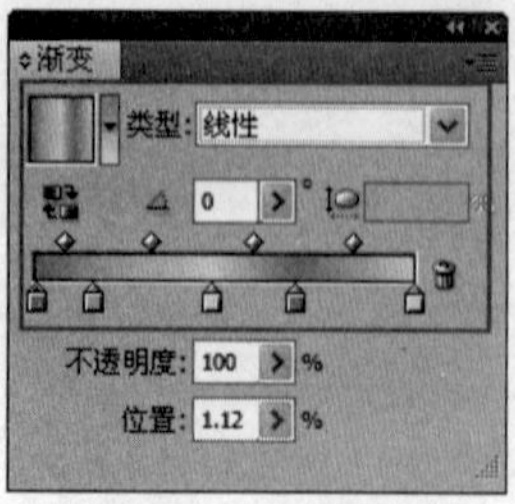

图 34-38

图 34-39

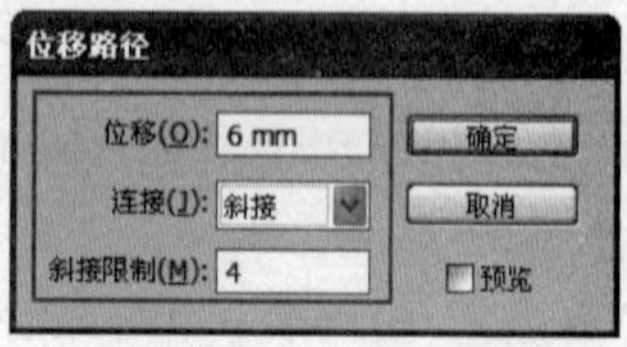

图 34-40

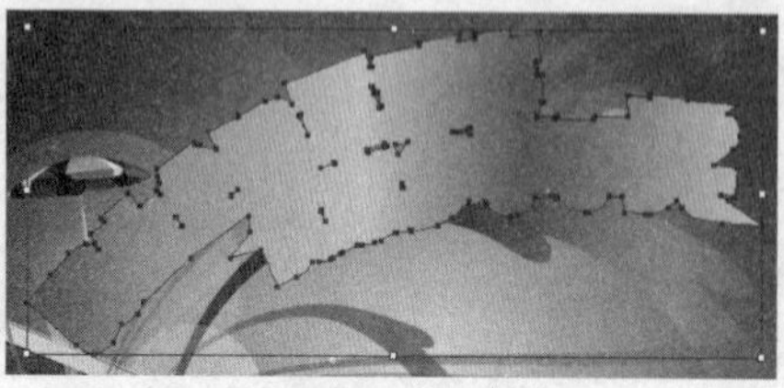

图 34-41

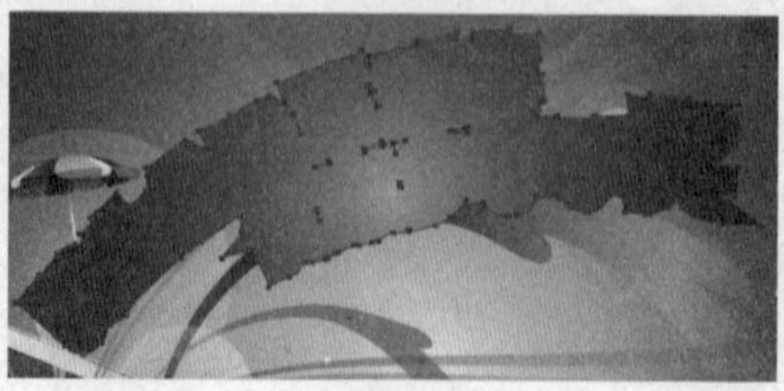

图 34-42

05 调整图形的叠放顺序，效果如图 34-43 所示。根据前面相同的制作方法，可以完成该部分内容的制作，效果如图 34-44 所示。

06 将刚刚制作的图形全部选中，按快捷键 Ctrl＋G 将其编组，并调整图形的叠放顺序，效果如图 34-45 所示。根据前面的制作方法制作相应文字，效果如图 34-46 所示。将素材置入文档中，最终效果如图 34-47 所示。执行“文件”→“存储为”命令，将其保存为“CD\源文件\第 34 章\34-1. ai”。

图　34-43

图　34-44

图　34-45

图　34-46

图　34-47

34.3　总结扩展

海报的设计风格可以定义为 4 种：商品宣传海报、活动宣传海报、影视宣传海报和公益海报。

1. 商品宣传海报

商品宣传海报的宣传对象为某种商品或某种服务，其宣传目的是在短期内迅速提高销售量，创造经济效益。这类海报是最常见的海报形式，如图 34-48 所示。

图　34-48

商品宣传类海报在设计上要求客观准确，通常采取富裕的表现手法，并突出商品的显著特征，以激发消费者的购买欲望。

2. 活动宣传海报

活动宣传海报的宣传对象为有具体的时间、地点、主办单位的文化或商业活动，其宣传目的是扩大活动的影响力，吸引更多的参与者。它要求信息的传达准确完整，因此文件的比例要大于其他类型的海报，如图 34-49 所示。

图 34-49

3. 影视宣传海报

影视宣传海报的宣传对象为电影、电视剧等，海报的发布时间在影视作品发布前或发布过程中，宣传目的为扩大影视作品的影响力。此类海报往往与剧情相结合，内容通常为影视作品的主要角色或重要情节，色彩的运用与影视作品的感情基调有直接联系，如图 34-50 所示。

图 34-50

4. 公益海报

公益海报的宣传内容为人们所关注的社会问题，其宣传目的为教育与警示观者，引起人们对这些社会问题的关注，如图 34-51 所示。

图　34-51

课堂练习

任务背景：小强已经大致阅读完本节课的内容，他正在仔细研究不明白的地方，以便在做海报时得心应手。

任务目标：设计创意海报。

任务要求：海报的设计要独具一格，别出心裁。

任务提示：在绘制的过程中要注意图形的叠放顺序。

练习评价

项　目	标准描述	评定分值	得分
基本要求 60 分	海报的背景要鲜明	25	
	海报文字效果要突出	35	
拓展要求 40 分	在设计中要多加些创意元素	40	
主观评价		总分	

课外阅读

海报广告设计的要求

海报是以图形和文字为内容，以宣传观念、报导消息或推销产品等为目的。设计海报时，首先要确定主题，再进行构图，最后使用技术手段制作出海报并充实完善。下面向读者介绍各种海报创意设计的一般方法。

1. 明确的主题

整幅海报应力求有鲜明的主题、新颖的构思、生动的表现等创作原则，才能以快速的方式达到传送信息的目的。广告对象可能有多种特点，只要抓住一点，就必然形成一种感召力，促使广告对象产生冲动，达到广告的目的。在设计海报时，要对广告对象的特点加以分析，仔细研究，选择出最具有代表性的特点。

2. 视觉吸引力

首先要针对对象、广告目的采取正确的视觉形式。其次要正确运用对比的手法。再次要善于掌握不同的新鲜感，重新组合和创新。最后海报的形式与内容应该具有一致性，这样才能使其具有吸引力。

3. 科学性和艺术性

随着科学技术的进步，海报的表现手段越来越丰富，也使海报设计越来越具有科学性。但是海报是通过艺术手段，按照美的规律进行创作的，所以它又不是一门纯粹的科学。海报设计是在广告策划的指导下，用视觉语言传达各类信息。

4. 灵巧的构思

设计要有灵巧的构思，使作品能够传神达意，这样作品才具有生命力。通过必要的艺术构思，运用恰当的夸张和幽默的手法，提示产品未发现的优点，明显地表现出为消费者利益着想的意图，从而可以接近消费者的感情，获得广告对象的信任。

5. 用语精练

海报的用词造句应力求精练，在语气上应感情化，使文字在广告中真正起到画龙点睛的效果。

6. 构图赏心悦目

海报的外观构图应该让人赏心悦目，产生美好的第一印象。

7. 内容的体现

设计一张海报除了知道纸张大小之外，通常还需要掌握文字、图画、色彩及编排等设计原则。标题文字与各海报主题有直接关系，因此除了使用醒目的字体与大小外，文字字数不宜太多，尤其要配合文字的速读性与可读性，以及关注远看和边走边看的效果。

8. 明确的主题

海报里图画的表现方式可以非常自由，但要有创意的构思，才能令观赏者产生共鸣。除了使用插画或摄影的方式之外，画面也可以使用纯粹几何抽象的图形来表现。海报的色彩则宜采用比较鲜明，并能衬托出主题，引人注目的颜色。编制虽然没有一定格式，但是必须达到画面的美感以及合乎视觉顺序的动线，因此在版面的编排上应该掌握形式原理，如均衡、比例、韵律、对比、调和等要素，也要注意版面的留白。

课后思考

(1) 海报作品的构图与整体效果之间的关系是什么？

(2) 海报作品的色彩与整体效果之间的关系是什么？

第35课 包装设计

包装是产品由生产转入市场流通的一个重要环节。包装设计是包装的灵魂，是包装成功与否的重要因素。激烈的市场竞争不但推动了产品与消费的发展，同时不可避免地推动了企业战略的更新，其中包装设计也被放在市场竞争的重要位置上。这就是近二十年来在包装设计中表现手法和形式越来越具有开拓性和目标性的基本原因。

课堂讲解

任务背景： 小强通过前面课程的学习，已经对包装设计有了全新的认识。一天，小强在家里看到了奶奶的一个保健品包装盒，感觉上面对保健品的信息介绍得非常详细，而且包装盒本身也很有视觉感受。小强就开始思考，这就是包装设计吗？它具体是如何制作的呢？于是小强对包装设计产生了浓厚的兴趣。

任务目标： 学习制作包装盒。

任务分析： 包装设计包含了设计领域中的平面构成、立体构成、文字构成、色彩构成及插画、摄影等，是一门综合性强的设计专业学科。只有对包装设计的相关知识有了一定的了解，才能制作出需要的好作品。

35.1 设计分析

本实例是设计一个保健品的纸盒包装，运用暖色调作为纸盒的主色调，给人以温暖、愉悦的视觉感受。该包装纸盒的设计以简洁、突出的风格为主题，运用不同的渐变色块和图形曲线的设计构成了包装盒的正面，给人以抢眼的感觉。配合以产品 Logo 和产品相关内容介绍的文字，突出产品的品牌理念和功能。

35.2 绘制步骤

步骤1 绘制背景

01 执行“文件”→“新建”命令，弹出“新建文档”对话框，设置如图 35-1 所示。单击“确定”按钮，新建一个空白文档。单击工具箱中的“矩形工具”按钮，设置“填色”颜色为 CMYK(0,65,100,0)，“描边”颜色为无，在画布中绘制矩形，如图 35-2 所示。

02 使用相同的方法，再绘制一个矩形，如图 35-3 所示。同时选中刚刚绘制的两个矩形，执行“窗口”→“路径查找器”命令，打开“路径查找器”面板，如图 35-4 所示。

03 单击“路径查找器”面板上的“联集”按钮，将图形组合，效果如图 35-5 所示。使用“矩形工具”，设置“填色”颜色为无，“描边”颜色为无，在画布中绘制矩形，如图 35-6 所示。

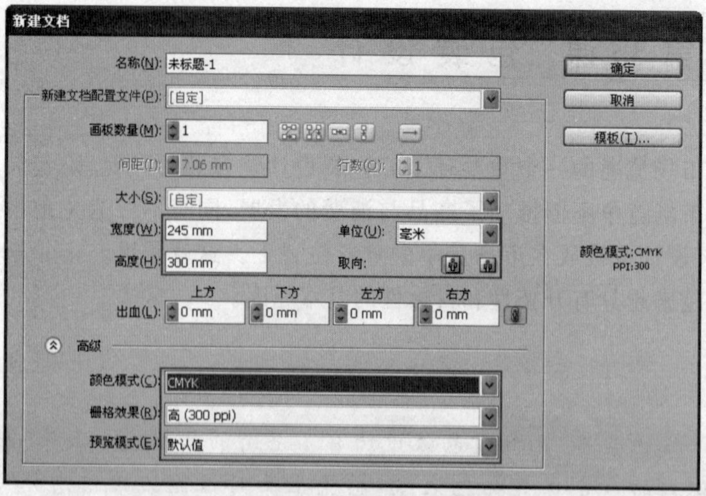

图 35-1

图 35-2

图 35-3

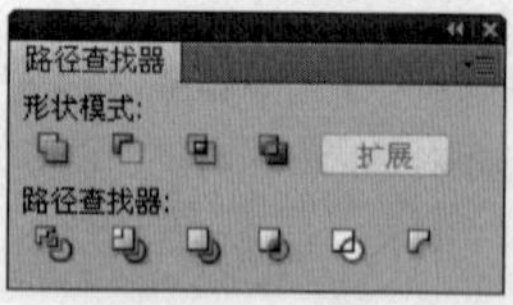

图 35-4

图 35-5

图 35-6

04 打开“渐变”面板，从左至右设置渐变滑块颜色分别为 CMYK(6,35,91,0)和CMYK(0,65,100,0)，其他设置如图 35-7 所示。设置完成后，效果如图 35-8 所示。

05 单击工具箱中的“钢笔工具”按钮，设置“填色”颜色为无，“描边”颜色为无，在画布中绘制路径，如图 35-9 所示。打开“图层”面板，同时选中刚刚绘制的路径和填充渐变的矩形，如图 35-10 所示。

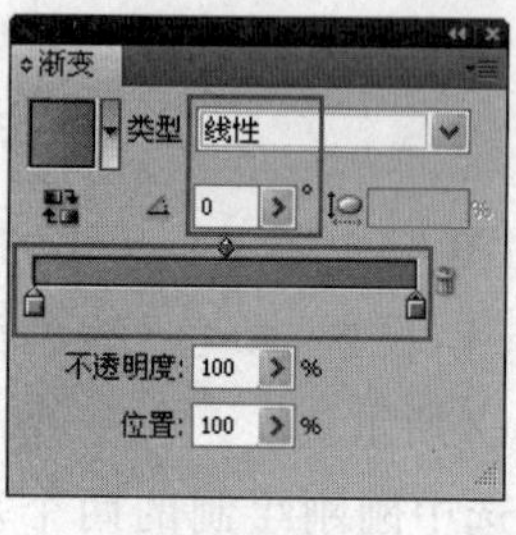

图 35-7

图 35-8

图 35-9

图 35-10

06 执行“窗口”→“路径查找器”命令，打开“路径查找器”面板，单击“裁剪”按钮，将不需要的部分裁剪掉，效果如图 35-11 所示。“路径查找器”面板如图 35-12 所示。

图　35-11

图　35-12

步骤 2　置入素材图像

01　执行“文件”→“置入”命令，将素材图像“CD\源文件\第 11 章\素材\原浆. tif”置入文件中，如图 35-13 所示。单击“控制”栏上的“嵌入”按钮，将图像嵌入并移动到合适位置，如图 35-14 所示。

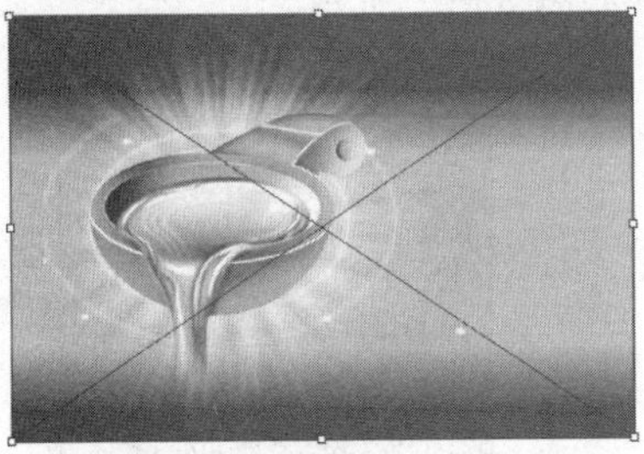

图　35-13

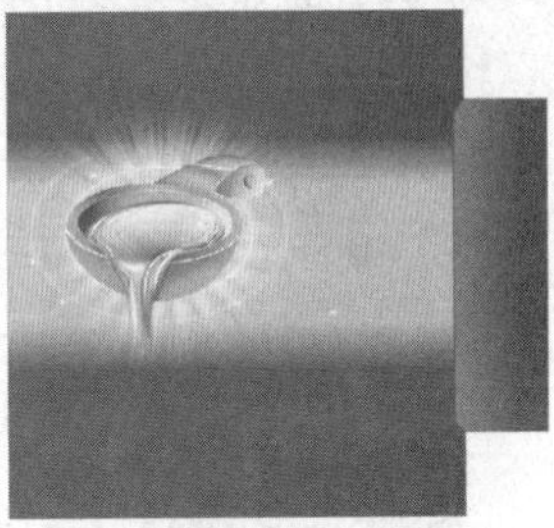

图　35-14

02　使用相同的方法，置入素材图像，并调整图像大小和位置，如图 35-15 所示。选择刚刚置入的图像，按快捷键 Ctrl＋“[”后移一层，调整其他图像的排列顺序，效果如图 35-16 所示。

图　35-15

图　35-16

03　使用“钢笔工具”绘制路径，如图 35-17 所示。同时选中刚刚绘制的路径和风景图像，执行“对象”→“建立”→“剪切蒙版”命令，将图像不需要的部分去除，效果如图 35-18 所示。

04　使用相同的方法，使用“钢笔工具”绘制图形，并填充相应的渐变，效果如图 35-19 所示。单击工具箱中的“直排文字工具”按钮 IT，设置“描边”颜色为白色，“粗细”为 1.35pt，在画布中单击，打开“字符”面板，设置如图 35-20 所示。

图 35-17

图 35-18

图 35-19

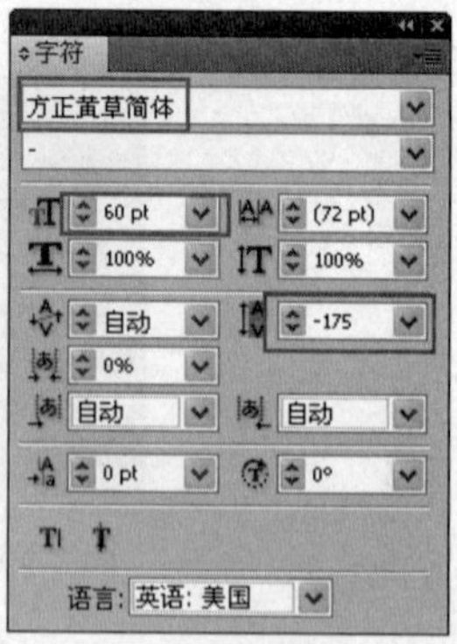

图 35-20

步骤 3 输入文字

01 设置完成后，在画布中输入文字，如图 35-21 所示。选中文字，执行“文字”→“创建轮廓”命令，将文字创建轮廓，打开“渐变”面板，设置如图 35-22 所示。

图 35-21

图 35-22

提示

此处“渐变”面板中渐变滑块颜色由左至右依次为 CMYK(0,0,0,100)、CMYK(31,0,31,70)、CMYK(100,0,100,10)和 CMYK(0,0,0,100)。

02 设置完成后，效果如图 35-23 所示。选中刚刚添加渐变的文字，执行“效果”→“风格化”→“投影”命令，弹出“投影”对话框，设置如图 35-24 所示。

图 35-23

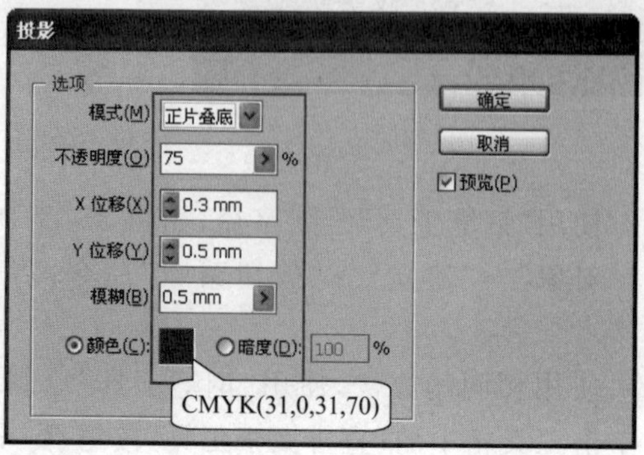

图 35-24

03　单击“确定”按钮，完成“投影”对话框的设置，效果如图 35-25 所示。使用相同的方法，输入其他文字和图像，并添加相应效果，结果如图 35-26 所示。

图　35-25

04　单击工具箱中的“椭圆工具”按钮，设置“填色”颜色为 CMYK(100,0,100,0)，“描边”颜色为无，在画布中绘制正圆，如图 35-27 所示。按快捷键 Ctrl+C 复制，按快捷键 Ctrl+F 两次，使用“选择工具”调整最上层正圆的大小，效果如图 35-28 所示。

图　35-26

图　35-27

图　35-28

05　同时选中刚刚调整大小的正圆和其下层的一个正圆，如图 35-29 所示。打开“路径查找器”面板，单击“路径查找器”面板上的“减去顶层”按钮，如图 35-30 所示，效果如图 35-31 所示。

图　35-29

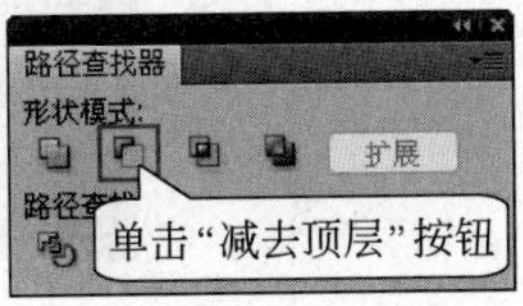

图　35-30

图　35-31

06　选中组合后的图形，设置“填色”颜色为白色，执行“效果”→“风格化”→“羽化”命令，弹出“羽化”对话框，设置如图 35-32 所示。单击“确定”按钮，完成“羽化”对话框的设置，效果如图 35-33 所示。

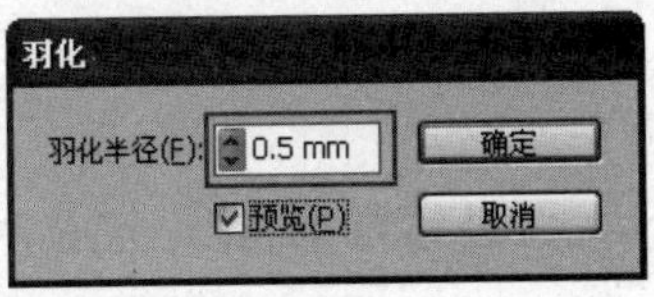

图　35-32

图　35-33

07　执行“效果”→“模糊”→“高斯模糊”命令，弹出“高斯模糊”对话框，设置如图 35-34 所示。单击“确定”按钮，完成“高斯模糊”对话框的设置。在“控制”栏上设置“不透明度”为 80%，效果如图 35-35 所示。

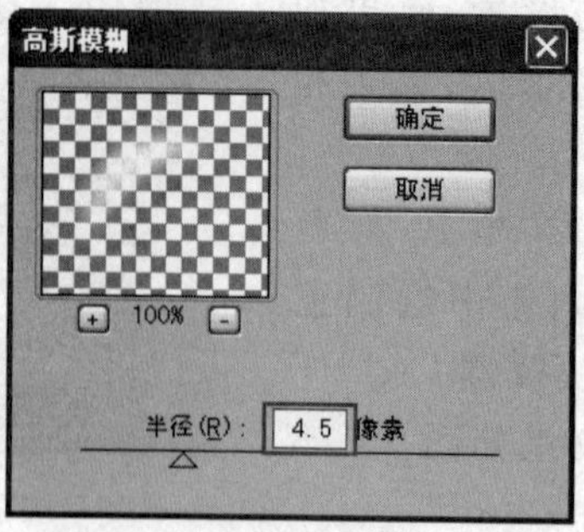

图 35-34

图 35-35

步骤 4 完成包装盒的设计

01 使用相同的方法，绘制出其他图形效果，如图 35-36 所示。根据前面的制作方法，绘制出其他部分内容，并置入相应的素材图像，效果如图 35-37 所示。

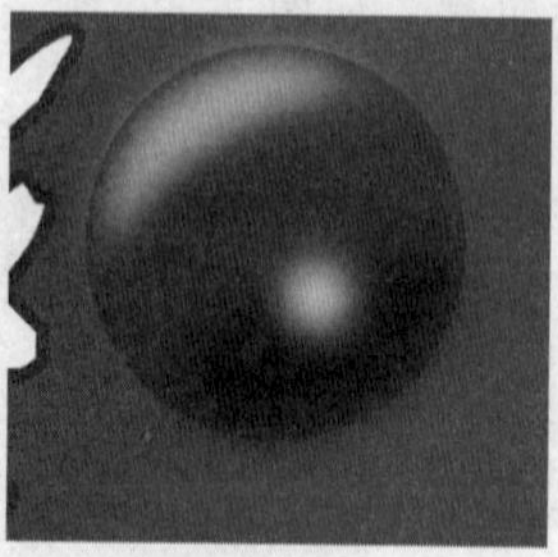

图 35-36

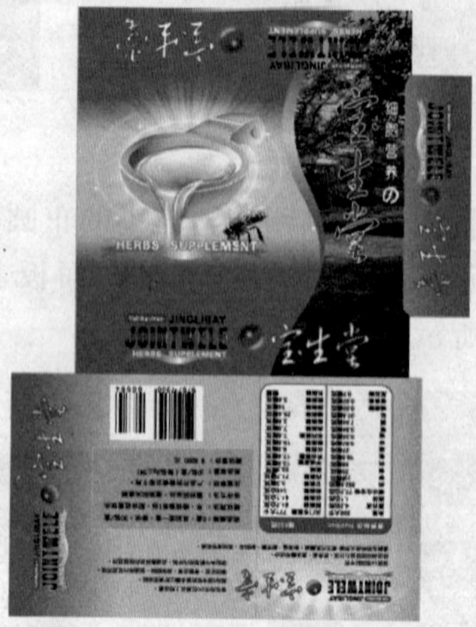

图 35-37

02 单击工具箱中的“直线段工具”按钮，设置“描边”颜色为黑色，在“控制”栏上设置“粗细”为 1pt，在画布中绘制直线段，如图 35-38 所示。使用“钢笔工具”绘制出其他路径，效果如图 35-39 所示。

03 使用相同的方法，根据平面展开图绘制立体效果如图 35-40 所示。执行“文件”→“存储为”命令，将文件存储为“CD\源文件\第 11 章\源文件\35-1. ai”。

35.3 总结扩展

包装是为了在商品流通过程中保护产品、方便储运、促进销售，而按一定技术方法设计的容器，并在此过程中施加一定的技术方法等操作活动。

商品种类繁多，形态各异、五花八门，其功能作用、外观内容也各有千秋。所谓内容决定形式，包装也不例外。为了区别商品与设计上的方便，可以对包装进行以下分类。

- 按形态性质分类，可以将商品包装分为单个包装、内包装、集合包装、外包装等，如图 35-41 所示。

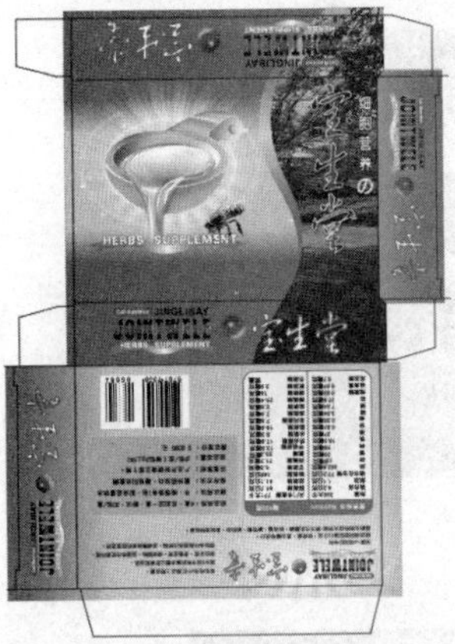

图 35-38

图 35-39

图 35-40

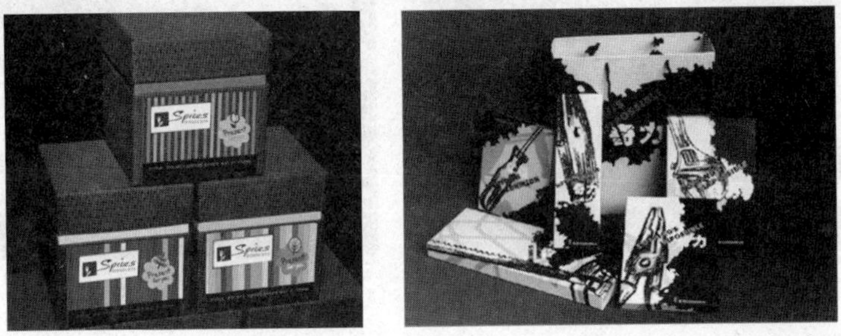

图 35-41

- 按使用机能分类，可以将商品包装分为流通包装、储存包装、保护包装、销售包装等，如图 35-42 所示。

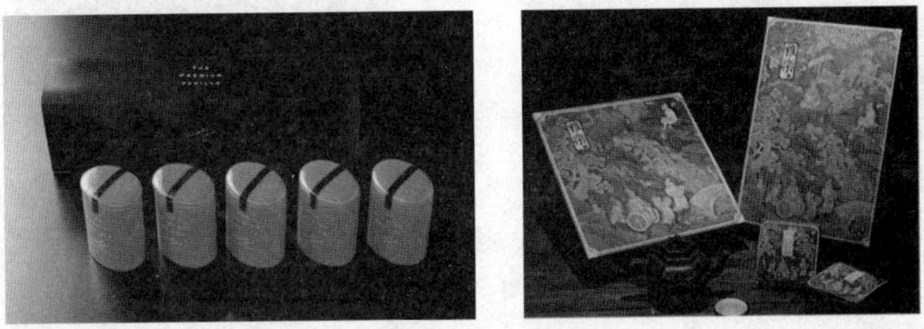

图 35-42

- 按使用材料分类，可以将商品包装分为木箱包装、瓦楞纸箱包装、塑料类包装、金属类包装、玻璃和陶瓷类包装、软性包装和复合包装等，如图 35-43 所示。
- 按包装产品分类，可以将商品包装分为食品包装、药品包装、纤维织物包装、机械产品包装、电子产品包装、危险品包装、蔬菜瓜果包装、花卉包装和工艺品包装等，如图 35-44 所示。
- 按包装方法分类，可以将商品包装分为防水包装、防锈包装、防潮包装、开放式包装、密闭式包装、真空包装和压缩包装等，如图 35-45 所示。
- 按运输方式分类，可以将商品包装分为铁路运输包装、公路运输包装和航空运输包装等。

图 35-43

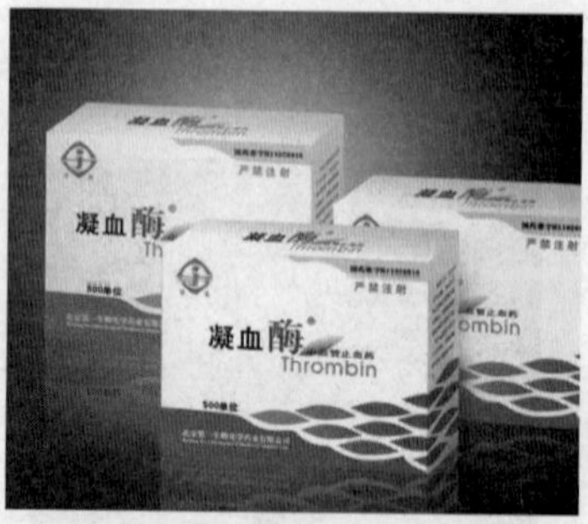

图 35-44

图 35-45

商品的包装设计必须要避免与同类商品雷同，设计定位要针对特定的购买人群，要在独创性、新颖性和指向性上下工夫。下面为大家总结了一些商品包装设计的要点和要求。

1. 造型统一

设计同一系列或同一品牌的商品包装，在图案、文字、造型上必须给人以大致统一的印象，以增加产品的品牌感、整体感和系列感，当然也可以采用某些色彩变化来展现内容物品的不同性质，以吸引相应的顾客群，如图 35-46 所示。

2. 外形设计

包装的外形设计必须根据其内容物品的形状和大小、商品文化层次、价格档次和消费者对象等多方面因素进行综合考虑，并做到外包装和内容物品设计形式的统一，力求符合不同

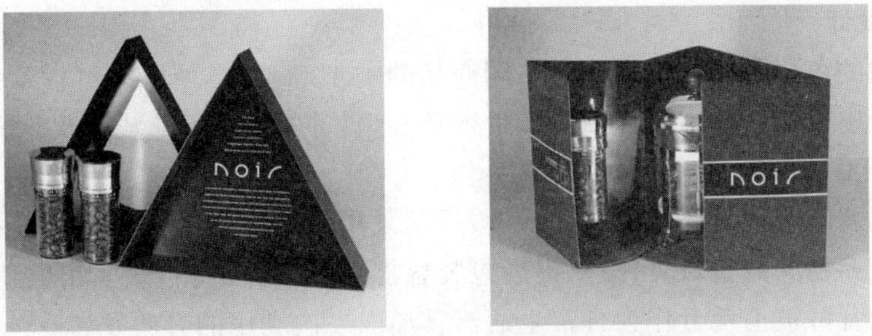

图　35-46

层次顾客的购买心理，使他们容易产生商品的认同感。如高档次、高消费的商品要尽量设计得造型独特、品位高雅，大众化、廉价的商品则应该设计得符合时尚潮流和能够迎合普通大众的消费心理，如图 35-47 所示。

图　35-47

3. 图形设计

包装设计采用的图形可以分为具象、抽象与装饰 3 种类型，图形设计内容可以包括品牌形象、产品形象、应用示意图、辅助性装饰图形等多种形式。

图形设计的信息传达要准确、鲜明、独特。具象图形真实感强，容易使消费者了解商品内容；抽象图形形式感强，其象征性容易使顾客对商品产生联想；装饰性图形则能够出色表现商品的某些特定文化内涵，如图 35-48 所示。

图　35-48

4. 文字设计

应该根据商品的销售定位和广告创意要求对包装的字体进行统一设计，同时还要根据国家对有关商品包装设计的规定，在包装上标示出应有的产品说明文字，如商品的成分、性能和使用方法等，还必须附有商品条形码。

5. 色彩设计

商品包装的色彩设计要注意针对不同商品的类型和卖点，使顾客可以从日常生活所积累的色彩经验中自然而然地对该商品产生视觉心理认同感，从而达成购买行为。

6. 材料环保

在设计包装时应该从环保的角度出发，尽量采用可以自然分解的材料或通过减少包装耗材来降低废弃物的数量，还可以从提高包装容器设计制作的精美、实用的角度出发，使包装容器设计向着可被消费者作为日常生活器具加以二次利用的方向发展。

7. 编排构成

必须将上述图形、色彩、文字、材料、外形等包装设计要素按照设计创意进行统一的编排、整合，以形成整体的、系列的包装形象，如图 35-49 所示。

图 35-49

课堂练习

任务背景：通过本节课的学习，小强已经掌握包装设计的方法与技巧，但还需要多加练习，以增加对包装设计方面知识的熟练度，从而设计出视觉感受强的好作品。

任务目标：对包装设计多加练习。

任务要求：掌握包装设计的制作方法以及行业知识。

任务提示：更加全面地掌握包装方面的知识是必不可少的，但仅仅利用课上的时间是不够的，只有在课下多多学习，才能真正掌握包装设计的精髓。

练习评价

项　目	标准描述	评定分值	得分
基本要求 60 分	组合图形的技巧	20	
	剪切蒙版效果	10	
	渐变效果	10	
	投影效果	10	
	羽化图形效果	10	
拓展要求 40 分	高斯模糊图形效果	40	
主观评价		总分	

课外阅读

包装的基本功能

1. 商品的保护、保存功能

1）保护功能

商品包装能够保护被包装商品，使其尽量不变形、不破损，大大减少在运输过程中的损伤而造成的经济损失。

2）保存功能

使被包装商品的内容物质量得到可靠的储存，在规定的时间内避免因变质而影响使用效果，如图 35-50 所示。

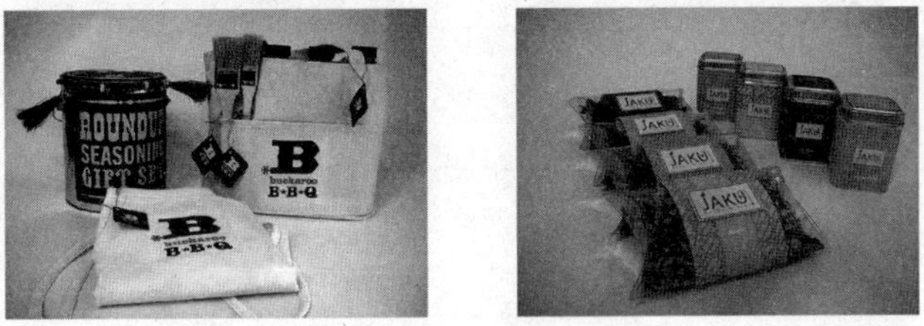

图 35-50

2. 商品的识别和美化功能

商品要依靠包装吸引顾客、宣传产品，包装是商品最直接的广告，同时顾客也可以通过商品的包装识别自己所认同和信任的产品，如图 35-51 所示。

图 35-51

3. 商品的说明功能

产品的包装设计一定要按照国家有关规定，真实地标示商品的品牌、生产厂家、质量、产地、联系方式、产品成分或特定技术指标、保存方法、用途、使用对象、使用说明和使用效果等，还必须印有商品条形码。

课后思考

（1）包装盒尺寸是根据什么设定的？

（2）用于包装的材料有哪些？

（3）标准条形码结构有哪些？